U0958277

高职高专“十二五”规划教材

有色金属塑性加工

白星良　潘　辉　编著
王庆义　主审

北　京
冶　金　工　业　出　版　社
2012

内容提要

本书分为熔炼与铸锭、挤压、拉拔、轧制以及锻造与冲压6个部分，共17章，主要内容包括有色金属塑性加工的基本原理和基本方法，同时介绍了各种加工过程所用的主要设备和工具。

本书可作为高职高专职业技术院校相关专业的教材和有色金属企业岗位操作人员的培训教材，也可作为相关专业人员的参考书。

图书在版编目(CIP)数据

有色金属塑性加工／白星良，潘辉编著．—北京：冶金工业出版社，2012.2

高职高专“十二五”规划教材

ISBN 978-7-5024-5637-5

Ⅰ.①有…　Ⅱ.①白…　②潘…　Ⅲ.①有色金属—金属加工—高等职业教育—教材　Ⅳ.①TG146

中国版本图书馆CIP数据核字(2012)第019260号

出 版 人　曹胜利

地　　址　北京北河沿大街嵩祝院北巷39号，邮编100009

电　　话　(010)64027926　电子信箱　yjcbs@cnmip.com.cn

责任编辑　俞跃春　美术编辑　李　新　版式设计　葛新霞

责任校对　王永欣　责任印制　李玉山

ISBN 978-7-5024-5637-5

三河市双峰印刷装订有限公司印刷；冶金工业出版社出版发行；各地新华书店经销

2012年2月第1版，2012年2月第1次印刷

787mm×1092mm　1/16；22.5印张；546千字；349页

46.00元

冶金工业出版社投稿电话：(010) 64027932　投稿信箱：tougao@cnmip.com.cn

冶金工业出版社发行部　电话：(010) 64044283　传真：(010) 64027893

冶金书店　地址：北京东四西大街46号(100010)　电话：(010) 65289081(兼传真)

前　言

本书为适应有色金属塑性加工企业和冶金职业教育的需要，根据冶金企业和高等职业教育的教学要求编写的，并且内容符合国家职业技能鉴定标准，实用性强，能够满足有色金属塑性加工企业岗位要求。本书既可用于高职高专教学使用，又适用于企业一线人员培训。

本书的主要内容包括各种有色金属塑性加工的生产原理、生产工具、生产设备、生产工艺等，也包括有色金属塑性加工的一些新工艺、新设备、新技术，从而使读者具有初步分析、解决生产技术问题，以及操作有色金属及合金塑性加工设备的能力。

本书由山东工业职业学院白星良、潘辉编著，王庆义教授主审。在此书的编写过程中参考了有关文献，特此向文献作者表示衷心的感谢！

由于作者水平所限，书中不妥之处，敬请读者批评指正。

编著者

2011 年 10 月

目 录

拉 拔

绪　　论

金属分为黑色金属和有色金属两大类。黑色金属通常指铁、锰、铬及其合金，除此之外的其他金属称为有色金属。目前工业上通常应用的有色金属元素有十几种，主要分为四类：轻有色金属、重有色金属、稀有金属、贵金属。

轻有色金属密度小（$0.53 \sim 4.5g/cm^3$），化学性质活泼，主要包括铝、镁及其合金。其中铝及其合金可加工成板、带、条、箔、管、棒、型、线、自由锻件和模锻件等加工材，在航空、航海、汽车、交通运输、桥梁、建筑、电子、电器、机械制造、包装防腐、日用文体等各个领域都获得了广泛的应用；镁合金比强度高、减振性好、热疲劳性能好、不易老化，又有良好的导热性、电磁屏蔽能力强，是交通、电子信息、通讯、计算机、声像器材、手提工具、电机、核动力装置等产品外壳的理想材料。另外镁合金是航空工业的重要材料，用于制造飞机机身、发动机零件等。

重有色金属一般密度在$4.5g/cm^3$以上，主要包括铜、镍、锌、铅及其合金，其中以铜合金应用最为广泛。铜合金依其不同的性能被应用于国防、轻工、汽车、仪表、电器与电子等许多工业部门，主要用于制作发电机、母线、电缆、开关装置、变压器等电工器材和热交换器、管道、太阳能加热装置的平板集热器等导热器材；镍及镍合金广泛用于真空、耐蚀件及电热材料等；锌及锌合金主要用于电池及印刷工业；铅主要用做耐酸、耐蚀与防御辐射材料等。

稀有金属主要包括钛、钨、钼、钽、铌、铍、锆、锗、钒、锂、镧、铀和钍等。在稀有金属中，钛及钛合金大量用于航空工业，有“空间金属”之称。另外，在造船工业、化学工业、制造机械部件、电讯器材、硬质合金等方面有着日益广泛的应用，此外，由于钛合金还与人体有很好的相容性，钛合金还可以作人造骨；钨、钼主要是利用其熔点高的优点，用做电工材料，比如钨、钼丝用作电极及灯丝；铍的高温强度好，有较强的抗腐蚀能力，因此在原子能反应堆中被用来做减速剂、反射层以及包套材料；锗主要用于夜视仪、热成像仪、石油产品催化剂、太阳能电池等生产，并被广泛用于光纤通讯等领域。

贵金属主要指金、银和铂族金属（钌、铑、钯、锇、铱、铂）等8种金属元素。地壳中含量少，提取困难，价格较高，密度大，化学性质稳定，这些金属大多数拥有美丽的色泽，对化学药品的抵抗力相当大，在一般条件下不易引起化学反应，主要用于制作珠宝和纪念品，而且还有广泛的工业用途。

有色金属及合金的塑性加工是根据金属及合金的塑性，在外力（压力或拉力）的作用下产生塑性变形，在改变其形状和尺寸的同时，也改善其组织和性能。有色金属塑性加工的种类很多，根据加工时工件的受力和变形方式，基本的塑性加工方法有挤压、拉拔、轧制、锻造和冲压等几类，是有色金属及合金板带材、箔材、棒材、型材以及线材的主要生产方法，因此有色金属及合金材料的塑性加工在国民经济中占有极其重要的地位。

在现阶段，随着冶金和机械电气工业的进步，电子计算机自动控制技术的应用以及社会总体科学技术的提高，有色金属材料的塑性加工技术，在工艺、设备和工具以及理论上都有较快的发展。总体来说，有色金属塑性加工技术发展的主要特点和趋势为：

（1）实现生产过程的连续化和自动化。近年来，在有色金属板带材、线材以及管材、型材的生产中，连续化、自动化水平越来越高。比如：在轧制过程中，出现的从冶炼、铸锭到轧制全过程的连续化，亦即连续铸轧或连铸-连轧技术，在铝、铜等有色金属材料生产中日益得到推广和应用；近代的挤压生产采用远距离集中控制、程序控制和计算机自动控制技术，从而使生产效率大幅提高，操作人员显著减少，甚至可能实现挤压生产线的无人化操作；在有色金属线材拉拔中，高速拉线机的拉拔速度达到了80m/s，而多线链式拉拔机一般可自动供料、自动穿模、自动套芯杆、自动咬料和挂钩、管材自动下落以及自动调整中心等。

（2）扩大品种、提高产品质量。为了适应国民经济各个部门和科学技术迅速发展的需要，有色金属及合金的管、棒、型、线材以及板带箔材的品种和规格在不断扩大，质量在不断提高。比如现阶段铝合金型材的品种已达25000多种，其中包括了逐渐变断面型材和阶段变断面型材等；用拉拔技术可以生产直径大于500mm的管材，也可拉拔出0.002mm的细丝。在生产精度方面，能使厚度在5mm以下的热轧板带材的厚度精度控制到±0.025mm，冷轧带材控制到±0.001mm；在拉拔时，采用无模拉拔技术，制品的加工精度也可以达到±0.011mm。

（3）采用新技术、新工艺，降低能耗，提高经济效益。有色金属及合金的加热、挤压、拉拔、轧制以及锻造等，是能源消耗与金属消耗的主要部门，它直接影响到工厂的经济效益。因此必须通过加强技术改造和采用新工艺、新技术、新设备，以使能源和金属消耗降低。现阶段，在铝合金挤压方面，为了控制金属流出速度，防止在制品表面出现周期性裂纹，出现了等温挤压技术；在轧制方面，大力发展连铸-连轧技术，可以大大提高成材率、节约能源消耗和降低生产成本；在拉拔方面，多线连续拉拔技术也可以大大提高生产效率。

通过对本书的学习，配合企业实习，应使学生做到：了解和熟悉各类塑性加工方法和生产工艺过程、工艺特点和生产基本知识；了解与掌握工艺分析的基本方法，能对产品的产量、质量以及产品缺陷进行初步分析；具有合理组织生产工艺过程以及初步的生产管理能力；毕业上岗培训后，对车间内的主要设备能进行较为熟练的操作，并能在相应的工种上取得中级操作证书。

要想学好本书，必须强调理论联系实际，将本书的学习与生产认知实习、顶岗实习等紧密结合，才能取得良好的效果。

熔炼与铸锭

1 熔　　炼

1.1 熔炼原理

有色金属压力加工企业一般都设有熔炼和铸锭车间，目的是将金属原料按照各种产品化学成分和内部质量的要求配制成各种合金并铸出适宜于压力加工尺寸、形状和质量要求的各种合金铸锭，以便进行压力加工。

1.1.1 有色金属料的熔化

1.1.1.1 熔化过程

有色金属及合金的熔化就是在熔炼炉中，把有色金属坯料进行加热，使之由固态变成液态的过程。常用的有色金属坯料主要有原生锭坯、再生锭坯、本厂的边角料、外来边角料和废旧料等。

在压力加工车间内，熔化有色金属及合金的目的是将各种不同成分、形状和洁净度的料坯，变成化学成分符合产品要求的洁净的液态金属，用于铸造规定尺寸的有色金属锭或为连铸机供料。

有色金属坯料熔化所消耗的能量约占有色金属材加工总能耗的30% ~40%。因此，在设计熔炉结构、选用燃烧器型号和制订熔化操作工艺时，必须考虑热量的充分利用和废气余热的回收，以尽量减少能源消耗。

熔料炉按加热方式可分为燃料炉、电阻炉和感应炉等。在工业生产中，燃料炉应用较为普遍，因为所用的燃料（主要有重油、天然气、煤气等）价格低廉，资源丰富。电阻炉一般只用于温度控制要求较严格的静置炉等。感应炉的能量利用率较高，但因容量小，在大规模的铝、铜等有色金属熔炼生产中应用不多。

在有色金属料的熔化中，除了金属坯料外，为改善合金的工艺性能和制品质量，减少冷、热裂纹，除应控制化学成分和杂质外，还应采用合适的工艺添加剂（变质剂）以改变和细化铸锭的晶粒。

1.1.1.2 金属液中气体的溶解与检测

A 气体的主要来源

金属液中的气体主要来源于燃料、大气、炉料、耐火材料、溶剂以及熔铸工具、润滑油等。

B 金属液中溶解气体的种类

在有色金属及合金熔体中溶解的气体有：H_2、CO_2、CO、N_2 和 C_nH_m（碳氢化合物）等气体。在这些气体中，氢的原子在正常熔炼条件下显著溶解，所以熔体中存在的气体主要以 H_2 为主，约占整个气体含量的70%～90%。N_2 和 C_nH_m 的溶解量也不容忽视。

C 气体的溶解机理

凡与金属有一定结合能力的气体，都能不同程度地溶解于金属中，与金属无结合能力的气体，一般只被吸附，而不溶解。气体在金属中溶解度的大小，取决于气体与金属间结合能力的强弱。

D 影响气体含量的因素

影响的因素主要有合金元素的种类、燃料种类、温度、熔体中氧化夹杂物的含量和性质以及熔炼时间等。

E 熔体中气体的危害

金属中溶解的气体是引起铸锭产生气孔或组织疏松之类缺陷的重要原因之一，对结晶温度范围较大的合金，尤其敏感。

比如，在低温下，铝能与空气中的水蒸气或沉积在铝表面的水分直接反应，生成一种被称为“铝锈”的氢氧化铝腐蚀产物。此外，水气还能与固态或液态铝直接反应生成氧化铝和原子氢，原子氢一部分被铝所吸收，其他的化合成分子氢进入大气。反应如下：

$$2Al + 3H_2O \xlongequal{} Al_2O_3 + 6H$$

由上式可见，水气和铝的反应是十分有害的。低温下生成的铝锈是一种组织疏松、对铝没有保护作用的白色粉末状物质，能吸附大量水气和氢，熔炼时若将铝锈混入溶液中，会造成熔体严重污染。因此，铝锭通常都要贮存在干燥的仓库中。液态铝与水气的反应，一是生成 Al_2O_3 和原子氢污染铝熔体，二是该反应十分激烈，只要有一点点水分进入铝熔体中，就有可能引起爆炸，造成事故。因此，在熔炼铝合金之前，必须对炉衬、炉料、工具、各种溶剂等进行充分预热和干燥。

F 熔体中气体含量的测定

生产中为了及时掌握金属中的气体含量，常对金属进行抽查，以便在工艺上采取补救措施。气体含量的测定，最简单的方法，就是第一气泡法：合金液精炼静止后，在炉前石墨模中浇注 $\phi80mm \times 20mm$ 的圆饼形试样，观察试样凝固过程中表面气泡析出情况，以判断精炼的效果。

1.1.1.3 非金属夹杂物及氧化膜

液态金属与 O_2、N_2、S、C 等元素发生化学反应而生成的化合物及混入的其他夹杂物，统称为非金属夹杂物及氧化膜。在有色金属熔铸过程中，形成的非金属夹杂物和氧化膜对金属制品有较大的危害，因此应尽量减少。

比如铝的熔点较低，而铝的化合物熔点较高：氧化铝约为2050℃，氮化铝为2180℃以上；AlC、Al_2S_3等熔点也较高，所以，液态铝中的非金属夹杂物及氧化膜主要以固态形式存在。金属氧化膜的出现，不仅增加了金属的消耗和能源损失，所产生的氧化铝也是造成铝液污染（“夹灰”）的主要根源。

1.1.1.4 金属杂质

在有色金属及合金熔体中，除含有气体、氧化膜及非金属夹杂物外，也常含有一些金属杂质。金属杂质的来源主要是：从坩埚及炉衬中吸收；铁制工具的溶解；洗炉不彻底或不洗炉；原材料带入；混料和误加等。

在有色金属及合金熔炼时，金属杂质的出现，对金属锭坯和制品会造成很大的影响，轻者会使锭坯和制品的质量下降，重者会使锭坯和制品成为废品。因此，在熔炼时，要针对产生金属杂质的不同原因，找出合适的消除或减少的办法。

1.1.2 熔体的氧化、烧损及其保护

1.1.2.1 熔体的氧化

金属的氧化程度主要取决于氧对该金属的亲和力，同时也与该金属的特性、状态和温度等条件有关。金属的氧化速度在很大程度上与金属表面氧化膜的性质相关；如果金属表面氧化膜致密，能阻止氧原子向内扩散，也能阻止金属离子向外扩散。

完整保护性氧化膜是指能够完全把金属表面包装起来，而且没有裂纹、孔洞或脱皮，又能够阻止金属氧化反应继续进行的氧化膜。

炉气的性质按其组成不同可以分为还原性气氛和氧化性气氛两种。生产中，通常根据火焰的颜色来鉴别炉气的性质：炉气为还原性气氛时，火焰发黄和冒黑烟；炉气为氧化性气氛时，火焰呈微蓝色。熔炼有色金属及合金时，一般应该选择微氧化性气氛。

1.1.2.2 熔体的烧损

合金在熔炼过程中，由于氧化、挥发以及与炉墙、精炼剂相互作用而造成的不可回收的金属损失称为烧损。烧损和渣中含有的金属总称为熔损。

烧损的大小除与合金元素有关外，还与炉型、炉料状态、生产工艺、炉内气氛、熔炼温度及时间等有关。比如：炉料的表面积越大，其烧损也越大等。

1.1.2.3 熔体的保护

熔炼过程与气体相互作用均系化学反应，因此，保护熔体的工艺制度均应从降低化学反应过程来考虑。

（1）防止吸气及降低氧化烧损的方法。选择合理的炉型，尽量选用熔池面积较小的炉子，如采用低频炉进行熔炼；采用合适的加料顺序，易氧化燃烧的炉料，应加在炉料的下层，力求缩短熔炼时间，防止过多的氧化烧损和吸气机会；采用覆盖剂，适时对金属或熔体进行覆盖；正确的控制炉内气氛；配入的炉料应清洁干燥；合金化保护。

（2）防止吸收金属杂质的方法。熔炼炉应用黏土砖进行砌筑；要有合理的配料比，根据制品的不同，废料和低品位锭的用量不能使用过多；转换合金时，必须彻底清炉或洗

炉；加强管理，避免混料，对受到污染和大量吸气的熔体，可用加强精炼的措施来补救；应特别指出的是合金化保护。

（3）熔剂覆盖。熔剂的覆盖，指液态熔剂在金属表面上自动铺开形成连续覆盖层的能力，也称为熔剂的铺开性或湿润性。熔剂的分离性指熔剂和金属液自动分离而不致相互混杂形成熔剂夹杂的能力，也称为熔剂的扒渣性。

在使用覆盖剂时应注意的问题：使用前应彻底干燥；粒度细小均一覆盖时要均匀；覆盖要适时；覆盖剂的用量应依炉料状态、炉子类型和熔体表面积来确定。

1.1.3 有色金属及合金熔体的精炼和净化

1.1.3.1 精炼和净化的目的

有色金属及合金熔炼过程中，除极易与氧生成金属氧化物外，同时也极易吸收气体［H］。精炼净化的目的就是清除或尽量降低这类夹杂和气体，以提高金属的净化程度。

金属液中的污染来源主要有3种：

（1）金属料本身带入的氧化膜、油污、水分、油漆、纸张、塑料、灰沙和金属杂质以及牌号不同的其他合金等。

（2）在熔化过程中产生的有色金属的氧化物、氮化物、氢，以及耐火材料和操作工具被金属液侵蚀所产生的杂质。

（3）在浇注过程中金属液与含有水分的空气接触所产生的氢气和金属的氧化物（称为“二次污染”）。

熔体中的［H］含量和金属氧化物的含量有关，当熔体中的金属氧化物含量越高时，［H］的含量也越高，造成的危害也越大。比如，在铝液中氢以原子状态存在，其溶解度随着温度的上升而增加，如图1-1所示。当液态铝凝固时，氢在铝中的溶解度急剧降低95%，金属内部过饱和的氢原子结合成氢分子从铸锭上方逸出，但也有少部分滞留在铸锭内部形成气孔，造成大的危害。

从熔体中除气、除渣以获得优良合金液的工艺方法和操作过程称为精炼。净化金属液需要采用能使金属的氧化物与金属熔体分离，将氢驱除熔池而本身不溶于金属液的物质，这种物质称为溶剂。

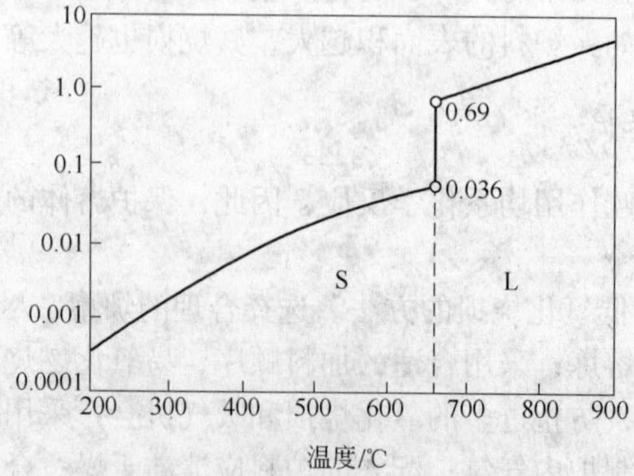

图1-1 氢在铝中的溶解度

S—固态；L—液态

1.1.3.2 精炼和净化的方法

精炼方法很多，就其作用原理可以分为吸附精炼和非吸附精炼两个基本类型；按精炼部位可分为炉内精炼、转注精炼（又称为在线式精炼）和浇包精炼三类。

属于吸附精炼的有吹气精炼、氯盐精炼、熔剂精炼、熔体过滤等。属于非吸附精炼的有静置处理、真空处理、超声波处理、预凝固处理等。

1.2 熔炼设备与操作

有色金属熔炼设备主要有熔炉（又称熔炼炉）、静置炉（又称保温炉），以及加料、出灰、通氮等所用的操作工具。

1.2.1 熔炼炉

熔炼炉是最主要的有色金属熔炼设备，它的主要作用是将各种形状和成分的金属坯料（主要是有色金属的锭坯、废角料和中间合金），按产品所要求的化学成分熔化，并在熔化过程中清除金属液中的氧化物及杂质等。

1.2.1.1 对有色金属及合金熔炼炉的基本要求

（1）在使用性能方面。要求容量合适，熔化速度快，辅助时间短，生产效率高，工艺操作和合金换组方便，便于实现机械化、自动化。

（2）在冶金质量方面。要求熔体表面积与熔池深度之比尽可能小，熔池内金属温度均匀，易于控制，炉气中水蒸气分压尽可能低，炉内气氛可以调节（最好为零压或微正压）。

（3）在经济效益方面。要求燃料消耗少，热效率高，炉衬寿命长，熔炼损耗少，单位产量占用面积小，设备费用低。

（4）在环境保护方面。要求没有噪声，没有或很少有燃烧废气等。

1.2.1.2 常用熔炼炉的种类及特点

在有色金属车间，常用的熔炼炉主要有电阻反射炉、火焰炉、感应炉等。电阻反射炉的优点是：水蒸气含量少，烧损小，炉温控制准确，熔炼的金属质量高；没有噪声，没有燃烧废气，工作环境好；结构简单，造价较低，维护保养简便。缺点是：单位功率不大，生产率低，炉子占地面积较大。

火焰炉的最大优点是熔化速度快，炉子容量可以做得很大，因而产量很高，成本低。缺点是：火焰直接与金属接触，易烧损，炉子中水蒸气含量高，熔体吸气量多（应该指出：在严格遵守熔炼、精炼及转注工艺的条件下，也能得到满意的熔体质量）。

感应炉的优点：一是合金烧损少，熔化速度快，热效率高；二是有电动搅拌作用，使熔体的成分和温度更为均匀，而且减轻了人工炉前操作的劳动强度；三是减小了合金氧化、吸气的机会，熔体质量高；四是烟尘少，噪声小，作业环境好。感应炉的缺点是电器设备费用较高。

1.2.1.3 熔炼炉的结构

电阻反射式熔炼炉是通过电热体放出的热量加热炉顶和炉墙，热量再由炉顶、炉墙以辐射方式传递给被加热的物料，使之不断升温熔化。固定式方形电阻反射炉由炉壳、炉基、炉底、炉墙、炉顶及炉温控制和测量系统等几部分构成，如图1-2所示。炉壳由金属构架和钢板焊接而成，炉基由混凝土筑成，炉底有多层耐火砖、镁砂层及保温砖砌筑，四周炉墙上开有数量不等的炉门、金属液出入口。通常，炉子两端的炉门用于搅拌、扒渣，正侧的炉门用于加料、取样。电阻反射炉的炉顶一般都采用悬挂式平顶结构。为了便于电热体辐射传热，炉膛的高度多控制在1500mm以下，而熔池的深度多在250～550mm之间。

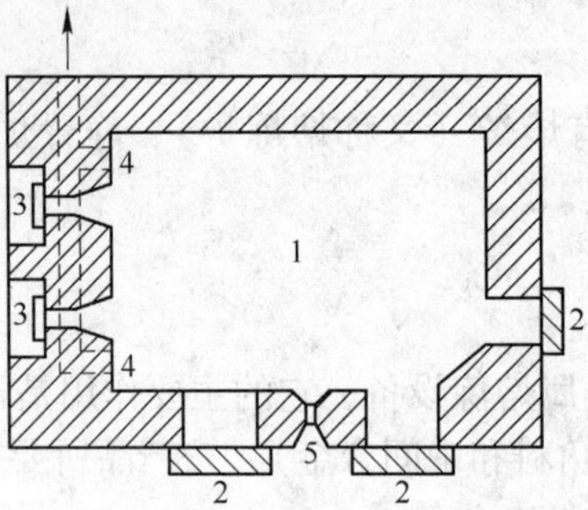

图1-2　熔炉结构简图

1—炉膛；2—炉门；3—燃烧器；4—烟道；5—出铝口

1.2.2　静置炉

静置炉用于接受在熔炼炉中熔炼好的熔体，并在其中进行精炼、静置和调整熔体温度，在铸造过程中对熔体起保护作用。因此，熔体的最终质量，在许多情况下与静置炉的类型和结构有关。

对静置炉的基本要求是：炉内水蒸气含量少；保温良好并能准确控制炉温；具有一定的升温能力；熔池内熔体的温差小；容量与熔炼炉相适应；结构简单、操作方便。

生产中普遍采用电阻反射炉作静置炉。电阻反射静置炉在结构上与电阻反射熔炼炉相似，但熔池要稍微深一些，熔池面积要小一些，而且配置的电功率也只有同容量熔炼炉的一半左右。

1.2.3　炉子准备与操作

炉子准备工作好坏，对产品质量、生产安全及炉子使用寿命都有很大影响。因此，对大、中修后的炉子都要进行烘炉和洗炉等。在烘炉和洗炉时，都要有一整套工艺规定，以达到上述目的。

1.2.3.1　熔炼炉开炉前的准备工作

新建成的熔炼炉和经过大修、中修、小修的熔炼炉，在开炉前的准备工作主要包括自然干燥、烘炉、洗炉和清炉。

(1) 自然干燥。炉子的炉衬是用含有大量水分的灰浆、耐火砖及镁砂层砌成的，为了避免炉子加热时因水分迅速蒸发而使炉体开裂，开炉前应对炉子进行自然干燥。自然干燥时，应将所有炉门及烟道闸门打开，使空气能在炉内流动，加快干燥速度。通常，凡新建、大修后的火焰炉、熔炼电炉及静置炉，其自然干燥时间在夏季不应少于半个月，在冬季不应少于一个月；中修后的炉子，其自然干燥时间在夏季不应少于一个星期。

（2）烘炉。使炉体各部分均匀缓慢地升温，避免炉衬受到急冷急热而开裂。同时，更充分地排除气体中的水分，防止熔炼时金属吸气和氧化。凡新建、大修、中修及长期或短期停炉后的炉子，在开炉前，都要进行烘炉。

（3）洗炉和清炉。清除熔池内积存的金属和非金属残渣。同时对新建或大修后的炉衬进行处理，防止熔炼合金时，熔体被金属杂质所污染。对于火焰反射式熔炼炉，在开炉前和使用过程中，应定期清扫烟道，以防止可能产生的爆炸事故。

1.2.3.2 制定烘炉制度的原则及烘炉时应注意的问题

烘炉时间的长短和升温速度是烘炉制度的两个基本工艺参数。这两个参数依据炉子结构、耐火砖的种类、炉子砌筑方法和对熔体的质量要求而定。烘炉的一般原则是：

（1）结构复杂的炉子烘炉时间宜长，升温速度宜慢。

（2）在烘炉温度范围内，对有相转变并伴有随体积急剧变化的耐火砖，在相转变的温度区之间，升温速度宜慢，保温时间宜长；对于含有结晶水的耐火砖，在结晶水析出的温度范围内，升温速度宜慢，保温时间宜长。

（3）干砌的炉子，升温速度可快一些；湿砌的炉子及自然干燥时间不充分的炉子，应延长低温烘炉时间，并降低低温阶段的升温速度。

对于生产高质量熔体的炉子，其烘炉保温时间宜长一些。烘炉时应注意：按制定的烘炉曲线升温，尽可能不要使温升有显著的波动，特别不应使温度上升过急；烘炉过程中应尽量做到使炉体各部分均匀受热，防止局部过热。

1.2.3.3 洗炉及洗炉方法

洗炉就是将残留在熔池内的炉渣和金属清洗干净，以保证产品的化学成分。新建的炉子也应洗炉，以清除大量的非金属夹杂物。

通常，在下列情况下应该洗炉：新建、大修及中修后的炉子以及长期停炉后的炉子；前一炉合金元素为后一炉合金的杂质时；前一炉合金中含有扩散慢的及易沉淀的元素，后一炉合金中虽然也含有这类元素，但含量相差悬殊；前一炉合金杂质的允许含量远高于后一炉合金相同杂质的允许含量。

在连续性生产中，洗炉次数越多，则生产率越低，生产成本越高。因此，在安排合金转组换炉的顺序时，应该根据生产计划，科学安排。

洗炉的具体方法是：洗炉前先将上熔次炉料彻底放干，并将炉温升至规定的温度后彻底清炉；洗炉料采用原锭，也可采用一号熔剂，静置炉用熔炼炉的洗炉料洗炉；洗炉料用量不少于炉子容量的35%～40%；洗炉过程中，每隔半小时将熔体彻底搅拌一次，搅拌次数不能少于三次；洗炉料要彻底放干。

1.2.3.4 清炉

清炉就是将炉内残存的结渣彻底清除干净。每当金属出炉后，都要进行一次清炉。合金转换及特殊制品每生产一炉时都要进行大清炉。一般制品连续生产5～15炉后也要进行大清炉。

大清炉时，应先均匀的向炉内撒入一层粉状熔剂，并将炉膛温度升至800℃以上，然后将炉内各处残存的结渣彻底清除干净。

1.3 熔炼工艺

1.3.1 熔炼方法的选择

（1）分批熔炼法。分批熔炼法是从装炉开始经过熔化、扒渣、精炼等工序后一次出炉，炉内不剩金属。本法多适用于生产质量要求较高的成品合金，因此能更好地保证铸锭化学成分的均匀性。

（2）半分批熔炼法。半分批熔炼法与分批熔炼法的区别在于出炉时，炉中留下1/5～1/4的液体金属，再装入下一次炉料进行熔炼。此法的优点是可使加入的炉料浸入液体之中，减少烧损；出炉时使一些夹杂物集于炉底，不致混入浇注的液体中去；炉内温度波动不大，可增加炉子的使用寿命。

（3）半连续熔炼法。此法与半分批熔炼法相似，每次出炉量为1/3～1/4后，即可加入下一炉料。与半分批熔炼法不同之处在于：留于炉内的液体为大部分，每次出炉量不多，以致每次出炉与加料相互连续。由于加入的料进入液体之中，不仅烧损少，而且可加速熔化速度。

（4）连续熔炼法。此法是加料连续进行，而出炉间歇进行。此法灵活性差，应用范围小，仅适用于纯铝的熔炼。

1.3.2 熔炼工艺过程

当熔铸机组连在一起时，其熔炼过程如下：

装炉→熔化→扒渣→加合金元素→搅拌→取样→调整成分→搅拌→精炼→扒渣→转炉→精炼及静置→铸造。

1.3.2.1 装炉

正确的装炉方法能减少金属的烧损及缩短熔炼时间，可提高金属的实收率及生产效率。装炉一般顺序是：易烧损的原料（如小片、板、管等废料）装于炉子底层；大块废料及原铝锭装于炉子的中层；中间合金装于炉子的上层，熔点高的应装于最上层。

对装炉的要求：采用加料机装炉时，应先进行人工铺底，避免大块废料撞击炉底；各种炉料应均匀平坦分布；特殊制品在装炉时，当装入一半及装炉完了时，都应均匀撒入粉状熔剂；电阻炉装炉时，炉料最高点到炉顶砖的距离不得小于100mm。

1.3.2.2 熔化

熔化过程及熔炼速度是决定铸锭质量的重要一环。

随着温度不断升高，特别是当炉料熔化以后，表面覆盖的氧化膜其强度逐渐减弱，很容易破裂，并逐渐失去保护作用。气体在这一阶段内很容易侵入，因此，当炉料软化下落时适当覆盖。

在煤气炉（或天然气炉）熔炼时应采用微氧化性气氛进行熔炼，以防金属过多的氧化；电阻炉熔炼特殊制品时，应避免在熔炼过程中更换电阻带，以防杂物落入熔体污染金属。

熔化过程中应注意防止熔体过热，为此当炉料化完后，应适当搅动熔体，以使温度均匀，同时也利于加速熔化。

1.3.2.3　炉料熔化过程中应注意的问题

（1）要控制熔炼温度。熔炼温度愈高，合金化程度愈完全，但熔体氧化吸气的倾向愈大，铸锭形成粗晶组织和裂纹的倾向性也愈大。通常，变形合金的熔炼温度都控制在合金液相线温度以上50～100℃的范围内。

（2）要控制熔炼时间。熔炼时间指从装炉升温开始到熔体出炉为止，炉料以固态和液态形式停留于熔炉中的总时间。熔炼时间愈长，则熔炉生产率愈低，炉料氧化吸气程度愈严重，铸锭形成粗晶组织和裂纹的倾向性愈大。精炼后的熔体，在炉中停留愈久，则熔体重新污染、成分发生变化、变质处理失效的可能性愈大。当熔炼时间超过规定后，通常应采取下列补救措施：一是补充精炼；二是重新搅拌、取样，调整成分。

（3）要注意合金化元素的加入方式。比如，在铝合金熔炼时，锌的熔点低，密度大，待主要炉料熔化后以纯金属锭的形式直接分散加入熔体中即可；铜的密度大，熔点虽高，但在铝中溶解度大，溶解热也很大，无需将铝过热即可顺利溶解，故当合金中铜含量范围较大时，铜亦可以纯金属板的形式在主要炉料熔化后直接加入熔体中；镁的熔点低，但易烧损，故镁也可以纯金属锭的形式在其他合金化元素完全熔化之后加入。除上述元素外，其他合金化元素一般可以中间合金形式在装炉时一次装入。

（4）要注意覆盖。

（5）要认真扒渣。当炉料全部熔化后，在熔体表面会形成一层由熔剂、金属氧化物和其他非金属夹杂物所组成的熔渣。在进行下一步熔炼作业之前，必须将这层熔渣除掉。其目的：一是防止熔体夹渣；二是减少熔体吸气的机会（因为熔渣是水蒸气的良好载体）；三是加强传热，提高升温速度（因为熔渣导热性差）。扒渣时，工具要干净，要预热；操作要平稳不起波浪；扒渣前在熔体表面要撒上一层粉状熔剂，利用熔剂的造渣作用将渣子与金属很好的分离，以减少渣中金属损失。

（6）要及时充分的搅拌。在熔体中加入合金化元素之后，以及在熔体出炉之前，要进行充分的搅拌。搅拌的目的：一是提高合金化元素熔化和溶解的速度，使成分均匀；二是均匀温度避免熔体局部过热。搅拌时应平稳不起浪花，不留死角，并保证足够的时间。

1.3.3　炉料及其组成

配制合金所用的炉料一般有原锭坯、废料（或称为回料）、中间合金或其他纯金属等。废料在入炉前，先经过一次熔化者，称为再生金属或复化料。

1.3.3.1　配料的基本任务和基本程序

根据合金本身的工艺性能和该合金加工制品技术条件的要求，在国家标准或有关标准所规定的化学成分范围内，确定合金的配料标准（又称为计算成分）、炉料组成和配料比，并计算出每炉的全部炉料量、进行炉料的过秤和准备的工艺过程称为配料。

配料的任务是：控制合金成分和杂质含量，使之符合有关标准；合理利用各种炉料，降低生产成本；保证炉料质量，正确配料，为提高熔铸产品的质量和成品率创造有利条件。

1.3.3.2 配料的基本程序

明确配料任务（合金牌号、制品状态、制品用途、所需合金液重量）；确定合金中各元素的计算成分；确定炉料组成及每种炉料的配比和熔损率，并掌握每种炉料的具体化学成分；计算每熔次的炉料总量和每种炉料的需要量；炉料的过秤和准备。

1.3.3.3 计算成分的确定

在国家标准或工厂内部标准所规定的化学成分范围内，选择某一确定的值作为配料计算的依据，该确定值称为计算成分或称为配料标准。对于制定了化学成分内部标准的工厂，计算成分一般按内部标准的中限选取；但是，对于易烧损的元素，宜按中限偏上选取；对于不易烧损而又稀贵的元素，宜按中限偏下选取。中间合金的计算成分，主要应该考虑元素的烧损。

例如，在采用火焰炉熔制二元铝中间合金时，可以参考表1-1所示数值进行配料。

表1-1 二元铝中间合金的配料标准

中间合金	元素名义含量/%	配料标准/%
Al-Cu	40	42
Al-Fe	10	11
Al-Ni	20	21
Al-Sb	2	2
Al-Mn	10	11
Al-Si	20	22
Al-Cr	4	4
Al-Ti	4	3

1.3.3.4 确定炉料组成和配料比的基本原则

炉料组成指构成炉料的各个品种和每个品种的品位；配料比指一炉炉料中每一种炉料所占的比例。

在确定炉料组成和配料比的时候，应遵循下面5条原则：

（1）成分原则。即所用之炉料要能保证熔制后的合金的化学成分合格，有害杂质的含量在允许范围之内。对杂质含量要求愈严格的合金，所使用的新金属料的品位应该愈高，配比愈大。

（2）质量原则。即炉料组成和配料比的确定要能保证产品的质量要求。对于军工产品或重要用途的合金制品，应该选用品位较高、配比较大的新金属料；相反，对于民用或质量要求较低的合金制品，则可选用低品位的废料。

（3）工艺原则。即在确定炉料组成和配比时，要考虑合金的熔炼工艺特性和设备性能，以保证熔炼质量。

（4）经济原则。即在保证制品成分和性能的前提下，尽可能地采用低品位的新金属料和多利用废料。

（5）物料平衡原则。即新、旧料比要与全厂的金属平衡相适应，避免一个时期全吃“粗粮”，一个时期全吃“细粮”的不均衡状态，以保证制品质量稳定，工艺稳定，成本稳定。

1.3.3.5　连续铸造合金锭时化学成分控制

一般具有良好的铸造性能的合金，在连续铸造圆铸锭时，化学成分控制在国家标准的范围内即可，无需特殊调整。

在连续铸造扁铸锭时，为了防止铸锭产生表面热裂纹，需要严格控制好化学成分。例如，合金具有较大的形成热裂纹的倾向，其中，对热裂纹影响最大的是杂质硅和铁的含量。为了提高合金锭连续铸造时的工艺稳定性，消灭裂纹废品，通常，应按表1-2所示的关系控制合金中的铁、硅含量。

表1-2　不同规格的LY11合金锭的铁、硅含量的控制范围

铸锭规格	铁、硅控制范围/%		
	Fe	Si	铁、硅关系
扁铸锭	0.25～0.35	0.56～0.70	Si　Fe
ϕ192mm及以下圆锭	<0.6	0.7	不控制
ϕ270～482mm圆锭	0.30～0.50	0.40～0.60	Si　Fe
ϕ630mm圆锭	0.50～0.65	0.40～0.60	Fe　Si

由表1-2可见，为了保证铸锭不产生裂纹，对于规格不同的铸锭，对铁、硅含量的控制范围要求是不同的。当控制铁为0.51%～0.65%，并使铁大于硅时，可以保证铸锭不产生裂纹。这种情况的出现可能与镁含量控制较高，使热脆性敏感区向硅含量较高的方向发生位移有关。

1.3.4　熔体的精炼工艺

1.3.4.1　精炼温度

合金熔体黏度愈高，除气除渣愈困难，其黏度决定于金属的温度及化学成分，提高温度可使黏度降低。故精炼温度应尽可能高些，但熔体的吸气量随温度升高而增加，所以精炼温度不宜过高。在熔炼炉中的精炼温度保持在熔炼温度范围内即可。

在静置炉内的精炼温度，以铸造温度的上限作为精炼温度的下限，以铸造温度的上限加15℃，作为精炼温度的上限。实践证明，在此温度范围内进行精炼较合适。

1.3.4.2　熔剂用量和吹气量

吹气时间与除气程度具有一定关系，故吹气量应充足。表1-3为熔剂用量及吹气时间。

表 1-3 熔剂用量及吹气时间

合金及制品	熔炼炉	静置炉
高镁合金	2 号熔剂 5 ~ 6g/kg	2 号熔剂 5 ~ 6g/kg
特殊制品（除高镁合金外）	普通熔剂 5 ~ 6g/kg 或 N_2-Cl_2 气体，吹 5 ~ 6min	普通熔剂 6 ~ 7g/kg 或 N_2-Cl_2 气体，吹 8 ~ 15min，两种方法同时使用
LT66、LT62、L0、L00、L01、L02		出炉时用普通熔剂，叠熔剂坝
其他合金		普通熔剂 6 ~ 7g/kg 或 N_2-Cl_2 气体，吹 8 ~ 15min

注：1. 用 N_2-Cl_2 混合气体精炼时每吨金属用量不少于 0.75m^3。
2. 在潮湿地区和潮湿季节，熔剂用量及气体用量应有所增加。
3. 对大规格的圆锭，其熔剂用量和吹气时间也应适当增加。

1.3.4.3 对精炼的要求

（1）熔剂在使用前应进行干燥，烘干温度应在 200 ~ 300℃，干燥时间不少于 4h。
（2）熔剂粒度为 50 ~ 80mm。
（3）用 N_2-Cl_2 混合气体精炼时，其气泡应当细小，熔体翻腾不应过大。
（4）精炼时应在熔体下层进行，同时不应存在死角，以保证羽绒体有更大的接触面积。

1.3.5 熔体的静置

熔体的静置也是一种净化方法。静置就是利用熔体与夹杂物之间的密度差，使夹杂物沉降而达到净化。需要的静置时间与熔体的黏度、密度及夹杂物的形状等有关。颗粒愈细，则上浮或下沉的速度就愈慢；颗粒成球状，则下沉的速度较快，呈片状则上浮容易。

熔体经精炼后，可加速这一过程的进行。熔体的静置时间，根据合金、制品的不同有所区别，一般为 20 ~ 45min。

1.3.6 炉前检查

1.3.6.1 合金熔体质量的评价

合金熔体的质量通常根据熔体的化学成分、含氢量、固态非金属夹杂物的含量、熔体温度和变质处理的效果进行综合评价。一般的原则是：熔体化学成分符合工厂内部标准或有关国家标准，熔体温度在工艺规程规定的范围内，含氢量、含渣量越少，变质处理效果越明显，则熔体质量越好。

例如，在变形铝合金生产过程中，为了控制和保证熔体的质量，各工厂都制定了自己的检查标准，并采用各种炉前分析手段进行炉前分析和监测。通常，熔体的化学成分是通过取样，并对试样进行快速分析来监测的，一般都控制在工厂制定的工艺规程范围内。熔体的含氢量，我国大多数铝加工厂都控制在 0.2 ~ 0.25mL/100g 金属的水平。

1.3.6.2 炉前分析化学成分的目的及在取样时的注意事项

在配料计算时，虽然对成分进行了控制，但是生产中的不可控制因素很多，在熔炼过程中可能由于各种原因而造成合金成分的变化。比如，炉料过秤不准确（规程允许的称量误差可达1%）、使用的中间合金成分不匀、烧损超出预计值、熔体偏析跑漏等，都可能使熔体的实际化学成分偏离控制范围。因而在合金化元素都加完之后，必须从熔体中取样进行炉前快速分析，并根据结果对熔体成分进行调整，以保证化学成分符合控制标准。

在选取化学成分快速分析试样时，应注意下面几个问题：

（1）试样规格应符合技术要求。通常，供光谱分析的应采用直径7mm，长度为70mm的叉形圆棒试样；供化学分析的应采用直径为70mm，厚为10~15mm的圆饼试样。

（2）试样必须在所有合金成分加完且熔体充分搅拌以后选取。

（3）试样应具有代表性。为此，试样应在每个炉门的中间、熔体深度一半处选取，而且光谱试样和化学试样要用同一勺金属浇注。

（4）试样应无渣、气孔、疏松和偏析等缺陷。为此，取样时，取样温度应不低于熔炼温度的下限；试样勺应事先涂料并充分干燥预热，勺内不许有金属或废金属杂质；试样模应预热，且以采用钢模或铜模为宜。

（5）生产高镁铝合金时，所取试样应禁止用水直接冷却，以避免水中的钙离子和镁离子混入，影响分析结果的正确性。

1.3.6.3 断口检查

断口检查常用于炉前检查某些变质合金的变质效果。变质效果良好时端口呈银白色，组织细小呈丝绒状；变质过度时断口呈青灰色有闪亮的白点；变质不足时，端口呈暗灰色，有硅的亮点，晶粒粗大。

断口检查也常用于检查含钛合金的细化效果及有无粗大的片状 Al_3Ti 化合物。

有时炉前还通过断口检查以判断精炼除渣及除氧化皮的效果。

断口试样可在金属型内浇注成150mm×350mm×25mm的扁平形式试样，也可在砂型内浇注成 ϕ30mm×150mm的圆柱形试样。

复习思考题

1-1　有色金属及合金熔炼的目的是什么？

1-2　简述有色金属熔炼的基本过程。

1-3　在炉料熔炼过程中，要注意哪些问题？

1-4　在炉前为什么要分析熔炼后的金属液的化学成分？

1-5　什么叫静置炉，它有什么作用？

1-6　熔炼炉在开炉前要进行哪些工作？

1-7　在熔炼过程中，为什么要对熔体进行保护？

1-8　在进行炉料配比时，要注意哪几条原则？

1-9　在有色金属熔炼时，为什么要进行洗炉，怎样洗炉？

2 铸锭及锭坯处理

2.1 铸锭的结晶

2.1.1 铸锭的结晶过程

用连续铸造法或金属模浇铸法生产有色金属及合金铸锭时，铸锭的结晶过程是从铸锭表面向中心，由底部向上部逐渐扩展的。包含在结晶开始面和结晶结束面之间的区域，由固相和液相组成，称为两相区。

一般情况下，两相区和过渡带可以认为是一致的。但是，当两相区的范围大于过渡带时，晶体的形成和长大发生在远离结晶前沿的地方。

过渡带具有复杂的结构：上部含有较多的液相，深度不大，但在偏析过程的发展中起着一定作用；下部是由液相数量较少的坚硬骨架组成，这一部分不但对偏析起着一定作用，同时对热裂纹的产生和发展具有很大意义。

对于不同合金，但其他条件相同时，结晶温度范围较宽的合金，过渡带的尺寸较大。几种主要变形铝合金的结晶温度范围，如表 2-1 所示。

表 2-1　几种主要变形铝合金的结晶温度范围

合　金	结晶温度范围/℃	
	液相线温度	固相线温度
工业纯铝	657	643
LF21	654	643
LD2	652	682
LF2	659	643
LF5	641	579
LY11	645	515
LY12	638	502
LD10	638	510
LC4	638	476

2.1.2 液穴深度和形状

被结晶前沿和铸锭敞露液面所包围的液体金属部分，一般称为液穴。液穴的形状和深度决定着沿铸锭断面和过渡带尺寸变化的性质。

在外界相同条件下，液穴深度取决于合金本性，合金导热性越好，热含量越小（结晶潜热、热容、密度越小），合金液相温度越高，则液穴越浅。对于同一种合金，液穴深度与铸造速度成正比，与铸锭直径的平方成正比。

2.1.3 结晶速度

结晶速度是指由液态金属转变成固态金属的快慢程度。加大冷却方法可提高结晶速度，但是过强烈的冷却是不可以无限地提高铸锭的结晶速度的。

2.1.4 结晶前沿的过冷

铸锭中晶体的成核和长大速度不仅和导热有关，而且与结晶前沿的过冷有关。熔体冷却到平衡液相线温度以下而尚未结晶时，一般称为过冷，平衡液相线温度（即理论温度）与实际开始结晶温度的差值称为过冷度。

晶粒的成核速度和长大速度与熔体过冷度之间的关系如图 2-1 所示。从图中可以看出，当过冷度较大，即熔体被强烈冷却时，成核速度大于长大速度，可以获得较细的晶粒组织；但当熔体温度过高，即过冷度过小时，金属化合物有时会溶解在金属液中，不能再起现成晶核的作用，使铸锭的晶粒组织变粗，有时会出现鹅毛状粗大晶粒。

铸锭横断面上的晶粒组织如图 2-2 所示。

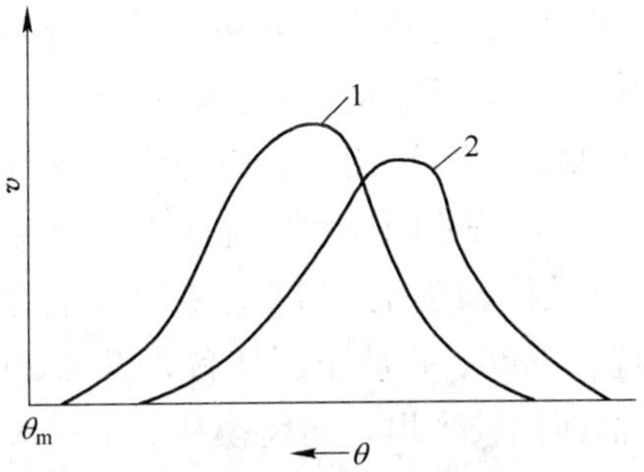

图 2-1　晶粒的成核和长大速度与熔体过冷度（$\theta_m-\theta$）的关系

1—长大速度；2—成核速度；θ—熔体温度；θ_m—熔点

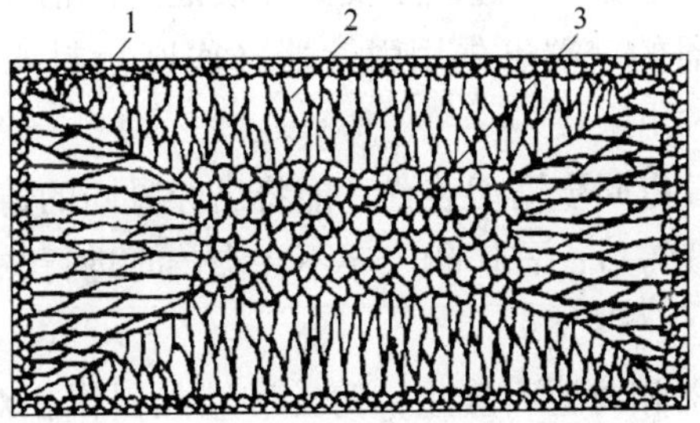

图 2-2　铸锭横断面的晶粒组织

1—表面层细晶粒组织；2—内部柱状晶粒组织；3—中心等轴晶粒组织

2.1.5 铸锭的结晶方式

铸锭的结晶方式是指液态金属在铸模中的结晶形式。它随合金成分、铸锭冷却条件、液体金属导入的条件及铸锭形状而变化。

一般来说，合金铸锭的结晶方式可以有条件的分为顺序结晶、近似顺序结晶和体积顺序结晶三种。

2.2 铸造方法及选择

2.2.1 合金铸锭的方法及其特性

铸造是将符合铸造要求的液态金属通过一系列转注工具注入到具有一定形状的铸模（结晶器）中，使液态金属在重力场或外力场（如电磁力、离心力、振动惯性力、压力等）的作用下充满铸模型腔，冷却并凝固成具有铸模型腔形状的铸锭或铸件的工艺过程。也就是说，铸造是一种使液态金属冷凝成形的方法。

铝合金铸锭的方法很多，根据铸锭相对铸模（结晶器）的位置和运动特征，可将合金铸锭方法分为不连续铸锭法和连续铸锭法。

2.2.1.1 不连续铸锭法

铸锭相对铸模静止，铸锭长度受铸模高度限制，过程不连续。

（1）锭模铸造。分铸铁模和水冷模两种。铸造多采用倾斜式浇铸法，即将铸铁模或水冷模固定在一个可以转动的机构上，开始浇铸时，铸模与水平线呈10°~25°倾斜角，液态金属由浇包直接从铸模顶部的侧边沿模壁流入，边浇注边转动铸模，直至垂直位置熔体浇满。完全冷凝成形后取出铸锭，再按照同样顺序浇注下一个铸锭。

（2）沉浸铸造。先将薄壁铁模预热至640℃左右（铝合金），然后将液态金属倒入铁模中，浇满后在立式炉中静止10min，再放下工作台，以规定的速度（通常很缓慢，保证熔体自下而上定向结晶，结晶面比较平坦）将铸模从炉中浸入水中，直至铸模上缘。保持数分钟后将铸模提起取出铸锭。

2.2.1.2 连续铸锭法

液态金属从熔炼炉或静止炉内以连续不变的速度通过流槽和分配漏斗，流入一个或一组无底的结晶器内，结晶器的一端事先用引锭器（底座）封死，金属在结晶器内冷凝成形，并从底端以一定速度拉出来。

在浇铸过程中，如果设有同步锯切装置，能将已经凝固的铸锭按照定尺切断，而且不妨碍上述过程，则称为连续铸造；若切断工序不在浇铸时进行，而在浇铸终了进行，则称为半连续铸造。

（1）静模铸造。结晶器相对地面静止，铸锭和结晶器作相对滑动，结晶器是整体的。又分为立式铸造和卧式铸造两种。

（2）动模铸造。结晶器是组合式的，组成结晶器的部分构件或全部构件处于运动状态，边浇注、边运动、边冷凝、边脱模。一般多与轧机配合组成连铸-连轧生产线。

2.2.2 连续铸造的优缺点

2.2.2.1 连续铸造的优点

（1）铸锭质量高。因为连续铸锭冷却强度大，结晶速度快，因而晶粒细小，力学性能好。其次，连续铸锭的结晶按自下而上，从外向里顺序进行，铸造致密度高。另外，连续铸造时，减少了氧化膜和夹渣的生成及卷入金属中的机会，使金属内部洁净度提高。

（2）成品率高。因为连续铸造不仅提高了铸锭质量，减少了气孔、疏松、氧化膜、夹渣等废品的数量，而且铸锭长度增加，切头切尾少，大大提高了金属实收率。

（3）生产率高。由于连续铸造生产的机械化、自动化程度高，铸锭重量大大增加。此外连续铸造时的劳动条件大为改善，劳动力消耗降低。

2.2.2.2 连续铸造的缺点

（1）铸锭受到强烈冷却产生很大的内应力，提高了大断面铸锭的裂纹倾向性。

（2）铸锭的快速结晶使某些难熔元素（锰、铬、铁、钛等）加剧了晶内偏析的倾向，并导致变形制品的某些特殊缺陷（如工业纯铝板材的各向异性、挤压制品和模锻件的区域性的粗大再结晶，局部偏析造成的分层等）的产生和加剧。

（3）机械设备比较复杂，初投资大。

（4）要求熟练的铸造技术。

2.3 连续铸造生产工艺

2.3.1 生产工艺概述

连续铸造是将金属液直接生产卷带坯料的连续生产方法，主要有三种类型：连续铸轧法、连铸-连轧法和水平连铸法。

（1）连续铸轧法。将金属液注入一对内部通水冷却的钢辊之间，把金属液的凝固和铸带的热轧合并成一道工序，在辊缝内连续进行，生产厚度为6～10mm的铸轧热带。

（2）连铸-连轧法。将金属液注入外部喷水冷却的活动模具之间，连续铸出厚度为15～25mm的铸带，并立即喂入设在同一条生产线上的连轧机组上进行热轧，生产3～7mm的连铸-连轧带。

（3）水平连铸法。将金属液注入长度为10～15mm的直接急冷的固定水平模中，生产厚度为10mm左右的连铸带。

以上三种类型中，以连续铸轧法的应用最为广泛，特别是在铝、铜合金的板带箔材生产上应用最多。连铸-连轧法以其生产能力大，合金品种多的优势也在逐步得到推广。

无论是采用连续铸轧法，还是采用连铸-连轧法，都需要每天24h连续生产，才能发挥其工艺优势。只有减少停机时间，节约消耗，保持稳定的操作条件和产品规格，才能获得较高的经济效益。

2.3.2 铸造工艺参数

连续铸造时，对铸锭质量产生重要影响的工艺参数有冷却速度、铸造速度、铸造温度、结晶器的有效高度、熔体转注方式、铸造开头结尾的条件等。弄清工艺参数及铸锭质量的关系与其变化规律，是选择铸造工艺参数的基本依据。

2.3.2.1 铸锭规格

铸锭规格是指铸锭断面的几何尺寸和铸锭长度。其中，铸锭断面尺寸是用加工锭坯的名义尺寸表示的。对不需要车皮或铣面的铸锭，铸锭断面尺寸与锭坯名义尺寸相同；对需要车皮或铣面的铸锭，铸锭的断面尺寸等于锭坯的名义尺寸加上设计的车皮或铣面量。

2.3.2.2 冷却速度

冷却速度是指铸锭的降温速度，又称为冷却强度，用单位时间内下降的温度来表示，常用单位是℃/s。在连续铸造过程中，铸锭内各点在同一时刻的冷却速度及同一点在不同时刻的冷却速度都是变化的。

冷却速度对铸锭质量的影响主要是：对同一合金来说，铸锭的力学性能一般随着冷却速度的加快而提高；但随着冷却速度的提高，铸锭中的热应力也相应加大，使铸锭的裂纹倾向性增加。

提高冷却速度可以减轻铸锭区域偏析程度；但在某些情况下，铸造速度慢是铸锭表面冷隔形成的原因。

提高冷却速度对改善铸锭组织和力学性能有明显的优越性，实际生产中，在允许条件下，都尽可能的强化铸锭的冷却过程。

生产中，主要采取改变结晶槽高度、铸造速度和水冷强度的方法来改变铸锭冷却速度。只有在生产裂纹倾向性比较大的合金铸锭时，才使用通过改变给水量来改变导热强度的方法。但在降低给水量的同时却增大了铸锭周边冷却的不均匀性。

2.3.2.3 铸造速度

铸造速度是指铸锭相对结晶器的运动速度，即铸锭对于结晶槽的运动速度称为铸造速度，常用 mm/min 或 m/h 表示。在连续铸造过程中，铸造速度是不变的，但在开头、结尾以及在铸造过程中由于液面的波动影响，其实际铸造速度不尽一致。

从发挥连续铸造机的最大生产能力出发，应采用最大的铸造速度。但是，对于不同合金和不同规格的锭坯，各有其最合适的铸造速度，否则影响质量。

（1）对铸锭力学性能的影响。随着铸锭速度的提高，铸锭平均结晶速度增加，在一定范围内将对铸锭的平均力学性能产生有利的影响。但当铸造速度过快时，铸锭的组织和成分的不均匀性及疏松程度增加，也使其力学性能下降。

（2）对裂纹倾向性的影响。提高铸造速度，可降低铸锭产生侧面冷裂纹的倾向性。对于大直径硬合金圆铸锭来说，除产生表面裂纹外，也因此增大了横向裂纹倾向性。

（3）对铸锭表面质量的影响。随着铸造速度的提高，偏析瘤增大；拉锭阻力增加，铸锭表面产生拉痕，甚至使拉裂的倾向性增大。如果铸造速度过慢，将形成冷隔膜，增加铸锭车皮时的金属损失，并可能成为冷裂纹的原因。

（4）铸造速度的选择。选择铸造速度的基本原则是：在保证铸锭质量符合技术条件（包括成品率）的前提下，采用尽可能高的铸锭速度，以发挥铸造机的最大生产能力。

2.3.2.4　结晶槽高度

结晶槽的有效高度对铸锭的质量有很大影响。降低结晶槽有效高度，使铸锭冷却速度增大，可以提高铸锭的平均力学性能，并有利于消除圆铸锭表面裂纹，但同时增大了圆铸锭其他类型裂纹及扁铸锭热裂纹的倾向性，而且可能造成表面冷隔缺陷。

提高结晶槽高度时，在铸锭边缘层会发生力学性能降低。

2.3.2.5　铸造温度

铸造温度通常是指铸造过程中静置炉内熔体的温度。提高铸造温度，使液穴变深，产生柱状晶组织的倾向增大，通常，使裂纹废品增加，并增大了铸锭表面偏析浮出物的程度。

铸造温度过低，将促使铸锭表面冷隔的形成和增大其深度，使铸锭组织产生显著的不均一性和力学性能降低，并使疏松、氧化膜、夹渣废品增多。

为保证熔体在转注过程中具有充分的流动性，应将铸造温度控制在比合金液相线温度高50～110℃范围内。

2.4　设备及操作

2.4.1　对半连续铸造机的基本要求

对铝合金半连续铸造机的基本要求：运行可靠、生产率高、铸造质量好、铸锭成品率高，对主要铸造参数（铸造速度、冷却水压或水量、铸锭长度等）能方便地控制调节及指示、结构简单、方便。

铸造机的工作可靠主要取决于铸造机的类型、结构、各部件的制造和安装情况以及对铸造机的维护质量。要保证铸锭具有良好的质量和高的成品率，在整个铸造过程中，铸造机必须运行平稳，保证铸锭以严格固定的速度垂直下降，不跑车、不停顿、不晃悠。

2.4.2　常用的立式半连续铸造机的类型

常用的有色金属合金立式半连续铸造机有辊式铸造机、液压式铸造机、丝杠传动铸造机、钢丝绳传动铸造机和链带传动铸造机5种类型。

2.4.2.1　辊式铸造机

辊式铸造机是利用两个彼此相向转动的辊子从结晶器中把铸锭拉出，通过改变辊子的转速来调节铸造速度的。这种铸造机每次只能铸造一根直径小于500mm的圆铸锭，生产率低，而且对铸锭直径变化的适应性小，一部铸造机仅能浇注直径尺寸相差不大的铸锭。此外，这种铸造机生产的铸锭实际上总是存在着较大的弯曲，因此，这种铸造机在生产中已被逐渐淘汰。

2.4.2.2　液压式铸造机

液压式铸造机是利用活塞杆当引锭器，将铸锭从结晶器中拉出，通过改变活塞下方油缸中的压力来调节铸造速度的。这种铸造机可以任意调整铸造速度，最适合电磁铸造等要求高平稳性的场合。缺点是结构复杂，在铸锭重量增加时，为了保证液压活塞均匀降落，需要采用各种复杂的调节系统。

2.4.2.3　丝杠传动铸造机

丝杠传动铸造机是借助丝杠的运动带动底座上下升降的，铸造时可以通过机械或电机进行有级或无级调速。这种铸造机运行平稳，但制造、安装和维护上都比较复杂，丝杠容易变形，丝母易磨损，更换麻烦，铸造长铸锭困难。

2.4.2.4　钢丝绳传动铸造机

钢丝绳传动铸造机是通过卷筒（绞车）缠绕钢丝绳带动底座上下升降的，铸造时可以通过机械或电机进行调速。这种铸造机优点是：运行平稳、结构简单、操作方便，适用于铸造各种规格的圆铸锭和扁铸锭。缺点是钢丝绳的不均匀拉伸可能引起平台歪斜，甚至被卡，导致运行不平稳，影响铸锭质量。

2.4.2.5　链带传动铸造机

链带传动铸造机是借链带的运动带动底座平台上下升降的，铸造时可以通过机械或电机进行调速。这种铸造机具有结构简单、工作可靠、运行平稳、操作方便等优点，适用于铸造各种规格的扁铸锭和圆铸锭。

我国目前普遍采用钢丝绳传动铸造机。

2.4.3　钢丝绳传动机的结构及使用时应注意事项

2.4.3.1　结构

典型的钢丝绳传动机是由机架、传动装置、平台、升降机构、盖板、供排水系统、铸造参数指示装置及操作台等构成。机架是由型钢构成的，固定在铸造井中，承装除传动装置外的所有部件。通常，机架上部的固定钢架上装有定滑轮组，机架的立柱上装有引导平台升降的导轨。导轨的数量（4～8 根）按铸造机的大小而定。

2.4.3.2　使用钢丝绳传动机时应注意的问题

（1）使用前，必须按照设备使用维护规程的要求，对设备进行认真检查，并按照规定在各润滑点注油润滑。检查时，重点放在钢丝绳、滑轮及卷筒上，钢丝绳要固定牢靠，不出槽、不打结、不断股，滑轮与卷筒转动灵活。发现钢丝绳破损，要严格执行报废标准，绝不允许凑合使用。

（2）确认传动机构正常后，应进行空负荷试车，检查平台升降、抱闸制动、行程指示、水泵运转、水位报警、各开关位置控制等是否正常。其中应重点检查平台升降情况，要求升降平稳。确认一切正常无误后方能开车铸造。

（3）采用变速齿轮调整铸造速度的铸造机，在更换齿轮时，要注意：齿数应符合规定；必须在空负荷情况下进行；更换前应将平台下降到距离铸造井底0.5～1m的高度；平台下降后，立即停电并挂上停电牌；更换时首先用卡紧齿轮固定；更换后将变速齿轮用定位键和螺丝紧住。然后卸下卡紧齿轮，送电试车。

（4）铸造过程：注意及时开动水泵，抽出井中积水；防止“跑流子”，一旦出现应立即堵住流口，停止铸造，清除设备上的冷凝块，然后检查设备，继续铸造；铸造中发生突然停电、停水事故时，应立即堵住流口，扳动铸造机对轮，使平台下降，直至流盘中金属液铸造完为止。

（5）启动提升电机时，要特别注意平台和盖板的距离，当平台上升到离顶部零位200mm左右时，应该用慢速上升，严格防止超过上部极限位置造成设备损坏。

（6）吊取铸锭要正确指挥吊车，绝不允许碰撞铸造机。

（7）铸造结束后，要清理设备上的渣和工具，并定期清理铸造井中的积渣和冷却水过滤箱中的过滤网。

（8）停产后必须将铸造井积水抽干，并在导轨和钢丝绳上涂油保护。

2.4.4 水平连续铸造机的结构特点及注意事项

我国目前普遍采用链动式的水平连续铸造机，这种铸造机结构简单、运行平稳、制造维护方便、成本低。它主要由机架、传动系统、引锭系统、锯切装置及排水系统组成。

铸造工在使用水平连铸机时应注意以下几点：

（1）使用前必须按照设备使用规程的要求和润滑卡片对机器的各部件进行认真检查和润滑。确认正常后进行空负荷试车，重点检查链条和链轮的磨损及运行情况、加紧装置是否灵活可靠，并调整铸造速度。

（2）铸造前，仔细安装引锭杆，并严格保证结晶器、引锭杆和轨道的工艺中心线在同一水平线上。

（3）铸造机开车后，要立即把压紧辊升起，等引锭杆进入适当位置时再将压紧辊缓慢放下压紧。铸造过程中，一要预防掉钩脱销；二要避免碰撞铸锭；三要防止传动辊和压紧辊打滑；四要防止“跑流子”，避免金属液凝结在牵引链条上。

（4）铸造完毕后应将设备清理干净。

2.4.5 连续铸轧设备

连续铸轧工艺省去了铸锭的锯切、铣面、加热和热轧工序，与半连续铸造工艺相比，可节约能源35%。双辊式连续铸轧机是一种比较先进的生产设备。

在双辊式连续铸轧机中，金属液通过一对内部通水冷却的铸轧辊以后，直接形成厚度为6～8mm的铸轧卷带，其宽度和卷重只受配套卷取机承载能力的限制。连续铸轧产品的规格品种不宜变化过多，否则将影响铸轧机的生产能力和经济效益。

双辊式连续铸轧设备包括前箱、铸嘴、铸轧机、导向辊、牵引辊、剪切机、张紧辊、卷取机、卸卷小车等，如图2-3所示。

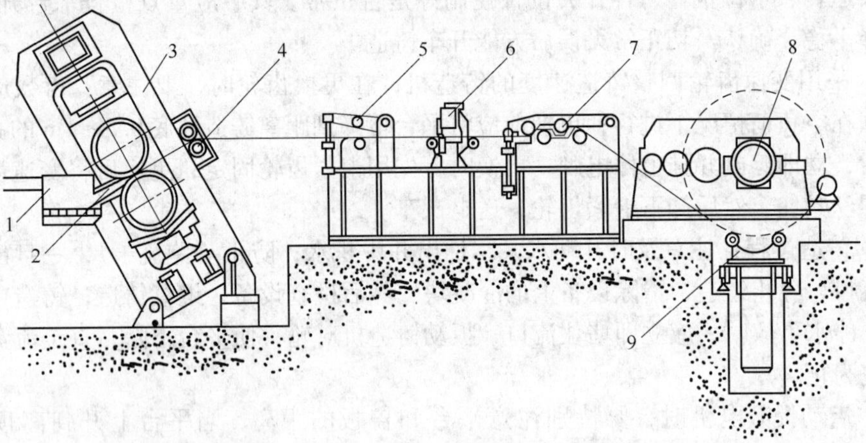

图 2-3　连续铸轧机组

1—前箱；2—铸嘴；3—铸轧机；4—导向辊；5—牵引辊；6—剪切机；
7—张紧辊；8—卷取机；9—卸卷小车

2.5　铸锭缺陷及消除

2.5.1　铸锭的裂纹

2.5.1.1　裂纹的种类

铸造裂纹是铸造车间主要废品之一。按照裂纹形成的内在原因通常可将裂纹分为“热裂纹”和“冷裂纹”两大类。

热裂纹是一种最普通又很难完全消除的铸造废品，除 Al-Si 合金外，几乎所有工业变形铝合金铸锭中都能发现。热裂纹的发生是由于合金在固-液区（固-液区大于或等于有效结晶区间）的可塑性低，液膜的厚度与晶间收缩变形不适应时所引起的。

铸锭在冷凝后产生的裂纹称为冷裂纹。铝合金铸锭的冷裂纹通常在 50～300℃ 内因铸锭不能承受应力的拉伸变形而引起的。冷裂纹具有以下特征：（1）穿晶断裂；（2）断口处比较整齐，通常呈亮灰色或浅灰色；（3）裂纹形成时伴随有巨大的声音；（4）通常发生在内应力最大的区域和有缺陷处。

2.5.1.2　中心裂纹

如图 2-4 所示，当铸锭内层冷却速度大于外层冷却速度时，内层收缩受到已凝固的外层的阻碍，因而在铸锭中心部分产生拉应力，这种应力从结晶瞬间到铸锭完全冷却的过程中不断增强，当引起的变形超过金属当时的允许变形值时，便产生中心裂纹。

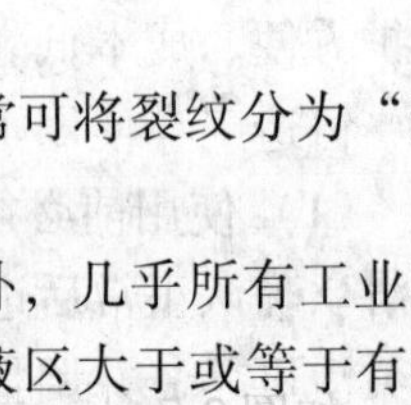

图 2-4　中心裂纹

中心裂纹是圆铸锭中最常见的裂纹形式。防止中心裂纹的主要措施是：提高铸锭在高温和低温时的可塑性；把液穴底部提高到水冷带以上；提高结晶槽高度及结晶槽的金属水平；为使内应力均匀分布，应使水冷均匀并采用漏斗使金属液流均匀对称的流向铸锭周边，漏斗直径不许太大或太小；铸造过程的开始和结尾要正确操作。

2.5.1.3　表面裂纹

如图 2-5 所示，表面裂纹通常都是热裂纹，这种裂纹是当液穴底部高于铸锭直接水冷带时形成的。这种裂纹只有在对宏观组织试片留心时才能发现，而且它们一般不在浇口部和底部出现。因此，检查表面裂纹，应在铸锭中部寻找。

为防止表面裂纹，应采取如下措施：提高铸造速度；降低结晶槽有效高度；水冷均匀；使用锥度较小的结晶槽。

2.5.1.4　环状裂纹

如图 2-6 所示，这种裂纹属于热裂纹。它是当铸锭外层硬壳和铸锭中间层的冷却速度差别很大时，在过渡带折点处发生的，则形成半圆的环状裂纹。在实际生产中，铸锭环状裂纹并不少见。

消除这种裂纹的主要措施：

(1) 提高铸锭的高温可塑性，应按要求控制化学成分和杂质含量，特别是易溶杂质（如在高镁合金中的钠）的含量。

(2) 防止熔体过热和熔体停留时间过长，消除柱状晶。

(3) 改变液穴形状，或者降低结晶槽中金属水平；使内应力均匀分布，应正确安装结晶槽，使水冷却均匀。

(4) 保证金属均匀进入（如漏斗放在结晶槽中心不倾斜）。

(5) 在停止供给液体后，不要立即停车，等结晶槽内金属水平位于水冷带上面 60 ~ 70mm 时再停止下降。

2.5.1.5　横向裂纹

如图 2-7 所示，这种裂纹属于冷裂纹，它是在硬合金大直径铸锭中在较低温度下形成的。铸锭直径越大，发生横向裂纹的概率越大。

防止这种裂纹产生的措施：按工艺要求控制化学成分和杂质含量，提高铸锭室温可塑性；适当提高铸造速度；防止表面冷隔、夹渣；均匀冷却，合理分配液流。

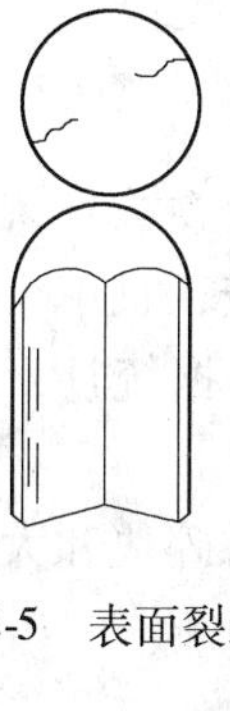

图 2-5　表面裂纹

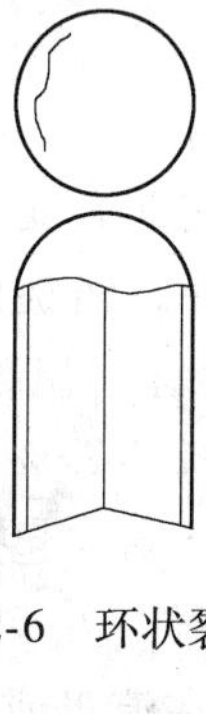

图 2-6　环状裂纹

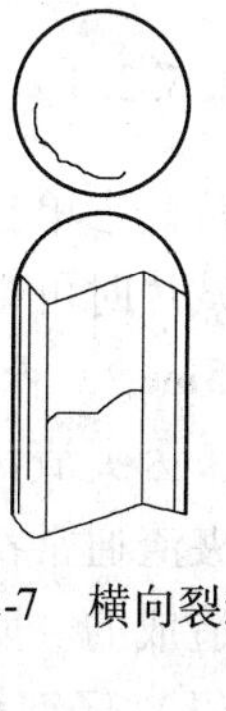

图 2-7　横向裂纹

2.5.1.6　底部裂纹

如图 2-8（a）所示，这种裂纹是由于铸锭底部相邻上下两层金属冷却时间和冷却速度不一致，收缩时受阻碍造成的。实际上，在生产条件下，底部裂纹多是因为底部处理不当引起的，此外，也与外部的收缩值阻力有关，如底座对铸锭底部的收缩阻力。

消除底部裂纹的主要措施：

（1）充分预热工具，铸造开始时，彻底清除结晶槽中熔体表面的浮渣。

（2）采用纯铝铺底的合金，铺底铝的温度最好不高于720℃，不低于690℃，铺底铝的厚度应该保证其端头厚度不少于20mm。

（3）对于不要求铺底的合金，铸造开始时应避免金属水平上升过快过高，防止悬挂。

（4）保证水冷均匀。

2.5.1.7　侧面裂纹

如图2-8（b）所示，为了防止这种侧向裂纹，一般采用适当提高铸造速度，以减少轴向的温度梯度，减小端头见水时的结晶层厚度，同时缩短了铸锭在结晶槽中的停留时间。这样就可以减少轴向应力、内层对外层的收缩阻力及表皮层的组织重熔。

2.5.1.8　浇口部裂纹

如图2-8（c）所示，这种裂纹是在铸锭顶部金属凝固收缩时，受到已凝固部分的阻碍，使顶部发生极大的拉应力造成的。这种裂纹在任何时候开裂都带有很大的危险性，往往使铸造工具损坏，甚至造成安全事故。在生产条件下，这种裂纹多因浇口部夹渣、掉入漏斗底结物、水冷不均、回火处理不当等原因造成的。

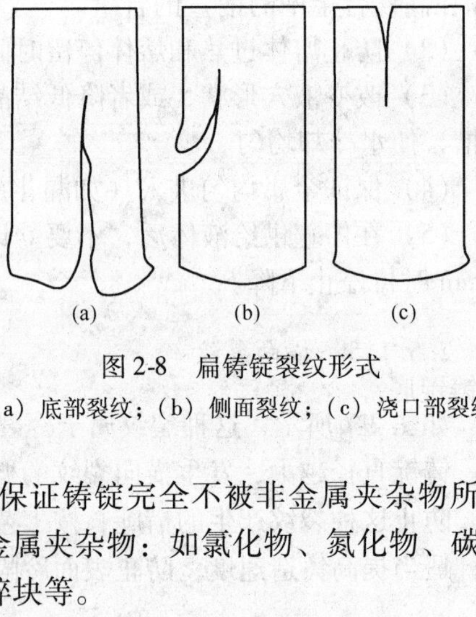

图2-8　扁铸锭裂纹形式

（a）底部裂纹；（b）侧面裂纹；（c）浇口部裂纹

2.5.2　非金属夹杂物及氧化膜

非金属夹杂物及氧化膜是铸锭废品中仅次于裂纹的常见废品。到目前为止，还没有一种工艺可保证铸锭完全不被非金属夹杂物所污染；因此在制品中，总是或多或少地存在着这些非金属夹杂物：如氯化物、氮化物、碳化物和硫化物等；另外，还有熔渣、熔剂夹渣及砌体碎块等。

2.5.2.1　夹渣及其防止

铸锭中单独的颗粒较大或细小成群的非金属夹杂物，称为夹渣。通常在检查铸锭横向低倍试片时可以发现。对于全部合金制品，铸锭试片上不得多于两点夹渣，且单个面积小于0.5mm^2，否则作废。夹渣是铝合金铸锭中出现频率最高的一种废品。据统计，按重量计算，因夹渣而报废的铸锭占总量的10%～25%。

夹渣通常都是在铸造过程中随液体金属一起掉入铸锭中的炉渣、炉衬碎块和大块的氧化物造成的。防止夹渣的方法：

（1）仔细精炼，保证静置时间，并在流盘或漏斗中采用玻璃布过滤。

（2）尽可能缩短转注距离，建立良好的转注条件，封闭流槽、流盘、漏斗中所有敞露落差，防止金属液面波动，在尽可能的条件下最好采用同水平铸造。

（3）彻底烘烤转注炉具，适当提高铸造温度，铸造过程中精心除渣，铸造结束后仔细清理炉子、流盘和其他工具。

（4）使用清洁的炉料。

2.5.2.2　氧化膜的特点及其防止

氧化膜是铸锭中一种特有的属于非金属类型的缺陷，但是它又与夹渣不同，在对铸锭的低倍试片和断口组织进行检查时一般不能发现它，只有采用特制的工艺试样才能发现。铸锭中氧化膜的分布是不均匀的，也没有严格的规律性。

防止和减少合金铸锭中产生氧化膜的方法是：在从原材料的储存、准备到熔炼铸造的每一个工艺环节内，从预防、保护、精炼3个方面入手，层层把关，采取相应的措施，联合治理，保证金属的洁净度。其次，防止和减少氧化膜的工作不能仅仅放在除去熔体中的固态非金属夹杂物方面，还应同时放在大大降低熔体中的氢含量上。

2.5.2.3　疏松的危害、分布特点及其防止

疏松使铸锭密度减小，致密性差，特别是降低高强度合金的冲击韧性和横向延伸率。此外，有疏松的铸锭在热轧和锻造时会引起裂纹，其半成品在球化退火时将出现气泡。

在通常条件下，扁铸锭的最大疏松区发生在宽面表皮层30mm以内的部位。铸锭的最大疏松区发生在铸锭中心，而且随结晶器高度增加而向边部发展。

防止铸锭产生疏松的方法是：降低熔体中的气体含量；缩小铸锭中过渡带的尺寸。

2.5.2.4　白点及其防治

白点是指在合金铸锭的断口组织中一种没有光线选择性的呈浅灰色的点状薄膜（图2-9），有以下特征：呈碱性、脆性（当白点严重时，能显著降低铸锭的可塑性），通常分布在铸锭底部、浇口部及边部。

白点产生主要取决于熔体气体饱和的程度及铸锭的冷却条件：熔体含气量越高，铸锭冷却强度越小，则形成白点的倾向性越大。

防止白点的方法：一是降低熔体的气体含量；二是提高铸锭的结晶速度。

2.5.3　金属组织缺陷

2.5.3.1　羽毛状晶的形成及其消除

羽毛状晶（见图2-10）是柱状晶的变种，它是在结晶前沿液体中的温度梯度十分陡峭、过冷带非常窄小的情况下生成的。当熔体的过热温度很高，铸锭的冷却速度极快，向结晶面直接供给热的金属流以及熔体中的有效活性质点很少时，羽毛状晶就容易发生。

在相同条件下，通常铸锭的晶粒越粗大，则力学性能越低、可塑性越差、压力加工性能越坏。所以，在实际生产中，为了保证制品性能和加工性能的稳定，对铸锭的晶粒度必须严格控制。

柱状晶和羽毛状晶的力学性能不低于等轴晶，但这两种晶粒组织存在很强的方向性，纵向和横向的力学性能差异很大，柱状晶的晶界和羽毛状晶的双晶面都是弱面，在轧制和

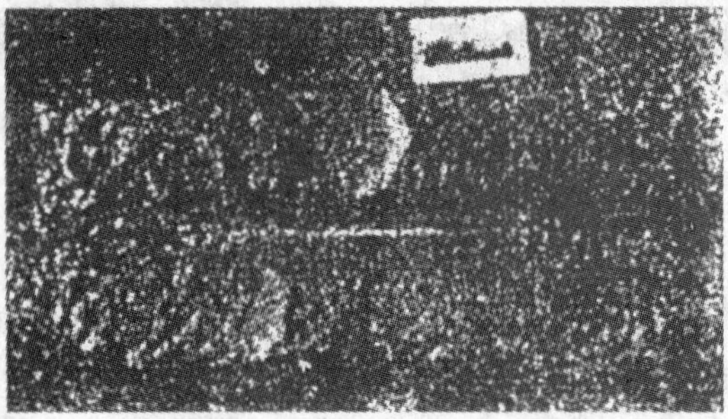

图 2-9　铸锭断口上的小白点

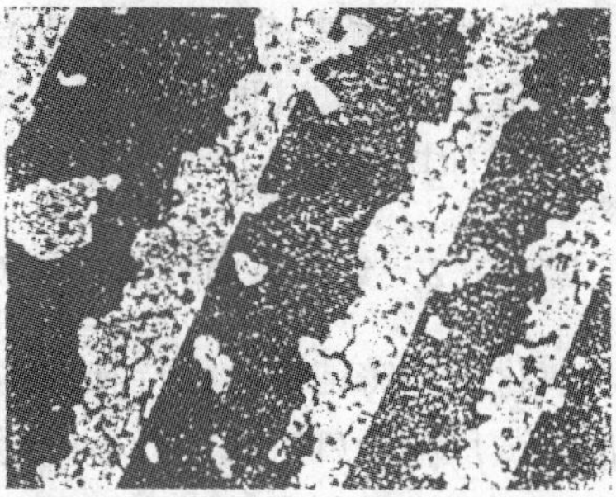

图 2-10　铝合金铸锭中的羽毛状晶

锻造时工艺可塑性不好，容易造成沿弱面裂纹。所以，为了保证材料的加工稳定性，并提高制品的最终性能，对铸锭柱状晶和羽毛状晶也要进行控制。

消除粗大等轴晶、柱状晶和羽毛状晶的办法是降低结晶前沿熔体的温度梯度，扩大过冷带和两相区的宽度，增大浓度过冷，破碎结晶骨架，提高合金中活性质点的数量。

2.5.3.2　光亮晶粒

光亮晶粒是在漏斗底部（立式铸造时）或倒流板（喇叭碗）流口下边铸锭侧（横向铸锭时）形成的一种先期凝结物，它是一种贫乏的铝固溶体，在铸锭低倍试片上呈现光亮色泽，故称光亮晶粒，简称光晶，如图 2-11 所示。

光亮晶粒作为铝合金铸锭的一种组织缺陷，它破坏了铸锭组织的均一性，使制品性能受到影响，故应根据制品用途进行控制。

消除光亮晶粒的根本方法是消灭产生光亮晶粒的温度条件和光亮晶粒依附条件，即使液穴内过冷带不扩展到金属分配器，也尽量使金属分配器表面平整圆滑。

2.5.3.3　金属化合物的形成及其防止

金属化合物（见图 2-12）是指铸造时在液穴内或漏斗底部以初晶形式出现的高熔点金属化合物质点。在漏斗底部生成的金属化合物的聚集物（底接物），间断地没有规律地散落在结晶面上，在铸锭中形成局部偏析。

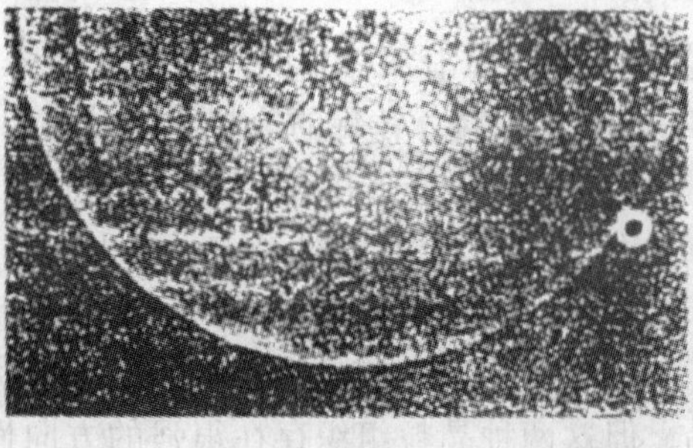

图 2-11　铝合金铸锭中的光亮晶粒

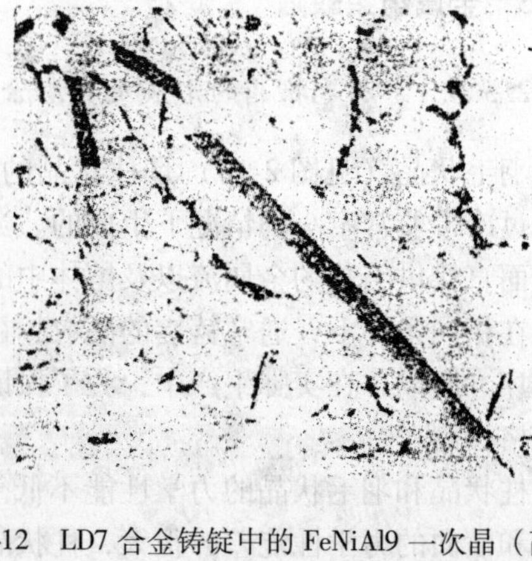

图 2-12　LD7 合金铸锭中的 FeNiAl9 一次晶（高倍）

防止金属化合物产生的最根本的措施是严格控制合金中难熔组元和杂质的含量。其次，应该从工艺上采取措施，尽可能提高液穴中熔体的温度，消除漏斗底接物的形成条件。

2.5.4 铸锭的表面缺陷和几何缺陷

2.5.4.1 偏析瘤

偏析瘤（见图2-13）在铸锭表面表现的严重程度，与合金的结晶温度范围、铸锭规格、工艺装备及工艺参数等多种因素有关。过冷、成分过冷和溶质再分配的结果，使易熔组成物富集于晶界和枝晶界。这种低熔点组成物被挤到铸锭表面便形成了偏析瘤。

图2-13 铸锭表面上的偏析瘤

影响偏析瘤程度的因素主要有：合金的化学成分；在用结晶器铸造时，二次加热时间越长，温度越高，偏析瘤越多；同一合金铸锭，偏析瘤随着规格增大而增加；铸锭中的气体缺陷增加，特别是周边气体缺陷增加时，形成偏析瘤的机会也将增加。

减轻偏析瘤的途径主要有：

（1）降低结晶器高度，它的作用在于缩短铸锭周边在结晶器内停留时间。结晶器高度对LY11、LY12合金（直径为405mm）铸锭偏析层深度的影响如表2-2所示。

表2-2 结晶器高度对偏析层深度的影响

合 金	偏析层深度/mm	
	结晶器高200	结晶器高100
LY11	0.88	0.44
LY12	2.04	1.84

（2）保证结晶器的安装和铸造机的垂直程度。

（3）增加水冷强度。

（4）减少铸锭的气体缺陷，比如，尽可能降低铸锭铸造前熔体中的含氢量；保证铸造时的敞露液面有良好的排气条件；提高冷却强度，以增大气体固溶量，减少析出量。

2.5.4.2 成层（冷隔）

铸锭表面成层（冷隔）是一种常见的表面缺陷，如图2-14所示。严重时在车皮或铣面后都不能消除，造成废品。

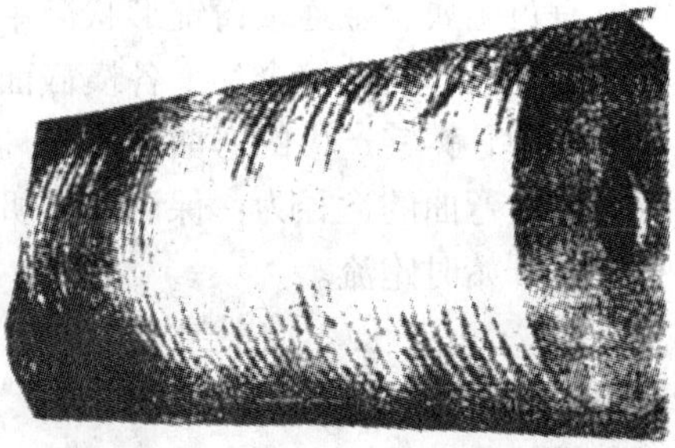

图2-14 铸锭表面成层（冷隔）

防止成层的主要途径为：使用带锥度的结晶器；减弱结晶器的冷却强度；提高敞露液面温度；操作正确，如清理好漏斗，防止漏斗孔堵塞；漏斗口直径不能太小，孔数不能太少，以免引起漏斗内液柱高度增加，使漏斗沉入太深；避免漏斗偏离铸锭轴线，以防止漏斗孔远离铸锭周边，引起成层；敞露液面保持稳定，防止金属液面忽高忽低。

2.5.4.3　拉痕拉裂

铸锭表面拉痕拉裂是小直径圆锭的一种常见表面缺陷，如图2-15和图2-16所示。连续铸造时，在结晶器内的周边，有一温度较高的凝固薄层，强度很低。当这一薄层的强度不足以抵抗与结晶器间的摩擦力时，铸锭表面出现拉痕，严重时出现拉裂。

图2-15　铸锭表面拉痕

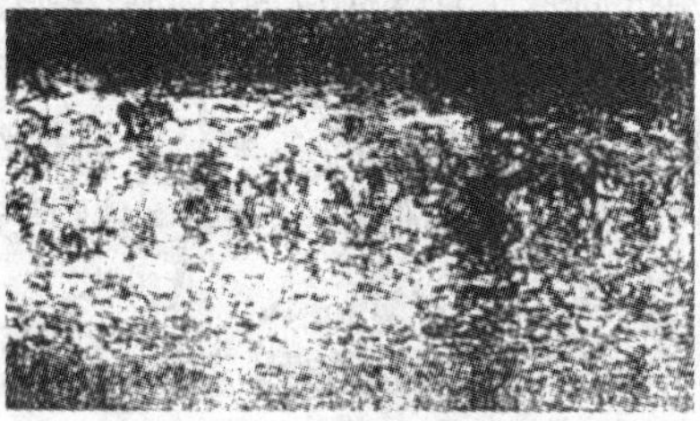
图2-16　铸锭表面拉裂

防止产生拉痕拉裂的主要途径为：提高结晶器材质的导热性；适当降低铸造速度和铸造温度；减少结晶器壁与铸锭周边摩擦力；增大冷却水压；保证结晶器、芯子安装和铸造机的垂直度。

2.5.4.4　表面缩孔

表面缩孔也是常见的一种铸锭表面缺陷，严重时，车皮都难以去掉。凡是能在敞露液面上造成凹坑的点状黏附物，都可能造成铸锭表面缩孔。

要防止表面缩孔的产生，必须避免这种点状物在敞露液面黏附，其主要措施有：

（1）提高熔体洁净度。为了提高熔体洁净度，需要加强熔体的除渣精炼和防止在浇注系统的二次污染，避免夹渣物黏附在敞露液面上。

（2）提高敞露液面温度。目的是避免在敞露液面氧化皮下，特别是在漏斗孔间的氧化皮下形成结晶。

（3）认真操作。铸造人员在整个铸造过程中，要仔细观察敞露液面是否有金属夹渣物和结晶质点黏附，一旦发现及时捞出。

2.5.4.5　铸锭弯曲

有色金属合金连续铸锭形状简单，一般有实心铸锭、空心锭、扁锭，其横截面均有对称中心存在，当铸锭全长上各横截面的对称中心不在一条直线上时，即称为铸锭弯曲。实际生产中，铸锭产生的弯曲有时是局部的，有时呈全长弯曲。

防止弯曲的途径为：保证铸造机下降的垂直度，防止晃悠；避免结晶器安放不正；防止铸造开始时跑流。

2.5.4.6　铸锭偏心

铸锭偏心是空心锭常见的一种几何缺陷，是其外圆和内圆不同心的结果。防止铸锭偏心的途径有：防止铸锭弯曲，所有影响铸锭弯曲的因素都会使空心锭偏心；防止芯子安放不正；加工机床的偏心度要满足要求。

2.5.4.7 扁铸锭宽面不平直

扁铸锭宽面不平直，会增大铸锭铣面量，降低加工材成品率。扁铸锭宽面不平直的原因，是由于铸锭的横截面上沿厚度方向上的收缩或收缩变形量不一。

为了使扁铸锭宽面尽可能平直，通常采用的办法是测量铸锭横截面厚度方向各点的收缩和收缩变形量，然后再确定结晶器的内腔尺寸。

除了以上几种几何缺陷以外，实际生产中还可能出现一些其他几何废品，如定尺不准引起的长度不符、铸锭切斜和车削量控制不准等。为避免这些缺陷，需要精心操作和保证设备的良好运转状态。

复习思考题

2-1 在铸造时，为什么要求金属液过冷？

2-2 有色金属及合金铸锭的方法主要有哪几种？

2-3 连续铸造法有什么优点？

2-4 铸锭的裂纹缺陷主要有哪几种，怎样消除或减少？

2-5 铸锭的表面缺陷主要有哪几种，怎样消除？

2-6 对比说明什么叫连铸-连轧和连续铸轧。

2-7 氧化膜对有色金属锭坯有什么危害，在铸造时，怎样减少氧化膜的出现？

2-8 有色金属及合金铸造工艺参数主要有哪些，它们对金属锭坯的铸造质量分别有什么影响？

2-9 铸造工在操作钢丝绳式连续铸造机时，应该注意什么问题？

挤 压

3 挤压概述

3.1 挤压的基本方法

3.1.1 挤压的定义

所谓挤压，就是对放在容器中的锭坯一端施加压力，使之通过模孔流出而成为具有一定形状、尺寸和性能制品的一种金属塑性加工方法。盛放锭坯的容器称为挤压筒；挤压杆通过挤压垫推动金属锭坯的前进。金属从挤压模具上的模孔流出，模孔的形状和尺寸决定了流出金属制品的形状和尺寸。

挤压方法主要用于生产断面形状复杂、尺寸精确、表面质量较高的有色金属管、棒、型材，也可以生产钢制品，比如用挤压法生产无缝钢管。有时生产薄壁和超厚壁断面复杂的管材、型材及脆性材料时，挤压是唯一可行的塑性加工方法。

3.1.2 挤压的分类

挤压方法有许多，并且可以根据不同的特征进行分类：按挤压时金属的温度可分为热挤压与冷挤压；按坯料不同可分为锭挤压、坯挤压、粉末挤压和液态金属挤压；按被挤压的金属材料种类可分为黑色金属挤压和有色金属挤压；按金属流向可分为正挤压、反挤压和横向挤压等。

3.1.2.1 挤压按金属的流向分类

挤压最基本的方法是根据金属的流向（挤压过程中金属流动方向与挤压杆的运动方向的关系）来分类的，最常用的是正挤压法和反挤压法，如图 3-1 所示。

在正挤压时，金属的流动方向与挤压杆的运动方向相同。其最主要的特征是在挤压过程中，金属锭坯与挤压筒内壁之间有相对滑动，且二者之间又存在着很大的正压力，所以二者之间存在着很大的外摩擦，也就是锭坯与挤压筒内壁之间存在着很大的摩擦力，因此挤压力很大。

在反挤压时，金属的流动方向与挤压杆的运动方向相反，其特点是金属与挤压筒内壁

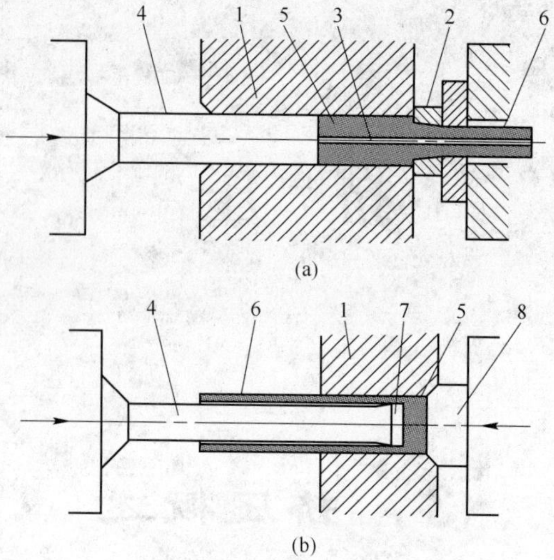

图 3-1　管材的挤压方法

（a）正挤压管材；（b）套轴反挤压管材

1—挤压筒；2—模具；3—穿孔针；4—挤压轴；5—锭坯；6—管材；7—垫片；8—堵头

间无相对运动，继而也就无外摩擦。因此在同等情况下，反挤压比正挤压时的挤压力要小，金属废料也少。正挤压与反挤压的不同特点对挤压过程、产品质量和生产效率等都有着极大的影响。

除正挤压和反挤压外，还有横向挤压，但较少采用。在横向挤压时，模具与金属坯料轴线呈 90°放置，作用在坯料上的力与其轴线一致，被挤压的制品以与挤压力成 90°方向由模孔流出。在这种挤压条件下，制品的纵向性能差异较小，材料性能得以提高。

3.1.2.2　按材质分类

按照被挤压金属材料的材质，可分为黑色金属挤压和有色金属挤压，其中后者应用最为广泛。按照有色金属的分类方法，其挤压制品又可以分为轻有色金属挤压制品、重有色金属挤压制品和稀贵金属挤压制品。

轻有色金属挤压制品主要包括铝及铝合金挤压制品和镁合金挤压制品，比如建筑用铝合金型材、铝线坯、铝合金管材等；重有色金属挤压制品，包括铅、锌、铜、镍等，以铜及铜合金应用最为广泛，比如铜线坯、紫铜管、黄铜管等；稀贵金属主要包括钛合金挤压制品，以及钨、钼、钽、铌等金属及合金的挤压制品。

3.1.2.3　按制品断面形状分类

按挤压制品的断面形状特征，可以分为管材、棒型材及线坯等。

3.1.2.4　按温度分类

挤压按挤压时的温度分类，有热挤压、温挤压及冷挤压。热挤压和冷挤压是挤压的两大分支，在冶金工业系统中主要采用热挤压，而在机械工业中，主要采用冷挤压。

挤压法是生产有色金属及合金管、棒型材以及线坯的主要方法。挤压法生产管材如图

3-1 所示，最常用正挤压法。所用的锭坯一般为实心的，在某些情况下也用空心的锭坯，这主要取决于设备的结构和金属的性质。挤压时，穿孔针与模孔形成一环形间隙，在挤压杆压力作用下，金属由此间隙中流出形成管材。

用反挤压法生产管材目前较少采用，只有在挤压直径 $\phi 300 \sim 500$mm 或更大的管材，在现有的设备上用正挤压法不能生产时，才采用反挤压法生产。

棒型材挤压应用比较广泛。用挤压法生产的棒型材，有的可以直接使用，比如目前广泛应用的建筑用铝合金型材；有的作为拉拔或冷轧的原料，继续加工，生产断面更小的成品，比如常见的圆棒坯、方棒坯等。

线坯也是挤压法生产的常见产品。线坯主要用作拉拔的原料，供生产有色金属及合金的线材和细丝，比如常见的铝线、铜线、钨钼丝等。

3.2 挤压法的优、缺点

3.2.1 挤压法的优点

作为生产管、棒、型材以及线坯的挤压法与其他金属压力加工方法，如型材轧制、管材斜轧穿孔、型线坯锻造等相比较，具有以下一些优点：

（1）具有比轧制更为强烈的三向压应力状态图，金属可以发挥其最大的塑性。因此用挤压法可加工用轧制或锻造加工有困难甚至无法加工的金属材料。对于要进行轧制或锻造的脆性材料，如钨和钼等，为了改善其组织和性能，也可采用挤压法先对锭坯进行开坯，再用其他的方法进行生产。

（2）挤压法不只是可以在一台设备上生产形状简单的管、棒和型材，而且还可以生产断面形状复杂的，以及变断面的管材和型材。这些产品一般用轧制方法生产是非常困难的，甚至是不可能的，或者虽可用其他方法生产，但是很不经济。

用挤压法生产的部分型材断面形状如图 3-2 所示。

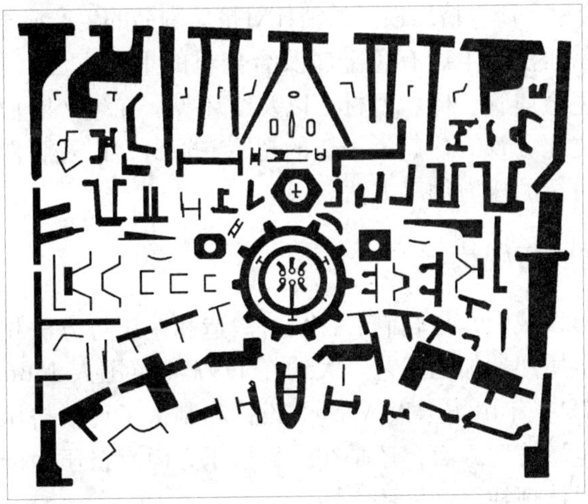

图 3-2 用挤压法生产的部分型材断面形状

（3）具有极大的生产灵活性。在同一台设备上能够生产出很多的产品品种和规格。当从一种品种或规格改换生产另一种品种或规格时，操作极为方便、简单，只需要更换相应的模具即可，而所占的时间很短。因此，挤压法非常适合于生产小批量、多品种和多规格的产品。

（4）产品尺寸精确，表面质量高。热挤压制品的精确度和光洁度介于热轧和冷轧、冷拔或机械加工之间。由于具有高的表面质量和尺寸精度，因此多数挤压制品可以直接使用而不需要再进行加工。

（5）实现生产过程自动化和封闭化比较容易。比如目前广泛应用的建筑用铝型材，一条挤压生产线已实现完全自动化操作，操作人员已减少到两人。在生产一些具有放射性的材料时，挤压生产线比轧制生产线更容易实现封闭化，这样就可以大大减少放射性元素对人体的伤害。

3.2.2　挤压法的缺点

挤压法除具有上述优点的同时，也存在一些缺点：

（1）金属的固定废料损失较大。这主要是由于在挤压终了时要留有压余和挤压缩尾，在挤压管子时还有穿孔料头的损失，因此切损量大，金属收得率低。

（2）加工速度低。由于挤压时的一次变形量和金属与工具之间的摩擦都很大，而且塑性变形区又完全为挤压筒所封闭，因此产生很大的变形热，并且又不易散发出去，使金属在变形区内的温度升高，从而有可能达到某些合金的脆性区温度，会引起挤压制品的缺陷而成为废品。因此，金属的流出速度受到一定的限制。另外，在一个挤压周期中，由于有较大的辅助工序，占用时间较长，生产率较低。

（3）沿长度和断面上制品的组织和性能不够均一。这是由于挤压时，锭坯内外层和前后端变形不均匀所致。

（4）模具消耗较大。主要原因是在挤压时工作应力很大，工作温度又很高，在高温和高摩擦力作用下，使得挤压模具的使用寿命很低。同时，由于加工制造挤压模具的材料皆为价格昂贵的高级耐热合金钢，所以挤压模具的消耗对挤压制品的生产成本有不可忽视的影响。

综上所述可知，挤压法是生产有色金属及合金材的重要方法，非常适合于生产品种、规格和批数繁多的有色金属管、棒、型材，以及线坯等。在生产断面复杂的或薄壁的管材和型材，直径与壁厚之比（D/H）趋近于2的超厚壁管材，以及脆性的有色金属及合金材方面，挤压法是唯一可行的压力加工方法。

3.3　挤压生产的发展与现状

在金属的塑性变形领域中，与轧制、拉拔、锻造和冲压等方法相比较，挤压法出现得比较晚，是一种新的金属塑性加工工艺。大约在1797年英国人J. Bramah首先发明了一种挤压铅管的装置，到1894年由德国人A. Dick设计和制造了可以挤压黄铜的挤压机，自此以后，无论是在有色金属挤压方面，还是在钢材挤压方面，挤压生产日益发展。现阶段挤压生产的急剧发展主要体现在以下一些方面。

3.3.1　挤压设备迅速发展

具体地说，挤压机的台数不断增加，生产能力在不断地扩大，结构形式不断更新，自动化程度不断提高，油压挤压机得到广泛应用。例如为了满足制造大型运输机、战斗机、导弹、舰艇等所需要的整体壁板等结构材料的需要，建造了最大挤压力为270MN的大型水压机，最大的油压机的挤压力也已经达到了95MN。在世界上，现阶段挤压力超过100MN的挤压机已经有30多台。

挤压生产线的自动化程度不断提高。近代的挤压机已经完全摆脱了人工操作的繁重体力劳动，改为远距离集中控制、程序控制和计算机自动控制，从而使生产效率大幅度的提高，操纵人员大为减少。比如目前已经实现完全自动化操作的建筑铝型材的挤压生产线，操作人员已减少到两人，甚至有可能实现挤压生产线的无人化操作。

3.3.2 挤压工模具面貌一新

总的说，从设计、计算、结构选择、装卸方法、制模技术、新材料研制到提高挤压工模具寿命等方面都有很大的发展。挤压模具中的新式挤压模不断出现，比如舌形模、平面分流组合模、叉架模、导流模、可卸模、宽展模、水冷模等，同时出现了多种活动模架和工具自动装卸机构，大大简化了工模具的装卸操作。

挤压工模具的新材料不断出现，比如高合金化的铬镍模具钢的出现与新型热处理方法的使用，使模具材料的质量向前推进了一大步。由于计算机用于挤压模具的设计和制造，为实现模具的设计和制造自动化，提高模具的质量和寿命开辟了另一条崭新的道路。

3.3.3 挤压新技术不断出现

在挤压铝合金方面，为了控制流出速度，防止在挤压制品的表面上出现周期性的裂纹，已经出现了等温挤压技术（即在挤压过程中，金属流出模孔时的温度不变）；为了提高挤压速度，出现了冷挤压技术；为了减少在挤压时外摩擦对金属流动不均匀性的影响，出现了润滑挤压技术；为了提高挤压生产率和成材率，出现了锭接锭挤压，大大减少了挤压压余量。

在挤压时，对于易氧化的紫铜和黄铜等，则采用了水封挤压、惰性气体保护挤压和真空挤压，这样基本杜绝了紫铜和黄铜等与空气中的氧的接触，大大减少了紫铜和黄铜的氧化。对于在挤压时极易破碎的脆性材料，如钨、钼等则采用了带反挤压力的挤压和静液挤压等。

在常规挤压时，挤压筒壁与锭坯间的摩擦力是阻碍锭坯前进的力，它不但使挤压力升高，还使挤压过程变得更加不均匀。为了使外摩擦力变害为利，出现了有效摩擦挤压，使挤压力变为促进挤压过程进行的力。

3.3.4 产品品种、规格不断扩大

现阶段铝合金型材的品种已达到30000多种，其中包括了很多复杂的铝合金型材，如具有复杂外形的型材、逐渐变断面型材、阶段变断面型材、大型整体带筋壁板及异型空心型材等。目前，挤压型材品种在管材方面，除了生产圆、椭圆、扁、方、六角等管材以外，还出现了变壁厚管材和多孔腔管材等多种。

可以用挤压法生产的金属的种类也越来越多。过去主要是用来生产铜、铝及其合金材，但是一些熔点较高、变形抗力较大的钢和有色金属及合金，如镍合金、钛合金、钨、钼等，很难用挤压法生产。但随着熔融玻璃润滑剂在挤压上的应用，使得以上材料的挤压

也可以实现工业规模的生产。

另外，挤压法可以采用金属粉末、颗粒作为原料，直接挤压成材，同时还能用来生产双金属、多层金属以及复合材料等制品。

3.3.5　理论研究有突破性的进展

20 世纪初首先进行了挤压时的金属流动试验，包括金属流动规律和挤压缩尾的形成机理。接着又出现了挤压力计算公式。现阶段，滑移场理论、视塑性法、有限元法、上界法等已经广泛应用在挤压过程的分析上。

3.4　合金材料分类及特性

有色金属及合金材料种类多、用途广，并且特性各异，目前常用的合金材料特征与挤压制品的用途分述如下。

3.4.1　铝及其合金

目前铝及其合金的分类牌号体系，是由数字组成的 8 类新牌号体系。

3.4.1.1　1000 系纯铝（L 系）

工业纯铝，具有优良的耐蚀性能、导电性能和加工性能等，主要用于电线电缆、家庭用品、电气制品、医药与食品包装、配电材料等。

3.4.1.2　2000 系合金（Al-Cu 系）

属硬铝及部分锻造铝合金，如 2A11（LY11）、2A12（LY12）、2A01（LY1）、2A70（LD7）等，多用于飞机结构材料，但耐蚀性差，需要进行防腐处理。

3.4.1.3　3000 系合金（Al-Mn 系）

此类合金热处理不可强化，典型代表为 3A21 合金（LF21），加工性、耐蚀性、焊接性良好，广泛应用于日用品、建筑材料、器件等。

3.4.1.4　4000 系合金（Al-Si 系）

典型代表为 4043、4343 合金，专门作为焊接材料。4043 合金具有熔点低、流动性好、耐蚀性好等特点，对避免焊接裂纹十分有利。4343 合金具有熔点低、凝固的范围窄、流动性好等特点，有利于焊缝凝固时的补缩和减少裂纹，可用作复合钎焊板包覆层。

3.4.1.5　5000 系合金（Al-Mg 系）

热处理不可强化，耐蚀性、焊接性、表面光泽性优良，如 5A02（LF2）、5A04（LF4）、5A06（LF6）等，主要用于装饰材料、高级器件、船舶、车辆、建筑材料等。

3.4.1.6　6000 系合金（Al-Mg-Si 系）

可热处理强化合金，耐蚀性良好，具有较高的强度，且热加工性能优良。典型代表为

6061（LD30）、6063（LD31）等。6061 合金中等强度，具有良好的塑性、耐蚀性和可焊接性，特别是无应力耐蚀开裂倾向，淬火敏感性高，挤压时不能实现风冷，需要重新固溶处理与淬火时效，可得到较高强度，适宜于做结构材料和建筑材料；6063 合金具有优良的挤压成形性、淬火性、可焊接性、耐蚀性及氧化着色性等，主要用作建筑用铝型材与装饰材料等。

3.4.1.7　7000 系合金（Al-Zn-Mg-Cu 系）

典型代表是 7075，在铝合金中强度最高，主要用于飞机及体育用品。7000 系合金的主要缺点是耐应力腐蚀裂纹性能较差，需要采用合适的热处理改善其性能。

3.4.1.8　8000 系合金（Al-Li 系）

典型代表是 8090，其最大特点是密度低、刚性高、强度高，是世界各国竞相开发的新材料。

3.4.2　镁合金

3.4.2.1　Mg-Li 系合金

迄今为止最轻的金属结构材料，美国牌号主要有 LA141A、LS141A，合金中随着 Li 含量的增加，合金的密度降低，塑性增加。此类合金主要用于航空和民用领域。

3.4.2.2　Mg-Mn 合金

该合金系的典型代表有 MB1、MB8 等。该类合金具有较高的耐蚀性能，无应力腐蚀倾向，焊接性能良好。此类合金可加工成各种不同规格的管、棒、型材和锻件，主要用于飞机构件，管材多用于汽油、润滑油等要求抗蚀性高的管路。

3.4.2.3　Mg-Al-Zn-Mn 系合金

该合金主要有 MB2、MB3、MB5 等，具有较好的室温力学性能和良好的焊接性能，用于制造飞机内部构件、舱门、壁板等。

3.4.2.4　Mg-Zn-Zr 系合金

该合金主要有 MB15、MB18、MB21、MB22、MB25 等，此类合金具有良好的成形和焊接性能，无应力腐蚀倾向。主要用于制造飞机操作系统的摇臂等受力件。

3.4.2.5　Mg-稀土系合金

该合金牌号主要有 MB8、MB18、MB21 等，具有优良的耐热性和耐蚀性，一般无应力腐蚀倾向，广泛应用于制备薄板或厚板、挤压材和锻件等。

3.4.3　铜及铜合金

挤压法生产的铜及铜合金材料，应用在汽车、航天、电子电力、机械制造等各个工业部门，民用方面主要用在装饰装潢业等。铜及铜合金的特性及制品的用途分述如下。

3.4.3.1　工业纯铜

工业纯铜主要分为含氧铜（T1、T2、T3）、磷脱氧铜（TP1、TP2）、无氧铜（TU1、TU2）三大类。此外还有少量低合金化铜（Tag0.1）。

含氧铜（含氧量为 0.02% ~0.04%）具有优良的导电性，主要用作导电材料和装饰材料等。

磷脱氧铜由于含氧量低，加工性、焊接性、耐蚀性优良，其棒材、管材等多用于热交换器材料、配管、装饰用材等多方面。

无氧铜（含氧量在 0.001% 以下）具有优良的加工性、耐蚀性、导电性，主要用于导电材料和电子材料等多方面。

3.4.3.2　黄铜（Cu-Zn 系合金）

黄铜是应用最广的变形铜合金。Zn 含量为 5% ~20% 的黄铜，由于具有黄金色，主要用于建筑与装饰材料；Zn 含量为 25% ~35% 的黄铜，被广泛应用于各种机械、电子零部件等工业领域；Zn 含量为 35% ~45% 的黄铜，具有价廉、高强度等特点，被广泛应用于机械、电子零部件、锻造部件等领域，是黄铜中应用最广泛的。在黄铜中加入其他合金元素，可以得到高强度的黄铜（如 Cu-Zn-Mn 系合金）、易切削黄铜（如 Cu-Zn-Pb 系合金）、海军黄铜（如 Cu-Zn-Sn 系合金）、白铜（如 Cu-Zn-Ni 系合金）等，主要用于船舶、冷凝管、医疗器械等方面。

3.4.3.3　青铜（Cu-Sn 系合金）

青铜的耐蚀性与耐磨性优良，用作各种化工材料、船舶材料等。青铜主要有以下几种：

（1）锡青铜。锡青铜耐蚀、耐磨性能良好，且具有良好的力学和工艺性能。工业用锡青铜的含锡量为 3% ~14%，但是需要压力加工的锡青铜，含锡量一般不超过 8%。锡青铜的主要牌号有 QSn4-3、QSn4-4-2.5、QSn4-4-4、QSn6.5-1.0、QSn7-0.2 等。挤压的管、棒、型、线材在制造业、耐磨件、航空航天、电器业等方面应用广泛。

（2）铝青铜。铝青铜具有良好的力学性能，高的耐磨性和耐蚀性等。目前常用的铝青铜合金牌号主要有 QAl15、QAl17、QAl19-4、QAl10-3-15、QAl10-4-4、QAl1-6-6 等。挤压的管、棒、型、线材主要用于制造业制造高强度、高耐磨、耐蚀及弹性元件。

（3）铍青铜。铍青铜具有耐疲劳、耐磨、耐蚀、耐寒、无磁性、导电、导热、受冲击时不易产生火花等优良品性，是工业中具有良好综合性能的重要材料。挤压的管、棒、型、线材主要用于各种高级弹性元器件、换向开关、点接触器、耐磨元件等。合金牌号主要有 QBe2、QBe2.15、QBe1.7、QBe1.8 等。

（4）锰青铜。锰青铜具有良好的力学性能，高的耐磨性和耐蚀性，冷加工性能良好，适用于制造耐高温零件、电子仪器仪表零件、管配件等。合金牌号主要有 QMn1.5、QMn5 等。

此外还有硅青铜、磷青铜、钛青铜等，它们都具有良好的耐蚀性、耐磨性及力学性能。

3.4.4 钛及钛合金

钛及钛合金的密度小，抗拉强度高，比强度在金属材料中最高。在适当的氧化环境中易形成一层坚固的氧化物质，具有优异的耐蚀性能、非磁性、线膨胀系数小。钛及钛合金可作为宇航结构材料、舰船制造、化学工业材料等。

钛及钛合金的主要牌号有：工业纯钛、TA4～TA8、TB1、TB2、TC1～TC10等。

3.4.5 镍及镍合金

镍及镍合金具有熔点高、耐蚀、高的力学性能、压力加工性能等优良性能，在工业上得到广泛应用，作为电真空结构件、耐蚀结构件、弹簧、电信器材、热电偶的电极材料等。

镍及镍合金牌号主要有工业纯镍、N2～N8、B5、B10、B30、BZn15-20、BAl13-3、BCu28-2.5-1.5、NSi0.19、NSi0.20等。

复习思考题

3-1 什么叫挤压，正挤压与反挤压有什么区别？

3-2 挤压与其他压力加工方法相比较，有什么优缺点？

3-3 画挤压的基本方法图，并标出各部分名称。

3-4 有色金属主要分为哪几类？

3-5 现阶段挤压中主要出现了哪些新技术？

3-6 说出常用有色金属材料及其主要用途。

4　挤压工具

4.1　挤压工具的组成

挤压工具一般是指那些与产品挤压变形直接有关，并在挤压过程中易于损坏而需要经常更换的工具，不包括挤压主体设备本身和检修设备所用的工具或用具。挤压工具的设计、选择及使用，既要考虑与特定的设备类型、规格、结构形式相适应，又要根据产品质量、类型、工艺特点而有工具系列本身的相对独立性。在同一台设备上可配备多种不同的挤压工具，并可组成各有特色的挤压工具系统。

4.1.1　挤压工具的种类

挤压工具有自身的特点，一般来说易磨损、易失效、多结构、多规格等，因而要求具有通用性、互换性。挤压工具一般是标准化、系列化的，以满足不同挤压条件和工作状态的要求。

根据挤压机的种类、用途不同，挤压工具的结构形式也不一样。在挤压机上，挤压工具通常分成三大类别。

4.1.1.1　大型基本挤压工具

这些挤压工具的特点是尺寸较大，重量也较大，通用性强，使用寿命也较长。基本工具包括挤压垫、挤压筒、挤压杆、模支承、模垫、支撑环、副支撑环、压力环、针座等，其中挤压筒是尺寸规格最大、重量最大、受力最严重、工作条件最恶劣、结构设计最复杂、加工最困难、价格最昂贵的大型基本工具。

每台挤压机上根据产品的工艺要求，一般配备3~5套不同规格的基本工具。

4.1.1.2　模具

模具包括挤压模、穿孔针或芯棒、冲头等，一般直接参与金属的塑性成形。这类工具的特点是品种规格多，结构形式多，需要经常更换，并且工作条件极为恶劣，消耗量也较大。因此，应千方百计提高模具寿命，减少消耗，降低成本。

4.1.1.3　辅助工具

为了实现挤压工艺过程，还需要大量的辅助工具。其中较为常用的有导路、牵引爪子、辊道、键销、吊钳、修模工具等，这些挤压的辅助工具对于提高生产效率和产品质量都有一定的作用。

4.1.2　挤压工具在挤压生产中的重要作用

在现代化的挤压生产中，挤压工模具对实现整个挤压过程有着十分重要的意义。模具寿命是评价某一挤压方法经济可行的决定因素，挤压工模具的设计与制造质量是实现挤压生产高产、优质、低消耗的最重要的保证之一。

(1) 合理的挤压工模具的结构是实现任何一种挤压工艺过程的基础，因为它是使金属产生挤压变形和传递挤压力的关键部件。比如，在挤压过程中，依靠挤压杆输出挤压力，依靠挤压筒盛容锭坯并使之在强烈的三向压应力作用下产生变形，模具是使金属最后完成塑性变形并获得所需形状的工具。

(2) 挤压模具是保证产品形状、尺寸和精度以及制品内外表面质量的基本工具。只有结构合理、精度和硬度合格的模具，才能实现产品的成形并具有精确的内外轮廓形状和断面尺寸。同时，合理的工模具设计能保证产品具有最小的翘曲和扭曲，最小的纵向弯曲和横向波浪度。在挤压时，模具本身的表面光洁度和表面硬度对产品的内外表面光洁度有着决定性的影响，只有通过精磨抛光和氮化处理或表面硬化处理的模具才能挤压出光洁表面的制品。

(3) 合理的挤压工模具结构、形状和尺寸，对金属的流动均匀性、挤压速度和挤压力等都有很大的影响，并能在一定程度上控制产品的内部组织和力学性能。

(4) 合理的工模具设计以及新型的工模具结构，对提高挤压工模具的装卸与更换速度，减少辅助时间，改善劳动条件和保证生产安全，以及对于发展新品种、新工艺，不断提高挤压技术水平等方面有着十分重要的意义。

(5) 合理的工模具设计与制造能大大提高工模具的使用寿命，这对于降低生产成本有着十分重要的意义。比如，在生产中等批量的轻金属挤压产品时，工模具的成本往往占到挤压总成本的35%～50%，如果工模具的使用寿命提高一倍，则可降低生产成本20%左右，经济效益十分显著。

4.1.3　挤压工具的工作特点

在挤压过程中，挤压工模具的工作条件是十分繁重、恶劣的，因此对它们的要求也越来越高。具体表现在以下几个方面：

(1) 承受长时间的高温作用。在挤压前的锭坯加热温度，铝合金为400～450℃，而钛合金则高达850～1250℃，加上在挤压过程中由于摩擦生热与变形功热效应产生的温升，更提高了金属的变形温度。直接与热的金属锭坯接触并参与变形的挤压工模具表面温度有时高达1000℃以上，时间为几分钟到几十分钟。在长时间的高温作用下，降低了挤压工模具材料的强度，以至于产生塑性变形，加速其破损。

(2) 承受长时间高压作用。为了实现挤压变形，金属和工模具都需要承受很高的压力，加上高温和长时间的作用，有时会大于工模具材料的许用应力而破坏。

(3) 承受急冷急热作用。在挤压时，穿孔针、模具和挤压垫等工具，工作时间和非工作时间的温差，有时达到500℃以上，加之工模具材料的传热能力较低，很可能在工模具中产生大的热应力，工模具极易产生微裂或疲劳裂纹。

(4) 承受反复循环应力的作用。挤压过程本身就是一个周期性的操作过程，在工作中工模具承受大的压力，而在非工作时间则突然卸载，而且在挤压时，有时受压，有时受拉。在这种反复循环、拉压交变的应力作用下，工模具极易产生疲劳破坏。

(5) 承受偏心载荷和冲击载荷的作用。在穿孔和挤压时，特别是在挤压复杂断面型材、空心断面型材时，更易产生偏心载荷和冲击载荷的作用。

（6）承受高温高压下的高摩擦作用。由此极易产生变形金属与工模具之间的黏结作用，而引起工模具失效。

通过以上分析，在穿孔或挤压时，工模具的工作条件是十分恶劣的。因此，在设计、制造和使用工模具时，应尽可能考虑各种不利因素的影响，包括选择合理的结构，进行可靠的强度校核，规定合理的加工工艺和热处理工艺，选择合适的材料以及在生产中正确的使用挤压工模具等。

4.1.4　挤压工具的装配

图 4-1 为卧式挤压机的工具组装图。

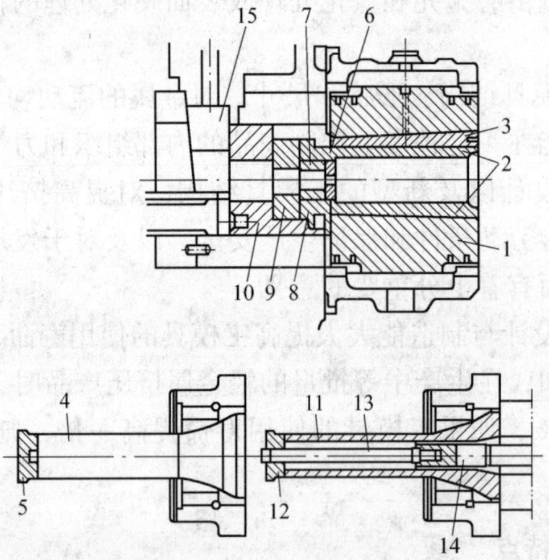

图 4-1　卧式挤压机的工具组装

1—挤压筒外套；2—挤压筒内套；3—挤压筒中套；4—棒材挤压轴；5—实心垫片；6—模具；7—模垫；8—模支撑；9—支撑环；10—活动头（模座）；11—管材挤压轴；12—管材垫片；13—穿孔针；14—针支撑；15—锁键

4.2　模具

4.2.1　模具的类型及组装方式

挤压模（模具）是挤压生产中决定挤压制品的尺寸、形状和质量的最重要的挤压工具，它的结构形式、各部分的尺寸、所用的材质以及热处理方法等，对挤压力、金属流动的均匀性、挤压制品尺寸的稳定性、表面质量、制品的力学性能以及自身的使用寿命等都有极大的影响。

4.2.1.1　挤压模具的分类

根据模孔的断面形状，模具可以分为 7 种，如图 4-2 所示。其中在有色金属挤压中最基本和使用最广泛的是平模和锥模。

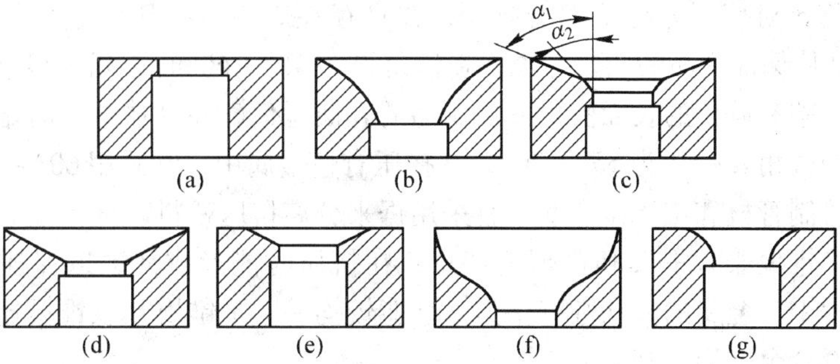

图 4-2 不同剖面形状模孔图

（a）平模；（b）流线模；（c）双锥模；（d）锥模；（e）平锥模；（f）碗形模；（g）平流线模

另外还可以根据被挤压产品的品种分为棒材模、普通实心型材模、壁板模、变断面型材模和管材模等。按模孔数目分为单孔模和多孔模等。

4.2.1.2 挤压模具的组装

模具组件一般包括模具、模垫以及固定它们的模支撑或模架，在挤压空心制品时，模具组件还包括针尖、针后端、芯头等。

图 4-3 和图 4-4 为常见的模具组装方式。

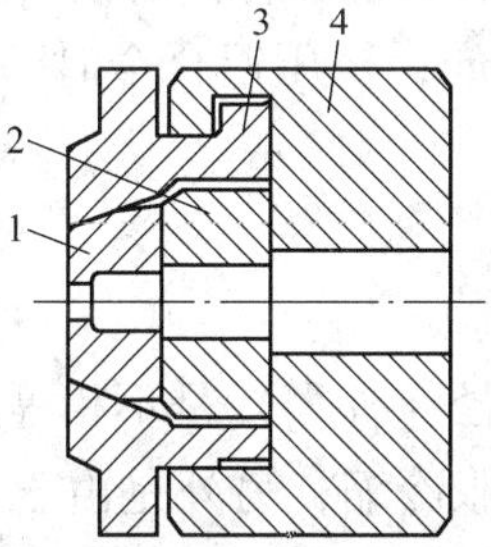

图 4-3 压型嘴与模支撑用锁键连接的模具组装方式

1—模具；2—模垫；3—模支撑；4—压型嘴

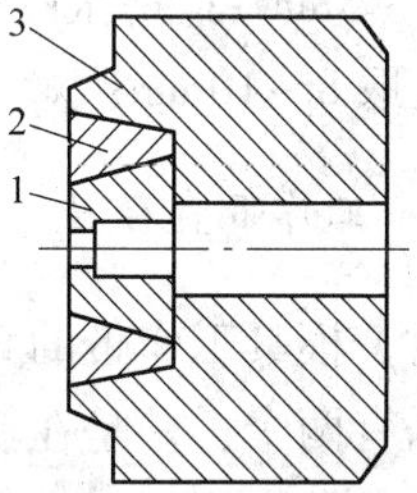

图 4-4 利用中间锥形压环将模具安装在压型嘴内的装配方式

1—模具；2—锥形压环；3—压型嘴

4.2.2 模具的结构和尺寸

4.2.2.1 模角 α

模角 α 是指模具的轴线与其工作端面间所构成的夹角。模角 α 在 0°～90°之间，它是挤压模具最基本的参数之一。图 4-5 为模具的结构尺寸。

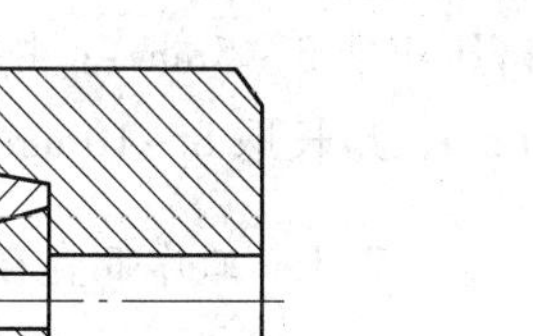

图 4-5 模具的结构尺寸

平模的模角 α 等于 90°，多用于挤压塑性良好的有色金属及合金。在采用平模挤压时，能形成较大的死区，由于死区能够阻碍有缺陷、杂质等的锭坯表面进入制品中，因此可以获得优良的制品表面。

锥模的模角 α 对挤压力有很大的影响，并且存在着一个挤压力最小的区域，一般为 45°～60°。但是从保证产品的质量考虑，在模角 α 为 45°～60°时，死区很小，以至于无法阻碍锭坯具有缺陷和偏析的表面流出而使制品的表面恶化，并且在挤压时难于形成有效的润滑，故锥模的模角 α 一般为 55°～70°，在挤压有色金属中，常采用 60°～65°之间。锥模多用于大规格挤制管材和难挤压金属，宜采用锯来分离挤压残料。

双锥模和平锥模兼有平模和锥模的特点：在挤压时能形成死区以保证制品的表面质量；在挤压过程中，金属的流动性好，力学性能较均一。平锥模和双锥模比较适合于挤压镍及镍合金、铜合金、铝合金等。

此外，在挤压时还采用流线模、平流线模和碗形模等，如图 4-2 所示。这些模具的模角是连续变化的。

4.2.2.2　工作带长度 h_g

工作带又称为定径带，它的主要作用是：稳定制品尺寸，保证制品的表面质量。在设计、制造和选择使用时，一定要得到合适的工作带长度。如果工作带的长度过短，在挤压时，模具就容易被磨损，同时会压伤制品表面，导致出现压痕和椭圆等缺陷；如果工作带过长，在挤压过程中，除使挤压力升高外，还极易在工作带上黏结金属，使制品表面上出现划伤、毛刺、麻面等缺陷。

根据生产经验，对于挤压模工作带的长度，挤压紫铜、黄铜和青铜时取 8～12mm（立式挤压机取 3～5mm）；挤压白铜和镍合金时，取 20～25mm；挤压铝合金时一般取 2.5～3.0mm，最长取 8～10mm；对于钛合金，取 20～30mm。

4.2.2.3　工作带直径 d_g

在挤压时，模具工作带的直径与实际所挤出的制品直径（外径）是不相等的，稍有差异。主要原因有两个：一是在挤压时金属和挤压模具的热胀冷缩，另外是由于被挤压金属和挤压模具的弹性变形。通常采用裕量系数 C_1（见表 4-1）来考虑各种因素对制品尺寸的影响。

表 4-1　裕量系数

合　金	裕 量 系 数
含铜量不超过 65% 的黄铜	0.014～0.016
紫铜、青铜及含铜量大于 65% 的黄铜	0.017～0.020
纯铝、防锈铝及镁合金	0.015～0.020
硬铝及锻铝	0.007～0.010

在选择、设计工作带直径 d_g 时，首先要保证制品在冷状态下不超过所规定的偏差范围（为了节约金属最好采用负公差挤压），同时又能最大限度地延长模具的使用寿命。挤压棒材的模孔直径用下式计算：

$$d_g = d_m + C_1 d_m \tag{4-1}$$

式中　d_m——棒材的名义直径，对于方棒材为其边长，对于六角棒为其内切圆直径。

4.2.2.4 出口直径 d_{ch}

模具的出口直径 d_{ch} 不能过小，否则在挤压时易使制品与模具的出口壁接触，划伤制品的表面。出口直径一般应比工作带直径大 3～5 mm，在挤压薄壁管和变外径的管子时，此值应增加到 10～20 mm。

4.2.2.5 入口圆角半径 r

入口圆角半径 r 的作用是：防止低塑性合金在挤压时产生表面裂纹；减轻金属在进入工作带时所产生的非接触变形；减轻在高温挤压时模具的入口棱角被压颓而改变模孔的形状和尺寸。

入口圆角半径 r 值的选取与金属的强度、挤压温度和制品的尺寸有关系。比如：紫铜和黄铜 r = 2～5mm；白铜 r = 4～8mm；对于铝合金不应有入口圆角，而要求保持锐利的角度，因此一般取 r = 0.2～0.5mm。

4.2.2.6 模具的外形尺寸 D 和 H

模具的外圆直径 D 和厚度 H 已经标准化和系列化，即在一定的范围内，模具的外形尺寸是相同的。一般来说，在挤压时，其外接圆最大直径等于挤压筒内径的 0.8～0.85 倍；模具的高度 H = 20～80 mm，并形成一定的系列。

在选择模具的外形尺寸时，应根据挤压机的结构形式和能力、挤压筒的直径、型材在模具工作平面上的布置、模孔外接圆的直径、型材断面上是否有影响模具和工具的强度的因素等考虑。

模具的外形结构，在卧式挤压机上常用带正锥和带倒锥的两种外形结构。在立式挤压机上也有两种结构：外形为圆柱形的和带凸肩的，前者主要用在挤压铝合金制品上，后者主要用在挤压铜合金制品上。

4.2.3 多孔模

多孔模是指在一个模具上面布置多个模孔的模具，主要用在中小型棒材、简单断面的型材挤压上。采用多孔模的主要目的是：提高挤压机的生产率或者限制在单孔挤压时过大的挤压比造成的挤压力过大等；在挤压复杂断面的型材时，为了使金属的流动均匀，有时也常采用多孔模。

在多孔模的设计、选择与使用时，主要考虑的问题，一是模孔数目的选择；二是模孔在模具上的合理布置。

4.2.3.1 模孔数目

多孔模的孔数最多可达 10～12 个，但常采用的是 4～6 个。因模孔数目越多，金属出模孔后相互扭绞和擦伤也越多，导致操作困难和废品增多，另外，模孔数目越多，模具的强度也越差。

4.2.3.2 模孔的布置

模孔的合理布置，主要考虑金属流出模孔的速度尽量相等，否则在挤压时会使各模孔流出的金属制品的长度有差别，难以形成相同的定尺长度，增加金属废料量；还要考虑挤压制品的质量要求及合理的挤压比，使金属流动尽可能的均匀。

为了使每个模孔的金属流出速度相等，应将模孔布置在一个同心圆上，同时各个孔之间的距离应相等，目的是使供应各个孔的金属的体积相等。倘若各模孔中的供应体积不相等，则金属供应体积多的模孔金属流出的速度快，挤出的制品就长；反之，金属供应体积少的模孔挤出的制品就短，如图 4-6 所示。

为了提高挤压制品的质量，减少制品挤压缺陷的出现，在设计模具时，不宜将模孔过分靠近模具的中心或边缘。过分靠近边缘，会降低模具的强度，导致死区内的金属发生流动进入到制品中，使制品表面出现起皮、分层等缺陷，在挤压硬铝时会造成外侧出现裂纹；若过分靠近中心，则会出现内侧裂纹，如图 4-7 所示。

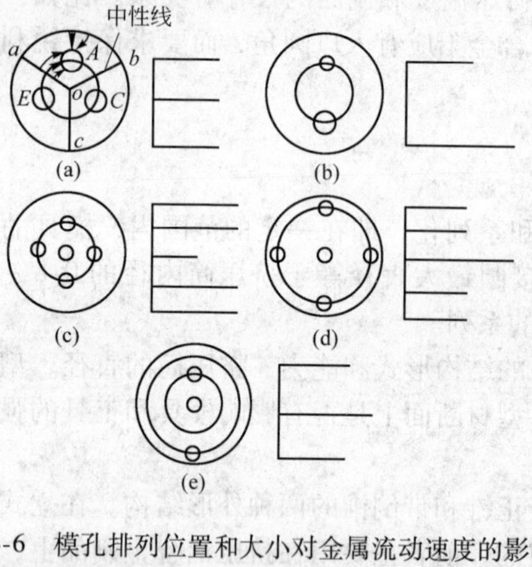

图 4-6　模孔排列位置和大小对金属流动速度的影响

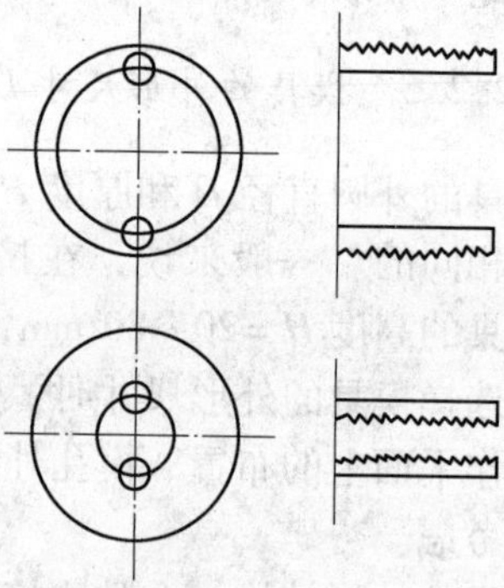

图 4-7　模孔位置对铝合金制品的影响

4.2.4　型材模

型材挤压时，由于型材本身失去了对称性，各处的壁厚又不同，因此金属的流动不均匀，易导致型材发生扭曲、断裂和尺寸缩小等现象。要改变或减轻金属流动的不均匀性，在布置模孔时必须采取以下一种或几种措施。

4.2.4.1　合理布置模孔

在型材挤压时，当型材断面有两个对称轴时，通常布置一个模孔，并且将型材断面的重心与模孔中心相重合。当型材的对称面只有一个或没有，且壁厚不均匀时，若采用单孔布置，必须将型材的重心对挤压模中心作一定的偏移，使难流动的部分更靠近挤压模中心。图 4-8 所示，虚线的位置是不正确的，应该按实线位置去布置模孔，把难流动的壁薄部分向中心偏移一些。

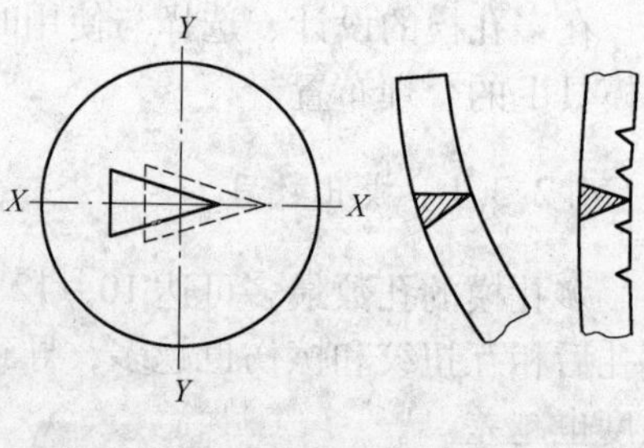

图 4-8　型材模孔在模具上的位置

对于型材断面只有一个对称轴时，特别是型材断面各部分厚度相差很大时，可以采用多孔模对称排列，且要使难流动的薄壁部分靠近模具中心，易流动的厚壁部分靠近模具的边缘，如图 4-9 所示。

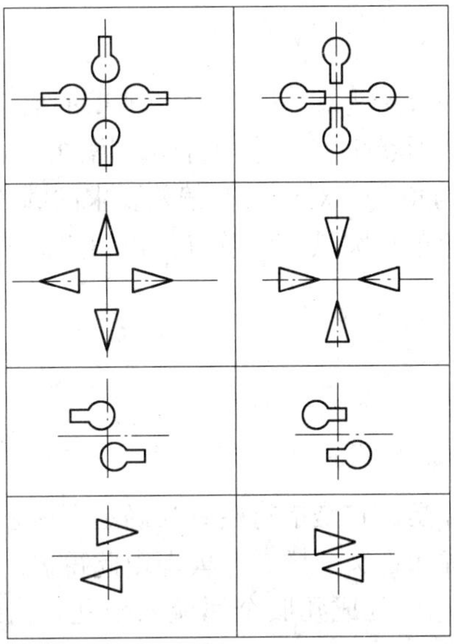

(a) (b)

图 4-9 多孔模在模具上的位置
（a）错误；（b）正确

4.2.4.2 采用不等长的工作带

工作带对金属的流动起到阻碍作用：如果工作带长，则使该处的摩擦阻力加大，迫使金属向阻力小的部分流动，这样就可以使金属的流动变得均匀。在设计时，阻力较大的壁薄部分，则工作带的长度要短。

4.2.4.3 采用平衡模孔

在挤压异型管时，挤压模上只能布置一个模孔，为了增加金属流动的均匀性，保证制品尺寸和形状，可以加上一个或者两个挤压成棒材的平衡模孔。平衡模孔最好是圆形的，以便能利用从模孔中挤出的金属制品。

4.2.4.4 型材模设计

型材模设计主要包括：确定模孔的几何尺寸、模孔相对于挤压筒轴线的坐标位置以及模孔各部分工作带的长度等。

（1）型材的外形尺寸（指型材的宽和高）A_k

$$A_k = A_m(1 + C_1) + \Delta_1 \tag{4-2}$$

式中 A_m——型材的名义直径；

C_1——裕量系数，见表 4-1；

Δ_1——型材外径的正偏差。

（2）型材的壁厚尺寸 S_k

$$S_k = S_m + \Delta_2 + C_2 \tag{4-3}$$

式中 S_m——型材壁厚的名义尺寸；

Δ_2——型材壁厚的正偏差；

C_2——裕量系数，对铝合金为 0.05～0.15，薄壁的取下限，厚壁的取上限，对于外形尺寸较大的槽形、工字形等型材还应增加。

（3）型材的圆角、圆弧与角度。对于没有偏差要求的圆角和圆弧，模孔可以按名义尺寸设计；对于有偏差要求的圆角和圆弧，以及有圆角和圆弧组成的型材，其模孔尺寸仍按上面给出的计算公式计算。

4.2.5 组合模

4.2.5.1 组合模的特点

组合模又称为舌模或带针模，它是指将模具与确定型材、管材内孔的舌芯组合成为一个整体的模具，针在模孔中犹如舌头一样，舌模即由此得名。在挤压时，锭坯在强大的压力作用下，被模具的模桥（刀）分成几股金属流入模孔，借助于模壁和舌芯所给予的压力，迫使金属重新焊合而形成空心的制品。制品上的焊缝数与金属流股数相同。

采用组合模挤压，可以在无独立穿孔系统的挤压机上，用实心的锭坯挤压成空心的型材、管材。使用组合模时一定要注意保持锭坯和挤压筒、模具的清洁，减少氧化，在挤压时不得使用润滑剂，否则会使焊合的质量下降，甚至成为废品。

4.2.5.2 组合模的分类

组合模的结构形式主要有桥式组合模、孔道式组合模和叉架式组合模三种，其中前者应用较多。

桥式组合模又分为突桥式、半突桥式和隐桥式三种。桥式组合模主要由模桥（刀）、焊合室、舌芯（针）和工作带等几部分组成。模桥的形状最好是滴形，它的主要作用是将整体的锭坯分割；焊合室是金属流会合焊接的地方；舌芯可以与桥作成一整体，它的作用是决定管材或空心型材的内径；工作带应比一般模具的长一些，以便于更好的挤压焊合，提高焊缝的质量。

4.3 穿孔针（芯棒）

穿孔针或芯棒是用来对锭坯进行穿孔并确定空心制品的内部尺寸和形状的变形工具，它对管材内表面质量起着决定性的作用。在挤压管材和空心型材时，根据挤压机的结构、被挤压金属或合金的性质，以及挤压温度的不同等条件，可以采用空心锭坯或实心锭坯。当采用空心锭坯挤压时，采用的工具称为芯棒，它的主要作用是决定内孔的尺寸；而在采用实心锭坯时，所采用的工具是穿孔针，它的作用是穿孔并决定内孔尺寸。

4.3.1 穿孔针的种类

穿孔针是挤压机穿孔系统中最主要的部分，它的结构是多种多样的，但是最常用的是圆柱式针和瓶式针两种，如图 4-10 所示。

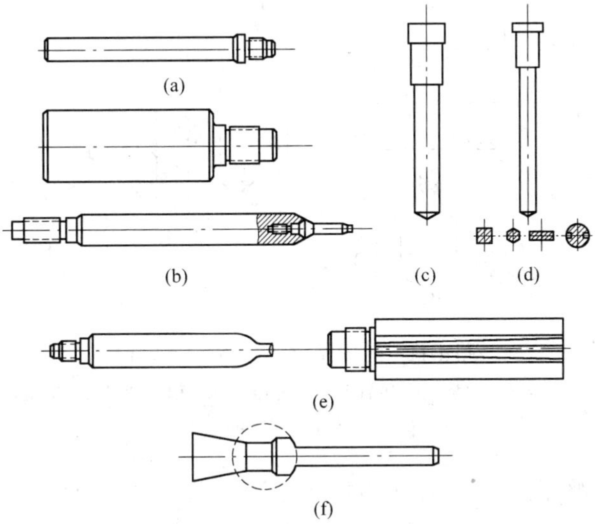

图 4-10　各种结构的穿孔针

（a）圆柱式针；（b）瓶式针；（c）立式挤压机用的固定针；（d）异型针；
（e）变断面型材针；（f）立式挤压机用的活动针

4.3.2　圆柱式针

圆柱式针的长度上带有很小的锥度，这样就可以减少在穿孔和挤压过程中金属流动时作用在针上的摩擦力。

圆柱式针的锥度不能太大：立式挤压机上针的锥度为 0.2 ~ 0.5mm；而在卧式挤压机上采用固定针操作时，针在长度上的直径差值为 0.5 ~ 1.5mm。

4.3.3　瓶式针

瓶式针主要用在具有独立穿孔系统的挤压机上，挤压内孔直径小于 20 ~ 30 mm 的厚壁管，在供给立式挤压机上用的坯料时，也宜采用此种针。

采用瓶式针可以减轻在穿孔时针的弯曲和过热，从而减轻所穿的孔不正导致偏心；在用空心锭挤压铝合金管材时，圆柱式针的表面常被挤压垫划伤，影响管子的内表面质量，因而也宜采用瓶式针为好；采用瓶式针还有利于减少穿孔料头。

瓶式针的结构分为两部分：针头和针干。针头部分的直径较小，在工作时与模孔配合，决定着管子的内径尺寸；针干部分的直径较大，以便增加其强度。针头以装配式的为好，可便于更换。

4.4　挤压垫

4.4.1　挤压垫的结构

挤压垫也是比较重要的变形工具，主要用来避免挤压杆直接与高温的金属坯料接触，以防止挤压杆端面磨损过快与变形的一种专用工具，如图 4-11 所示。

挤压垫有固定式和不固定式两种。固定式挤压垫较为先进，其主要优点是：不用挤压

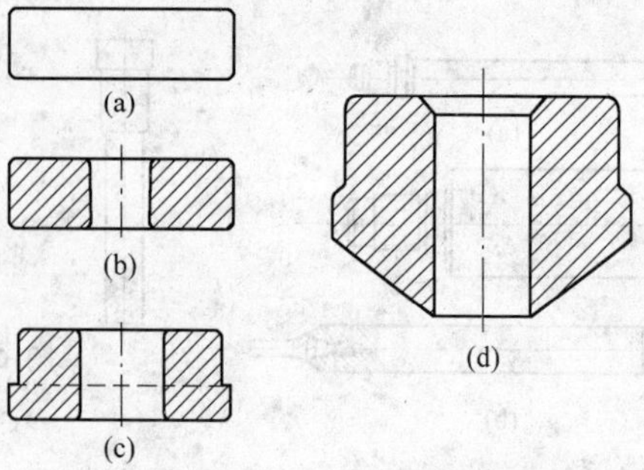

图 4-11　不同结构形式的挤压垫片

（a）棒型材挤压垫；（b）管材挤压垫片；（c）铝合金挤压用的垫片；
（d）立式挤压机上的垫片

垫循环机构；有利于挤压残料与挤压垫的分离；挤压杆易于退出挤压筒等。

4.4.2　挤压垫的尺寸

挤压垫片的外径应比挤压筒内径小 ΔD 值。ΔD 太大，会引起金属倒流，有可能形成局部脱皮挤压，有时甚至把垫片和挤压杆包住，从而影响制品的质量，特别是挤压管材时，很容易造成管子的偏心。ΔD 太小，会造成送进垫片困难，对挤压筒的磨损加剧，当操作稍有失误时，就有可能啃坏挤压筒内壁，或卡在挤压筒中间，造成严重事故。ΔD 的选取，在卧式挤压机上，一般取 0.5 ~ 1.5 mm；立式挤压机上，一般取 0.2 mm；脱皮挤压机上，取 2.0 ~ 3.0 mm，铸锭表面质量不佳的可以选择更大一些。

管材挤压垫的内孔不能太大，否则对针的位置起不到校正作用，还有可能使被挤压的金属倒流包住穿孔针。

挤压垫的厚度可等于其直径的 0.2 ~ 0.7 倍。

4.4.3　挤压垫的使用

在采用不固定式挤压垫挤压时，一般用规格相同的一组挤压垫轮流使用，以防其过热。但是采用这种不固定式挤压垫需要一套挤压垫循环机构和挤压残料分离的机构。

采用固定式挤压垫操作时，要求挤压机的对中性能要好，剪刀动作要快且精确，同时还要采用润滑。

4.5　挤压杆

挤压杆又称为挤压轴，是与挤压筒配套使用的最重要的挤压工具之一。它的作用是传递主柱塞产生的压力，通过挤压垫传递给金属，使金属在挤压筒内产生塑性变形，因此它在挤压时承受着很大的压力。在挤压管材时，如果挤压杆的设计、选择、使用不当，易产生弯曲变形，从而成为管子偏心的主要原因之一。此外，挤压杆在工作时还有可能产生端部压溃、龟裂和斜渣碎裂等。

4.5.1　挤压杆的结构

挤压杆的结构形式与挤压机的主体设备的结构、挤压筒的形状和规格、挤压方法、挤压产品种类以及挤压过程的力学状态等诸多因素有关，在挤压时，一般常用的挤压杆有实心的和空心的两种。

实心的挤压杆主要用在正向挤压棒、型材和用特殊反挤压法生产大口径管材，也可以用于在无独立穿孔系统的挤压机上用空心锭挤压管材；空心杆主要用在正向挤压管材和反向挤压管、棒、型材，如图 4-12（a）、(b) 所示。

挤压杆一般皆制成等断面的圆柱体，在用扁挤压筒挤压时采用扁圆柱体。但是在挤压变形抗力很高的钨或钼合金时，为了提高杆的强度，可以把它制作成变断面的。为了节省高级合金钢，挤压杆也可以作成装配式的，如图 4-12（c）所示，杆的基座可以采用价格较低廉的钢材制成。

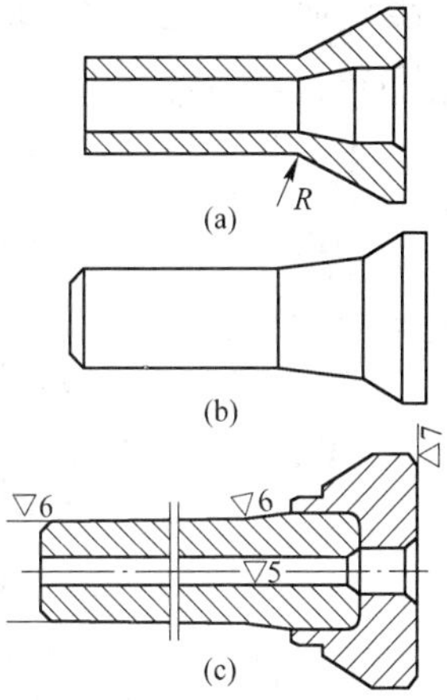

图 4-12 不同结构形式的挤压杆
（a）管材挤压杆；（b）棒材挤压杆；
（c）装配式挤压杆

4.5.2 挤压杆的尺寸

挤压杆的外径取决于挤压筒内径的大小，对于卧式挤压机，其外径应比挤压筒内径小 4 ~ 10mm；对于立式挤压机，其外径应比挤压筒内径小 2 ~ 3mm。

空心挤压杆的内径的大小，主要是根据其环形断面上所承受的最大压应力不超过所使用材料的许用应力来确定。

挤压杆的端部尺寸应略小些，主要是因为在挤压时，由于热传导使端部的温度升高，强度下降，在大的应力作用下易产生塑性变形，使端部直径变大，造成挤压杆的返回困难。由于相同的原因，空心杆的端部内孔应稍大些。

4.6 挤压筒

4.6.1 挤压筒的结构

挤压筒是所有挤压工具中最贵重的部件，在挤压时，依靠挤压筒盛容高温的锭坯。从锭坯的镦粗开始直至挤压终了，挤压筒需要承受高温、高压、高摩擦的作用，工作条件十分恶劣，受力状态严峻而复杂。因此在设计、制造、选择和使用时要特别注意，防止挤压筒被破坏。

挤压筒是由三层或三层以上的衬套以过盈热配合组装在一起的，即先按设计好的过盈分别加工和处理好各层衬套，将第二层加热到一定温度使之膨胀，然后将第一层衬套装入第二层衬套中，冷却后，第二层衬套就对第一层衬套产生了足够的预紧压应力，使之成为一个整体。同样再把第三层装入到由一、二层形成的“整体”上，这样就形成了多层组合式挤压筒。

采用多层式挤压筒，可以使筒壁中的应力分布均匀些，降低应力的峰值。在挤压筒被磨损后，仅更换内衬套而不必换掉整个挤压筒，从而节省大量的合金钢材。

挤压筒中的衬套可以是圆形的，如图 4-13（a）所示，也可以是带锥度的，如图 4-13

(b)、(c) 所示，其中后者拆装方便。为了便于圆柱形衬套的装配和防止工作中由外套中脱出，也可以制成带台肩的，如图 4-13 (d) 所示。

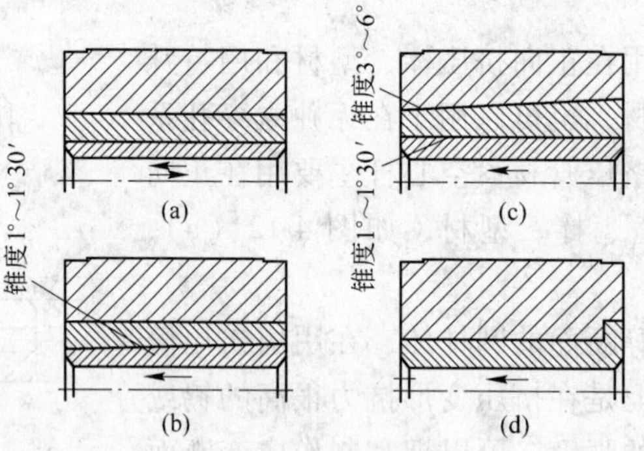

图 4-13　挤压筒衬套的配合方式

(箭头表示挤压方向)

(a) 圆形衬套；(b)，(c) 带锥度的衬套；(d) 带台肩的衬套

挤压筒内衬套与模具的配合，要保证模具在模座靠近挤压筒内衬后，能准确的位于挤压中心线上，并能防止金属从配合面处流出。

4.6.2　挤压筒的预热

为了使挤压筒内的金属流动均匀和挤压筒免受过于剧烈的热冲击，挤压筒在工作前要进行预热，在工作时要保温，预热与保温的温度应基本接近被挤压金属的温度，如挤压铝、镁合金时，预热温度为 400 ~ 480℃；挤压钛合金时为 500 ~ 600℃。

预热的方法有：开始挤压前，把加热好的锭坯放入挤压筒内，或用煤气，或用特制的加热器从筒内加热；在挤压筒加热炉内加热；用电阻元件从挤压筒外部加热；用预先设置在挤压筒中间的加热孔进行电阻加热或电感应加热。四种方法中，电感应加热和电阻加热应用最广泛。

目前一般采用的工频电感应加热，是将加热元件（铜棒）包覆绝缘层后插入沿挤压筒圆周分布的轴向孔中，然后将它们串接起来通电，靠磁场感应产生的涡流加热。图 4-14 所示，为挤压筒中感应加热元件的布置。

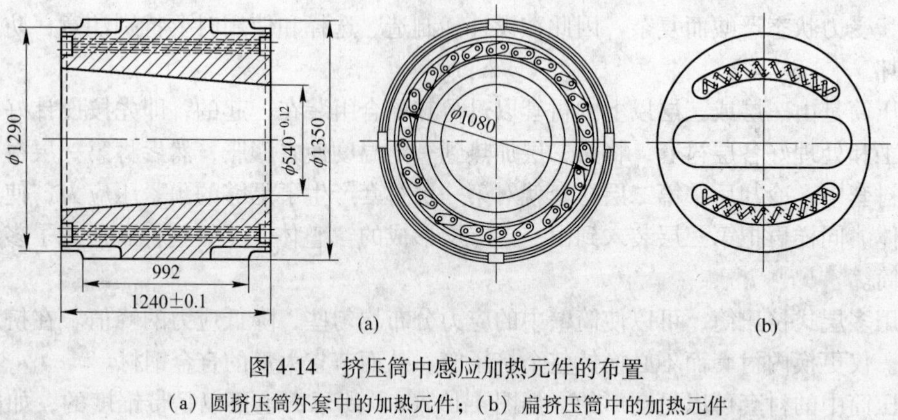

图 4-14　挤压筒中感应加热元件的布置

(a) 圆挤压筒外套中的加热元件；(b) 扁挤压筒中的加热元件

在现代化挤压工具结构中，为了缩短更换挤压筒的停工时间，便于维修和合理控制挤压温度，一般采用电阻器加热法对挤压筒进行保温加热。电阻外加热器一般安放在挤压筒外面或放置在挤压筒外壳机架中。

4.6.3　挤压筒尺寸

挤压筒的尺寸主要包括：挤压筒内径、挤压筒长度和各层衬套的厚度。

4.6.3.1　挤压筒内径

挤压筒内径是根据挤压金属或合金的强度、挤压比和挤压机能力确定的。挤压筒的最大内径应保证作用在挤压垫上的单位压力不低于被挤压金属的变形抗力，一般作用在挤压垫上的压应力在 196 ~ 1175.8MPa。挤压筒的最小外径应保证挤压杆的强度，一般所受的压应力不得超过 783.5 ~ 1175.8 MPa。在考虑上述情况下，再根据产品品种、规格确定挤压筒的内径。

扁挤压筒内孔的长短轴之比以 3 ~ 4 为宜，内孔的长轴应保证能获得最大宽度的壁板型材，内孔的宽度与挤压筒外径最合适的比值为 0.40 ~ 0.45。

4.6.3.2　挤压筒长度

挤压筒长度的大小，与挤压筒的内径大小、被挤压合金的性能、挤压力的大小、挤压机的结构、挤压杆的强度等因素有关系。挤压筒越长，可以采用较长的锭坯，因而提高生产率和成品率，但同时增大了挤压力，削弱了挤压杆的强度和稳定性。

在一般情况下，挤压筒的长度可以用以下公式计算：

$$L_t = (L_{max} + L) + t + s \tag{4-4}$$

式中　L_{max}——锭坯最大长度，对于重金属棒型材为 2 ~ $3.5D_0$，对于重金属管材为 1.5 ~ $2.5D_0$，对于铝合金可取 4 ~ $6D_0$，其中对于管材不大于 $3.5D_0$；

L——锭坯穿孔时金属增加的长度；

t——模具进入挤压筒的深度；

s——挤压垫的厚度。

4.6.3.3　挤压筒衬套厚度

挤压筒各层衬套的厚度尺寸，一般根据经验数据确定，然后再进行强度校核。挤压筒的外径应大致等于其内径的 4 ~ 5 倍，每层衬套的壁厚则可根据各层外、内径的比值相等，即 $D_1/D_0 = D_2/D_1 = D_3/D_2$ 的原则来确定。挤压机的能力在 25MN 以下时，内衬套的最小壁厚为 50 ~ 60mm。

4.7　挤压工具用材料及提高寿命的途径

4.7.1　挤压工具用材料

4.7.1.1　挤压工模具材料的要求

挤压生产中，工模具的工作条件是十分恶劣的，因此工具的消耗量也是较大的，挤压工模具的费用成本，包括工模具材料、工模具加工和工模具使用寿命所决定的成本较大，一般可以占到生产成本的10%左右。因此，选择合适的挤压工模具的材料，制订适当的加工工艺，正确、合理的使用工模具，是延长工模具使用寿命的前提，具有很大的经济意义。其中，合理地选择工模具的材质是延长工模具使用寿命的先决条件。

根据挤压工模具的工作条件，制造工模具的材料应能满足以下要求：

（1）足够的高温强度和硬度。挤压工模具一般是在高温、高比压条件下工作的，因此在挤压时要求材料具有足够的高温强度和硬度。

（2）高的耐热性。即在高温下具有保持本身的形状，避免破断的能力，而不过早（一般为550℃）产生退火和回火现象。另外还要求工模具在高温下有高抗氧化稳定性，不易产生氧化皮，并使材料具有抗急冷、急热的适应能力，以抵抗高热应力和防止工具在连续、反复、长时间使用中产生热疲劳裂纹。

（3）足够的韧性。在常温和高温下具有高的冲击韧性和断裂韧性值，以防止工模具在低应力条件下或在冲击载荷作用下产生脆断。

（4）低的线胀系数。避免在高温下产生过大的工模具热膨胀变形，以便顺利安装和拆卸工模具，并能保持挤压制品的尺寸精度。

（5）良好的导热性。这样能迅速地从工具的工作表面散发热量，防止工模具本身产生局部的过烧或损失应有的机械强度。

（6）高的耐磨性。工模具长时间在高温高压和润滑条件不良的情况下工作，因此要使其表面有良好的抵抗磨料磨损的能力，特别是在挤压轻金属合金时，有抵抗因金属的“黏结”作用而磨损工模具表面的能力。

（7）良好的加工工艺性能。材料要易于熔炼、锻造、加工和热处理。

（8）价格低廉。所用的工模具材料在国内应易获取，并尽可能符合最佳经济原则，即价廉物美。

显然，任何一种材料都很难满足挤压工模具对上面的所有要求，因此在选择时，应视具体的工作条件和实际情况选择合适的材料。

4.7.1.2　挤压工模具材料

目前，制造挤压工模具的材料主要有：热挤压模具钢、高温合金、难熔金属合金、矿物陶瓷材料、金属加氧化物复合材料和粉末烧结材料等六种，其中以热挤压模具钢应用最为广泛。

热挤压模具钢的典型材料，主要包括含钒、钼、钴的铬钼钢和含矾、钨、钴的铬钨钢，它们的含碳量一般在0.03%～0.45%范围内。在我国的挤压工业中，最具有代表性的铬钨钢是3Cr2W8V，它是在铝、铜、钛和钢的挤压生产中应用最广泛的一种热模具钢。它的主要特点是具有较高的高温强度，在650℃时$\delta_{0.2}$还可以达到1079MPa。但是这种钢的塑性和韧性差，脆性大；同时，由于含钨量高，故导热性能差，线胀系数高，在工作中易产生很大的热应力导致工具龟裂和破碎；另外，3Cr2W8V的加工工艺性能也不好，难以用来制造大型的挤压工模具。

铬钼钢作为制造挤压工模具的材料在美国、欧盟和日本早已广泛使用，我国近几年在轻金属（如铝合金）挤压中逐渐用来代替3Cr2W8V制造工模具。目前最常用的铬钼钢是4Cr5MoV1Si。铬钼钢的主要优点是导热系数大，工具的温度不易升高，可以长时间在

550℃下工作而不软化；此种钢的塑性、韧性也较好，线胀系数低，在挤压时可以采用水冷而不易开裂，而且黏结金属的倾向性较小。

但是不论铬钨系钢还是铬钼系钢都不能在600～700℃范围内保持其强度不降低，因此必须在热模具钢中加入新的合金元素或寻求新的材料，以满足挤压工模具在高温下长时间工作的要求。

目前改善热模具钢的高温力学性能的趋向是：在热模具钢中添加含量更高的合金元素，如铬、钼、钨和钴等；采用钼基、钴基、铁基、镍基以及金属及金属氧化物陶瓷材料等。

但是，高合金化热模具钢虽然改善了高温力学性能，但却恶化了热传导、热膨胀和机械加工性能，因此也不能过多增加合金元素的含量。

用粉末冶金或颗粒冶金等制作，用于高温挤压的金属及金属氧化物陶瓷模具，包括铁基超合金和钴基高温合金模具材料、难熔金属及合金模具材料、氧化锆陶瓷材料、钼基烧结复合材料、粉末烧结材料等，它们一般都具有高的耐磨性能、高的硬度和高温强度，可以在温度高达1800℃下工作。但是，这类材料的共同缺点是：制造困难、脆性大、不能承受稍大一点的拉应力、难以制成断面复杂的模具，而且也不能修模等，因此限制了它们的使用。

目前我国常用的挤压工模具材料及其力学性能见表4-2。

表4-2　常用挤压工模具钢及其力学性能

牌　号	试验温度 /℃	力学性能						热处理制度
		σ_b /MPa	$\sigma_{0.2}$ /MPa	δ /%	ψ /%	α_K	HB /kJ·m^{-2}	
5CrNiMo	20	1432	1353	9.5	42	373	418	820℃在油中淬火，500℃回火
	300	1344	1040	17.1	60	412	363	
	400	1088	883	15.2	65	471	351	
	500	843	765	18.8	68	363	285	
	600	461	402	30.0	74	1226	109	
5CrMnMo	100	1157	951	9.3	37	373	351	850℃在空气中淬火，600℃回火
	300	1128	883	11.0	47	637	331	
	400	990	843	11.1	41	480	311	
	500	765	677	17.5	80	314	302	
	600	422	402	26.7	84	373	235	
3Cr2W8V	20	1863	1716	7	25	290	481	1100℃在油中淬火，550℃回火
	300						429	
	400	1491	1373	5.6		607	429	
	450	1471	1363			506	402	
	500	1402	1304	8.3	15	556	405	
	550	1314	1206			570	363	
	600	1255				621	325	
	650						290	
4Cr5MoV1Si	20	1630	1575	5.5	45.5			1050℃淬火，625℃在油中回火2h
	400	1360	1230	6	49			
	450	1300	1135	7	52			
	500	1200	1025	9	56			
	550	1050	855	12	58			
	600	825	710	10	67			

4.7.1.3　合理选择工模具材料

为了提高工模具的使用寿命，降低生产成本，提高产品质量，应根据产品品种、批量大小、工模具的结构、形状和大小、工作条件以及加工工艺性能等，选择经济合理的工模具材料。

(1) 被挤压金属或合金的性能。不同的金属或合金在挤压时具有不同的性能和工艺条件，因此对挤压工模具材料的要求也不同。比如：在挤压钛合金时，挤压温度范围为871～1036℃，宜采用4Cr5MoV1Si钢；而在挤压铝、镁合金时，采用3Cr2W8V制作模具，就能满足要求。

(2) 产品品种、形状和规格。产品的品种、形状和规格对工模具材料也有不同的要求。比如：挤压轻金属的圆棒和圆管时，可选用中等强度的5CrNiMo、5CrNiW、5CrMnMo等材料，而挤压具有复杂形状的空心型材和薄壁管材时，应选用较高级的3Cr2W8V等材料来制造工模具。

(3) 挤压方法、工艺条件与设备结构。热挤压模具材料要求具有高的热强度和热硬度，高的热稳定性和耐磨性；而在冷挤压时，工模具必须在很高的压力（1500～2000MPa）下工作，多选用3Cr2W8V或硬质合金来制造挤压工模具。

(4) 挤压工模具的结构形状和尺寸。挤压棒材和管材的平面模，一般可选用5CrNiMo或3Cr2W8V制造，而挤压形状复杂的特殊型材模和舌形模等，必须采用3Cr2W8V或更高级的材料来制造。

4.7.2　挤压工模具的失效与损坏

4.7.2.1　大型基本工具的失效与损坏

(1) 磨损。磨损在挤压过程中是不可避免的，它属于一种正常的失效方式。

为了减少磨损，应选择良好的工具材料，尽量提高工具表面的耐磨性和抗黏结性，减少表面粗糙度，同时要保持良好的使用条件，包括良好的热力学和力学条件、润滑状态等。

(2) 塑性变形。当工具承受的负荷超过材料的屈服强度时，大型基本工具会产生整体或局部的塑性变形。因塑性变形而使工具失效的原因主要有：工具的结构设计不当，材料选择不合理，热处理后的硬度过低，使用温度过高，过大的附加载荷等。

为了防止和减少这种形式的失效，应选择合适的材料和热处理硬度，创造良好的使用条件等。

(3) 脆性断裂。工具因受冲击而呈现粗大的裂纹造成的失效或报废称之为脆性断裂。产生脆性断裂的主要原因有：工具材料中存在着缺陷；热处理硬度过高；预热不充分；结构和尺寸设计不合理；工具的对中性差；使用条件不当等。

防止和减少脆性断裂的方法主要是选择合适的材料，采用最佳的热处理方法，改善工具的使用条件，挤压时避免上压过快或产生冲击载荷，改善工具的结构和尺寸等。

(4) 热裂。在挤压过程中，由于工具反复加热和冷却，受急冷急热的作用，会产生疲劳裂纹；同时还要承受交变的机械应力的作用，由此而产生的裂纹统称为热裂。

常见的热裂是在挤压工具的表面和边缘区域早期出现的网状裂纹，随着挤压过程的进行，逐渐发展成为若干沟槽状开裂的现象。

（5）疲劳破坏。疲劳破坏的主要形式有：挤压工具的表面龟裂、横向断裂、挤压筒端部的掉块、挤压垫片的缺角和挤压杆端部缺损等。影响疲劳破坏的主要因素有：材料的冲击韧性和疲劳强度过低、硬度不均或过高、使用的热力学条件不佳以及工具的表面状态不良等。

为了防止或减少疲劳破坏，应选择合适的材料，采用合理的锻造和热处理工艺，改善工具的使用条件和表面状态。

4.7.2.2 穿孔系统的失效与损坏

穿孔系统的失效与损坏方式与挤压杆有许多相似之处。在挤压穿孔过程中，穿孔系统要经受比锭坯温度还要高的高温；受热变形金属的强烈磨损；受急冷急热和反复循环应力的作用；受拉、压和纵向弯曲复合应力的作用；在穿孔过程中有时受到较大的偏心载荷的作用等，因此穿孔系统的失效与损坏的方式是多种多样和十分复杂的，其中常见的失效形式有：缩颈、拉断、弯曲失稳、磨损、表面划伤、压痕、表面龟裂、断裂、螺纹脱扣和折断等。

4.7.2.3 模具的失效与损坏

在挤压过程中，模具是直接完成金属塑性变形的工具，也是在挤压过程中承受高温、高压、高摩擦作用最严重的工具。其主要损坏和失效形式有磨损、塑性变形、疲劳破坏和断裂等。

（1）磨损。磨损是挤压模具的主要失效形式。因为磨损，不仅会造成产品的尺寸超差、表面质量恶化，另外还会使挤压模具报废，增加生产成本。

挤压模与高温、高黏结性、高流动速度的金属相接触的模具端面、工作带、焊合腔和分流孔部分的磨损，通常要经过跑合、稳定磨损和急剧磨损三个阶段。在挤压过程中经常出现的磨损方式分为热疲劳磨损和机械磨损（擦伤、划伤等），此外，还伴随着腐蚀磨损（氧化磨损）、磨料磨损等。

在挤压过程中，由常见的磨损而造成的失效形式有压坑、麻面、粗糙、擦伤、划伤、黏着、尺寸超差等。

（2）塑性变形。由于挤压模与高温、高静水压力、高摩擦的金属相接触，表面温升很高而产生软化现象，在大的载荷，特别是冲击载荷下，会发生大量的塑性变形，由此不能保证产品的尺寸精度而失效。

（3）疲劳破坏。一般认为，热疲劳首先是由于裂纹源的出现，而裂纹源是因磨损而造成的沟纹、纤维缺陷等。裂纹源一旦出现，它们将继续在机械应力和热应力作用下不断增长，直至造成疲劳破坏。

为了防止和减少疲劳破坏，应选择合适的材料和采用合适的热处理制度，同时还应该改善模具的使用条件。

（4）裂纹。模具的断裂也分为脆性断裂、韧性断裂和疲劳断裂。产生脆性断裂的主要原因是材料本身较脆或内部有缺陷，存在脆性化合物；热处理硬度过高；模具结构易形成应力集中；表面状态不良等。产生韧性断裂的主要原因是材料过软或工作温度过高或承受的负荷过大等。疲劳裂纹常常表现为模具表面龟裂，然后聚集扩展形成断裂，主要是由于反复变化的拉、压应力和反复变化的热应力造成的。

4.7.2.4 工模具失效分析与鉴定

（1）外部观察和现场调查。观察工模具的加工质量：有无折叠、疤痕、刀痕、刮伤、麻面、毛刺等缺陷。

观察工模具的变形情况：有无镦粗、下陷、压塌、细颈、拉长、弯曲、内孔扩大、鼓肚等现象。

观察工模具的结构、形状和尺寸：是整体结构还是组合结构、各截面的变化情况、圆角半径或圆弧过渡情况、长径比和内外径比、离挤压筒中心线远近、模孔离模具边缘的距离等。

观察断口表面纹理和特征：了解断口形貌、部位和大小，断口是韧性断裂、脆性断裂还是疲劳断裂等。

观察工模具表面有无氧化、腐蚀、磨损和麻点等损伤情况。

在外部观察和测量的基础上，还要进一步进行现场调查，了解工模具的工作条件（挤压工艺、使用情况、设备和组装等）、材质、加工工艺、使用维护等方面的情况。

（2）内部检查。内部检查主要包括断口分析和理化检查等。

断口分析是指用光学显微镜或电子显微镜对有代表的部位进行观察，以了解断口的微观特征（低倍和高倍分析），此外，还可以用扫描电镜分析断口的形貌。

对挤压工模具进行理化检验的项目主要有：无损探伤、低倍检验、金相分析、光学分析、力学性能检验等。选择哪些项目检验，应根据条件和需要，按照不破坏—少破坏—破坏性试验的顺序来进行选择。

（3）综合分析。从上述观察、调查和检验结果出发，综合分析各类失效与影响工模具使用寿命的因素之间的关系，即能判明工模具失效的特征及失效原因。工模具的失效往往是几个因素综合作用的结果，在进行具体分析时，应充分注意各个因素之间的相互影响和有机联系，找出导致工模具失效的主要原因。

4.7.3 提高挤压工模具使用寿命的途径

4.7.3.1 挤压工模具的使用寿命

挤压工模具因磨损或其他失效形式，终致不可修复而报废之前所能承受挤压的总次数或通过挤压锭坯的总个数，称之为挤压工模具的使用寿命。

挤压工模具在报废之前，可能出现早期失效，但在绝大多数情况下，通过合理的修正之后还能继续使用。挤压工模具允许修复的次数是有限的，在生产实践中，挤压工具一般可以修复2~3次；组合模最多可以修复3~4次；平面模和穿孔针可修复3~5次。

提高工模具使用寿命，实质上意味着与失效作斗争。按工模具失效发生时间的早晚，大致可以分为早期失效和正常失效。一般来说，工模具的冲击断裂、塑性变形、黏附、过早的磨损、热裂、拉断等均属于早期失效。而在工模具达到正常平均寿命水平之后的磨损和热裂，则属正常失效。

4.7.3.2 影响挤压工模具使用寿命的主要因素

影响挤压工模具使用寿命的因素很多，概括起来可分为两大类：外因和内因。外因主要是指工模具工作时的外界环境，而内因主要是指工模具本身的结构和使用性能。对于挤压工来说，主要考虑的是前者，包括挤压工艺与使用条件、挤压工模具维护与修理以及科学管理等。

4.7.3.3 提高挤压工模具使用寿命的途径

挤压工模具使用寿命的影响因素很多，是一个复杂得多因素综合性问题，为了提高工模具的使用寿命，除了选择优质材料外，还可以采用如下措施：

（1）改进工模具结构形状。除合理选材、提高挤压工模具表面光洁度、模具表面处理外，还可以改变模具的结构形状。比如，采用双锥模可比一般的平模使用寿命提高50%～120%，比一般的锥模提高5%～50%。又如，采用瓶式穿孔针比采用圆柱式针的使用寿命长。

（2）制定和严格控制合理的挤压工艺参数。锭坯的加热不均、温度过高或过低、表面氧化严重和润滑不良，挤压比过大和流出速度太快，导致摩擦力增大的因素都使模具过早磨损、碎裂和塑性变形。

在挤压时，要做到：尽量减小变形程度、选取合适的挤压温度、提高加热质量、选择合适的挤压速度、确定合适的挤压压余厚度等，可以显著的提高挤压工模具使用寿命。

（3）合理预热和冷却挤压工模具。由于挤压工模具都是用高合金钢制成的，因此导热性较差，急冷急热很容易使热应力过大而产生龟裂，甚至开裂。同时为了使挤压时金属流动的均匀，挤压工模具也需要在使用前预热，并要求在工作期间保持一定的温度。

一般，模具和垫片的预热温度为200～300℃，挤压筒的预热温度为300～450℃。特别是挤压筒，因为它的体积和质量都很大，应十分注意要预热透，以免因为外套的温度过高，造成热应力过大和外套热膨胀过大而降低挤压筒套之间的热装效果，从而导致挤压筒内套的破裂。

为了防止在挤压过程中工模具温度过分升高产生回火现象，在挤压工模具使用过程中要对挤压工模具进行必要的冷却。

对于垫片、挤压筒和模具进行自然冷却，即用几个交替轮流使用，一般不能重复使用，否则会使挤压工模具过分温度升高。

对穿孔针，在每次挤压后必须用空气、油或水进行冷却，冷却时必须均匀，否则会引起穿孔针弯曲变形或龟裂。

（4）合理安装、使用和维修挤压工模具。挤压工模具安装要正确，应严格保持挤压杆、穿孔针、挤压筒和模具对正中心，避免出现偏心载荷，以防止挤压工模具折断和影响挤压制品的尺寸精度。

合理的使用挤压工模具可以大大改善工模具的工作条件和工作环境，减轻工作负担，因此要制定和执行合理可行的使用规程，提高生产工人的操作技术水平。

要及时修理挤压工模具。热挤压模具在使用过程中往往会产生微小的镦粗，使工作部分的直径有所增加。在使用过程中还会“粘”上一些氧化皮，也使尺寸变化，因此应及时将挤压模修理到图纸尺寸再使用，否则会使挤压制品的尺寸超出公差。

4.8 挤压工模具的使用与维护

4.8.1 挤压模具的装配

挤压模具的装配工作，一般来说比较简单。因为挤压模具的所有零件在制造过程中，其尺寸精度和表面光洁度都得到保证，所以在装配时予以修正的工作量不大。

在挤压模具的装配过程中，挤压车间装配钳工的主要任务是连接所有的挤压模零件、调整各个零件的相对位置和各部的间隙，使挤压模达到设计图纸的要求，并能生产出合格的挤压制品。

挤压模装配质量的好坏，对挤压模的精度和耐用度有着很大的影响。尽管挤压模的所有零件在加工过程中都保证了图纸要求，但是如果在装配过程中调整的不好、零件位置不正确、间隙不均等，都会使挤压模在工作过程中加速磨损，很快失去应有的精度，而使挤出的金属制品达不到质量要求。

挤压模的装配，一般是按以下步骤进行：

（1）首先认真研究挤压模的装配图，这是装配钳工的首要任务。挤压模装配图是进行挤压模装配的主要依据，只有对挤压模总图有了透彻的了解，掌握了要装配的挤压模的结构特点和主要技术要求，才能确定合理的装配基准、装配顺序和装配方法。

（2）组织工作场地，根据挤压模总图和零件清单，清理检查挤压模的所有零件，包括必需的标准件。

（3）准备好在装配过程中所必需的工具、夹具、材料（如软铅等）和辅助设备等。

（4）安装挤压模的固定部分，主要是指与下模板连接的零件。如将导柱压入下模板，将导套压入上模板，并在上模板上装上模柄等。

（5）安装挤压模垫和挤压模具，并将其紧固。检查挤压模具的装配质量，调整其间隙使之能满足要求。

（6）在既定的挤压机上进行试挤压，在挤压之前，仍要全面地进行一次严格检查：各紧固部分的螺钉是否拧紧，模垫和模具之间的间隙是否均匀，位置是否正确等。在试挤压完全合格的情况下，才能进行实际的挤压生产。

4.8.2 挤压工模具的合理使用

挤压工模具经常处于非常不利的条件下工作，使用时，如稍有不注意就会造成失效或损坏报废，甚至会造成设备或人身安全事故。此外，良好的使用条件也是提高工模具使用寿命、提高生产效率和产品质量的重要因素之一。因此，除了合理选择材料、正确设计和制造工模具之外，创造最佳的使用条件、制订适用的使用规范、正确操作挤压设备，也是挤压工作者的重要任务。

4.8.2.1 挤压筒的合理使用

挤压筒必须在加热到一定的温度后才能使用，炉子定温一般不超过450℃，加热速度不能过快，一般为8～24h，这主要取决于挤压筒规格和加热方式。

在正常情况下，挤压筒工作内套每1～2个月必须蚀洗或检查一次。在蚀洗时，为了加快蚀洗速度，可以用蒸汽加热蚀洗。蚀洗后必须清理干净，仔细检查和测量尺寸，并合理配置挤压垫片。

挤压筒与挤压杆、挤压模座之间无论是在冷状态还是在热状态下，均应严格对正中心，以防止擦伤内套或引起堵模。

挤压筒要加强维护、检修，定期检查，观察表面状态和硬度，以保证产品质量，延长挤压筒的使用寿命。

挤压时要尽量保持工作内套工作表面铝套的完整性；润滑挤压时润滑要均匀；无润滑挤压或组合模挤压时，禁止在工作表面抹油或污染工作表面。

4.8.2.2　挤压杆的使用

挤压杆在承受很大的单位压力作用下工作，而没有防护装置，因此对挤压杆的加工质量及其在挤压机上的使用规范提出了严格的要求。

在挤压时，应没有除轴向力以外的外力作用。要严格地将挤压杆对准挤压筒的中心，保证水平度、同轴度；挤压杆与挤压筒之间应保持均匀的间隙，以防止在挤压过程中发生挤压杆与挤压筒的磕碰。

在挤压时挤压杆严禁黏结金属，如发现黏有金属应及时清除。为了便于清除，可在挤压杆身上稍抹一点润滑油。

挤压杆不能长时间放置在加热了的挤压筒中，以防止挤压杆温度升高，降低其许用强度，以至于出现挤压事故。

必须对挤压杆进行定期的检测，如打硬度、测量尺寸与水平度、调准中心线等，如发现挤压杆工作端面（内、外表面）有压塌变形等问题时，应及时处理。

4.8.2.3　穿孔系统的使用

穿孔系统由若干细长件组成，在挤压和穿孔中承受很高的压力和相当高的温度，有时虽然有空心轴保护，但其工作条件仍然十分恶劣。为了减少断针、提高生产效率和管材的内表面质量，必须保证其最佳的工作条件：

（1）穿孔系统联结应精密、牢固。

（2）整个穿孔系统应与挤压筒、挤压杆、模具严格同心。

（3）整个穿孔系统的表面应光洁，无任何缺陷。

（4）针尖和针后端部分应加热到足够高的温度，才能开始穿孔挤压。

（5）针尖和针后端的表面应充分润滑。

（6）穿孔系统不允许黏有金属。

（7）穿孔系统不能承受任何非轴向力的作用，在穿孔和挤压过程中也不能受卡或磕碰，以防止折弯或折断。

4.8.2.4　挤压模具的使用

挤压模具是直接参与金属变形的工具，对产品的产量、质量起决定性的作用，同时其使用寿命也直接决定产品的成本。由于模具工作条件十分恶劣，在挤压过程中要注意正确地使用和维护。

挤压前模具要根据情况预热到一定的温度；根据需要进行润滑；模具组件要与挤压中心线保持同心；模具组件不允许黏有金属；每个模具挤压的通过量不宜太多，应定期更换保养；挤压时上压要慢，速度要均匀，防止冲击挤压；穿孔和挤压时，要尽量减少模具的急冷急热，避免冷水直接浇到模具上。

4.8.3 挤压工模具的修正

挤压模具是保证挤压产品的形状、尺寸精度和表面质量的关键工具，也是提高产品产量、劳动生产率、成品率和扩大品种、降低生产成本的主要因素之一。为了减少挤压时因挤压模具质量问题而出现的各种缺陷，以保证获得符合技术条件的产品，必须在挤压现场对挤压模具进行边试挤边修理。

根据挤压模具的变形和磨损情况，挤压工模具的修理可以采用临时修理和大修。

临时修理一般是指在挤压机上对挤压模具进行修理和调换，包括对模具的简单修理和故障排除等。挤压模具的临时修理，经常是由于挤压件超差和挤压件卡在挤压模具或挤压模座上取不下来而采取的。造成这种情况的原因，往往是由于挤压模工作部分被磨损变得粗糙而造成的，因此，只要将挤压模具工作表面稍加修磨即可。

挤压模具的大修，通常是对挤压模的模架部分，主要包括对导柱和导套进行修理。因为导柱和导套的磨损，会使它们之间的间隙大而失去导向作用。对于导柱和导套的修理，主要是镀铬，以补偿它们的磨损。

复习思考题

4-1 在挤压机上主要有哪些挤压工模具？

4-2 挤压工模具的工作特点有哪些？

4-3 挤压模主要有哪几种，最常用的是什么挤压模？

4-4 锥模主要有哪些参数？

4-5 多孔模模孔的布置主要考虑哪些问题？

4-6 穿孔针和芯棒各有什么作用？

4-7 挤压工模具比如挤压筒为什么在挤压前要进行预热？

4-8 挤压筒在结构上为什么要采用多层？

4-9 挤压工模具主要采用什么材质，为什么？

4-10 提高挤压工模具使用寿命的措施主要有哪些？

4-11 挤压工模具的装配要注意什么原则？

4-12 挤压模具的破坏形式主要有哪几种，产生的原因各是什么？

4-13 怎样进行挤压工模具的失效鉴定？

4-14 在挤压工模具的使用过程中，要注意哪些事项？

5 挤压设备

5.1 锭坯加热设备

在热挤压之前，要对锭坯进行加热，以提高被挤压金属的塑性，降低金属的变形抗力，保证挤压过程的顺利进行。在挤压车间，锭坯的加热设备应根据金属工艺性质、生产能力、温度制度和被加热金属锭坯的尺寸等进行选择炉子类型。在有色金属挤压车间，加热设备按加热方式分为：重油炉、煤气炉和感应加热炉等。

5.1.1 重油炉

重油炉以重油作为燃料，其优点是发热量大、灰分少，火焰辐射力强，成本低。其缺点是重油加热炉的操作环境不清洁，燃料中含硫量高时将影响加热质量，由此使挤压制品的质量有时较差。

按炉子的结构形式，重油炉有斜底式加热炉、推料式加热炉和环行加热炉等，其中前者应用较广泛，生产能力较高。表 5-1 为连续式斜底重油加热炉的技术性能。

表 5-1　连续式斜底重油加热炉

主 要 性 能	15MN 挤压机用
最高加热温度/℃	1050
外形尺寸/mm	9100 × 3200 × 5600
炉膛尺寸/mm	8700 × 1860
加热炉生产能力/根 · h^{-1}	40 ~ 120
加热锭坯尺寸/mm	(145 ~ 205) × (120 ~ 700)
重油预热温度/℃	80 ~ 100
炉底倾斜角度/(°)	6
重油消耗量/kg · h^{-1}	250

5.1.2 环形煤气加热炉

环形煤气加热炉比较广泛的应用在大批量生产的有色金属挤压车间，它的特点是占地面积小，生产率和热效率高，炉内的气氛容易控制，加热温度均匀，设备机械化程度高，劳动条件好等。

在我国常采用的环形煤气加热炉的直径有 8800mm、10100mm 和 11700mm 等，基本上都采用连续式工作制度，可以用来加热铜及其合金等。

5.1.3 电炉

利用工频、中频、高频电炉加热有色金属锭坯越来越广泛。主要优点是设备占地面积小，自动化程度高，劳动条件好，并且没有污染，另外，采用电炉加热，加热的周期短，加热质量好。

工频感应加热是利用工频交流电流（50Hz）进行感应加热。与中频、高频相比较，它不需要变频设备，结构简单；电流的透入深度大，可进行深层或穿透加热，加热质量好，因此应用较为广泛。

中频（500～10000 Hz）感应加热炉也比较适用于热挤压的坯料加热。中频感应加热炉一般有中频感应加热器、进料机构、出料机构、电热电容器组、冷却系统等组成。

5.1.4 挤压筒加热

包括挤压筒预热和保温，多采用低频感应加热器加热。加热挤压筒时，可以在挤压筒未装到挤压机上之前预热，也可在挤压前迅速预热。后者的加热器装在挤压筒内，可以在短时间内使其温度达到250～300℃。

5.2 挤压机的类型及其结构

5.2.1 挤压机的分类

在有色金属挤压车间，挤压机是生产管、棒、型材的主要设备。

挤压机按其传动类型可以分为机械式和液压式两大类。机械式挤压机的最大的特点是不需要配备液压系统，且挤压速度快，但是在挤压过程中，挤压速度是变化的，这对于挤压工模具的寿命和制品性能的均匀性很不利，因此应用受到限制。目前在挤压领域应用最广泛的是液压传动的挤压机，包括水压挤压机和油压挤压机两大类，其中前者是适宜于大吨位、高速高压的挤压机。

挤压机按结构分类，主要分为带独立穿孔系统的挤压机和不带独立穿孔系统的挤压机，其中前者可以采用实心的锭坯，用独立穿孔系统挤压管材。

液压传动的挤压机按其总体结构形式（挤压轴线与地面的关系）可以分为卧式挤压机和立式挤压机两大类。

5.2.2 卧式挤压机

5.2.2.1 卧式挤压机的特点

卧式挤压机的主要特点是：挤压机的主要工作部件（包括挤压杆、挤压筒、穿孔系统等）的运动方向与地面平行，因此它具有以下特点：

（1）挤压机的本体和大部分附属设备皆可以布置在地面上，且设备高度较低，有利于在工作时对设备的状况进行监视、保养和维护。

（2）挤压机的各种机构可以布置在同一水平面上，上料、出料系统都是水平式，简单可靠，并且容易实现机械化和自动化。

（3）可以制造和安装大型的挤压机，厂房高度较低，可减少建筑施工困难和投资。因为是水平出料，制品的规格不受限制。

（4）挤压机的运动部件，如柱塞、穿孔横梁和挤压筒等的自重皆加压在导套和导轨面上，易磨损、易偏心，因此难以保持挤压制品的精度。某些部件因受热膨胀而改变正确的位置，因而易导致挤压机中心失调。

（5）由于各主要部件水平布置在地面上，因此，占地面积大。

在用卧式挤压机生产管材时，由于上述的缺点，很难保证挤压的高精度和挤压筒与锭坯的同心性，因此最易产生管材的壁厚不均，即所谓的挤压偏心。但是，总体来说，卧式挤压机的优点较多，因此在生产中应用最广泛。

5.2.2.2　卧式挤压机的分类

根据挤压机的用途和结构不同，可以将卧式挤压机分为棒型挤压机（单动式）和管棒挤压机（复动式）。

单动式挤压机和复动式挤压机的主要区别是：后者有独立的穿孔系统，因此既可以采用实心的锭坯进行穿孔操作，挤压出空心的型材或管材，又可以采用空心的锭坯生产管材。棒型挤压机无独立的穿孔系统，主要用在挤压实心的棒材和型材上，但是也可以采用空心的锭坯与芯棒配合，挤压空心型材和管材，或者用实心的锭坯，采用组合模生产空心断面的制品。

卧式挤压机按其挤压方法又可以分为正向挤压机、反向挤压机和联合挤压机，其中后者既可以实现正挤压，又可以实现反挤压。

5.2.2.3　卧式挤压机的技术特性

卧式挤压机的技术特性主要包括：挤压力、穿孔力、挤压杆的行程、挤压杆的运动速度、穿孔针的行程、穿孔针的运动速度和挤压筒的尺寸等。

挤压机的额定能力，是挤压机最主要的技术参数，它标志着在工作时所能给出的最大挤压力。挤压机的额定能力等于工作缸的总面积与工作液体的额定比压的乘积。一般挤压机上都设有主挤压缸和副挤压缸，当两者同时工作时，挤压机的能力为高压力；只有主缸工作时，为低压力。

5.2.2.4　卧式挤压机的结构形式

图5-1为一台25MN无独立穿孔系统的卧式棒型挤压机的剖面图。它是一台以乳液作为工作介质，采用泵站加压的正向挤压机。

卧式管、棒和型材挤压机的结构形式，一般是根据穿孔缸对主缸的相对位置来分类的，主要分为三种基本类型：

（1）后置式。所谓后置式即穿孔缸位于主缸之后，它的布置形式如图5-2所示。

这种结构形式的挤压机的主要优点是：由于穿孔系统与主缸之间完全是独立的，穿孔柱塞的行程可以比主柱塞的行程长，因此可以实现随动针挤压，即穿孔后穿孔针随同锭坯一起前进，二者无相对运动，这样就可以减少穿孔针与锭坯金属之间的摩擦，延长穿孔针的使用寿命；由于针在挤压时可以自由前后移动，故可以生产内外径变化的变断面管子，

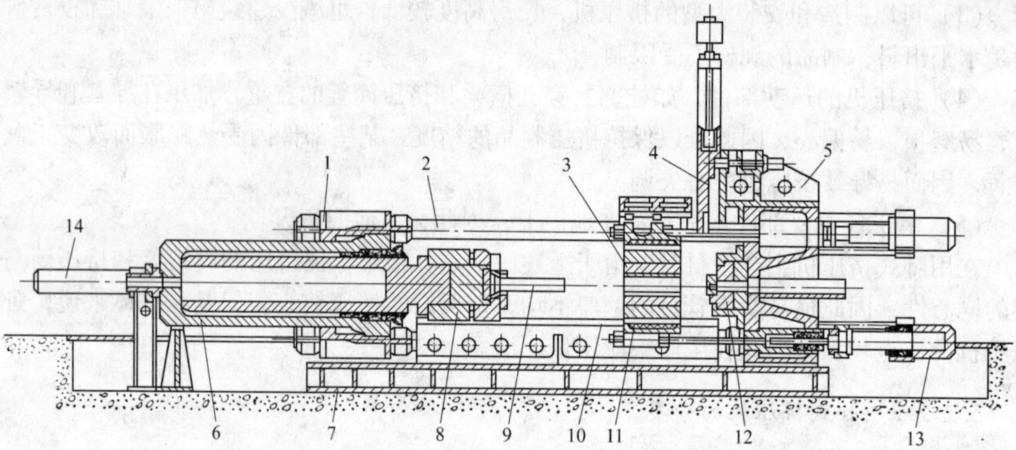

图 5-1　25MN 卧式棒型挤压机（无独立穿孔系统）

1—后机架；2—张力柱；3—挤压筒；4—残料分离剪；5—前机架；6—主液压缸；7—基础；8—挤压活动横梁；9—挤压杆；10—斜面导轨；11—挤压筒座；12—模座；13—挤压筒横移缸；14—张力缸（副液压缸）

如铝合金钻探管等；在挤压型、棒材时，可以将穿孔缸的压力叠加到挤压杆上，大大增加挤压力；维修比较方便。

这种挤压机的缺点是：由于两个挤压缸前后布置，因此挤压机机身比较长，占地面积大；由于穿孔系统很长，刚性较差，加之主柱塞导向衬套易磨损，因此在穿孔时易偏斜，导致管子偏心。

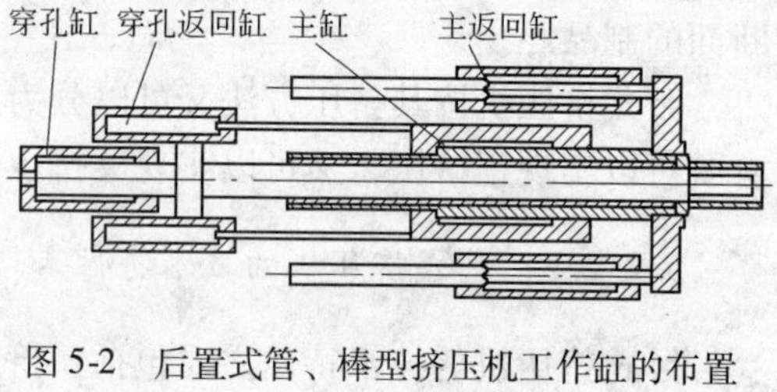

图 5-2　后置式管、棒型挤压机工作缸的布置

（2）侧置式。侧置式管、棒材挤压机的结构特点是：穿孔工作缸位于主缸的两侧，如图 5-3 所示。

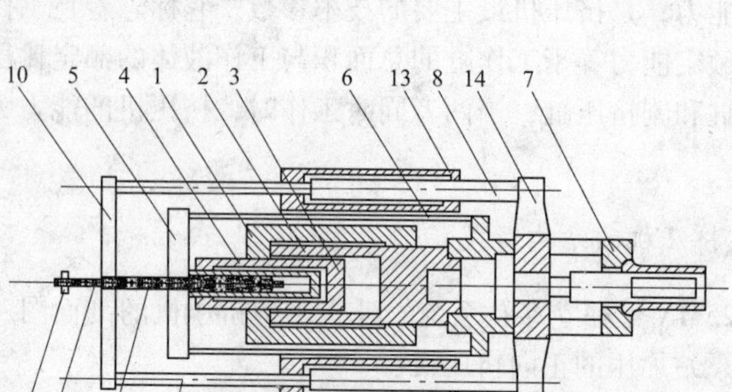

图 5-3　侧置式管、棒型挤压机工作缸的布置

1—主缸；2—主柱塞；3—主柱塞回程缸；4—回程缸 3 的空心柱塞（同时又是空心柱塞 9 的工作缸）；5—横梁；6—拉杆；7—与主柱塞固定在一起的横梁（用拉杆 6 与横梁 5 和柱塞 4 相连）；8—穿孔柱塞；9—穿孔柱塞 8 的回程空心柱塞；10—横梁；11—拉杆；12—支架（进水管 15 固定在其上）；13—穿孔针；14—穿孔横梁；15—进水管

这种挤压机的特点是：穿孔柱塞与主柱塞的行程相同，因此不能够采用随动针挤压，穿孔针在挤压时不动对其使用寿命是不利的；机身也较长。

（3）内置式。内置式挤压机在结构上比较先进，其特点是穿孔缸安置在前端的内部，穿孔缸和穿孔回程缸所需要的工作液体各用一个套筒式导管供给，因此可以互相利用，如图5-4所示。

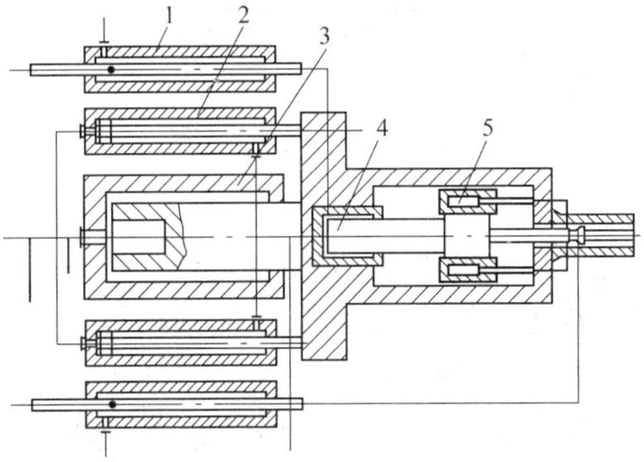

图5-4　16MN内置式管棒型挤压机工作缸布置

1—进水管；2—副缸及主回程缸；3—主缸；4—穿孔缸；5—穿孔回程缸

此种挤压机的优点是：机身较短、刚性好、导向精确、穿孔时管子不易偏心、可实现随动挤压。但是此种挤压机维修和保养困难，且穿孔力受到一定的限制。

5.2.2.5　立式挤压机

立式挤压机的主要部件的运动方向和出料方向都与地面垂直，所以占地面积小，但是要求有较高的厂房和较深的地坑。由于运动部件垂直地面移动，所以磨损小且均匀，部件受热膨胀后变形也均匀，挤压机中心不易失调，故穿孔时管子的偏心很小。此种挤压机主要用来生产尺寸不大的管材和空心制品。

图5-5为挤压铜及其合金管材的6MN无独立穿孔系统的立式挤压机。

根据结构形式的不同，立式挤压机也可以分为带独立穿孔系统的和不带独立穿孔系统的两种。前者可以采用实心锭坯进行穿孔挤压，管子的偏心度很小，而且内外表面质量好。但是它的结构复杂，操作困难，应用不是很广泛。

立式挤压机的结构特点是：带一个装有两个模具横向移动的模座和一个装有工

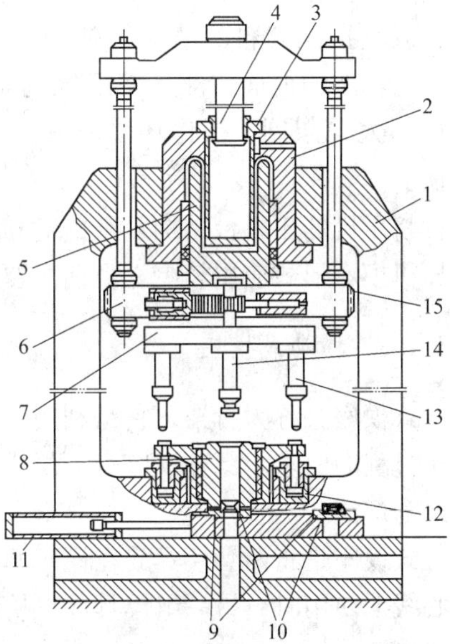

图5-5　6MN立式挤压机

1—机架；2—主缸；3—主柱塞回程缸；4—回程缸3的主塞；5—主柱塞；6—滑座；7—回转盘；8—挤压筒；9—模支撑；10—模具；11—模座移动缸；12—挤压筒锁紧缸；13—挤压杆；14—冲头；15—滑板

具的回转盘。在回转盘的同一圆周上交替的安装着两个带芯棒的挤压杆和两个冲头。在操作时，回转盘每次按同一方向转90°，使其中的一个工件位于挤压中心线上。

立式挤压机分离压余的操作方式有两种：用剪切模分离压余和用冲头分离压余。前者在挤压后，利用液压缸使模座横向移动，借助于其中的剪切模将管子切断，挤压模连同压余用挤压杆再一次的行程推出挤压筒外。后者是利用冲杆（挤压杆）上的冲头将管子切断，残留在挤压筒中的压余则被冲头带上去进行分离。

5.3 挤压机的主要部件及其结构

5.3.1 模座

在卧式挤压机上，模座是用来组装挤压模具的部件。在挤压机上，对模座的设计、制造、安装和使用方面，应该满足：保持高的精度；更换模具要方便；易使制品切断和占用的时间短等。

在挤压机上，按照模座的运动方式不同，可分为：纵动式模座、横动式模座、转动式模座和联合式模座四种。

5.3.1.1 纵动式模座

纵动式模座又称为挤压嘴或活动头，它在工作时可以沿着挤压中心线前后移动。图5-6所示为封闭式模座结构图。

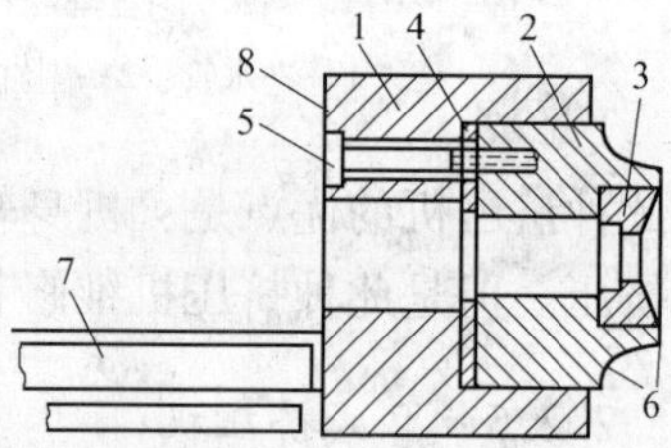

图5-6 封闭式模座

1—模座；2—模支撑；3—模具；4—挤压垫；5—固定螺丝；6—密封锥面；7—出料槽；8—锁板配合面

采用纵动式模座时，制品的切断、模具的检修和更换，以及挤压残料的清除等辅助挤压工序的操作，皆在前机架的前面，即在挤压机机体之外完成，故作业面不太受限制，操作环境较好，处理事故也比较方便。

这种挤压机的出料台结构复杂，对易氧化的金属在挤压时，难以采用水封挤压，因此此种挤压机模座形式应用较少。目前主要用在挤压一些变断面的型材上。

5.3.1.2 横动式模座

横动式模座又称为滑架，它是利用液压缸使之在挤压机两侧左右移动，以满足模具安装和挤压过程的要求。此种模座有一位式、两位式、三位式和四位式等，其中以两位式模座应用最为广泛。

两位式模座是将两套模具放在模座两端的U形槽中，如图5-7所示。当一套模具位于挤压中心线上使用时，另一组模具放在挤压机体的外面，以便对模具进行检查、修理、冷却或加热等。

横动式模座结构牢固、可靠，能适应各种制品的切断方式，另外还能轮流使用，这对于保证制品的质量和防止模具过热都是极为有利的，因此应用广泛。但是，这种模座在进行模具的更换、检修和润滑时，操作者要在挤压机的两侧进行，给操作者带来一定的麻烦。另外在操作时，也不能直接在模具的后面使制品与残料分离。

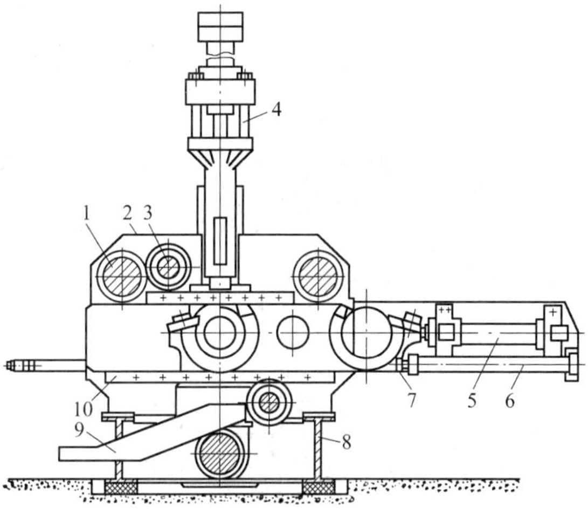

图 5-7　16MN 三柱卧式挤压机的两位横动式模座

1—张力柱；2—前机架；3—挤压筒移动缸拉杆；4—残料分离剪；5—制品剪切剪；6—滑架移动缸；7—滑架；8—挤压机框架；9—残料接收槽；10—滑架导轨

5.3.1.3　转动式模座

转动式模座的旋转是利用液压缸和齿轮机构实现的。近代的转动式模座皆为两位的，在上面可以安放两套模具，模座可以在180°内旋转，以便能够满足两套模具轮流使用的要求。转动式模座有时还带有锁紧装置，用来承受分离制品时的剪切力。图 5-8 所示为带转动式模座的挤压机前机架。

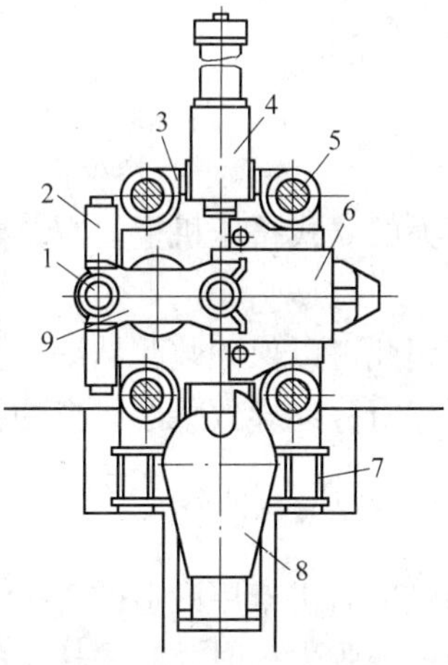

图 5-8　两位转动式模座

1—模具；2—模座旋转机构；3—前机架；4—剪刀；5—张力柱；6—锁紧装置；7—框架；8—锯；9—模座

转动式模座在使用时，模具的清理、润滑、修理和更换只在挤压机的一侧进行，所以只需要一套冷却、润滑和换模装置就能满足要求，而且操作也比较方便，使操作者的劳动强度降低。这种挤压机模座比较适合于换模、修理和冷却频繁的情况，比如挤压铜合金、难熔金属等。

5. 3. 1. 4　联合式模座

在联合式挤压机上，要求安装两部残料分离机构，以便实现正挤压和反挤压，联合式模座就是用在这种挤压机上。图 5-9 为联合式模座。

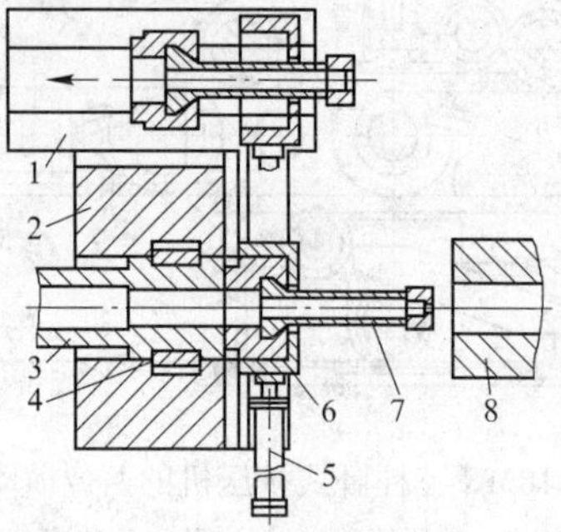

图 5-9　联合式模座

1—工具更换台；2—前机架；3—纵动式模座；4—模座 3 的锁紧装置；
5—横动式模座的液压缸；6—横动式模座；7—空心挤压杆；8—挤压筒

联合式模座是由纵动式和横动式两种组合而成的，它可以使挤压筒移动缸有较大的力，以利于实现固定模的反挤压。

5. 3. 2　机架

挤压机的机架是挤压机的骨架，用以安放挤压工模具和挤压机的零部件。挤压机的机架按其结构分为框架式和张力柱式两类。

5. 3. 2. 1　框架式

框架式机架一般用在能力不大的立式挤压机上。它是整体铸造的，也可以是用轧制的厚钢板经电渣焊焊接而成的。

这类挤压机的机架刚度大，因此可以保证装配精度，挤压制品的质量好。但是，这类机架的结构笨重，且铸造质量不好时，易导致整个机架的报废。

5. 3. 2. 2　张力柱式

张力柱式机架是将挤压机的前、后机架用锻造的 3 ~ 4 根钢柱（张力柱）连接在一起，使前后机架成为一个整体。当用三根张力柱时，三根柱子的布置形式有正三柱、倒三柱和侧三柱三种，其中倒三柱的结构形式应用较广。

近几年来，不论是小型、中型还是大型的挤压机皆趋向采用张力柱式结构，因为它安放横动式模座、残料分离机构或热锯以及自动化装置等比较方便。

张力柱式工作机架尽管应用很广泛，但是它也有一些缺点，主要是张力柱与前后机架是采用螺纹联结，它需要经常被检查和拉紧，而且常是张力柱破坏的地方。

为了克服张力柱式工作机架的这些缺点，提高在挤压时制品的尺寸精度，现在国内外已开始较多采用预应力机架。预应力机架的主要特点是：横梁与柱子之间不是采用螺纹连接，而是用高强度的扁钢丝在张力（预应力）作用下将它们缠绕连接在一起，框架承受着预压应力。

5.3.3 导轨

导轨是用来承受挤压活动横梁和挤压筒座重量的。旧式的棒型挤压机多采用张力柱作为导轨，但是由于磨损和安装精度问题，这种导向装置很难保证挤压杆、挤压筒和挤压模的同心度，因此已较少使用。

目前挤压机上应用最广泛的是棱形斜面导轨，图 5-10 为挤压活动横梁和导轨，导轨的支撑面通过挤压中心线。

近代的管、棒和型材挤压机和反向挤压机的挤压筒座，以及挤压活动横梁，多采用 X 型的导轨，如图 5-11 所示。

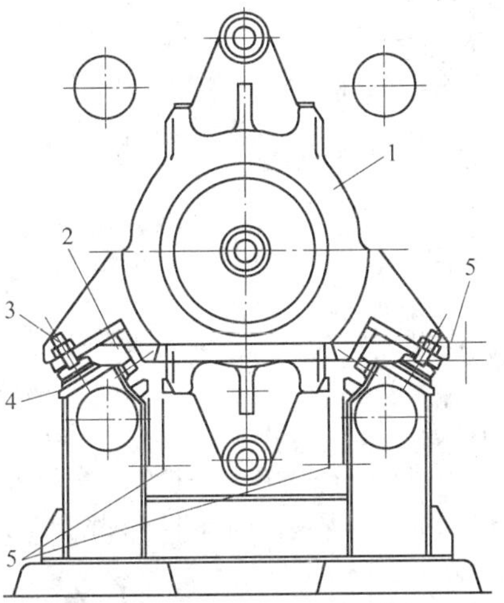

图 5-10 挤压机的活动横梁导向装置

1—主活动横梁；2—横向调整螺栓；3—纵向调整螺栓；4—防滑板；5—定心基准面

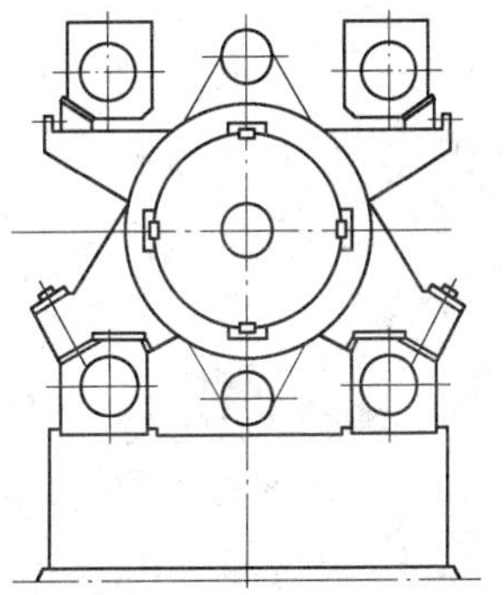

图 5-11 挤压筒座的 X 型导轨

在这种结构中，下面两个导轨主要承受挤压筒座和挤压活动横梁的重量，上面两个导轨则用以防止它们在挤压力偏心时产生偏斜，因此，活动部件的同心度高。

5.3.4 锁板

在采用纵动式模座时，为了在挤压过程中使模座固定不动且与挤压筒壁贴紧，以防止被挤压金属从贴合面处流出，挤压机上必须安装锁板。

目前应用在挤压机上的锁板，主要有两种形式：斜面锁板和平面锁板。

5.3.4.1 斜面锁板

斜面锁板的一个工作面是斜的，因此可以用它来固定挤压筒，省去了挤压筒移动缸机器控制系统。但是此种锁板锁紧力有时不够，使工作变得不可靠。

5.3.4.2　平面锁板

平面锁板的两个工作面是相互平行的，为了在挤压时能将纵动式模座锁紧，必须采用可移动的挤压筒，并且要有足够的靠紧力，约为挤压机名义挤压力的7% ~10%。图5-12为安装在挤压机前机架上的平面锁板。

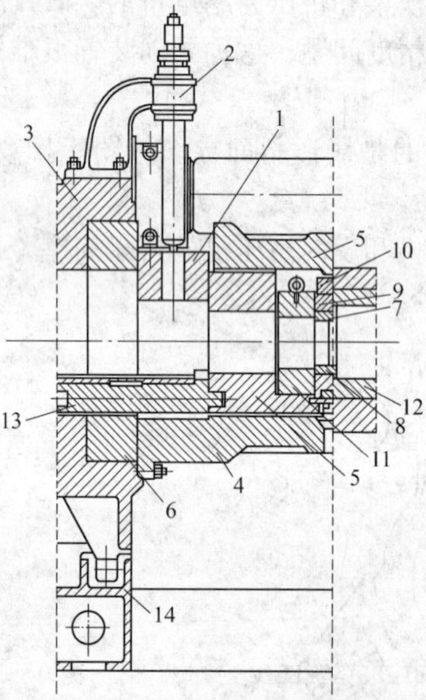

图5-12　平面锁板

1—锁板；2—锁板提升缸；3—前机架；4—模座支撑；5—模座；6—靠环；7—模具；8—模垫；9—模支撑；10—压紧环；11—支撑环；12—挤压筒；13—活动受料台；14—机座

5.4　挤压机的辅助设备

在挤压生产车间内，挤压机的辅助设备和挤压机一起，构成了一套完整的生产系统。在挤压生产中，挤压机辅助设备的设计是否合理，结构是否完善，使用能否顺利进行，直接影响到挤压生产，包括生产率与成品率，操作人员的劳动强度，以及流水作业线的自动化程度等。

挤压机的辅助设备及装置主要有：锭坯热切断和热剥皮装置、向挤压机供给锭坯的装置（供锭机构）、制品的牵引机构、挤压垫与残料分离及传送机构、制品接受及运输机构以及工模具速换装置等。

5.4.1　锭坯热切断和热剥皮装置

5.4.1.1　剪切

锭坯切断的目的是为了得到合适的锭坯长度，以使得制品的长度满足要求，比如满足出料台架、冷床以及制品定尺的要求等。目前在挤压之前，锭坯的切断方式有冷剪切和热剪切两种。

对于铝合金来说，旧的生产工艺是将连续或半连续铸出的长锭坯经高温均匀化热处理后，在冷状态下将锭坯切成定尺，然后再车皮、镗孔后送进挤压车间进行加热和挤压，一般采用冷锯锯断。而新的生产工艺是：将均匀化热处理后的长锭坯直接送至挤压机前的感应或煤气加热炉中加热，并视挤压制品的断面大小和要求长度，利用计算机计算出锭坯的最佳长度，然后采用热剪切机把锭坯切断。余下的锭坯仍返回加热炉中加热，待下次挤压前再进行切断。切下的锭坯根据需要，可在热剥皮机上进行热剥皮，以保证锭坯的质量特别是表面质量能满足制品的要求。

采用热切断方式，比锭坯冷锯的劳动生产率高，金属的损耗小（无锯屑），可以提高金属收得率6%～7%，而且还可以减少装卸锭坯的劳动量和占用的场地。

目前最常用的热剪切方式是带主动压料的剪切，即在活动剪刃下降切料时，不动剪刃对锭坯主动施加以压力，此压力约为剪切机额定剪切力的15%～20%。此法可以限制金属锭坯有害的塑性变形，使剪切后的端面平齐。

图5-13所示为20MN挤压机的锭坯热剪切机简图。在剪切时要注意调整好剪切机两剪刃之间的间隙，以提高剪切质量。

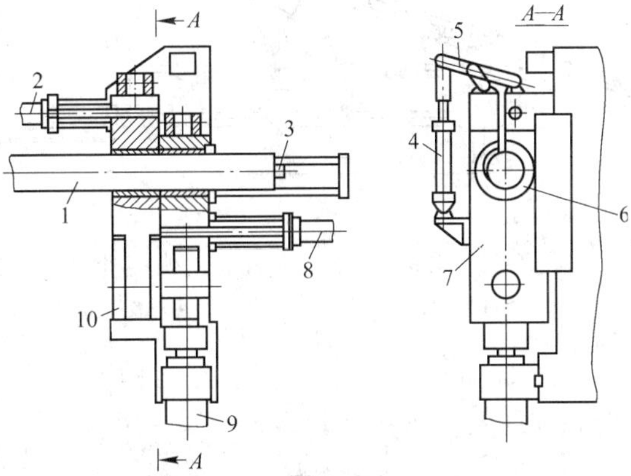

图5-13　锭坯热剪切机简图

1—锭坯；2—推锭机；3—定位器；4—压紧缸；5—压紧装置的杠杆机构；6—活动剪切刃支架；7—剪刃压紧装置；8—推锭机；9—工作缸；10—不动剪刃支架

5.4.1.2　剥皮

为了提高挤压时制品的表面质量，一般要在挤压之前对锭坯进行表面剥皮。剥皮的方法主要有两种：旧工艺是在冷状态下将锭坯在车床上车皮，这种方法的劳动量大，且不能防止锭坯表面在加热时重新被氧化，因此应用越来越少。比较新的剥皮工艺是在锭坯热切断之后，在装入挤压筒之前，直接进入热剥皮机进行热剥皮。

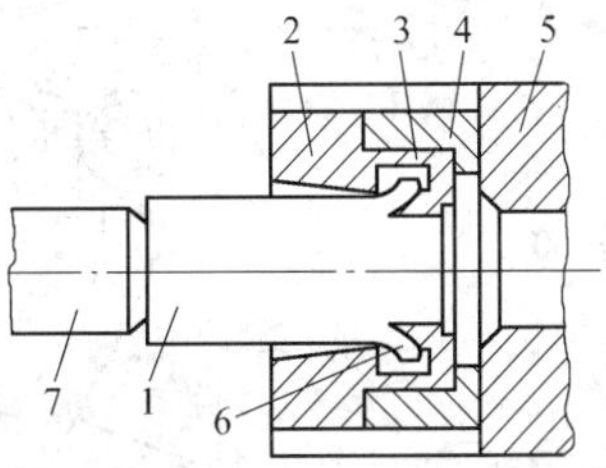

图5-14　锭坯热剥皮示意图

1—锭坯；2—导向套；3—剥皮模；4—外套；5—挤压筒；6—刨屑；7—挤压杆

图5-14所示为位于挤压筒前面的剥皮装置示意图。在这种设备上，锭坯在剥皮之前，先要通过定径模和导向套，从而保证剥皮厚度的均匀。对铝合金，剥皮厚度一般不超过2.5mm。

5.4.2　供锭机构

供锭机构的主要作用是：将锭坯送到挤压中心线上。它的结构形式有很多种，且多半与加热炉、挤压机的结构和布置有关系。

按工作方式，供锭机构主要有两大类：将锭坯直接送到挤压中心线上；将锭坯先送到挤压机，然后再升高到挤压中心线位置上。

按送锭机构的运动特点，又可以分为直线运动和回转运动两种方式。图5-15为一直线运动的送锭机构。它的动作过程为：带锭托3的滑板利用液压缸4上的齿条，通过齿轮1、5和滑板上的齿条2可以将锭坯直接送到挤压机中心线上。一般并列安装两个送锭机构，交替使用。

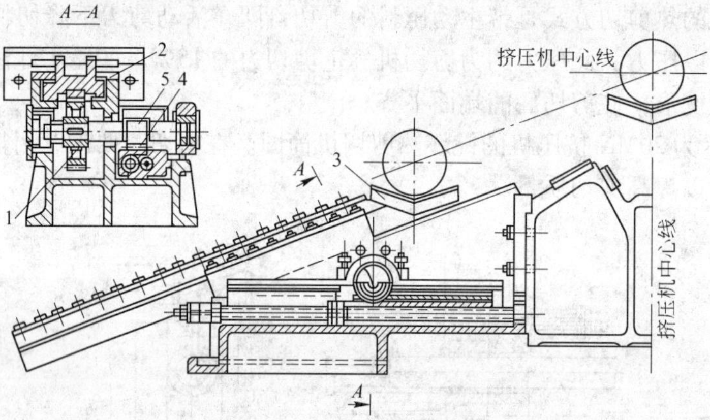

图5-15　35MN铜合金挤压机的供锭机构

1，5—齿轮；2—齿条；3—锭托；4—液压缸

回转式的供锭机构，如图5-16所示。它的特点是结构紧凑、行程短、落位的精确度高，但是需要有锭托回转和锭坯及挤压垫夹紧装置。

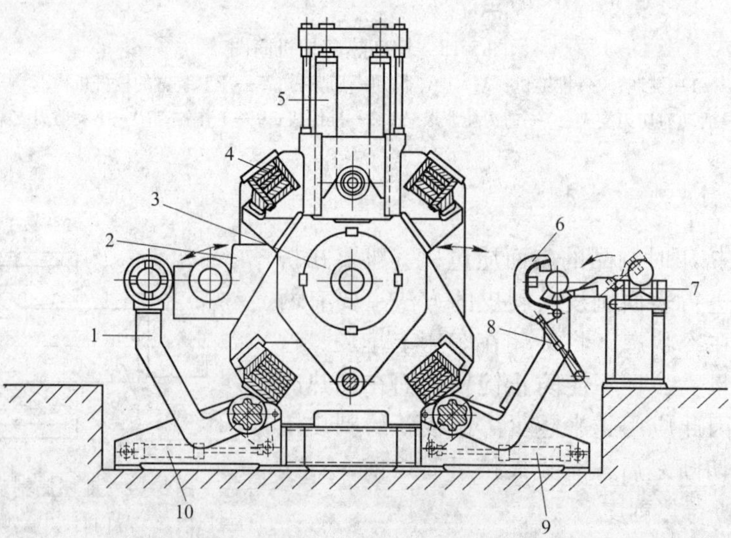

图5-16　带活动钳口的回转式供锭机构

1—挤压垫与残料的移出装置；2—横动式模座；3—挤压筒；4—张力柱；

5—剪刀；6—钳口；7—辊道；8～10—液压缸

5.4.3 制品的牵引机构

5.4.3.1 制品牵引机构的作用

在现代化的挤压生产线上，为了防止挤压出的薄壁型材和断面复杂的型材出模孔后发生扭曲，防止多孔模挤压时制品的相互摩擦和缠绕，一般都配有牵引装置。牵引装置是挤压后部工序的重要辅机之一，在挤压机后面设置牵引装置后，特别是对于多孔模生产小断面薄壁或复杂断面型材时，可以获得明显的效果：

（1）多孔模挤压，当制品间的流出速度相差不大于3%～5%时，则在牵引力的作用下，可以消除各根制品由于流速差而造成的长短不齐现象，从而提高制品的长度精度，保证型材定尺，减少废料量，提高成品率。

（2）由于消除了多根制品之间的相互摩擦，可以保持或改善制品的表面质量。

（3）减轻了型材挤压后产生的扭曲和弯曲，特别是对于15m以上的长型材和断面复杂、薄壁的型材，基本上可以消除扭曲和弯曲变形。这不仅提高了型材的平直度，而且在拉伸矫直机上不需对制品进行扭拧矫直，有时还可以取消辊式矫直，从而为精整工序的自动化创造了条件，并且有利于实现整条生产线的自动化、机械化、连续化和高速化，大大提高了生产效率。

（4）使用牵引装置还省去了脱模操作，并可减少模具的磨损，大大减少修模次数，从而可以延长模具的使用寿命。

（5）可以代替拉料和运料的体力劳动操作，节省了劳动力，改善了劳动条件。

5.4.3.2 牵引装置的类型与结构

牵引装置的结构按其驱动方式不同可以分为直流马达式、直线马达式和液压马达式三种。不论哪种驱动方式，必须保证牵引小车的拉力与运行速度无关，并保持恒定。否则会使牵引装置失去作用。

直线马达式牵引机由于具有传递速度高、远距离传送简单，惯性矩小，容易适应外部速度的变化，牵引力大小容易控制等优点，所以获得了迅速的发展，也是目前应用最广泛的牵引装置。

直线马达牵引装置主要由牵引机构、行走导轨和电控制装置三部分组成，如图5-17所示。牵引装置的核心是直线马达，而夹紧机构是挤压多孔模型材的关键部件。

5.4.4 制品接受及运输机构

主要包括：出料台、淬火装置、线坯卷取装置、横向运输冷却装置等，根据挤压机的结构、用途、产品品种和规格的不同，可以选用不同的结构形式。

5.4.4.1 出料台

出料台由两部分组成：前出料台和后出料台。前出料台的长度为1.5～3.5m，高度可调并且能够移开，以便适应不同断面外形尺寸的制品需要，以及安装线坯卷取装置、实现挤压机上淬火或水封挤压等。后出料台为链式或辊式传动，为了防止制品表面被划伤，皆应衬以石墨材料。

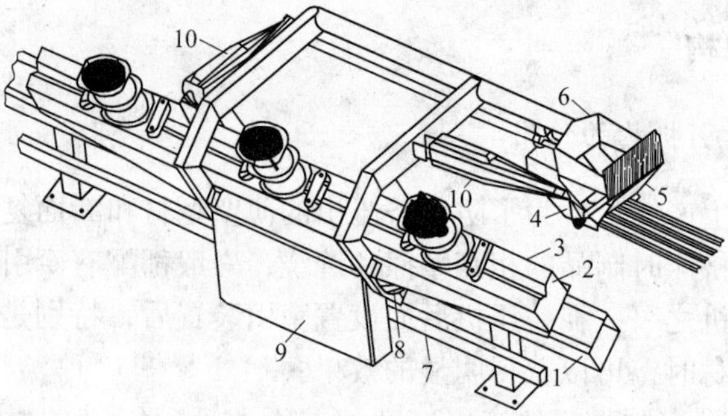

图5-17 用直线马达驱动的牵引装置

1—运行导轨；2—直线马达；3—二次导体；4—夹头；5—夹爪；6—夹爪操纵机构；
7—夹头操纵机构；8—牵引小车控制箱；9—牵引小车导轮；10—空气隙调整螺丝

利用水封挤压装置可对一些铝合金或铜合金制品进行淬火，使挤压和淬火两个工序连续化。同时，更有利于防止易氧化金属比如紫铜等制品表面氧化，减少制品在冷轧或冷拔前的酸洗工序，提高金属的收得率。

5.4.4.2 横向运输机构——冷床

挤压制品由挤压模孔挤出后，在出料台上用拨料机构或提升机构送至横向运输机构，即冷床上进行横移和冷却。

有色金属挤压车间的冷床，主要有两种结构形式：步进梁式和传动链式。步进梁式冷床由固定梁和活动梁组成，依靠活动梁的平移运动，使挤压制品前进，它能保证制品更好的冷却，但是在运动过程中容易碰伤制品的表面。对铝材趋向采用传动链式冷床：床体固定，而依靠链子上的拨爪来移动冷床台架上的制品。不论哪种结构形式的冷床，其工作表面皆应覆以石墨或石棉，用以减少制品的划伤或擦伤。

5.4.5 挤压垫与残料分离及传送机构

挤压残料与挤压垫片的分离方式根据挤压机的结构、挤压方式和被挤压金属及合金的品种不同而异。在用旧式纵动式模座时，挤压垫与残料随同制品一起移出前机架的窗口，然后采用液压剪分离制品，残料和挤压垫则落入溜槽并滚动到挤压垫与残料分离剪处进行分离。

当采用横动式模座或转动式模座时，制品要在挤压机上被切断，残料与挤压垫直接落入地面下的溜槽里，借助提升装置使溜槽升至地面，然后操作者将挤压垫与残料放在残料分离剪中进行分离。当采用脱皮挤压时，首先要用清理垫将残料、挤压垫和锭坯的外皮推出并移走。

如图5-18所示，是用转动式模座时取走残料和挤压垫，以及挤不动的锭坯的机构。当用挤压杆将残料、挤压垫和锭坯外皮推入机构6的容器中后，机构6回转将它们送至分离器8中，同时使残料位于下面。在此处先将清理垫由脱皮中分离下来，然后将挤压垫由脱皮和残料上分离下来，并沿溜槽9滚到供锭机处备用。残料与脱皮则沿溜槽进入料箱中。

近年来，在软铝合金民用建筑型材生产线上，普遍采用固定垫片挤压，固定在挤压杆上的挤压垫片，因其与锭坯接触端面上涂抹了润滑油，故挤压完毕后会自动与残料分离，

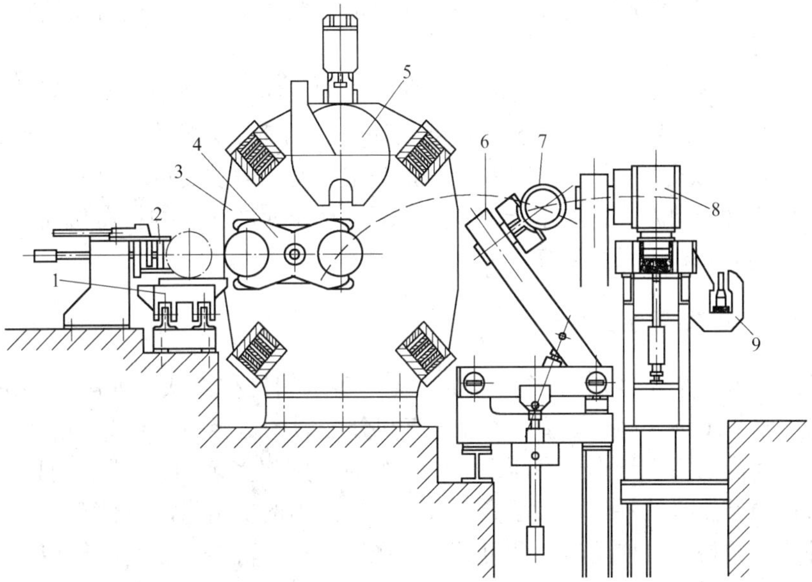

图 5-18　挤压铜合金用的残料和挤压垫移出与分离机构
1—活动台；2—换模装置；3—前机架；4—模座；5—锯；
6—残料移出机构；7—容器；8—分离装置；9—挤压垫溜槽

而厚度很薄（10～15mm）的残料，用液压剪一次即可切除。

5.4.6　工模具速换装置

为了提高挤压机的生产效率，延长挤压工模具的使用寿命，有利于实现挤压生产线的连续化、自动化，挤压工模具的速换装置必不可少，其中包括挤压筒、挤压杆、穿孔针等大型基本工具的速换装置和模具速换装置。特别是对于大型挤压机上的笨重工具和要求快速挤压的建筑型材模具，以及品种多、批量小、需要经常更换的模具来说，更为重要。目前，在现代化的挤压机上，更换一次大型工具（挤压筒、挤压杆、穿孔针等）只需几十分钟，更换一次模具只需 1～3min。

5.5　挤压机的液压传动和控制操作

5.5.1　挤压机的液压传动

目前，广泛采用的挤压机是液压传动的挤压机，按传动方式可以分为油传动挤压机和水传动挤压机两大类。水力传动挤压机具有高速高压、设备维修容易、多台挤压机联用时经济等优点，比较适合于大吨位挤压机使用；而油压挤压机不需要泵站系统，且容易实现设备自动化，因此适用于单体和中小吨位的挤压机。

挤压机的液压传动，可分为两种基本类型：高压泵直接传动和高压泵-蓄能器传动，在个别情况下，也可以采用上述两种类型的联合传动。

5.5.1.1　高压泵直接传动

这种传动方式，挤压机工作缸所需的高压液体直接由高压泵通过控制机构供给。通常可将高压泵、油箱和各种阀等直接安装在挤压机的后机架的上面，或者安装在挤压机的附近，操作较为方便。

由高压油泵直接传动的基本特点是：泵所产生的液体压力视挤压时金属变形所需要的挤压力大小而变化，挤压速度（主柱塞的运动速度）与挤压力的大小无关，而只决定于泵的生产率。因此它的最大的优点是易改变和控制主柱塞的运动速度，且高压液体的能量利用率高。但是这种传动方式，对于能力较大或要求挤压速度很高的挤压机而言，将使泵和电动机的功率过大和利用系数不高。

5.5.1.2　高压泵-蓄能器传动

大型挤压机或一个车间内有多台挤压机时，多采用这种方式，如图 5-19 所示。工作液体靠自重由水箱 1 进入高压泵 2，经过管道和分配器 8 送至挤压机 9 的工作缸中。当挤压机在单位时间内的用水量小于高压泵的供水量时，则将多余的工作液体打入到高压罐 4 中储存起来；当挤压机的耗液量大于高压泵单位时间内的供给量时，储存在高压罐 4 中的液体就能补充供给挤压机使用。由此可见，高压罐 4 作为蓄能器，它的作用与机械传动中的飞轮相似。

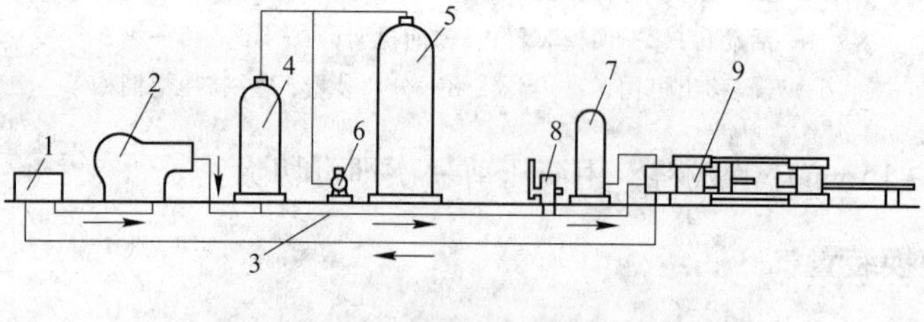

图 5-19　高压泵-蓄能器传动示意图

1—水箱；2—高压泵；3—回路；4，7—高压罐；5—低压罐；6—泵；8—分配器；9—挤压机

高压泵-蓄能器传动的基本特点是：工作液体的压力基本上是不变的，但是挤压速度是随挤压力不同而变化的：挤压力变大，速度减慢，反之则加快。为了控制挤压速度，以满足挤压工艺的要求，在此种液压控制系统中，皆采用节流阀。

在实际生产中，当挤压速度变化不大时，比如挤压的合金品种单一或者性质相似，采用高压泵直接传动为佳；当挤压速度快、时间短和大型的挤压机或机组，则采用高压泵-蓄能器传动为好。在选择时应根据上面的原则。表 5-2 为挤压不同合金时所需要的挤压速度和最佳传动方式。

表 5-2　挤压速度和传动方式

金属合金	挤压速度/mm · s^{-1}	传动方式
铝及其合金	0 ~ 20	泵传动
铜及其合金	0 ~ 40	泵传动
	< 80	
	0 ~ 150	泵 + 蓄能器传动
稀有金属	0 ~ 400	泵 + 蓄能器传动

5.5.2 挤压机的控制操作

挤压机的控制就是按照一定的程序操纵各种阀和适当的机构使挤压机动作，控制方式主要有：手动控制、远距离控制和程序控制三种。

5.5.2.1 手动控制

手动控制就是工作人员通过直接操纵分配器的操纵杆或手轮，以使挤压机完成所需的动作。它是一种比较过时的方法，只有在老式的小型挤压机上还采用。

5.5.2.2 远距离控制

远距离控制的控制开关、按钮和手柄都集中安放在控制台上。挤压机的远距离控制有三种形式：液压控制分配器、电气-液压控制分配器和电气-机械控制分配器。

液压控制分配器中所用的阀用一个专门的液压缸或者每个阀各用一个液压缸控制，这些液压缸再通过安装在控制台下的分配器控制。

电气-液压控制分配器上装有液压缸，利用齿条和齿轮带动分配器的轴转动，以便开启或关闭分配器中的阀，而液压缸是用电磁换向阀控制的，此种方法应用较多。

电气-机械控制分配器是通过减速机，由电动机带动分配器的轴转动，而电动机的控制是由万用转换开关和安装在分配器轴上的主令控制器完成的。这种方法易实现挤压过程自动化。

不论哪种远距离控制方法，都是依靠操作者完成的，因此各操作工序之间的衔接不可能精确和紧凑，以至于会影响到挤压机的生产效率。

5.5.2.3 程序控制

目前，比较先进的挤压机都采用程序控制。挤压机的程序控制就是用一些限位开关、时间继电器和压力继电器等完成的。根据挤压时所采用的锭坯条件、制品的品种以及所采用的挤压机的挤压方法，备有不同的程序以供选用。

挤压机控制的最新发展是用可编程序逻辑控制系统实现程序控制，并备有挤压数据检测、故障诊断、数据生产控制和报表打印系统等，可以显示挤压数据和挤压机的主要故障、打印报表以及对锭坯加热、挤压机操作、牵引装置和拉伸矫直等基本工序进行数据生产控制。

复习思考题

5-1 挤压车间所用的加热设备主要有哪些，怎样进行选择使用？

5-2 常用的挤压机是怎样进行分类的？

5-3 对比说明卧式挤压机和立式挤压机。

5-4 挤压机主要有哪些部件组成？

5-5 挤压机上采用的模座主要有哪几种，哪一种比较先进？

5-6 制品的牵引机构主要有什么作用？

5-7　挤压车间采用的冷床有哪两种，各有什么特点？

5-8　对比说明挤压机两种液压传动方式。

5-9　挤压机采用油或水作为介质，各有什么好处？

5-10　对比说明锭坯的两种切断方式（热切断和冷切断）。

5-11　说明张力柱式机架的特点。

5-12　挤压完了，怎样对挤压残料进行分离？

5-13　为什么采用立式挤压机生产管材的质量好？

5-14　挤压机的控制操作有哪三种方式？

6 挤压工艺

6.1 锭坯尺寸的选择

挤压时，锭坯尺寸选择的是否合理，直接影响到挤压制品的质量、成品率、生产率等技术经济指标，另外还对挤压过程能否顺利进行产生很大的影响。

6.1.1 选择锭坯时应考虑的原则

6.1.1.1 锭坯质量要求

用挤压方法生产的挤压件，不论是在尺寸精度、表面质量、金相组织以及力学性能方面，都比其他热压力加工方法所得到的制件来得好。因此，在挤压时，应根据被挤压金属及合金的特点、制品的技术要求和生产工艺，对金属锭坯包括内在质量和外部形状，提出高的要求。

锭坯的内在质量，主要是合金在熔炼与铸锭时形成的，熔炼和铸锭是影响挤压制品质量的重要工序。如果合金料的配比不符合产品的化学成分，熔体净化不彻底，合金液温度过高，或铸造工艺落后和操作不当，就生产不出质量好的锭坯，即使以后各道工序的操作工艺执行情况很好，也不可能生产出优质的产品。因此要求锭坯不能有缩孔、氧化夹杂、气泡、裂缝等缺陷。

对坯料的外部形状，必须达到尺寸精确，切割端面平齐且垂直于坯料轴线，还必须保证其断面不许留有切割毛刺等。

6.1.1.2 根据合金的塑性确定适当的变形量

在挤压时，当挤压比较小时，制品内部与外层的力学性能不均匀性较为严重，而挤压比越大，由于变形深入，制品性能的不均匀性减小，甚至性能基本一致。因此为了保证挤压制品断面性能均匀和满足其他技术要求，其变形程度不小于85%。

6.1.1.3 提高成品率

锭坯的尺寸越大，则制品越长，从而使切头尾、切压余的几何损失相对越少。为了提高挤压时的成品率，减少挤压时的工艺废料，要求采用的锭坯长度要大，一般锭坯长度为1.5~3倍的锭坯直径。

6.1.1.4 必须考虑设备能力和挤压工模具的强度

在挤压时，锭坯的直径越大，长度越长，则挤压力越大，大到一定程度会超出挤压机的额定能力，因此要求选择的锭坯尺寸不能超过一定数值。

6.1.1.5　方便生产

在挤压时，为了生产方便，保证锭坯能顺利地进入挤压筒中，锭坯与挤压筒之间要有足够的间隙，一般要使两者的直径差值在 1～15mm 之间。

6.1.1.6　锭坯的形状

在挤压车间内，有色金属合金锭坯的形状基本是圆柱体，有实心和空心两种。在挤压一些难挤合金管、异型管或小内孔的厚壁管材时，为了保证质量，对锭坯要求供空心锭，其直径一般要比芯棒直径大 1～5mm。

6.1.2　锭坯直径的选择

在选择锭坯直径时，首先应选择好实心锭还是空心锭，还要考虑挤压筒直径与锭坯直径的关系以及锭坯直径与成材率的关系。

选择锭坯直径时，一般应在满足制品力学性能要求和均匀性要求的前提下，尽可能地采用较小的挤压比。但是，在挤压外接圆大的复杂断面形状的型材时，为了使挤压过程顺利，避免出现挤压制品的分层缺陷，要考虑模孔轮廓不能太靠近挤压筒壁，即锭坯直径不能太小。在多孔模挤压时，还应考虑各模孔间的最小距离，既能保证各模孔间流动速度均匀，又要使挤压模的强度满足要求。

6.1.2.1　锭坯直径的计算

在计算锭坯直径时，要综合考虑挤压筒直径、锭坯直径偏差量、锭坯加热膨胀后仍能顺利进入挤压筒内等因素。

挤压管材、棒材时锭坯的直径，一般按照挤压筒与锭坯之间的间隙进行选择：

$$D_p = D_0 - \Delta D \tag{6-1}$$

$$d_p = d_0 - \Delta d \tag{6-2}$$

式中　D_p，d_p——锭坯外径与空心锭内径；

D_0，d_0——挤压筒直径与穿孔针针干直径；

ΔD，Δd——使锭坯和针顺利进入又不产生纵向裂纹的间隙值如表 6-1 所示。

表 6-1　挤压筒直径与锭坯间隙

金属材料	挤压机		挤压筒直径/mm	间隙值/mm		备注
	类型	能力/MN		ΔD	Δd	
铝	卧式 立式 冷挤压			3～10 1.5～3 0.2～0.3	4～8 3～4 0.1～0.8	

续表 6-1

金属材料	挤压机		挤压筒直径/mm	间隙值/mm		备注
	类型	能力/MN		ΔD	Δd	
铜	卧式		≤100 100 ~ 300 ≥300	13 5 10	1 ~ 5	
	立式	6	75 ~ 120	1 ~ 2		
稀有金属	卧式	4 15 31.5 31.5	65.72 85 220 ~ 260 220 ~ 260	1 ~ 2 1.5 ~ 3 4 ~ 5 5	1 ~ 1.5 1.5 ~ 2 5 6	包套挤压 包套挤压 光坯挤压
	立式	6	65 ~ 120	1.5 ~ 2 1.5	1 ~ 1.5 1	包套挤压 光坯挤压

6.1.2.2 挤压筒直径的选择

在选择锭坯直径时，要用到挤压筒直径的大小。在选择挤压筒直径时，必须满足：挤压比大小应满足制品质量要求；单位挤压力大小应满足金属塑性变形的需要；挤压力的大小不能超过挤压设备和工具的能力。

6.1.3 锭坯长度的选择

一般来说，在一定的锭坯的体积情况下，锭坯的长度越长，则挤压后期压余金属的损失减少，金属的收得率增加。但是，过分增加锭坯的长度，可能会使挤压后期金属显著的冷却，从而导致制品的组织和性能很不均匀；此外还会由于金属的冷却而出现挤不动的情况。

圆断面锭坯的长度 L_d 可按下式计算：

$$L_d = \{[(L_1 + l_1)m + l_2]/\lambda + h_y\}\lambda_c \quad (6\text{-}3)$$

式中 λ，λ_c——挤压比和填充系数；

L_1——要求供给下工序的毛坯长度；

l_1，l_2——长度裕量和切头尾的长度；

m——挤压根数；

h_y——压余厚度。

在进行生产时，一般不同的产品可以选取不同的挤压锭坯长度 L_d，以提高成品率。

6.1.4 挤压比

挤压比是指在挤压时挤压筒断面面积与制品断面面积的比值。一般根据金属或合金的塑性、产品品种性能以及设备能力等因素综合确定，挤压比的数值大致控制在 6 ~ 100 范围内。表 6-2 所示为 4MN、12MN 挤压机挤压比的范围。

表 6-2　4MN、12MN 挤压机挤压比的范围

设备能力/MN	挤压直径/mm	管材				棒材			
		紫铜、黄铜		青铜		紫铜、黄铜		青铜	
		直径/mm	挤压比 λ	直径/mm	挤压比 λ	直径/mm	挤压比 λ	直径/mm	挤压比 λ
4	72	25 ~ 30	7 ~ 50						
	82	26 ~ 40	8 ~ 60						
	102	40 ~ 45	6 ~ 30						
12	145	34 ~ 37	30 ~ 38	42 ~ 50	20 ~ 36				
		38 ~ 41	25 ~ 75						
		42 ~ 45	20 ~ 65	46 ~ 55	15 ~ 50				
		46 ~ 55	15 ~ 50						
	180	56 ~ 60	10 ~ 30	56 ~ 60	10 ~ 25	7 ~ 16	≥88	10 ~ 16	≥88
		61 ~ 66	10 ~ 45	61 ~ 66	10 ~ 20	17 ~ 24	113 ~ 56	17 ~ 24	113 ~ 56
		67 ~ 71	10 ~ 35	65 ~ 70	10 ~ 20	25 ~ 30	52 ~ 36	25 ~ 32	52 ~ 32
		72 ~ 81	6 ~ 30	71 ~ 80	6 ~ 15	31 ~ 50	34 ~ 13	33 ~ 50	30 ~ 13
		82 ~ 90	4 ~ 25	81 ~ 90	4 ~ 15				

6.1.4.1　金属与合金的可挤压性

在挤压温度确定以后，随着挤压比的增加，制品流出模孔的温度和速度均升高。在挤压时，为了避免产品表面的粗糙化与裂纹，应选择合适的挤压比。

6.1.4.2　制品的质量要求

根据制品断面上的组织和性能要求，挤压热加工态的制品时，挤压比一般不得小于 10 ~ 12；在挤压需要继续加工（如轧制、拉拔或锻造等）的毛料时，挤压比最好不小于 5；挤压用于二次挤压的毛料时，一般不限制挤压比的大小，只根据二次挤压的挤压筒规格来推算出一次挤压的挤压比。

在挤压小断面型材时，为了使金属流动的较为均匀，可采用多模孔挤压，以降低挤压比，减小挤压力。

为了获得表面质量好的挤压制品，挤压比一般不得小于 20。在使用组合模挤压空心管材、型材时，应尽可能采用较大的挤压比，以及较高的挤压温度和较长的焊合腔，以保证挤压制品的焊缝质量能满足要求。

6.1.4.3　设备能力的限制

在挤压时，锭坯与挤压机能力的关系为：挤压力与挤压比的对数（$i = \ln\lambda$）成正比。因此应综合考虑挤压筒直径（决定挤压比）和金属材料在挤压温度下所需要的挤压力的大小，使所确定的挤压比即能实现挤压过程（单位挤压力应满足被挤压金属产生塑性变形的要求）又不超过设备的能力。

6.2　挤压方法与挤压设备的选择

6.2.1　挤压方法

采用挤压法生产有色金属管、棒、型材及线坯，已经成为压力加工的一种主要方法。目前主要应用的挤压方法是正向挤压和反向挤压，另外又出现了很多特殊的挤压新工艺和新方法。在选择这些方法时，主要应考虑以下几个方面的问题：

（1）在选定的挤压机上实现所需挤压工艺的可能性。

（2）挤压条件下被挤压金属的高温塑性。

（3）挤压过程中能否满足挤压产品的质量要求。

6.2.1.1　正向脱皮挤压棒材

正向脱皮挤压是为了防止锭坯的表面缺陷挤到制品中去，而采用的比挤压筒直径小1～3mm的挤压垫的挤压方法。脱皮挤压主要应用在因流动不均匀而易形成挤压缩尾的有色金属及合金，如铝青铜和一些黄铜等。每次挤压完了，必须将残留在挤压筒中的脱皮清除干净。

6.2.1.2　正向不脱皮挤压棒材

它是挤压棒材最常用的方法，主要用来挤压一些难挤合金和黏性很大的紫铜等，挤压时要润滑挤压筒，并及时清理挤压筒内的残留金属。这种挤压方法对锭坯的表面质量要求较高，否则会使有缺陷的锭坯表面金属流到制品表面。

6.2.1.3　正向挤压管材

它是有色金属及合金挤压管材的主要方法，所挤压的管材质量较好，但是穿孔时有较多的穿孔残料，使金属的成材率小。

6.2.1.4　联合挤压管材

所谓联合挤压管材，就是锭坯在穿孔时，前端用堵板堵住使金属倒流，穿孔后去掉堵板换上模具，然后再挤压成管材（如图6-1所示）。这种方法具有正向挤压和反向挤压的特点，它的突出的优点是穿孔时残料头损失为最小，比较适合于挤压大直径的有色金属管材。

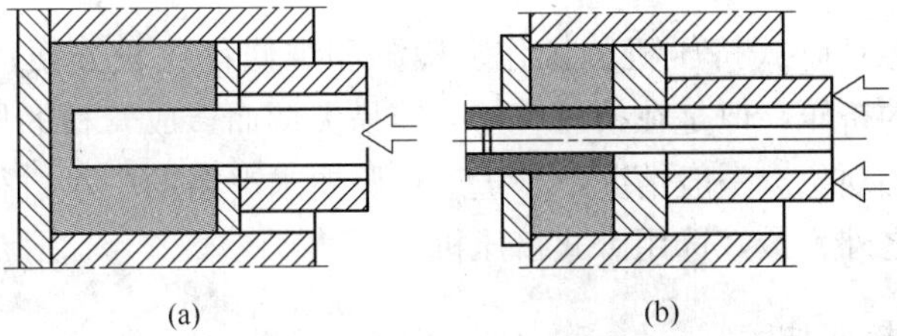

图6-1　联合挤压管材法

（a）顶穿法；（b）轧机法

6.2.1.5　反向挤压

反向挤压就是指在挤压时金属的流动方向与挤压方向（挤压杆的运动方向）相反的挤压方法。采用反向挤压的突出的优点是挤压力比采用正向挤压时少30%～40%，并且金属的流动均匀，制品的性能好。

在反向挤压棒材时，用空心挤压杆和带模孔的挤压垫；而在反向挤压管材时，利用挤压杆前端的挤压垫直径控制管材的内径。

6.2.1.6　特殊挤压方法

在挤压时，根据不同性能的合金品种而采用不同的特殊挤压方法，主要包括：用于挤压低塑性金属材料、复合合金制品、粉末材料成形以及断面形状复杂的制品的静液挤压；用于挤压热塑性较差的合金材料（如硬铝合金）、挤压后要立即淬火并要求沿长度上性能均一的合金材料（如锻铝合金等）的等温挤压法以及包套挤压、焊接挤压、润滑挤压、有效摩擦挤压、水封挤压等。

6.2.2　挤压机

6.2.2.1　正向挤压机与反向挤压机

在挤压条件相同时，反向挤压机比正向挤压机可以节能20%～40%，并且制品质量好、成品率和生产率都较高的优点，但是反向挤压机的产品规格受到工具强度的限制，且对锭坯的质量要求高，操作比较复杂，因此使用范围不如正向挤压机广泛。目前应用最广泛的是正向挤压机，基本上能生产各种金属制品。

6.2.2.2　单动挤压机和双动挤压机

单动式挤压机是指无独立穿孔系统的挤压机，主要用于挤压实心的棒、型材，也可以采用空心锭和随动针（穿孔针随挤压杆一起前进）或使用实心锭和组合模生产空心的管材和空心的型材。

双动式挤压机是指具有独立穿孔系统的挤压机。由于具有独立的穿孔系统，因此可以采用实心的锭坯，首先进行穿孔，然后进行挤压，生产空心的管材或空心的型材。更换双动式挤压机的挤压杆和挤压垫，也可以生产实心的棒、型材。

6.2.2.3　卧式挤压机与立式挤压机

在选择时要注意：卧式挤压机的操作、检测和维修都比较方便，普遍使用于所有规格、各种合金制品的挤压，但是在挤压管材时容易失调而造成管材的偏心；立式挤压机在生产管材时则无偏心现象。一般情况下，生产壁厚要求严格的中小口径的管材，最好采用立式挤压机，除此之外，最好选用卧式挤压机。

6.2.3　挤压工具与挤压技术

在选择挤压方法时，除要考虑金属的特性、挤压设备外，还要考虑挤压工具。选择挤压工具时的主要要求为：挤压工具的设计、制造要方便、简单，材料来源广，另外还要使挤压工具的寿命长。目前提高挤压工具的寿命的措施主要有：降低挤压力、冷却润滑挤压工具以及制定严格的挤压工艺参数等。

采用符合制品规格的挤压技术，比如采用套杆反向挤压、连续挤压、多模孔挤压等，也是选择挤压方法时要考虑的问题。

6.2.4 挤压新工艺和新方法

6.2.4.1 静液挤压

静液挤压又称为高压液体挤压，它是指在挤压时挤压筒内通入高压液体（压力高达1000～3000MPa），金属锭坯借助于挤压筒内的高压液体压力，从挤压模孔中被挤出，从而获得所需要的形状和尺寸的挤压制品的方法（如图6-2所示）。高压液体的来源，是通过挤压杆压缩挤压筒内的液体而获得的。静液挤压法可在常温下进行，也可在较高温度甚至高温下挤压，如静液挤压耐热合金时的温度为1000～1300℃。

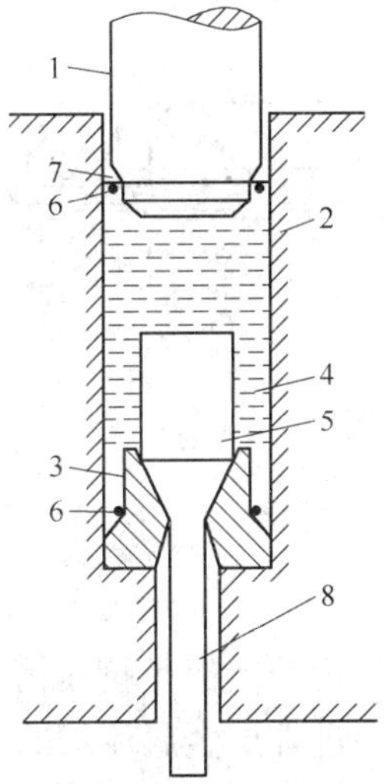

图6-2 静液挤压工作原理图

1—挤压杆；2—挤压筒；3—模具；4—高压液体；5—锭坯；6—O型密封环；7—斜切密封环；8—制品

目前，静液挤压机已经用在挤压生产中。最大的静液挤压机能力可达63MN，液体压力为3000MPa，挤压筒的直径为200mm，锭坯的长度为300～1500mm。

静液挤压法比通常的挤压方法有很多优点：金属锭坯与挤压筒壁不直接接触，无摩擦，因而金属的变形极为均匀，产品质量好；可采用较长的锭坯，锭坯长度与直径的比值最大可达40，挤压时锭坯不会产生弯曲；制品表面的光洁度高；挤压力小，一般比通常的正向挤压力小20%～40%，挤压比可达400，对于纯铝可达20000；可以实现高速挤压。但是目前还有一些需要解决的问题，比如高压下液体的密封、挤压工具的强度以及传压介质的液体选择等。

6.2.4.2 全润滑无压余挤压

如图6-3所示，为全润滑无压余挤压棒材和管材示意图。采用锥形挤压垫和挤压模，对与金属锭坯接触的工模具，如挤压筒、挤压模和穿孔针的表面上，涂以润滑剂以改善表面摩擦条件。

全润滑无压余挤压时，由于表面摩擦条件的改善，金属流动的比较均匀，因此可减少和消除挤压缩尾现象，在挤压末期只留下很薄的压余，这样就可以大大提高金属的成材率。

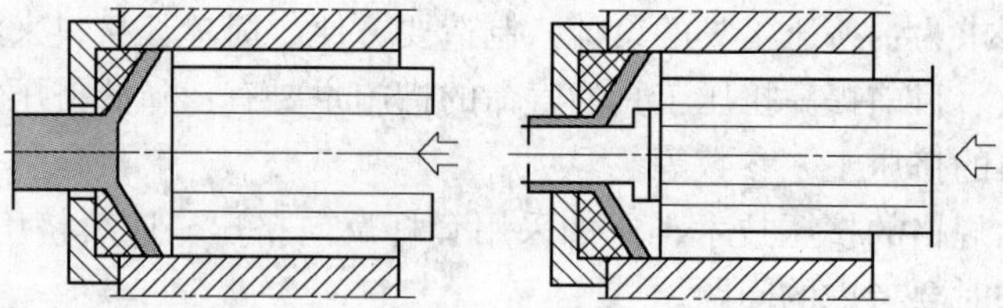

(a)　　(b)

图 6-3　全润滑无压余挤压

（a）挤压棒材；（b）挤压管材

6.2.4.3　随动挤压

随动挤压是指在挤压过程中，挤压筒随着金属锭坯前进的挤压方法，如图 6-4 所示。这种挤压方法的结构特点是：挤压模装在固定的长模支承前端，并且固定不动，而挤压杆推动挤压筒和金属锭坯一起前进。

这种挤压方法比较适合挤压棒材，对低塑性的金属可提高挤压速度。其变形特点与反挤压法相同。

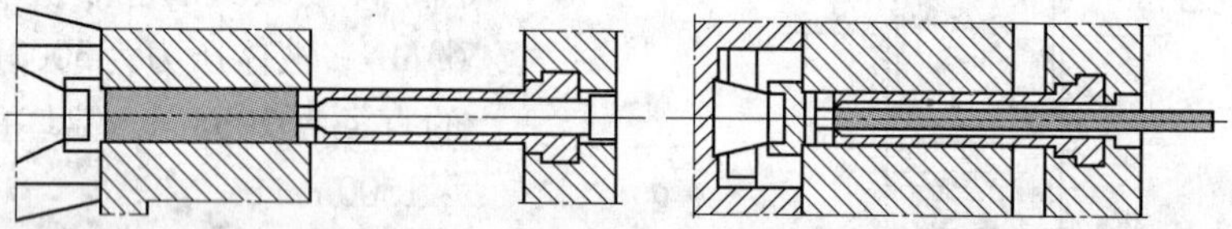

(a)　　(b)

图 6-4　随动挤压示意图

（a）挤压开始；（b）挤压结束

6.2.4.4　有效摩擦挤压

有效摩擦挤压是指在挤压时，挤压筒和金属锭坯都运动，但是挤压筒相对锭坯移向挤压模的速度快，这样挤压筒壁对锭坯作用的摩擦力为促进外层金属流动的动力。

在进行有效摩擦挤压时，必须注意：挤压筒与金属锭坯之间不能有润滑剂，以便建立起高的摩擦应力。

有效摩擦挤压的最主要的优点是：制品的变形均匀，无缩尾缺陷，因此压余的厚度小，约为挤压筒直径的 5%；挤压力小，约为正向挤压力与反向挤压力的平均值；锭坯的表面层在变形区中不产生大的附加拉应力。

6.2.4.5　锭接锭挤压

锭接锭挤压又称为无残料挤压，它是指在挤压过程中，当前一个锭坯挤出 2/3 长度时，装入下一个锭坯进行连续挤压，因此它具有半连续挤压的性质。在挤压时，可以采用润滑挤压或无润滑挤压。图 6-5 为有润滑锭接锭挤压过程。

无润滑锭接锭半连续挤压主要用在生产长的制品，要求金属或合金在挤压温度下具有良好的焊合性能，如铅、纯铝、低合金化的铝合金等，以便使前后锭坯的尾、首焊合在一起。

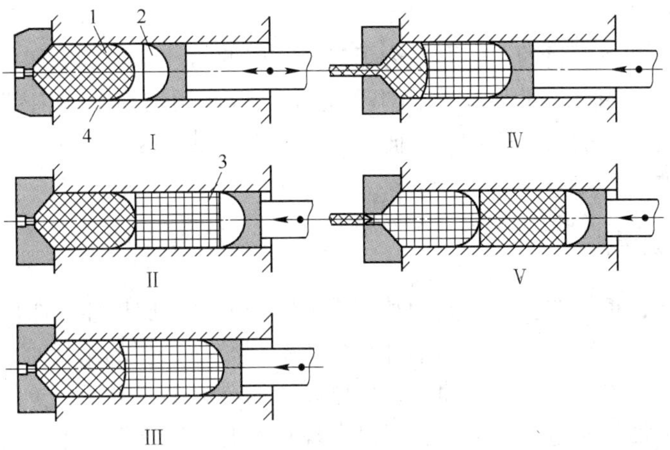

图 6-5 有润滑锭接锭挤压过程

1—第 1 个锭坯；2—带凹形曲面的挤压垫；3—第 2 个锭坯；4—第 1 个锭坯端面变形后的形状；
Ⅰ～Ⅴ—不同挤压阶段

有润滑锭接锭挤压时，要特别注意锭坯的表面层在挤压工具上要均匀的滑动，以防止形成滞留区，消除制品表面出现的分层、起皮和压入等缺陷。

6.2.4.6 连续挤压

连续挤压时，挤压过程是连续不间断地进行的。金属在塑性变形时，完全借助于金属与工具接触表面间的摩擦力来实现的。

如图 6-6 所示，在可旋转的挤压轮的表面上带有方凹槽即槽轮 6，其 1/4 左右的周长与一被称为挤压靴的导向块相配合，形成一个封闭的正方形空腔。模具被固定在导向块的一端。挤压时，将比正方形空腔断面大一些的圆坯料端头碾细，然后送入空腔中，依靠挤压轮槽与坯料间的摩擦力，将后者夹紧和拉入空腔中。坯料在初始夹紧区中逐渐塑性变形，直到进入挤压区时充满空腔的横断面。金属在挤压轮摩擦力的作用下不断地从模孔中被挤出，形成金属制品。

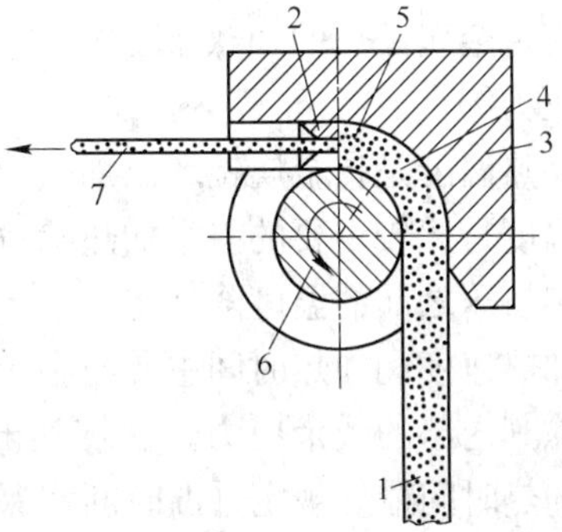

图 6-6 CONFORM 挤压工作原理图

1—坯料；2—模具；3—导向块；4—初始咬入区；
5—挤压区；6—槽轮；7—制品

6.3 挤压温度

6.3.1 加热

6.3.1.1 加热目的

现阶段有色金属及合金的挤压，主要是热挤压法，坯料加热是热挤压工艺过程的一个重要环节。加热质量的好坏，将直接影响到挤压件的内部质量、尺寸精度和表面光洁度以及挤压过程能否正常进行等。

热挤压前坯料加热的目的，主要是为了提高金属的塑性，降低金属的变形抗力，使其易于变形。另外是利用金属的原子在高温下急剧扩散作用，使金属内部的化学成分均匀化，从而提高金属锭坯的内部质量，进而提高制品的质量。因此，坯料加热是热挤压生产中不可缺少的重要工序之一。

6.3.1.2 加热方法

关于加热方法，根据热源的不同，基本上可以分为火焰加热和电加热两种。

火焰加热是利用燃料（主要是重油和煤气等）燃烧所产生的热量直接加热金属坯料的方法，所用的炉子为连续式斜底重油炉、环形煤气加热炉等。由于炉子的修造既简易又方便，投资费用少，加热的适应性强等，所以在现阶段的热挤压生产中，还普遍采用。但是火焰加热的劳动条件差，加热温度难以控制，加热速度慢，氧化和脱碳严重，易出现过热或过烧等缺陷，因此使用越来越少。

电加热是利用电能转化成为热能来加热金属坯料的加热方法。电加热的方法很多，有电阻加热、盐浴加热、接触加热和感应加热等，其中应用较多的是感应加热。感应加热的主要优点是升温快，炉温易于控制，加热温度误差小，氧化少，劳动条件好等，因此在有色金属挤压车间的金属坯料加热中，应用越来越多。

6.3.1.3 加热制度

有色金属锭坯的加热制度主要包括：加热温度、加热速度、加热时间、炉内气氛以及炉内压力等。

加热温度是指金属锭坯出加热炉时的温度，加热温度减去温度降就是挤压温度，因此加热温度是比较重要的一个加热参数。选择加热温度时，主要根据挤压温度范围与出加热炉后到挤压之前的温度降确定。

加热速度和加热时间主要与金属锭坯的种类以及体积有关。为了使锭坯的温度均匀，并清除其内部的残余应力，使锭坯的化学成分及晶粒组织均匀化，就要有一定的加热时间。加热时间最好规定升温时间和保温时间，升温时间太短即加热速度太快，会使金属锭坯产生热应力，甚至产生裂纹；均热时间太短，会使锭坯内生外熟。但是加热时间太长会增加金属的氧化，甚至造成加热缺陷。

大部分有色金属及合金在微氧化性或氧化性气氛中进行加热，且一般采用微正压操作。对无氧铜，为了防止加热时增氧，需在微还原性气氛中加热。

6.3.2 挤压温度

在挤压过程中，最基本的工艺参数是挤压温度与挤压速度，二者之间有着紧密的联系，同时构成了对挤压过程控制十分重要的温度-速度条件。比如挤压过程中常采用大的变形程度，其结果将提高金属在变形区中的温度，当挤压速度或金属的流动速度越大时，金属温度升高的越快，因此选择加热温度时，还要考虑挤压速度的大小。

在选择挤压温度时，要考虑多方面的问题，主要包括：金属与合金的可挤压性、金属制品的质量要求以及挤压时的变形热等。

6.3.2.1　金属与合金的可挤压性

金属与合金的可挤压性为金属材料的内在性能，它是指金属与合金在挤压过程中成材的可能性。金属与合金的可挤压性主要包括在高温条件下金属与合金的变形抗力与塑性两个指标，即在考虑挤压温度时，要在金属的塑性好而变形抗力较低的温度范围内进行挤压。合理的挤压温度范围，应该是根据金属的塑性图、相图和再结晶图决定的。

（1）合金成分。不同的金属与合金在进行热塑性变形时，其加热温度是不相同的，一般是其合金熔点绝对温度的 0.75 ~ 0.95 倍。因此，应根据该合金的相图，确定合金的挤压温度的上、下限。另外，高温时存在相变的合金，最好要在单相区内进行挤压。

（2）金属与合金的塑性。金属与合金应尽量在高温塑性范围的条件下进行热挤压，否则会由于金属的塑性太差，使挤压时超过金属的塑性范围，产生周期性的横向裂纹。当挤压高温易氧化、易黏结工模具的金属与合金时，应降低挤压时的温度范围，以防止表面过度氧化或黏结。

有色金属及合金的塑性图如图 6-7 所示，大致可以分为两类：一类是金属的塑性随着温度的增加而增加，这类合金的挤压温度应确定在塑性较高的高温度区间内；另一类是在某一个中间温度区间金属塑性下降，在高于或低于这个温度区间，塑性增高，对这一类合金的挤压温度，应尽量避开低塑性的温度范围。

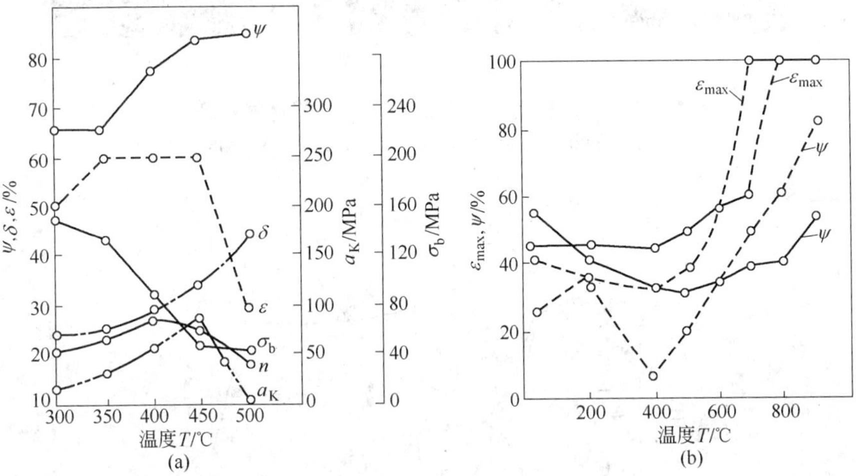

图 6-7　LY12 和 QAl9-4 的塑性图

（a）LY12；（b）QAl9-4

ψ—断面收缩率；ε—压缩率；—动载荷；----静载荷

（3）金属与合金的变形抗力。在确定挤压温度时，除了要考虑材料的高温塑性外，还应使其变形抗力不能太高，否则会使挤压力过大而使挤压过程不能正常进行，或者使挤压比太小，而使挤压过程变得不经济。例如，紫铜在室温时的抗拉强度为 170MPa，加热到 700℃时抗拉强度变降低到 30MPa。

6.3.2.2　制品组织与性能

挤压温度对热加工态的组织、性能的影响极大。图 6-8 为在同一挤压比（λ = 20）和不同的挤压温度（$T=600℃$、700℃、800℃和900℃）下，挤压的黄铜H68管材高倍纤维组织。由图中可以看出：挤压温度越高，制品晶粒越粗大；对于温度升高会发生相变的某些金属及合金，在高于相变温度时进行挤压，晶粒会变得很粗大。带粗晶的合金力学性能和疲劳极限都降低，影响使用。图6-9为不同温度下挤压铝材力学性能变化曲线。由图中可以看出：所取的挤压温度越高，挤压制品的抗拉强度、屈服强度和硬度的值下降，伸长率增大；一旦温度超过500℃，由于晶粒过分长大，伸长率开始降低。

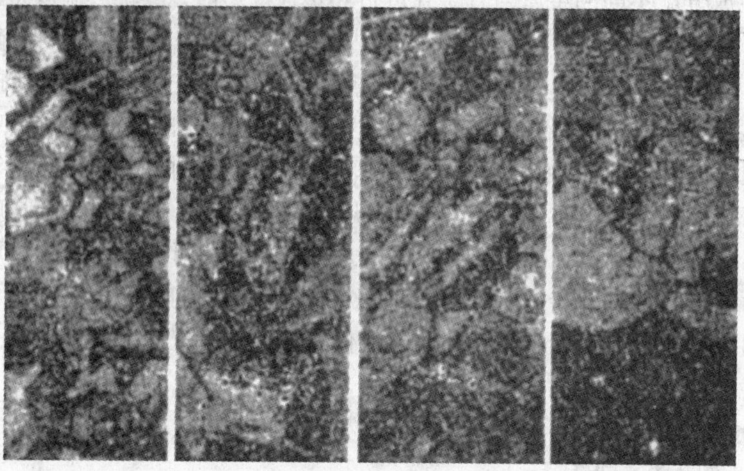

图6-8　变形程度为95%的H68挤压管材的高倍组织

（a）600℃；（b）700℃；（c）800℃；（d）900℃

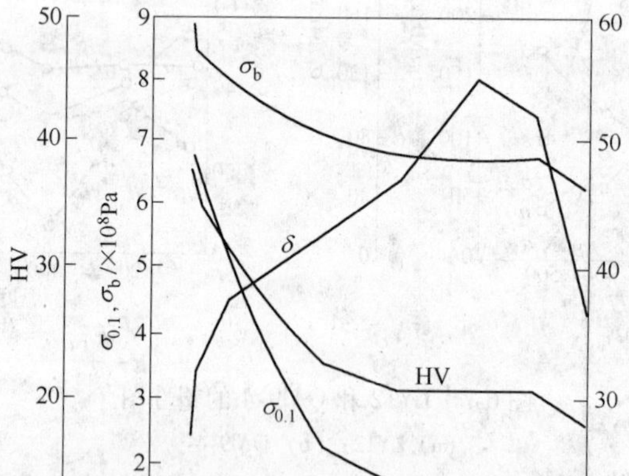

图6-9　不同温度下铝挤压制品的力学性能

图6-10为挤压温度和变形程度对紫铜、H62黄铜和H68黄铜晶粒度大小的影响关系曲线。由图中可以看出：提高挤压温度对晶粒度的影响要比减小变形程度的影响大得多。因此，当挤压成品的力学性能不符合技术条件的要求时，首先应检查挤压温度是否控制得当。但是对于有挤压效应的铝合金，提高挤压温度能提高其力学性能。

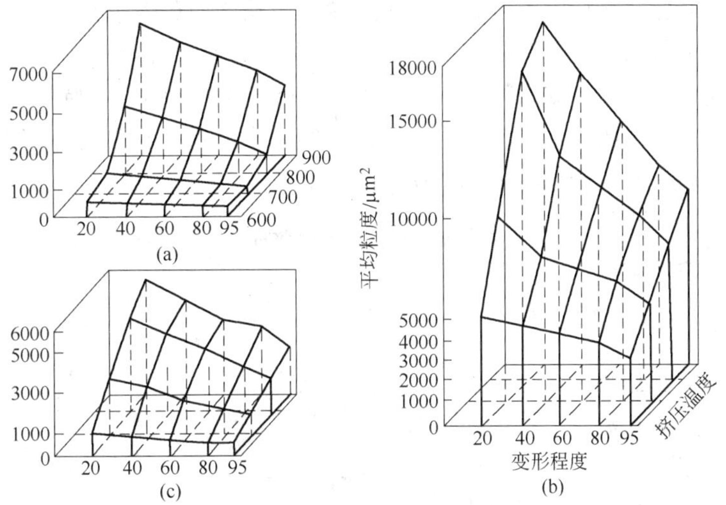

图6-10 挤压制品的晶粒度与变形温度和变形程度之间的关系
（a）紫铜；（b）H68；（c）H62

因此，为了保证制品的组织、性能，挤压温度不宜过高；对有合金相变的材料，应避开相变温度；为了保证制品性能均一，可采用等温挤压技术，即在挤压时制品出挤压模孔时的温度不变化。

6.3.2.3 制品质量要求

挤压温度的高低，对制品的质量，包括尺寸精度、表面质量、焊缝性能以及挤压制品缺陷的多少等，都造成很大的影响。

（1）制品尺寸。如果制品出模孔时的温度沿长度方向上波动，那么虽然制品出模孔时的断面尺寸相同，但由于金属的热胀冷缩，温度降不同，断面收缩不同，冷却后的断面尺寸沿长度上亦存在着波动。

在挤压时，一旦制品断面尺寸沿长度上存在波动，挤压工作者且不可首先判断为“模孔磨损”而急于换模或修模。比较实际的办法是：首先检查与调整锭坯的原始温度，无法及时调整时则严格控制挤压速度。

（2）表面质量。对易于黏结工模具的金属锭坯，无论是工模具表面损伤还是黏结金属，都会使制品表面质量恶化，甚至成为废品。因此，对于此类金属材料应在较低的温度范围内加热、挤压。

（3）焊缝质量。在使用组合模挤制空心型材与管材时，因焊缝的质量好坏与挤压温度（焊合温度）有关系：温度越高，焊缝质量越高。因此应提高挤压温度来提高被挤压材料的焊合性能，以保证制品的焊缝质量。

6.3.2.4 挤压时的变形热

在挤压过程中，会产生很大的变形热和摩擦热。由于挤压法的一次变形量很大，而强烈的三向压应力状态又使锭坯金属的变形抗力增大，因此，挤压时产生的这种附加热量是很大的，可使制品温度上升几十度，甚至300℃以上，此温度与加热温度叠加，会使挤压温度过高，为了避免在挤压时温度过高，一定要注意挤压时的变形热。

不同种类的金属与合金具有各自的挤压温度范围，而且用同一合金挤压不同制品时，锭坯的加热温度也有差异，如表6-3所示。表中的挤压温度范围考虑到合金状态图、高温塑性图、第二类再结晶图，还要参考生产车间的实际生产规程与设备性能，同时要考虑变形热，以保证成品率、生产率以及制品质量等。

表6-3　常用金属与合金挤压时锭坯加热温度

金属种类	合金及牌号		锭坯原始温度/℃		挤压筒温度/℃
			棒型材	管材	
铝	纯铝	L1 ~ L6	300 ~ 480	300 ~ 450	320 ~ 450
	防锈铝	LF2，LF3	300 ~ 480	320 ~ 450	
		LF5 ~ LF11	340 ~ 450	340 ~ 440	
	锻铝	LD1 ~ LD6	320 ~ 450	300 ~ 450	
		LD7 ~ LD10	370 ~ 450	—	
	硬铝	LY2，LY6，LY16，LY17	440 ~ 460	—	
		LY11，LY12	320 ~ 450	340 ~ 440	
	超硬铝	LC4，LC6	320 ~ 450	360 ~ 440	
镁	镁合金	MB1，MB8	300 ~ 430	360 ~ 430	300 ~ 430
		MB2，MB3	250 ~ 350	300 ~ 370	260 ~ 370
		MB5，MB6，MB7，MB15	300 ~ 350	—	300 ~ 370
钛	α合金	TA1 ~ TA3	750 ~ 900	750 ~ 900	400 ~ 480
		TA4，TA8	850 ~ 980	—	
		TA5，TA7	980 ~ 1020	—	
	β合金	TB1，TB2	1020 ~ 1050	—	
	α + β合金	TC1，TC2	780 ~ 800	780 ~ 800	
		TC3 ~ TC9	920 ~ 970	—	
		Ti - 32Mo - 2.5Nb	1200 ~ 1300	1200 ~ 1300	
铜	紫铜	T2 ~ T4 H96，TU1	750 ~ 800	800 ~ 850	350 ~ 400
	黄铜	H68，HSn70 - 1	700 ~ 750	780 ~ 840	
		H62，HSn62 - 1，HFe59 - 1 - 1	640 ~ 690	700 ~ 760	
		HPb59 - 1	580 ~ 630	580 ~ 630	
		HMn57 - 3 - 1	580 ~ 630	600 ~ 650	
		HSi80 - 3	720 ~ 770	—	
		HNi55 - 3	630 ~ 680	—	
	青铜	QAl9 - 2，QAl10 - 3 - 1.5	740 ~ 790	820 ~ 870	
		QAl9 - 4	800 ~ 850	820 ~ 870	
		QAl10 - 3 - 4	820 ~ 870	840 ~ 870	
		QCd1.0，QBe2.0，QBe2.5	710 ~ 770	—	
		QCr0.5，QZr0.2	800 ~ 850	—	
	白铜	BMn40 - 1.5	920 ~ 970	980 ~ 1050	
		B30	900 ~ 950	950 ~ 1020	
镍	镍铜	NCu28 - 2.4 - 1.5	1050 ~ 1150	1100 ~ 1250	350 ~ 400

6.4 挤压速度的选择

6.4.1 挤压速度与制品质量的关系

6.4.1.1 挤压速度的分类

挤压时的速度一般可分为三种：挤压速度——挤压机主柱塞、挤压杆、挤压垫的移动速度；金属流出速度——金属制品流出挤压模孔时的速度；金属变形速度——单位时间内变形量变化的大小。在挤压时，一般比较注重金属的流出速度，而一般所说的挤压速度也是指金属流出的速度。

6.4.1.2 挤压速度对制品质量的影响

挤压速度对挤压过程能否顺利进行，对挤压制品的质量均有很大的影响。特别是对低塑性金属和塑性区间很窄的合金来说，如果挤压速度过大，则金属由于外摩擦引起外层金属产生附加拉应力而使其超出金属的塑性范围，就将引起制品表面的开裂。所以挤压速度的选择是保证挤压制品质量的关键因素。

挤压速度与制品的组织、性能之间的关系，主要是通过影响金属的热平衡来体现的。挤压速度低，金属热量逸散的多，挤压温度就越来越低，造成挤压制品尾部出现加工组织；挤压速度高，热量来不及逸散，有可能形成绝热挤压过程使金属的温度升高，一般情况下，挤压速度越高，则挤压时的温升就越大。

6.4.2 确定挤压速度应考虑的原则

确定金属的流出速度时，应当综合考虑以下几个方面的因素。

6.4.2.1 金属与合金的可挤压性

确定了挤压温度后，可根据金属的热量平衡关系确定金属塑性变形区内和模孔出口处的金属温度分布。当金属塑性变形区内的温度范围愈宽，则挤压时金属流出速度的范围也愈宽。此时，只要其他条件允许，便可以采用较高的金属流出速度。

在挤压时，一般纯金属的流出速度较之其他合金的要高；高温塑性范围窄的或存在低熔点成分的合金，应控制较低的金属流出速度；当实测的金属出口温度高于规定值时，应适当降低金属的流出速度；当热挤压高温高强度合金比如钛合金时，为避免挤压工模具对金属的冷却作用和钢质工模具受高热变形，一般采用高速挤压。

6.4.2.2 制品质量要求

挤压速度或变形区内金属的流动速度越快，则金属流动的不均匀性越严重。因此，为了减少挤压时金属流动的不均匀性，提高挤压制品的质量，在挤压时，有时要限制挤压速度。

比如，在挤压型材，特别是壁厚不均、断面形状复杂的型材时，为了避免充不满模孔和产生较大的附加应力，或减少挤压制品产生纵向上的弯曲和扭拧，要求金属流出的速度要比挤压圆棒时的金属流出速度要低。挤压管材时的金属流出速度，可比挤压棒材时的要高些，因为挤压管材时，由于穿孔针的参与，金属流动要比挤压棒材时的要均匀。表面摩擦状态差（外摩擦系数大）的，较之润滑条件好，且表面不黏结金属的挤压，金属的流出速度要低。同一合金，挤压同一制品时，如果挤压温度高，则要求挤压时的金属流出速度要低一些。

对于高温时易产生表面黏结的一些易变形合金，进一步提高挤压速度会使出口温度升高，更易引起金属与工模具之间的黏结，导致制品表面质量恶化，同时也降低了流出模孔的制品力学性能。因此，对这类合金的挤压速度不能太高。

在采用组合模挤压空心型材和管材时，为了提高焊缝的质量（焊缝强度至少应达到机体金属强度的95%），要求各股分流的金属在组合模焊合腔内，除有必需的温度和压力外，还要有必要的接触时间，使金属有充分的扩散过程。提高挤压时的金属出口速度，会使金属接触时间减少，因此不能任意提高使用组合模挤压时的金属流出速度。但是，当需要较高的挤压速度以提高生产效率时，就要提高挤压温度和设计较大的焊合腔高度，以保证制品的焊缝强度能满足制品的要求。

6.4.2.3　设备能力的限制

在挤压时，挤压速度的高低是受挤压设备能力限制的，提高挤压速度，有可能超过挤压设备的能力，使挤压过程不能顺利进行。挤压设备（主要是挤压机）能力限制挤压速度，主要表现在下面几个方面：

（1）挤压速度的提高，将使变形速度提高，金属的变形抗力增大，由此使挤压力增大，并有可能超过设备能力。比如使挤压工模具受到破坏、电机超载、泵站和管道的压力过大等，都容易使挤压机遭到破坏。

（2）挤压速度提高，有可能使挤压机主缸内的高压液体流量得不到保证。使用水泵站集中传动时，一般不会为一台挤压机的高速挤压而停止其余挤压机的生产的；高压泵单独传动时，高速挤压能否实现，要考虑高压泵的生产效率。

（3）提高挤压速度，还要考虑锭坯加热炉的生产能力能否满足要求。一般设计好了的加热炉生产能力，能满足挤压机正常挤压速度的需要。若提高挤压速度，虽然可以使挤压温度有所降低，但是因为加热时间缩短，有可能使锭坯加热不透，即中间温度较低，有可能使挤压制品的质量不能满足要求。

6.4.2.4　最大挤压速度

在挤压过程中，挤压力是被挤压金属材料变形抗力的函数，而在其他条件不变的条件下，变形抗力一般与挤压温度成反比。热加工的目的，就是利用金属材料的这一特性来实现大变形量加工的，具有较高的变形抗力的合金必须加热到高的变形温度进行挤压，否则会使挤压力过大而使挤压过程不能正常进行。

挤压温度提高后，如果再提高挤压速度，有可能使制品的出口温度升高，以致进入合金的脆性区，甚至非常接近该合金的固相线温度，达到共晶的熔点，那么制品表面将产生裂纹、粗糙等，质量变坏。因此对这类合金来说，挤压温度确定后，最大挤压速度是受限制的。

对高塑性的合金，在挤压时，如果降低挤压温度，则可以提高挤压速度而不会出现制品的表面裂纹等缺陷。例如 LY12 铝合金，将加热温度由 450℃降低至 390℃，在以挤压比 $\lambda = 15$ 挤压棒材时，可以提高挤压速度 2 倍，而挤压力只增加 15% 左右。表 6-4 所示为不同铝合金挤压棒材时，流出速度与锭坯温度的关系。从表中可以看出，适当地降低锭坯温度，可以成倍的提高流出速度，从而提高了挤压机的生产效率。但是对于塑性差的合金来说，降低挤压温度，有可能使挤压力过大而造成挤压不能进行。

表 6-4 挤压铝合金棒时流出速度与锭坯温度的关系

合 金	高温挤压		低温挤压	
	锭温/℃	流出速度/m · min^{-1}	锭温/℃	流出速度/m · min^{-1}
LY11	380 ~ 450	1.5 ~ 2.5	280 ~ 320	7 ~ 9
LY12	380 ~ 450	1.0 ~ 1.7	330 ~ 350	3.5 ~ 5
LD5	380 ~ 450	3.0 ~ 3.5	280 ~ 320	8 ~ 12
LC4	370 ~ 420	1.0 ~ 1.5	300 ~ 320	3.5 ~ 4
LD2	480 ~ 500	2.0 ~ 2.5	260 ~ 300	12 ~ 15

图 6-11 为最大挤压速度和出口温度之间的关系曲线。图中给出两条极限曲线：1 表示设备能力的挤压力极限曲线，超过它（即位于 1 曲线的左侧）将不可能实现挤压；2 表示合金制品表面开始撕裂的冶金学极限，超过该线会使制品质量不能满足要求。两条曲线围成的面积（图中阴影部分）为该合金挤压所允许的加工工艺参数范围，而两条线的交点为理论上的最大挤压速度和相应的最佳出口温度。

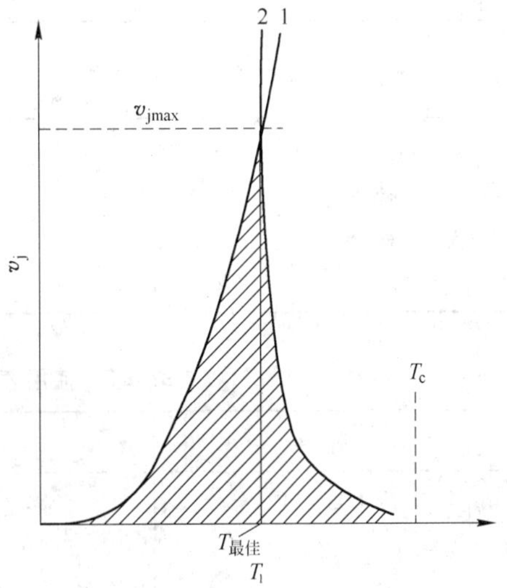

图 6-11 挤压速度极限图

1—挤压力极限曲线；2—合金极限曲线；T_1—出口温度；T_c—固相线温度；$T_{最佳}$—最佳出口速度；v_j—挤压速度；v_{jmax}—最大挤压速度

6.4.3 金属流出速度的控制值

在挤压时，确定常规挤压时实际的金属流出速度，一般是在挤压温度已知的条件下，综合考虑被挤压金属材料的特性和工艺参数，包括金属的变形抗力、挤压比、不均匀流动的类型、工模具以及预热条件等，再结合设备条件，取得金属的流出速度。

表 6-5 为挤压铜及铜合金、镍及镍合金时的金属流出速度。

表 6-6、表 6-8 为铝及铝合金挤压时的金属流出速度。对纯铝，一般不限制金属的流出速度，其大小取决于挤压机的最大速度；对其他铝合金，可采用表 6-6 内的相应值然后乘上表 6-7 中的修正系数，或者直接查表 6-8。例如：采用 50MN 挤压机挤制 LC4 大梁型

材，其最大挤压速度为：（0.3～1.2）×1.2＝0.36～1.44m/min。

表6-5　铜、镍挤压时的金属流出速度　（m/min）

制品种类 合金材料	λ＜40		λ＝40～100		λ＞100	
	管材	棒材	管材	棒材	管材	棒材
T2，TU1，TUp，H96	60～120	18～90	180～300	30～150	180～300	60～210
H90，H85，H80	12～48	12～60				
H62，HPb59－1，两相黄铜	42～48	24～90	120～240	36～180		60～240
QAl9－2，QAl9－4，QAl10－3－1.5	9～15	6～12	30～48	18～48		
QSi3－1，QSi1－3，QSn4－3	—	2.4～6	—	4.2～9		
BA13－3	—	30～60		48～90		
BFe5－1，BZn15－20	30～66	30～60		48～90		
QCd1.0	—	1.2～2.4				
H68，HSn70－1，HAl77－2	2.4～6.0	2.4～6.0	2.4～6.0	2.4～6.0		
QSn4－0.3，QSn6.5－0.1	1.8～3.6	1.8～3.6				
B30，N6，B30－1－1	1.8～72	1.8～72				
NCu28－2.5－1.5	1.8～60	1.8～60				

表6-6　挤压LY12硬铝合金棒材时的金属流出速度　（m/min）

制品种类	挤压机能力/MN			
	50	30	20	15
普通型材	0.6～1.5	0.6～1.5	0.7～2.8	1.2～1.8
阶段变断面型材	0.3～1.0	0.3～1.0	0.7～1.2	0.7～1.2
大梁型材	0.3～1.2	0.3～1.2	—	—
棒　材	0.25～1.0	0.6～1.0	1.5～1.8	1.5～2.0

表6-7　使用表5-4数值时的修正系数

合金牌号	制品种类	系　数
LY11，LD5，LF3	型材	1.2
LC4	型、棒材	0.7～0.8
LF2，LF3，LD5，LD10	棒材	2～3

表6-8　挤制铝合金管材时的金属流出速度　（m/min）

合金牌号	L2～L6，LF21	LF2，LF3，LD2	LF5，LF6	LY11，LY12	LC4
金属流出速度	不限	1.0～10.0	0.8～6.0	0.8～4.0	1.6～3.0

6.4.4　挤压中的温度-速度控制

在挤压时，为了获得沿断面与长度上组织、性能均一，表面质量良好和无裂纹的制品，以及为了最大限度的提高生产率，要对挤压温度和挤压速度进行控制，特别是挤压对温度、速度敏感的合金，更应如此。

6.4.4.1 锭坯梯温加热

所谓锭坯梯温加热，就是加热后，锭坯在长度上或断面上存在温度梯度，也就是说，锭坯在单位长度上存在着一定的温差。

目前所常用的梯温加热法是沿长度上的梯温加热，如图 6-12 所示。使用梯温加热的目的是为了在挤压速度不变时，保证在挤压时金属制品的出口温度不变，从而使挤压制品性能均一。形成挤制品出口温度不变的原因是：挤压时大量的变形热，使挤压锭坯的温度越来越高，与原来的温度梯度相叠加，使出口温度不变。表 6-9 所示为梯温加热和均匀加热的 LY12 硬铝合金锭坯挤压成棒材时，材料的力学性能测定值。由表 6-9 中可以看出，采用梯温加热后，制品沿长度上的性能差大大减小。

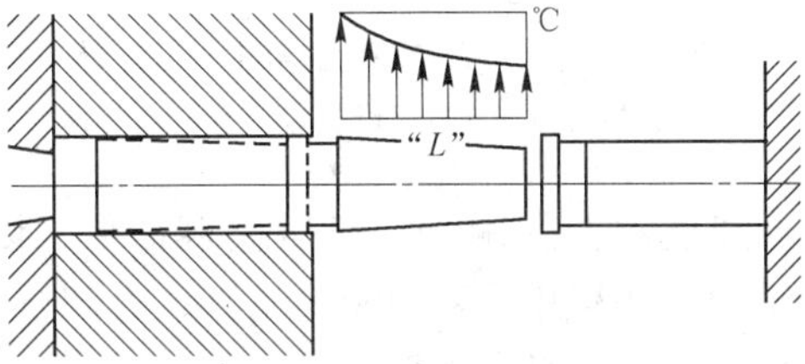

图 6-12 锭坯梯温的挤压

实线—入筒前；虚线—入筒后

表 6-9 采用不同加热制度时对挤制品的力学性能比较

加热方法	锭坯温度/℃		允许流出速度		抗拉强度/MPa			屈服强度/MPa			伸长率/%		
					取样部位								
	头部	尾部	m/min	比值	头	中	尾	头	中	尾	头	中	尾
均匀加热	320	320	3.95	1.00	494	544	558	327	385	393	15	11.9	11
梯温加热	400	250	5.0	1.2	567	570	573	405	411	414	11.2	11.3	10.9
	450	150	5.0	1.2	558	544	562	400	358	399	10.4	12	11

在确定梯温加热制度时，应考虑被挤压金属和挤压工模具材料的导热性能、金属允许的加热温度、锭坯的长度和直径之比，以及锭坯在空气中的冷却时间等因素，另外还要考虑挤压时产生的变形热的多少以及散热条件等。

沿断面上的锭坯温度梯度可能有两种情况：内部温度高而外部温度低；外部温度高而内部温度低。对前者可以将均匀加热的锭坯侵入水中片刻或风冷片刻后再进行挤压，它适合于锭坯与挤压筒壁之间剧烈摩擦而产生大量的热使金属表面温升的情况。

6.4.4.2 控制工模具温度

为了及时通过工模具逸散变形区内的变形热，可以采用水冷或者液氮冷却挤压筒和挤压模的方法。采用水冷模挤压可改善挤压制品表面光洁度，挤压硬铝合金时则使金属的流出速度提高了 30% ~55%，但是，水冷模的寿命低于普通挤压模。图 6-13 所示为挤压筒与模支撑的内部冷却装置。

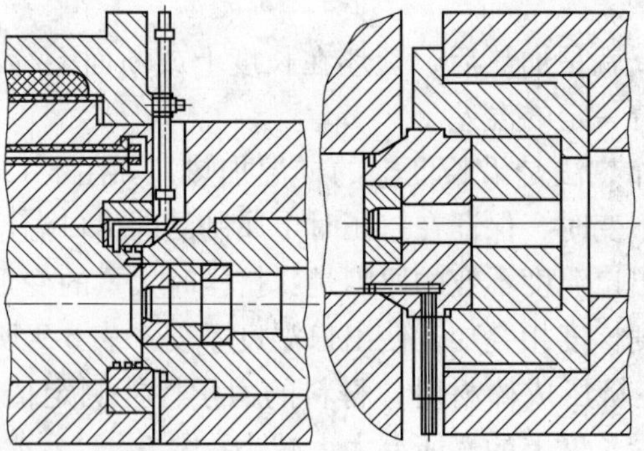

图 6-13　挤压筒与模支撑的冷却装置

（a）挤压筒冷却装置；（b）模支撑冷却装置

由于水冷却装置结构上和技术上的困难，挤压模寿命低，以及散热效果不显著等原因，水冷模应用较少。近年来，已经开始采用液氮或氮气冷却挤压模，同时还可以保护制品表面不被氧化，从而提高了挤压速度和制品质量。

6.4.4.3　调整挤压速度

在挤压过程中，还可以通过调整挤压速度来控制变形区内金属的温度。在挤压硬铝合金时，过去常采用挤压后期降低挤压速度的方法，来避免变形区内的金属温度过分升高而造成的周期性横向裂纹。但是由此使挤压周期变长，生产率降低。现在普遍采用的方法是：用低温加热或不加热的锭坯进行高速挤压，可以取得很好的效果。

现在所采用的等温挤压技术，就是通过在挤压过程中自动调节挤压速度，使变形区内的金属温度保持不变。这种挤压技术为制品出模后直接进行淬火（挤压淬火）提供了可能性，从而可以省掉淬火前的重复加热和往返运输。

6.5　挤压时的润滑

6.5.1　挤压时润滑的作用

由于挤压时的一次变形量很大，金属与工具接触面上的单位正压力极高，相当于金属变形抗力的 3 ~10 倍，甚至更高。在此条件下，变形金属的表面发生剧烈的更新，从而使金属黏结工模具的现象严重。为了减少或消除这种现象的出现，在挤压时一般要采用润滑剂。

挤压时润滑剂的作用是：尽可能地使接触表面的干摩擦转变为边界摩擦。这不仅提高了制品的表面质量和工模具的使用寿命，而且由于降低了挤压工模具对金属锭坯的冷却作用，减少了工模具对金属锭坯的摩擦阻力，使金属流动的不均匀性减少，提高了挤压制品的性能，并使挤压能耗降低。

6.5.2 工模具润滑的方法

6.5.2.1 平模挤压

大多数的金属材料使用平模挤压棒材和型材，在挤压时，平模工作面与挤压筒壁交接处存在着一个环形的死区，它可以有效地阻止锭坯表面上的氧化物、夹杂与灰尘进入制品表面，可以大大提高制品表面质量。因此，在平模挤压时，挤压筒壁不允许涂抹润滑剂，否则将形不成死区。

但在使用平模挤压钛及钛合金时，必须进行润滑，这主要是由于新生的未经氧化的表面金属黏结工具很严重，使挤出的金属制品表面上形成较深的划痕与擦伤，使制品的表面质量更加不能满足要求。

6.5.2.2 锥模挤压

采用锥模挤压棒材时，对挤压筒壁和挤压模要进行润滑。此时，为防止锭坯不良的表面进入制品表面，提高制品表面质量，可以机械车削除去加热前锭坯表皮。

不论是挤压型材还是挤压棒材，均不润滑挤压垫，以防止挤压缩尾的形成。

6.5.2.3 管材挤压

在使用锥模挤压管材时，不论是否有穿孔操作，均应润滑冷却穿孔针。这是因为穿孔针在穿孔时承受压应力而在挤压时承受拉应力，工作条件极为恶劣。

6.5.2.4 组合模挤压

在使用组合模挤压管材或空心型材时，若采用润滑剂，则容易使润滑剂流入到焊合面，使金属不能很好地焊合在一起。因此，为了保证焊缝质量，绝对不允许润滑。

6.5.3 选择挤压润滑剂的原则

（1）对接触表面尽可能有最大的活性。

（2）挤压润滑剂要有足够的黏度，以保证在挤压时，在很大的接触应力作用下，仍能在接触表面形成一层足够固定的润滑层。

（3）所选择的润滑剂化学性质要稳定，特别是对加工工具和变形金属要有一定的化学稳定性，不能腐蚀制品和工模具表面，并且易清除。

（4）挤压润滑剂应有良好的冷却性能，对挤压高温合金时的润滑剂，要求有良好的隔热和抗氧化性。

（5）为保证制品表面质量，润滑剂灰分要少，价格要低廉，制造要方便。

（6）劳动条件要好，对人身和环境少或者无污染。

6.5.4 挤压时常用的润滑剂

大多数有色金属管棒材在挤压时，都使用矿物油添加各种固体填料制成的润滑剂。所使用的矿物油可以是轻质矿物油，也可以是 40 号、45 号机油。固体填料应用最多的是石墨，另外还有二硫化钼、氮化硼、云母和滑石。

在冬季，为了降低润滑剂的黏性，往往要加入5%～7%的煤油；夏季则加松香，这样可以使石墨等的质点处于悬浮状态。

在卧式挤压机上，也常采用无毒性的石油沥青作为穿孔针、垫片、挤压模的润滑剂。在小吨位挤压机上也可以采用高温钠基脂或钙基脂加30%石墨粉作为润滑剂。

6.5.5　玻璃润滑剂

6.5.5.1　玻璃润滑剂的特性

玻璃润滑剂属于固体润滑剂，在高温时具有强黏着性、高熔点和高抗压强度。当与热锭坯接触时，从粉状转变成胶质状固体，玻璃一面软化一面产生一层隔热的胶体薄膜。这种胶体薄膜不仅起润滑剂的作用，同时也起隔热作用，保护工模具不受高热，也可以防止热锭坯表面冷却和氧化。表6-10所示为国内使用的部分玻璃润滑剂的成分及其软化温度。

表6-10　玻璃润滑剂

牌号	化学成分/%							软化点/℃
	SiO_2	CaO	MgO	Al_2O_3	B_2O_3	Na_2O	K_2O	
S－2	64.6	10.1	2.3	—	7.6	13.8	0.3	688
A－5	54.0	5.0	3.0	13.5	8.0	12.5	—	740
A－9	68.0	5.0	3.0	3.0	2.0	—	17.0	670
G－1	67.5	9.5	2.5	0.5	5.5	13.5	—	691

玻璃润滑剂主要用在挤压高温高强度合金上。采用玻璃润滑剂除提高工模具寿命外，还可以使金属的流动和变形变得比较均匀、产品质量高，而且可以使挤压速度提高，摩擦系数降至0.02～0.033。

但是，玻璃润滑剂也有一些缺点：去除制品表面上的玻璃颇费工夫；在变形区内的润滑层较厚，制品的质量（主要是尺寸精度）不能得到保证；挤压速度受到一定的限制等。为了避免玻璃润滑剂上述的缺点，又出现了盐类润滑剂和结晶润滑剂等。

6.5.5.2　玻璃润滑剂的使用方法

玻璃润滑剂的使用方法主要有涂层法、玻璃粉滚粘法和玻璃布包覆法三种。涂层法是在金属锭坯上涂一层玻璃液体，或直接将锭坯浸入玻璃液体中。滚粘法是将锭坯沿着均匀撒上玻璃粉的倾斜工作面上滚过，使玻璃粉黏附于其侧表面上。包覆法是将玻璃布包于热锭坯上。各种工模具润滑方法如下：

（1）挤压模润滑。在挤压模之前放一个特制的玻璃垫，其内孔要比模孔稍大一些，而外圆直径要比挤压筒内径小4～5mm，厚度为3～10mm。玻璃垫可用40目的玻璃粉加入2.5%的工业水玻璃和2.5%的水配置成糊状后再成形并自然干燥。若粒度大时，应增加水玻璃而减少水的用量。

（2）挤压筒润滑。挤压筒的润滑，是用玻璃布包覆法，或者采用玻璃粉滚粘法，也可以在玻璃液中加热（涂层法）。

（3）穿孔针的润滑。穿孔针的润滑是否恰当对空心制品的内表面质量及穿孔针的寿命有很大的关系。润滑方法常采用玻璃布包覆法：先在穿孔针上涂一层沥青，然后包上玻璃布即可。

6.5.5.3　玻璃润滑剂去除方法

挤压后挤制品表面玻璃层应当去除，去除的方法主要有三种：喷沙法、急冷法和化学法。在生产中也可以混合使用这几种方法。

（1）喷沙法。这种方法是在喷沙机上用沙粒或弹丸喷射制品表面，除掉黏附的玻璃壳层。这种方法基本上都能除掉黏附的玻璃层，喷后表面光亮。

（2）急冷法。此法是将挤出的制品立即投入到冷水中，脆性玻璃层受急冷后碎裂剥落，以破坏制品表面黏附的玻璃，使其自然脱落。对于局部轻微的玻璃残余层可用拉伸矫直或拧扭的办法清除。

（3）化学法。将挤压后的制品投入到氢氟酸加硫酸溶液中浸15～25min，使其中的玻璃层溶解，取出后要用冷水冲洗（时间为5min左右），取出后再用清水清洗即可。也可以采用熔融的苏打和氢氧化钠融体溶解玻璃，再用水清洗。

6.5.6　不同合金挤压时润滑剂的选择与使用

6.5.6.1　铝及铝合金

对铝及铝合金，多采用在黏性矿物油中添加各种固态填料的悬浮状润滑剂，如表6-11所示。硬脂酸盐中含有硬脂酸铅，固体粉剂中含有铅丹，形成的铅的化合物有毒，在使用时应使用抽风装置加强通风，以防止中毒。

表6-11　铝及铝合金用润滑剂的组成

润滑剂编号	油剂/%		硬脂酸盐/%		固体粉剂/%			
	72号汽缸油	250号苯甲基硅油	硬脂酸铅	硬脂酸锡	石墨	滑石粉	二硫化钼	铅丹
A	70～80				20～30			
B	余量			5～7	15～25			
C	65		15		10	10		
D	65		10		10		15	
E	余量				10	10		8～20
F		60～70			30～40			

铝及铝合金冷挤压时，若出口温度不超过240～300℃，可使用轻质矿物油、黄蜡和脂肪酸作润滑剂，效果更佳。

6.5.6.2　铜及铜合金

大多数的铜及铜合金管棒材挤压时，可采用45号机油和20%～30%鳞片状石墨调制成的润滑剂；当挤制青铜或白铜时，可将石墨加至30%～40%。

6.5.6.3　高温高强度合金

挤压高温高强度合金，如铜镍合金、镍、钛及钢时，目前大多采用玻璃润滑剂。

6.5.6.4　特种合金

挤压钨、钼、钽、铌、镉及其合金时，也大多使用玻璃润滑剂。

对一些塑性较差或表面易氧化污染的金属及合金，可采用包套挤压法，然后使用普通润滑剂进行挤压。比如挤压钛、锆、铌、钨、铀和铸铁等金属材料时，可使用铜套或软钢套进行包覆；挤压硬铝、超硬铝等合金时，可使用纯铝套包覆。包套挤压还可以防止黏结、增强静水压力、提高被挤压金属材料的塑性以及防毒、减少辐射等功能。

6.6　挤压制品的组织性能

有色金属及合金热挤压的制品，不论是在表面质量上，还是在组织、性能上，一般要高于热轧、热锻造等其他的热加工方法，因此被广泛应用。但是，通常用正挤压法生产的有色金属制品的组织、性能分布较其他热加工方法获得的制品不够均一，并且有一些不同的特点。

6.6.1　挤压制品的组织

挤压制品的组织，主要是用金属及合金的相、晶粒的形状、大小和均匀性等来描述的。挤压变形的特点是断面上和长度上的变形不均匀程度特别高，影响组织的不均匀性。变形不均匀与组织不均匀的关系表现为：

（1）棒材挤压时的不均匀性随挤压伸长系数（挤压比）的加大而降低。

（2）各种管材的不均匀性要比棒材的小。

（3）挤压润滑条件对不均匀性影响较大。

（4）挤压速度、挤压温度对塑性较差的合金不均匀性影响较大。

6.6.1.1　挤压制品的组织不均匀性

挤压制品的组织不均匀性的规律为：沿制品的长度上前端晶粒粗大后端细小；沿断面径向上中心晶粒粗大外层细小。挤压制品的组织在断面上和长度上的不均匀性，主要是由于变形不均匀引起的。

合金的晶粒尺寸由棒材的头部向尾部逐渐减小的情况。同时还应注意到，制品的头部晶粒基本上未产生塑性变形，仍旧保留了铸造组织。

在挤压时，在断面上和长度上的变形不均匀产生的原因主要是：

（1）变形程度不同。在挤压时，变形程度是由制品的中心向外层、由头部向尾部逐渐增加的。从挤压过程的坐标网格中可以看到：锭坯被挤压垫推进时，外层金属在进入塑性变形区之前就已经承受挤压筒壁的剧烈摩擦作用，产生了附加剪切变形。因此，外层金属在进入塑性变形区后，与中心层的金属变形程度不同，由此使外层金属的晶粒遭到较大的破碎，使制品的外层金属晶粒比较细小。

变形程度的不同，也是造成沿制品长度上的变形和组织不均匀的原因之一。越往后，金属锭坯承受的挤压筒的摩擦作用时间越长，产生的附加剪切变形时间也越长，从而使后面的金属晶粒破碎程度逐渐加剧，晶粒越细小。

（2）挤压温度和挤压速度不同。一般在挤压一些重有色金属时的挤压速度不高，锭坯在挤压筒内停留的时间很长。由于挤压筒壁的冷却作用，后端的金属较之前面的金属在较低的温度下变形，并且在挤压末期，金属的流动速度加快，由于上面的两个原因，使后端金属在变形区内的再结晶不完全，而前面的金属是在较高的温度下进行塑性变形的，出模孔后金属可以进行较充分的再结晶。由此造成了前端的金属晶粒粗大，而后端的金属晶粒细小，甚至得到纤维状组织。

与上述情况相反，在挤压铝及软铝合金时，由于变形热不易逸散而使变形区内的温度逐渐升高，后端的金属比前端的金属在较高的温度下塑性变形，导致制品的前端晶粒细小，而尾部晶粒粗大。

(3) 相变的影响。在挤压具有相变的合金时，由于温度的变化而使合金有可能在相变的温度下进行塑性变形，也会造成组织的不均匀。

例如：HPb59－1 铅黄铜的相变温度为 720℃，在高于 720℃的温度条件下挤压时，挤出的热态制品组织呈单相 β 组织。冷却过程中，在相变温度下从 β 相内均匀析出呈多面体的 α 相晶粒，组织比较均匀。但是如果在挤压时的温度为相变温度或更低时，所析出的 α 相会被挤压成长条状组织（一般称为带状组织）。如果对这种带状组织进行正常的热处理（其温度低于相变温度），带状组织一般不可能消除。

由于相变产生的组织不均匀，使相间的变形与流动不均匀，在金属内部产生附加应力，从而使制品易在以后的加工过程中产生裂纹。因此一定要注意，在挤压时要尽量避开相变温度。

6.6.1.2 挤压制品的粗大晶粒组织

挤压制品的组织不均匀性还表现在某些成分复杂的合金，在挤压时或在随后的热处理过程中，在其外层出现异常粗大的晶粒，其尺寸超过原始晶粒尺寸的 10～100 倍，比临界变形后热处理所形成的再结晶晶粒大得多。晶粒这种异常长大的过程称为粗化，这种粗化的组织称为粗大晶粒组织，简称粗晶粒，通常称之为“粗晶环”。

在铝、镍、锰和其他的有色金属合金中，经常发现粗晶环。例如，根据挤压温度的不同，纯铝或 MB15 镁合金挤压后会在制品的表面上出现深度不同的粗晶环，同时，挤压温度越高，此环越宽。含铜 58%、铅 2% 的黄铜在 725℃下挤压后的棒材，在锻造之前加热时，会在坯料的外层出现粗大晶粒组织。

A 粗晶环的分布规律

图 6-14、图 6-15 为不同形状的粗晶环。

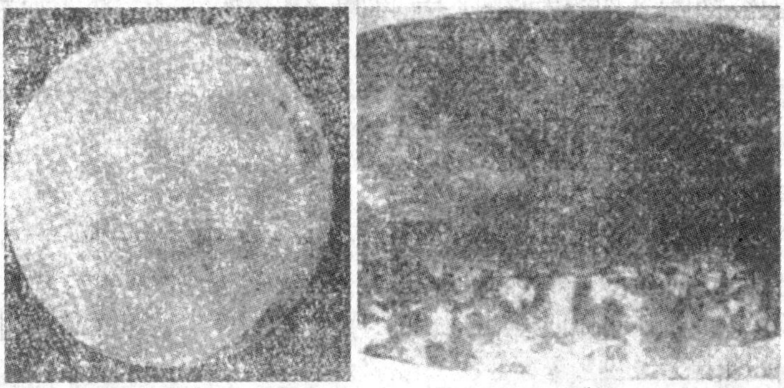

(a) (b)

图 6-14 不同形状的粗晶环

(a) 双孔模挤制棒材淬火后的粗晶环；(b) 低碳钢镦压件形成的粗晶环

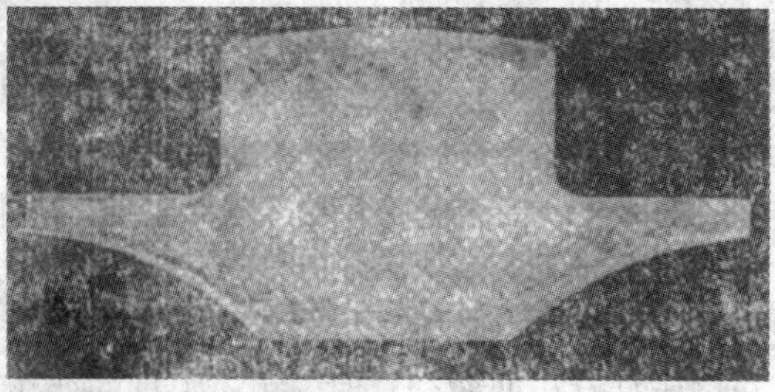

图 6-15　单孔模挤制异型材淬火后的粗晶环

粗晶环在径向上的分布规律是：靠近挤压筒壁的部分出现较厚的粗晶环，工作带摩擦阻力较大的部分具有较厚的粗晶环；较厚粗晶环处的晶粒比较粗大。

沿挤压制品长度方向上的粗晶环厚度的分布规律是：头部薄、尾部厚，严重情况下会在全断面上出现粗晶组织。

B　粗晶环的形成机理

粗晶环形成的部位常常是金属材料承受剧烈剪切变形的部位，该部位处于热力学不稳定状态，因此降低了该部位的再结晶温度。在该部位热处理加热时形成少量的再结晶核心，并以很高的速度长大和吞并周围的晶粒，从而出现异常粗大的晶粒。

C　形成粗晶环的影响因素

影响粗晶环的因素主要有：合金元素、铸锭的均匀化、挤压温度以及变形应力等。

铝合金粗晶组织的产生与含有一定量的锰、铬、钛和锆等元素及其不均匀分布有关系。比如，当含锰量在 0.2% ~0.6% 时，铝合金中出现的粗晶环的厚度最大，继续增加锰含量时，粗晶环逐渐减少以至完全消失。铝合金中锰含量的增加并不是避免了粗晶环的形成，而是提高了粗晶环在淬火时的形成温度，也就是说，锰含量高的铝合金只有在较高的淬火温度下才能形成粗晶环。若保持淬火温度不变，则只能通过增加锰含量来防止粗晶环的生成。

锭坯的均匀化热处理对不同的铝合金的影响不同。由于含锰对铝合金进行均匀化以后会促使粗晶环的增厚，而且均匀化的温度越高，时间越长，粗晶环会越厚，因此对含锰的 LY12 等硬铝合金的锭坯，可以根据具体情况，一般不进行均匀化热处理。对不含锰的铝合金，锭坯均匀化对粗晶环的产生影响不大，即无论均匀化与否，淬火加热过程中的制品内部都存在着粗晶环。

对于需要淬火时效热处理强化的合金，要尽量避免在合金两相区的温度条件下进行挤压，在生产中，应适当选择接近于从两相区向单相区较高的温度条件下挤压，可减少甚至避免粗晶环的出现。

挤压时由于不均匀流动，使金属中心部分是附加压应力，外层则是附加拉应力。压应力大的地方 Mn 的扩散速度低，而有拉应力的地方 Mn 的扩散速度高。由此使外层中析出的 Mn 比中心部分得多，因此降低了对再结晶的抑制作用，不能阻止挤压过程中晶粒的长大，使外层易出现粗晶环。

D　减少或消除粗晶环的措施

在挤压过程中，对粗晶环的形成与大小的影响，根据不同合金的具体情况，采取不同的措施来减少或消除制品上的粗晶环。

例如，对于 LD2、LD4 等锻铝合金，可以适当提高挤压筒的温度，降低淬火前加热温度；对于 LY12 硬铝合金则可以提高镁和锰的含量；对 LD10 锻铝合金，可以增加含锰量和含硅量以控制粗晶环。

总的说来，减少热挤压时的不均匀变形与不均匀流动，严格控制再结晶过程，是减少粗晶环，甚至消除粗晶环，确保制品质量的根本措施。

6.6.1.3 挤压制品的层状组织

挤压制品的层状组织也称为片状组织，层状断口如图 6-16 所示。层状组织的特征是折断后的制品断口现出与木质相似的形貌。分层的断口凹凸不平并带有裂纹，各层分界面近似平行于轴线，继续压力加工或热处理均无法消除这种层状组织。

层状组织对制品的纵向力学性能影响不大明显，但却会使其横向力学性能特别是其伸长率和冲击韧性显著降低。例如，使用这种具有层状组织的铝青铜做成的衬套，所承受的内压要比正常的管材低 30% 左右。

图 6-16 铝青铜挤制管的层状组织

层状组织产生的原因，主要是由于铸造组织的不均一，譬如存在大量的气孔、缩孔，或是由于晶界上分布有未溶入固体的第二相质点或杂质。在挤压时，金属锭坯在强烈的两向压缩和一向延伸的主应力状态下铸造组织内存在的这些缺陷在周向上压薄、轴向上延伸，因而成层状。

较易出现层状组织的材料不多。在铜合金中最易出现层状组织的是含铝的铝青铜 QAl10 - 3 - 1.5 和含铅的铅黄铜 HPb59 - 1 等，铝合金中最易出现层状组织的是某些锻铝合金，比如 LD2 和 LD4 等。

要防止层状组织的出现，一般是从改善铸造组织着手，如减少柱状晶区，扩大等轴晶区，同时要尽量消除气孔、缩孔等缺陷，并使晶界上的杂质分散或减少。对于铝青铜来说，在铸造时采用高度不超过 200mm 的短结晶器可以消除此种组织。而对于某些铝合金来说，产生层状组织的原因主要是合金中含有氧化膜或者金属化合物的晶内偏析，因此只要减少铝合金中的氧化膜或金属化合物在晶内的偏析，一般便可消除层状组织。对 LD2 锻铝合金，当锰含量超过 0.18% 时，层状组织即可消失。

6.6.2 挤压制品的力学性能

挤压制品变形和组织的不均匀，必然要反映到制品的力学性能上面，使制品的力学性能不均匀。

6.6.2.1 挤压制品力学性能的不均匀性

A 制品力学性能的分布规律

挤压制品的力学性能的分布规律一般是：未经热处理的实心挤压制品内部与前端的 σ_b 强度与 $\sigma_{0.2}$ 较低，而外层与后端的较高。伸长率 $\delta\%$ 的变化则相反。图 6-17 所示为挤压棒材横向与纵向上的抗拉强度的变化。

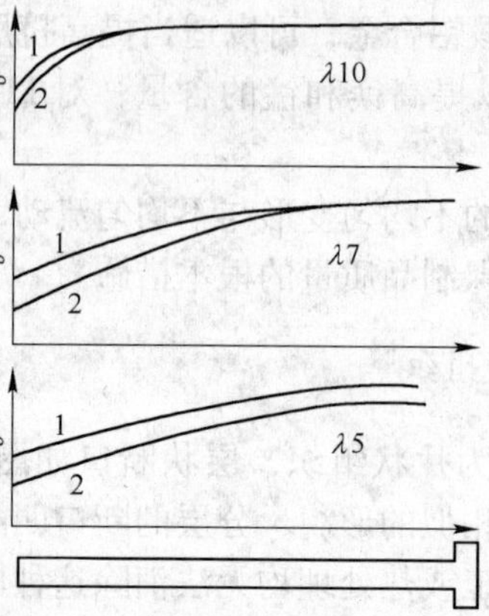

图 6-17　沿制品长度方向和直径方向上的抗拉强度变化

1—外层；2—内层

对于铝合金来说，强度较高的铝合金制品力学性能的分布规律与上面的相同，而较低的纯铝和软铝合金制品的分布规律则一般是内部与前端强度较高，伸长率较低，外层与后端的强度低，伸长率高。

B　变形程度对力学性能不均匀性的影响

不同变形程度时的力学性能的不均匀性表现为：当挤压比较小时，制品内部与外层的力学性能的不均匀性较为严重；当挤压比较大时，由于变形的深入，制品力学性能的不均匀性减少；当挤压比很大时，内部的性能基本上一致。

图 6-18 所示为用镁合金（90% Mg、10% Al）进行挤压试验所获得的力学性能与变形程度的关系曲线。当变形程度 ε 很小（20% 以下）时，制品的性能很差但是内外层性能基本一致；随着变形程度 ε 的增加，制品的性能越来越好，但是内外性能差逐渐增大。当变形程度 ε 超过 60% 时，内外性能差逐渐减小，超过 80% 时，性能差逐渐消失。故在生产中，为了保证制品的力学性能，减小制品内外力学性能差，一般要规定变形程度在 90% 以上（挤压比大于 10）。

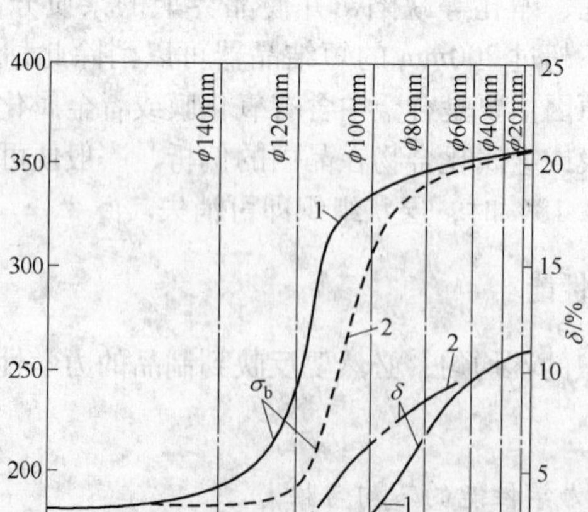

图 6-18　镁合金棒材力学性能与变形程度的关系

1—外层；2—内层

C 挤压制品纵向性能与横向性能的差异

挤压制品纵向性能与横向性能的差异，也是挤压制品力学性能不均匀性的表现，由此造成了挤压制品的各向异性。

挤压时（主变形状态图），使晶粒沿纵向延伸，轴向和周向上压缩，由此使存在于晶界上的金属化合物、杂质、缺陷等也沿以上方向排列，使金属制品的内部组织呈现出具有取向性的纤维组织。纤维组织的出现，使制品的纵向性能和横向性能出现差别，即出现了各向异性。

表6-12所列数据是在以挤压比 $\lambda=7.8$ 的条件下，挤压锰青铜棒材实验中取得的。对于空心管材，其断面上的力学性能分布基本上与挤压棒材时的一样

表6-12 锰青铜挤压棒材各方向上的力学性能

取样方向	抗拉强度/MPa	伸长率/%	冲击韧性/Nm · cm^{-1}
纵向	472.5	41	38.4
45°	453.5	29	36
横向	427.5	20	30

D 粗晶环对制品力学性能的影响

在挤压时，某些合金易出现粗晶环，由此也将导致制品力学性能的差异，粗晶组织力学性能降低。表6-13列出了几种铝合金挤制品的粗晶区和细晶区的力学性能值。另外，无论合金成分和粗晶区的位置如何，粗晶总是明显地沿挤压方向伸展，因此，粗晶也具有各向异性。

表6-13 铝合金制品不同区域的力学性能

合 金	σ_b/MPa		$\sigma_{0.2}$/MPa		δ/%	
	粗晶区	细晶区	粗晶区	细晶区	粗晶区	细晶区
LD2	241.5	361.5	170.5	293.0	24.60	15.80
LD10	344.2	497.8	240.0	337.0	31.16	13.48
LY11	407.5	500.0	255.5	328.0	23.20	18.30
LY12	443.0	544.0	332.5	411.0	25.40	13.70
LC4	400.0	559.0	301.0	414.0	21.30	11.80

6.6.2.2 挤压效应

某些工业用铝合金经过同一热处理（淬火与时效）后，发现挤压制品纵向上的抗拉强度要比其他压力加工（比如轧制、拉拔或锻造）制品的高，而伸长率较低的现象，通常将此现象称为“挤压效应”。挤压效应使制品在长度方向上的力学性能提高，因此具有挤压效应的型材与棒材有利于作结构构件的材料。

表6-14列出了几种铝合金采用不同的热加工方法后进行时效热处理，所测得的抗拉强度值。从表中可以看出，挤压制品的抗拉强度与锻压件、轧件相比较，最大差值可达150 MPa。

表 6-14　铝合金不同加工方法的成品抗拉强度　（MPa）

名　称	LD2	LD10	LY11	LY12	LC4
轧制板材	312	540	433	463	497
锻　件	367	612	509	—	470
挤压棒材	452	664	536	574	519

A　产生挤压效应的原因

产生挤压效应的原因主要是变形与织构及合金中含有某些金属元素。

在挤压时，变形金属处于三向压缩的应力状态和两压一拉的变形状态，变形区内的金属流动平稳。晶粒沿轴向延伸被拉长，形成了较强的［111］织构，即制品内大多数晶粒的［111］晶向按挤压方向取向。对具有面心立方晶格的铝合金，［111］晶向是强度最高的方向，因此使得制品纵向抗拉强度提高。

凡是含锰、钛、铬或锆等元素的热处理可强化铝合金都会产生挤压效应。能抑制再结晶过程的锰、铬等元素，阻碍了合金再结晶过程的进行，也就是说可以显著地提高制品的再结晶温度，因此在淬火前加热，制品内部不会发生再结晶，使热处理后的制品内保留有未再结晶的加工织构。

挤压过程中产生在制品周边的粗晶环，会使制品的力学性能降低，削弱甚至抵消挤压效应；而内部的金属则充分显示了挤压效应的特征。

B　确保挤压效应出现的方法

在生产中为了确保挤压制品出现挤压效应，应正确地选择挤压时的工艺参数，包括挤压温度和挤压变形程度等，并应考虑合金元素的含量。

选择挤压温度来确保硬铝合金和 LD2 锻铝合金挤压效应的出现，主要取决于含锰量，含锰量直接影响淬火前加热时制品组织能否发生再结晶和再结晶的程度。

对于含锰量少的 LD2 锻铝合金，淬火前的高温加热，能使制品发生充分的再结晶，因此这种合金的力学性能（即能否发生挤压效应）的高低与在挤压时的挤压温度的高低关系不大。

对于中等含锰量（0.3% ~0.6%）的硬铝合金和 LD2 锻铝合金，挤压温度对制品的挤压效应有着明显的影响，在不同的挤压温度下获得的挤压效应程度不同。

如表 6-15 所示，挤压温度为 380℃ 和 490℃，挤压含锰量为 0.4% 的 LY12 合金，所得到的性能参数。从表中可以看出，在两挤压温度下力学性能的差值可以达到：$\Delta\sigma_b = 120$ MPa，$\Delta\sigma_{0.2} = 11.5$ MPa，$\Delta\delta = 8\%$。在含锰量为 0.3% ~0.6% 的范围内，合金的含锰量越高，会使再结晶的温度越高，则在热处理时发生再结晶所需要的温度越高，产生的再结晶的程度就越小，挤压效应显著提高。

表 6-15　不同挤压温度下的制品力学性能

挤压温度/℃	σ_b/MPa	$\sigma_{0.2}$/MPa	δ/%
380	460	295	22
490	580	410	14

对于含锰量大于0.6%的合金特别是含锰量大于0.8%的硬铝合金，挤压温度对挤压效应的影响不大。

变形程度对硬铝合金挤压效应的影响在含锰量不同时也有所不同。当含锰量小于0.1%时，增大变形程度使制品的挤压效应降低，如表6-16所示。

表6-16　不同变形程度下的制品力学性能

变形程度 ε/%	σ_b/MPa	$\sigma_{0.2}$/MPa	δ/%
72.5	460	314	14
94.5	414	260	21.4

当合金的含锰量在0.36%～1.0%范围内时，随着含锰量的提高，变形程度越大，挤压效应越显著。

采用二次挤压或在淬火前对制品施以适当的冷变形，促使化合物的破碎和减少组织的条状分布，均会增加再结晶程度而导致挤压效应的减弱。

6.6.3　挤压工艺参数对制品组织和性能的影响

挤压的工艺参数，包括挤压温度、挤压速度、挤压比等对制品的组织和性能有很大的影响。一般说来，力学性能的高低与组织有密切的关系，晶粒度对制品力学性能的影响规律是：晶粒越细小，强度越高，伸长率越低；晶粒越粗大，强度越低，伸长率越高。增加加工率可使晶粒细化，强度提高。

6.7　挤压制品的质量控制与检验

在热挤压生产过程中，由于各种原因，有可能使挤压制品产生各种缺陷，甚至出现废品。挤压制品的缺陷和废品的出现，将会降低产品质量，耗费大量的有色金属，降低劳动生产率，增加生产成本。因此，研究挤压制品缺陷的主要特征及产生的原因，从而采取切实有效的措施，对于防止废品的产生，提高挤压件的质量，提高成材率，具有很大的意义。

6.7.1　消除挤压制品的缺陷

挤压制品各种类型的缺陷，是由多方面的原因造成的，主要包括：由金属锭坯而产生的缺陷；由金属锭坯的剪切而产生的缺陷；由金属锭坯的加热而产生的缺陷；由热挤压产生的缺陷以及由热处理、冷却等产生的缺陷等，其中主要是由于挤压而产生的，比如在挤压过程中，当挤压工艺、工模具与挤压机的各参数控制不当时，这些行为的综合作用致使制品出现各种缺陷。

常见的挤压制品的缺陷主要有：挤压制品的断面、形状不符合要求，尺寸精度差别大，制品表面质量差以及制品的组织和性能不能满足要求等。

6.7.1.1　制品断面形状和尺寸

在挤压时，无论是热加工态的成品还是毛料，其实际尺寸最终都应控制在名义尺寸的偏差范围内，其形状也要符合技术条件的要求。但是，在挤压过程中，由于各种原因，会造成挤出制品的断面形状和尺寸与实际的要求不符。

（1）型材挤压时的金属流动不均匀性。金属流动不均匀除导致挤压制品的组织和性能不均匀外，还会造成其他的缺陷，比如拉薄、扩口、并口等。对此类缺陷的消除，可以采用更改模孔设计、修模等，以减小金属流动的不均匀性；对已经有缺陷的制品，可以采用型辊矫直（矫正）的方法克服。

（2）工作带过短，挤压速度和挤压比过大。由此会导致由于挤压速度过快，部分金属来不及改变方向就已经流出模孔，产生工作带内的非接触变形缺陷，使制品的外形与尺寸均不规则。要消除此类缺陷，除在设计挤压模时加长模具的工作带外，还可以使挤压速度和挤压比适当。

（3）模孔变形。在挤压变形抗力高、热挤压温度也高的白铜、镍合金制品时，由于挤压力大，模孔极易产生塑性变形，从而导致制品的断面形状和尺寸不符合要求。对这类缺陷的消除，主要从挤压工艺出发，正确选择与确定挤压工艺参数，以尽量减小挤压力。另外，模具的材质要尽量好。

6.7.1.2 弯曲和扭拧

在挤压过程中，由于挤压工艺控制不当，或者是工模具的问题，常产生沿制品长度方向上的形状缺陷，比如弯曲、扭拧等。某些较轻微的缺陷可在后续的精整工序（比如矫直）中纠正，严重时则报废。

（1）弯曲。挤压模孔设计不当与磨损，使制品出模孔时单边受阻，流动不均匀；立式挤压机上制品掉入料筐受阻；锭坯加热时温度不均，造成所谓的“阴阳面”，致使金属的塑性不均，都可以导致挤压制品的弯曲缺陷。一般，可以采用矫直工序（压力矫直、辊式矫直或拉伸矫直）予以克服。

（2）扭拧。挤压型材时常出现制品的扭拧，产生的原因主要有：挤压工模具设计或制造不符合要求；挤压工模具安装不对；挤压工模具润滑不均；金属锭坯的加热温度不均；挤压速度太快等，由此将导致金属流动的不均匀，从而导致出现扭拧缺陷。轻度扭拧可以采用牵引机或拉伸矫直克服，重度扭拧因操作困难或者拉伸矫直时会引起断面尺寸超差，往往成为废品。

6.7.1.3 挤压缩尾

挤压缩尾是挤压过程中产生的一种特有缺陷，主要产生在挤压过程的后期。挤压缩尾中常包含着氧化物、油污脏物及锭坯表面的其他缺陷，破坏了金属制品的致密性和连续性，严重影响着制品的性能。

为了剔除带有挤压缩尾及其他一些缺陷的制品，挤压后必须检查。生产中一般采用断口检验法，或截取横断面试样进行低倍组织检验，如发现有挤压缩尾必须切掉，直到观察不到缺陷为止。目前，工厂中已经使用了无损超声波探伤法，可直接测得缩尾缺陷的部位和长度。

产生挤压缩尾的原因主要有：挤压筒没有清理；挤压时没有留适当厚度的压余；挤压棒材时无脱皮或脱皮不完全；锭坯的温度过高或温度不均；锭坯的表面质量不好；挤压垫片端面有润滑油；挤压时的速度太快；挤压工模具预热温度太低等。

由于缩尾缺陷降低了金属的成品率，挤压工时和检验工时浪费较大，故生产中要采用一些相应的防止措施，主要包括：选用适当的工艺条件，使金属流动的不均匀性得以改善；进行不完全挤压，即在可能出现缩尾时，便终止挤压过程；进行脱皮挤压，使具有缺陷、油污、氧化物等的锭坯表面留在脱皮中；机械加工锭坯的表面，清除锭坯表面上的杂质和氧化皮层。

6.7.1.4 裂纹和开裂

塑性差的合金在进行挤压时，由于各种原因而造成的金属流动的不均匀性，将导致局部金属制品内产生附加的拉应力。当此附加拉应力超过了金属的塑性范围时，将会出现各种各样的裂纹，包括挤压时的表面周期性裂纹、头部开裂、撕裂等，如图 6-19、图 6-20 所示。

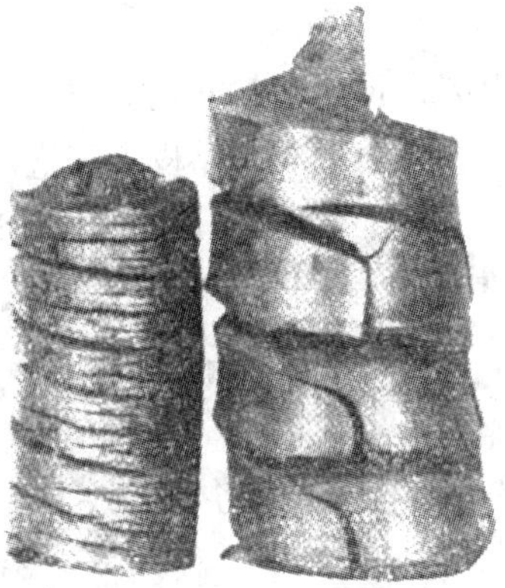

图 6-19 挤压制品 QSn6.5－0.1 棒的裂纹

图 6-20 挤压制品 BAl13-3 棒的头部开裂

易出现裂纹的合金有：锡磷青铜、铍青铜、锡黄铜、LY12 硬铝合金和 LC4 超硬铝合金等。这类合金在高温时塑性范围较窄，挤压时速度稍快，就会由于变形热使锭坯的温度升高，强度降低，拉应力超出合金的塑性范围，使制品产生裂纹。

周期性裂纹一般外形相似、距离相等、呈周期性分布，所以称为周期性裂纹。裂纹的周期性产生的过程，是一种能量聚集与释放的过程，它与合金的品种、金属内部的应力状态、挤压温度及挤压速度等有关。

周期性横向裂纹产生的原因主要是挤压温度超过合金的塑性温度范围（临界温度），比如挤压时加热温度过高，或者挤压速度过快，导致挤压坯料温升过大等。

周期性横向裂纹是挤压工艺废料产生的重要缺陷之一，因此可采取以下工艺措施加以防范：制订与执行合理的挤压温度、速度规程；增强变形区内的主应力强度（比如增大挤压力、增大模具工作带长度以及带反压力等）；采用挤压新技术（比如水冷模挤压、冷挤压、等温挤压以及梯温挤压等）。

6.7.1.5 层状组织和断口不合

挤压时出现的层状组织的特点是：制品在折断后，呈现出与木质相似的断口；分层的断面表现出凹凸不平并带有裂纹；分层的方向与挤压制品的轴线平行。

防止层状组织的措施一般是从改善铸造组织入手，比如减少柱状晶区、扩大等轴晶区，同时使晶界上的杂质分散或减少。

6.7.1.6　擦伤和划伤

挤压时制品的擦伤和划伤是由于挤出的制品与接触的凹凸不平的工具、导路以及承料台上的冷硬金属等相对运动而产生的，它会在制品的表面上留下纵向沟槽或细小划痕，使制品表面存在肉眼可见的缺陷。

影响挤压制品的擦伤或划伤的因素主要有：挤压筒清理不净；挤压工模具（模具、穿孔针等）变形或有裂纹，工模具润滑不好；金属粘在挤压模或穿孔针工作带上；出料台不光或有尖角等。

6.7.1.7　气泡

铸造过程中，析出的或未逸出的气体分散于铸锭内部，挤压前加热时，气体通过扩散与聚集形成明显的气泡，这些气泡若在挤压时不能焊合，就会形成制品皮下气泡。

挤压制品内外表面上有气泡，其产生的主要原因有：挤压筒或穿孔针不光，润滑剂过量；锭坯内部有杂物或气体缩孔；穿孔针有裂纹等。

6.7.1.8　起皮或夹灰

在挤压过程中，特别是在模孔内，浅表皮下气泡被拉破，或者是在挤压末期产生的挤压缩尾，在出模孔前表面不连续，都会形成起皮缺陷。

夹灰是指在制品的表层或内部存在着氧化皮或其他非金属夹杂物。

起皮或夹灰产生的原因是：挤压筒中有水、油或氧化皮及杂物等；穿孔针预热温度太低或润滑油太多；坯料在加热时过热，产生大量氧化皮；锭坯中有铸造缺陷。

6.7.1.9　挤压管材时的偏心

挤压运动部件的磨损（在卧式挤压机上更为严重）不均或调整不当，致使各工模具间装配不对中，以及未及时更换变了形的工模具，都有可能导致管材偏心。挤压时管材偏心的位置，有可能是在头部、尾部或者是在全长方向上。

管材头部偏心产生的原因是：锭坯未充填完就挤压；穿孔针前头秃或前头弯曲；锭坯加热温度不均等。

管材尾部出现偏心的原因是：垫片外圆磨损或尺寸小；垫片内孔磨损或尺寸大；挤压杆弯曲或端面不垂直，针支撑磨损；挤压筒严重磨损或模座配合不好等。

管材在全长方向上出现偏心的原因是：挤压杆根部端面斜或安装不正；挤压筒磨损；锁键与滑动模座配合面磨损；设备中心线不正。

6.7.2　提高挤压成材率

在挤压时，影响金属成材率的因素，除挤压缺陷和挤压废品外，还包括压余、管材穿孔而造成的实心头、脱皮、剪切、锭坯表面车皮以及氧化烧损等。

6.7.2.1 压余

在挤压时，为了消除或减少挤压缩尾的危害，一般情况下要进行不完全挤压，即在可能出现挤压缩尾时，便终止挤压过程。此时，留在挤压筒内的锭坯部分称为压余。

挤压压余的量，受不同合金材料和不同规格的锭坯的影响以及挤压机的不同。用立式挤压机工作时，压余厚度一般为 1 ~ 3mm；而采用卧式挤压机时，挤压压余的量如表 6-17 所示。

表 6-17 在卧式挤压机上挤压时的压余量

挤 压	挤压筒直径/mm					
	150	180	200	300	370	420
压余量/mm	20 ~ 30	25 ~ 35	30 ~ 45	30 ~ 45	35 ~ 45	35 ~ 50

在挤压时，为了提高成材率，降低金属的消耗，在不出现挤压缺陷的情况下，尽量减少挤压压余量。

6.7.2.2 穿孔废料

挤压管材时，穿孔的废料取决于被挤压管材的尺寸。较大尺寸的管材可以采用联合挤压法来减少挤压废料的量，以提高金属的成材率。

在管材挤压时，为了提高成材率和生产率，降低生产成本，也可以采用穿孔废料来挤制棒材，如表 6-18 所示。

表 6-18 穿孔时废料直径和由它挤制的棒材尺寸

穿孔时废料直径/mm	穿孔时废料长度/mm	挤压筒直径/mm	可生产棒材直径/mm			挤压模
			铜棒	H62	QAl10 - 3 - 1.5	
120 ~ 145	220 ~ 350	180	12 ~ 20	10 ~ 20	16 ~ 20	单、双孔模
150 ~ 175	220 ~ 350	180	22 ~ 26	22 ~ 26	22 ~ 26	单、双孔模
180 ~ 200	280 ~ 400	205	30 ~ 60	30 ~ 60	30 ~ 60	单孔模
208 ~ 250	280 ~ 400	255	60 ~ 80	60 ~ 80	60 ~ 80	单、双孔模
252 ~ 300	300 ~ 400	306	80 ~ 100			单、双孔模

6.7.2.3 脱皮

在采用锥模挤压黄铜棒材和铝青铜棒材时，为了提高挤压制品的表面质量，使用了一种较挤压筒直径小约 1 ~ 4mm 的挤压垫，以进行脱皮挤压。脱皮挤压时的脱皮厚度如表 6-19 所示。

表 6-19 挤压筒直径与脱皮厚度的关系

挤压筒直径/mm	脱皮厚度/mm
125 ~ 150	1
180 ~ 225	1.5
300 ~ 400	2.0
500	2.5

在上面的情况下，由于脱皮挤压而造成的金属废料达 2% ~4%。为了减少由于脱皮

挤压而造成的挤压废料，提高成材率，要求在保证制品表面质量的情况下，尽量减少脱皮厚度，所有合金管、立式挤压机的坯料均不采用脱皮挤压。

6.7.2.4　机械加工

挤压坯料在挤压前机械加工时产生的废料，主要包括切损（1.5%～3%）、挤压坯料钻孔（6%～10%）、挤压坯料车皮（5%～12%）。

从上面可以看出，在挤压之前的机械加工，消耗金属的量是很大的。因此，为了减少金属废料，提高成材率，在挤压之前要适当进行机械加工。

6.7.2.5　烧损

烧损是指金属锭坯在加热时或高温锭坯在挤压之前，表层金属与氧或其他氧化性物质发生反应，形成的氧化物。

在加热炉内加热时，金属锭坯的烧损量与金属锭坯的种类、加热温度、加热时间、加热炉形式以及炉内气氛等有关系。

在氧化性气氛中加热锭坯时，金属烧损达到0.25%～0.5%；加热铜锭、白铜锭和磷青铜锭时，金属烧损量特别大，而加热黄铜和铝青铜时，金属的烧损量较少。利用感应电炉加热时，由于加热时间短，金属的烧损显著降低。

6.7.3　保证挤压件质量

一般说来，在挤压之前或挤压时预防挤压制品的缺陷和废品，要比修正挤压制品的缺陷和废品容易得多，何况有些废品是根本无法修复的。因此，预防挤压制品的缺陷和废品的产生，就成了保证挤压制品质量的有力措施。为了保证挤压制品的质量，有效地防止缺陷和废品的产生，应该对生产工序和操作提出以下的要求。

6.7.3.1　对金属坯料的要求

对于挤压所用的金属坯料，应该检查它的材料牌号、化学成分以及表面质量等。如果发现在金属坯料的表面上有裂纹、夹杂和折叠等缺陷存在时，必须将这些缺陷彻底清除后方可使用。

供挤压使用的金属坯料，必须完全符合挤压工艺卡片上规定的尺寸和技术要求，两端要求平整，在其断面上不许留有切割毛刺。

供料单位（熔铸车间）的检验人员和使用单位（挤压车间）的收料人员，必须严格执行工艺文件上的各项规定，凡是不符合要求的金属坯料，在未经专职工艺人员的许可下，不能供生产使用。

6.7.3.2　对加热的要求

在加热车间，应该设有专职的测温人员，检查各加热炉的炉温和金属坯料的加热温度是否符合加热规范，发现问题应及时向加热工指出并纠正。凡是氧化严重，过热或过烧的金属坯料，不准投入生产，以防混入造成事故。

加热工是保证加热质量的关键，在加热前必须熟知该种金属坯料的加热规范和特殊要求，然后按照工艺要求进行加热。加热工应对金属坯料的加热质量负有主要责任，所以加热工在加热过程中，应与挤压工密切配合。

6.7.3.3 对挤压的要求

在挤压生产中，操作工人必须严格执行操作工艺文件的各项规定，对违反工艺的操作是不允许的。操作工人应该遵守所规定的次序去完成所规定的工艺。实践证明，严格地遵守所规定的生产工艺，是保证生产顺利进行的必要条件，也是优质、高产、低消耗的可靠保证。

热挤压的生产工人，在生产过程中，应随时注意生产中所发生的各种异常情况。例如，当挤压制品脱模困难时，这就证明对挤压模具的润滑不良或模具磨损严重，此时，挤压工就必须仔细检查挤压制品的尺寸公差和表面情况以及模具工作部分的磨损情况，然后采取必要的措施予以修复和调整，再继续生产。

在挤压生产中，为了防止大批量地产生缺陷和废品，挤压工必须仔细检查第一件挤压制品的所有尺寸和表面情况，在完全达到工艺文件的要求时，再送交检验人员复验，在得到检验人员许可的情况下，方可进行大批量的连续生产。

6.7.3.4 对技术检查者的要求

在挤压车间内，技术检查者的责任，不仅是验收产品和决定废品，而且还应该防止废品的产生。技术检查者要帮助生产工人发现问题，有权制止违反工艺规程和不符合要求的生产，指出问题所在并帮助解决，这对防止缺陷和废品的产生，提高产品的质量有很大的作用。

复习思考题

6-1 在选择挤压锭坯时要注意哪些原则？

6-2 选择挤压比时，主要考虑哪些问题？

6-3 挤压主要有哪些新方法？

6-4 什么叫静液挤压，它有什么特点？

6-5 什么叫有效摩擦挤压，挤压筒壁与锭坯之间的摩擦力有什么作用？

6-6 锭接锭挤压最大的优点是什么？

6-7 在选择挤压温度时，要考虑哪些问题？

6-8 在挤压时，主要是根据哪几个图来选择挤压温度的？

6-9 挤压速度与挤压制品的质量有什么关系？

6-10 选择挤压速度时要考虑哪些原则？

6-11 什么叫挤压时的速度-温度控制，它有什么作用？

6-12 在挤压时为什么要进行润滑？

6-13 在挤压时所使用的润滑剂主要有哪几种？

6-14 玻璃润滑剂主要有什么特点，主要用在哪些有色金属的挤压上面？

6-15 在挤压时，提高成材率的措施主要有哪些？

6-16　在挤压有色金属棒材时，制品的组织和性能各有什么特点？
6-17　什么叫粗晶环，它是怎样形成的，有什么危害？
6-18　在挤压时，怎样消除或减少粗晶环的出现？
6-19　什么叫挤压效应？产生挤压效应的原因有哪些？
6-20　怎样减小挤压制品力学性能的差异？
6-21　挤压制品主要有哪些缺陷，产生的原因和消除的方法各是什么？
6-22　怎样才能保证挤压制品的质量？

拉　拔

7　拉拔概述

7.1　拉拔的概念

7.1.1　拉拔的定义

拉拔是指在外加拉力作用下，利用金属的塑性，将具有一定横断面积的金属材料，通过断面尺寸逐渐缩小的模孔，以获得所要求的截面形状和尺寸要求产品的过程。

按金属材料的断面类型，拉拔分为线材、管材、型材的拉拔。金属所以能够进行拉拔就是利用金属具有的塑性，即借助外力的作用使金属材料产生永久变形而不破裂，从而获得所需要的形状、尺寸，且满足国标或部标规定的力学性能和质量的要求。

7.1.2　拉拔过程

拉拔是以热轧或挤压产品为原料，经过一道次或多道次的拉拔获得所需规格尺寸的产品，其拉拔过程如图 7-1 所示。

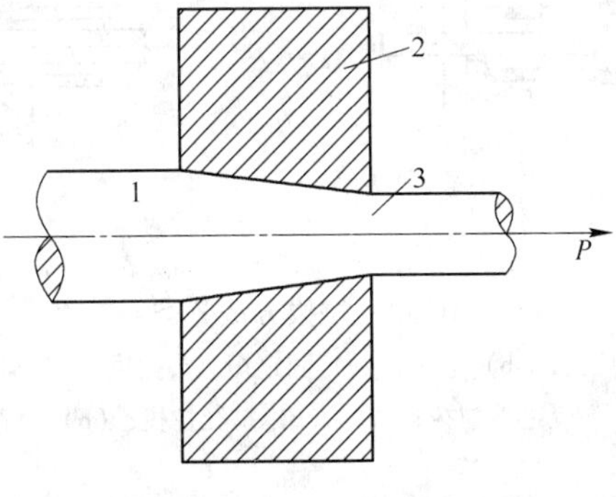

图 7-1　拉拔示意图

1—坯料；2—拉拔模具；3—制品

坯料通过逐渐减小截面的模孔发生变形，主要是靠拉拔机加在拉拔轴向上的拉拔力 P 和伴随着垂直作用于拉拔模壁上的正压力 N，此外，还有模孔与坯料表面接触处阻碍金属

移动的外摩擦力 T 的综合作用来实现的。

7.2 拉拔的基本方法

7.2.1 按制品截面形状分

7.2.1.1 实心材拉拔

实心材拉拔主要包括棒材、型材及线材的拉拔，如图 7-2（a）所示。

7.2.1.2 空心材拉拔

空心材拉拔主要包括圆管及异型管材的拉拔，对于空心材拉拔有如图 7-2 所示的几种基本方法。

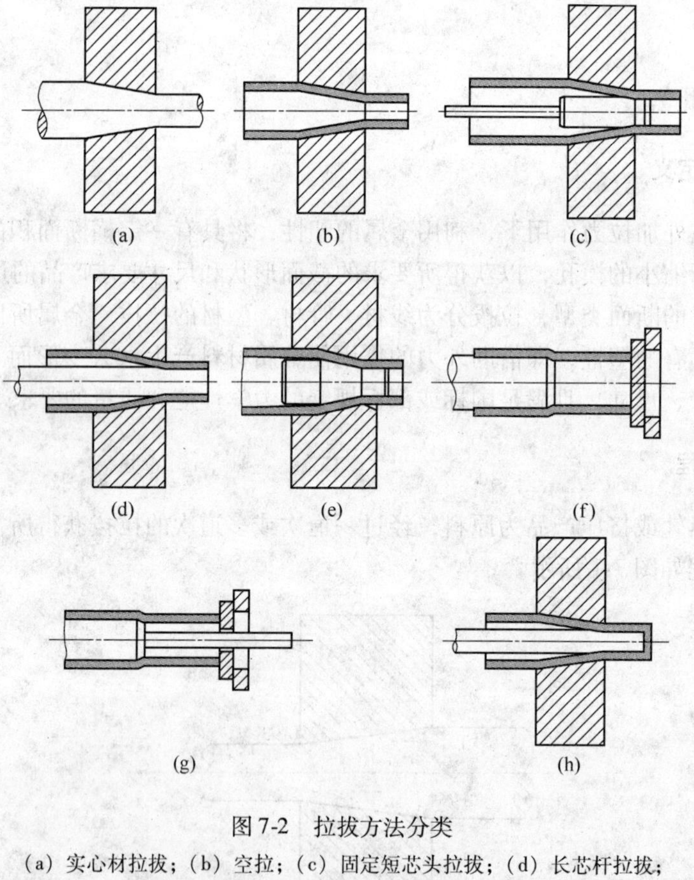

图 7-2 拉拔方法分类

（a）实心材拉拔；（b）空拉；（c）固定短芯头拉拔；（d）长芯杆拉拔；（e）游动芯头拉拔；（f），（g）扩径拉拔；（h）顶管法

（1）空拉，如图 7-2（b）所示，拉拔时，管坯内部不放芯头，即无芯头拉拔，主要是以减少管坯外径为目的。拉拔后的管材壁厚一般会略有变化，增加或者减少。经过多次空拉的管材，内表面粗糙，严重时会出现裂纹。

空拉法适用于小直径管材、异型管材、盘管拉拔以及减径量很小的减径与整形拉拔。

（2）固定芯头拉拔，如图 7-2（c）所示，拉拔时将带有芯头的芯杆固定，管坯通过模孔实现减径或减壁。

固定芯头拉拔的管材内表面质量比空拉的要好，此法在管材生产中广泛应用，但拉拔细管比较困难，而且不能生产长管。

（3）长芯杆拉拔，如图 7-2（d）所示，将管坯自由地套在表面抛光的芯杆上，使芯杆与管坯一起拉过模孔，以实现减径与减壁，此法称为长芯棒拉拔。芯棒的长度应略大于拉拔后的管材长度。拉拔一道次以后，需要用脱管法或辊轧法取出芯棒。

长芯棒拉拔的特点是道次加工率较大，可达 63%，但由于需要准备许多不同直径的长芯棒和增加脱管工序，通常在生产中很少采用，它适用于薄壁管材以及塑性较差的钨、钼管材的生产。

（4）游动芯头拉拔，如图 7-2（e）所示，在拉拔过程中，芯头不固定在芯棒上，而是靠本身的外形建立起来的平衡力，被稳定在模孔中。

游动芯头拉拔是管材拉拔中较为先进的方法，非常适用于长管和盘管生产，对于提高拉拔生产率、成品率和管材内表面质量极为有利。与固定芯头相比较，游动芯头拉拔的难度较大，工艺条件和技术要求较高，配模有一定的限制，故不可能完全取代固定芯头拉拔。

（5）扩径拉拔，如图 7-2（f）、(g）所示，管坯通过扩径后，直径增大，壁厚和长度减小。这种方法主要是受设备能力限制，不能生产大直径的管材。

（6）顶管法，如图 7-2（h）所示，将芯杆套入带底的管坯中，管坯连同芯棒一同由模孔中顶出，从而对管坯进行加工。在生产难熔金属和贵金属短管材时常用此种方法，适用于生产 ϕ300 ~ 400mm 以上的大直径管材。

7.2.2　按温度分

7.2.2.1　冷拔

被拉拔的金属在室温下（再结晶温度下）进入模孔，并在模孔中产生塑性变形，这种情况下进行的拉拔称为冷拔。冷拔一般都在冷状态下进行，冷拔产品的特点是具有光亮的表面、足够精确的断面尺寸和一定的力学性能。

7.2.2.2　热拔

被拉拔的金属加热到再结晶温度（如 700 ~ 900℃）以上所进行的拉拔，称为热拔。热拔主要用于低塑性、高熔点、难变形的金属线材。热拔可完全消除拉拔过程中产生的加工硬化，可提高拉拔时坯料的塑性，比如钼、铍、钨等的拉拔。

7.2.2.3　温拔

被拉拔金属的预热温度控制在再结晶温度以下恢复温度以上所进行的拉拔，称为温拔。温拔主要用于低塑性材，比如具有六方晶格的锌、镁等合金。

热拔和温拔由于加热方法的困难，目前未得到非常普遍的使用。

7.2.3 按拉拔时采用的润滑剂分

7.2.3.1 干拔

干拔主要用于粗规格、中等规格的拉拔生产。干拉时是将干粉状的皂粉润滑剂放在模盒中，粉末覆盖着运动的拉拔，并黏附在拉拔表面带入拉拔模，拉拔经拉伸在其表面形成润滑薄膜。

7.2.3.2 湿拔

湿拔主要用于细规格的拉拔产品生产，特别是直径小于 1mm 的优质拉拔。湿拔使用的设备称水箱拉拔机。整套设备的工作部分（塔轮、拉拔模）浸泡在液体润滑剂——肥皂水中，拉拔缠绕在塔轮上可产生适当滑动。

此外还有按照拉拔模的个数分为单模、多模拉拔；按照受力情况分为无反拉力拉拔、带反拉力拉拔等。

7.3 拉拔工模具

拉拔工模具（也称为拉模）是实现金属变形的工具，它的主要部分是模孔。模孔一般划分为 5 个区段：

（1）入口锥。它便于穿线及防止拉拔从入口方向擦伤拉拔模。

（2）润滑锥。其作用可使拉拔易于带入润滑剂，在拉拔表面形成润滑膜。

（3）工作锥。工作锥是模孔的最重要部分，拉拔在拉拔过程中的塑性变形在这里完成。工作区的圆锥角（半角）的大小，与拉拔塑性变形的均匀度有很大关系，同时影响拉拔力（P）的大小和拉拔的性能。

（4）定径带。其作用是使拉拔通过模孔时，能得到稳定的直径尺寸、较好的光泽和光滑的表面。

（5）出口锥。其作用是防止拉拔出口时不平稳，被模口刮伤。

在拉拔过程中，拉拔材的截面积逐渐减小，根据体积不变定律，拉拔材的长度逐渐增长。通过拉拔，改善了拉拔表面的光洁度和尺寸精度。与相同成分的热轧材相比，冷拔工艺明显地改变了产品的力学性能和工艺性能，使金属的强度、韧性等指标均有显著提高，而且可消除热轧材留下的凹坑、扭歪、弯曲、划痕等表面缺陷。

7.4 拉拔的特点

拉拔的特点如下：

（1）经拉拔的制品，尺寸精确、表面质量好、光洁度高。

（2）拉拔制品的种类多、规格多。

（3）断面的受力和变形均匀对称，故断面质量好。

（4）经拉拔的制品力学性能显著提高。

（5）拉拔的设备规模小，工具简单，维护方便，在一台拉拔机上可生产多种规格和品种的产品。

（6）为实现安全拉拔，各道次的压缩率不能过大，因此拉拔道次较多，摩擦力较大，消耗能量较多（冷轧消耗的能量是拉拔消耗能量的60%），道次变形量和各次热处理间的总变形量都不大，使拉拔道次、热处理次数、表面处理等工序繁多，成品率较低。

7.5 拉拔生产的现状与发展

7.5.1 拉拔历史

拉拔具有悠久的历史，在公元前20～30世纪，人们把金块锤锻成条后，通过小孔用手拉成细金丝，在同一时期还发现了类似拉线模的东西。公元前15～17世纪进行了各种贵金属的拉线；公元8～9世纪，能制造各种金属线。公元12世纪有了锻线工与拉线工之分。不过这时拉线的动力是人力，并直接用手拉拔。

公元13世纪中叶，德国首先制造出利用水力带动的拉线机——水力拉拔机，并在世界上逐渐推广。直到17世纪才接近现在的单卷筒拉拔机。1871年拉拔机连续诞生。

20世纪20年代，韦森伯格西贝尔（Weissenberg Siebel）发现了划时代的反拉力拉拔法。由于反拉力的作用，使拉拔力虽稍有提高，但净拉阻力显著减小，使拉模的磨损大幅度的减少，同时改善了制品的力学性能。1925年，克虏伯（Krupp）公司研制出硬质合金模，拉拔模由原来的铁模发展到合金模，并逐渐用于各种金属的拉拔。

1955年，柯利斯托佛松（Christophersoll）研制成功强制润滑拉拔，大幅度减少摩擦力和拉拔难加工的材料，同时使拉模寿命明显延长。同年，布莱哈（Blaha）和拉格勒克尔（Lagencker）发展了超声波拉拔法，使拉拔力显著减小。

1956年，五弓等研究成功辊模拉拔，使材料表面的摩擦阻力大大减少，因而减少了拉力，增加了每道次的加工率，大大改善了拉拔材料的力学性能。

7.5.2 拉拔现状

在研究许多新的拉拔方法的同时，开展了高速拉拔的研究，成功的制造了多模高速连续拉拔机、多线链式拉拔机和圆盘拉拔机；高速拉线机的拉拔速度达到80m/s；圆盘拉拔机可生产ϕ40～50mm以下的管材，最大圆盘直径为ϕ3m，拉拔速度可达25m/s，最大管长为6000m以上；多线链式拉拔机一般可自动供料、自动穿模、自动套芯杆、自动咬料和挂钩、管子自动下落以及自动调整中心等。

随着拉拔技术的发展，拉拔制品的产量在逐年增加，产品的品种和规格也在不断增加，例如用拉拔技术可生产直径大于500mm的管材，也可拉出ϕ0.002mm的细丝，而且性能合乎要求，表面质量好。拉拔制品广泛地应用在国民经济的各个领域。

7.5.3 拉拔技术的发展趋向

目前，根据拉拔技术的发展，主要围绕下列问题展开研究：

（1）拉拔装备的自动化、连续化和高速化。

（2）扩大产品的品种、规格，提高产品的精度，减少制品缺陷。

（3）提高拉拔工具的使用寿命。

（4）新的润滑技术的研究和新的润滑剂的应用。

（5）发展新的拉拔技术和研究新的拉拔理论，达到节能、节材、提高产品质量和生产率的目的。

（6）拉拔过程的优化。

复习思考题

7-1　拉拔的分类方法有哪些？

7-2　拉拔与其他压力加工方法相比有哪些特点？

7-3　拉拔模孔分为哪几部分，各部分的作用是什么？

8 拉拔工具

拉拔所使用的工具主要是拉模和芯头。此外，尚有固定拉模和芯头用的模套、芯头螺丝、连接杆及拉杆等附属工具。

拉拔时模具直接对制品进行加工，它们对拉拔生产的产量、质量、消耗和成本等有很大的影响。拉拔工具应满足以下要求：

（1）孔型设计合理，能满足变形的需要；拔制力小，拔制过程稳定，变形均匀和磨损均匀。

（2）几何形状和尺寸精确。

（3）工作表面光洁，无缺陷。

（4）工作表面有足够的硬度和耐磨性。

（5）模具有足够的强度，避免在使用时因强度不足而损坏，或产生过大的弹性变形。此外，模具还应具有一定的耐冲击能力和便于加工。

8.1 拉拔工具的结构与尺寸

8.1.1 拉拔模

8.1.1.1 普通拉模

普通拉模如图 8-1 所示，为目前拉拔生产中使用的普通拉模的两种结构形式：锥形拉模和弧形拉模。一般，弧形拉模只用于细线的拉拔，而管、棒、型及粗线的拉拔，普遍采用锥形模。按拉拔时所起作用的不同，普通拉模的模孔通常分为 4 部分［见图 8-1（a）］：入口锥、工作锥、定径带和出口锥。

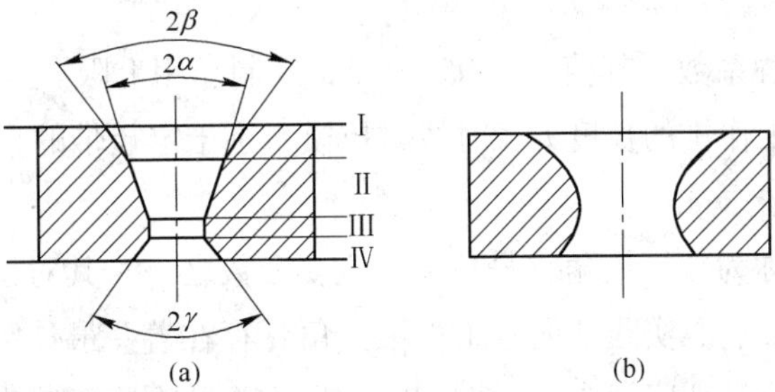

图 8-1　普通拉模结构示意图

（a）锥形拉模；（b）弧形拉模

Ⅰ—入口锥；Ⅱ—工作锥；Ⅲ—定径带；Ⅳ—出口锥

（1）入口锥。入口锥又称为润滑锥，是拉拔时来料首先进入的部分。入口锥的作用是在拉拔时便于润滑剂进入模孔，以保证制品得到充分的润滑，减少摩擦并带走金属由于变形和摩擦产生的部分热量，还可以防止划伤坯料。此外，入口锥还为模具磨损后的修模扩孔留下了必要的加工余地。

入口锥的主要参数是入口锥角 β 和长度 l_r。入口锥角 β 的大小要适当，角度过大润滑剂不易储存，易造成拉拔润滑不良；角度过小，则拉拔时产生的金属屑、粉末等不易随润滑剂流掉，堆积于模孔中影响制品的质量，甚至还会造成夹灰、划沟、拉断等缺陷。在实际生产中，入口锥锥角 β 的大小一般为：

硬质合金模 $\beta = 40°$

一般钢模 $\beta = 50° \sim 60°$

入口锥的长度 l_r 一般取定径带直径的 0.6 倍。对于管、棒拉模，润滑锥常用 $R = 4 \sim 8$mm 的圆弧代替。

（2）工作锥。工作锥又称为压缩锥，是金属实现塑性变形的主要部分，同时在此获得所需的形状和尺寸。

工作锥的形状有锥形和弧线形两种，弧线形工作锥对大变形率（35%）和小变形率（10%）都适合，而锥形工作锥只适合于大变形率。当采用小的变形率时，锥形工作锥会因金属和拉模的接触面积不够大导致模孔很快地被磨损。从拉拔力的大小来看弧线形和锥形工作锥没有明显差别。

虽然弧线形工作锥具有以上优点，但对于大型和中型拉模，由于其变形区较长制成弧线形困难，故多采用锥形。只有对于拉细线用的模孔，由于在磨光和抛光时很容易得到弧线形，故弧线形工作锥主要用于直径小于 1.0mm 的线材拉拔。

为了避免制品在工作锥以外变形，工作锥的长度 l_g 应大于拉拔时变形区的长度 l_b，其长度 l_g 一般用下式确定。

$$l_g = a l_b = a \times 0.5(D_{0max} - D_1) \tag{8-1}$$

式中　D_{0max}——坯料可能最大的直径；

D_1——制品直径；

a——不同心系数，其值为 1.05 ~ 1.3，细制品用上限。

在一般情况下，工作锥的长度 l_g，对线材拉模不小于定径带的直径 D_1；对于棒材拉模 $l_g = (0.7 \sim 0.8) D_1$。

工作锥的锥角 α 称为拉模模角，是拉模的主要参数之一。其对拉拔力、模具磨损、拉拔制品的质量等都有影响。实践证明：工作锥锥角 α 存在着一最佳区间，在此区间内拉拔力最小。根据实验，此最佳区间为 $\alpha = 6° \sim 9°$。需要说明的是：随着拉拔条件的改变，模角的最佳区间值会发生改变。变形程度、摩擦系数增加，均会导致最佳模角增大。在实际生产中，拉模模角通常按减面率大时取较大值、金属强度高时取较小值、湿拉时取较大值的原则选择确定。表 8-1 所列数据为采用碳化钨模以不同的道次加工率拉拔棒和线时最佳模角的变化情况。

表 8-1　拉拔不同材料时最佳模角与道次加工率的关系

道次加工率/%	2α/(°)					
	纯铁	软钢	硬钢	铝	铜	黄铜
10	5	3	2	7	5	4
15	7	5	4	11	8	6
20	9	7	6	16	11	9
25	12	9	8	21	15	12
30	15	12	10	26	18	15
35	19	15	12	32	22	18
40	23	18	15			

在实际生产中，拉模模角的选择除了考虑上述因素外，还要考虑拉拔时应有利于坯料轴线与模孔轴线的重合，使拉拔力的作用方向正确以及尽可能地增加模具的强度，因此实际所采用的模角多为最佳模角值的下限。特别是在发现小模角（$\alpha = 2° \sim 3°$）有利于建立流体动力润滑条件之后，生产中已开始采用小模角的拉模。

（3）定径带。定径带的作用是使制品获得稳定而精确的形状与尺寸。它可使拉模免于因模孔磨损而很快超差，提高其使用寿命。

定径带的合理形状是柱形。对生产细线用的拉模，由于在打磨模孔时，必须用带 0.5°～2°锥度的模具，故其定径带具有与此相同的锥度。

定径带的直径 D_1 是拉模的基本参数，取决于所拔产品的直径。实际拉模定径带的直径比所拉产品的名义直径略小。

定径带的长度 l_d 对拉模的使用寿命、拉拔力有影响。l_d 愈大，拉拔力愈大；l_d 越小，则拉拔力小，但易磨损而难于保持本身的形状，因而会降低使用寿命。在实际生产中，不同制品定径带长度 l_d 的范围如下：

$$\begin{aligned} &\text{线材} \quad & l_d = (0.5 \sim 0.25)D_1 \\ &\text{棒材} \quad & l_d = (0.15 \sim 0.25)D_1 \\ &\text{空拉管材} \quad & l_d = (0.25 \sim 0.5)D_1 \\ &\text{衬拉管材} \quad & l_d = (0.1 \sim 0.2)D_1 \end{aligned} \tag{8-2}$$

也可参考表 8-2 所列数据。

表 8-2　拉模定径带长度范围　(mm)

棒材拉模	模孔直径 D_1	5～15	15.1～25	25.1～40	40.1～60	
	定径带长度 l_d	3.5～5	4.5～6.5	6～8	10	
管材拉模	模孔直径 D_1	3～20	20.1～40	40.1～60	60.1～100	101～400
	定径带长度 l_d	1～1.5	1.5～2	2～3	3～4	5～6

（4）出口锥。出口锥是模孔的最后部分，它不参与金属的变形，其作用是防止金属出模孔时被划伤和定径带出口端因受力而引起的剥落，以及便于润滑剂的排出和模芯的散热。

出口锥的锥角 2γ 一般为 60°～90°，长度 l_{ch} 为定径带直径的 0.2～0.5。对拉制细线用的模具，有时将出口部分做成凹球面的。

出口锥与定径带的过渡交接区应研磨得非常光滑，以免制品通过定径带后，由于弹性恢复或拉拔方向不正时刮伤表面。

（5）拉模的外形尺寸。拉模的外形尺寸是指拉模的外圆直径 D 和拉模厚度 H。其外径 D 应满足强度需要，而厚度 H 应保证变形的需要。目前生产中所用拉模的外径 D 与模孔直径 D_1 之间大致有如下的关系：

$$D \geqslant 2D_1 \tag{8-3}$$

为了减少拉模的种类，实际上拉模的外形尺寸按模孔直径定为几种。

为了保证拉模在拔制时位置容易自动找正，实际生产中常把拉模的外形做成锥形（即入口一侧的外圆直径大于出口一侧的外圆直径），和内壁带锥度的模套相配合装在拉模支架上。拉模外表面的锥角一般取为 5°，如图 8-2 所示。

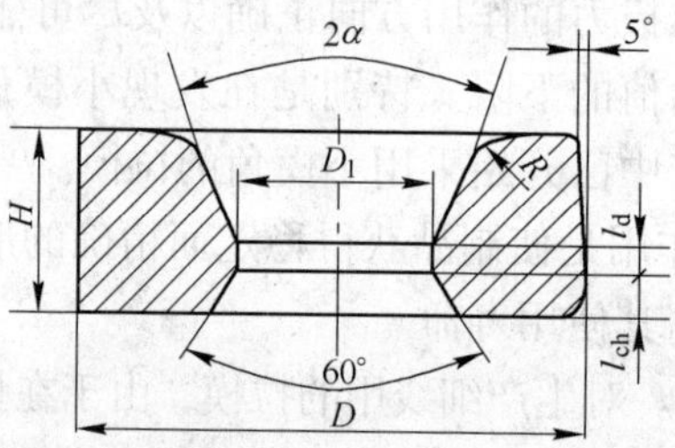

图 8-2　拉模的主要尺寸

部分拉模的主要尺寸如表 8-3 所示。

表 8-3　拉模的主要尺寸

拉模种类	结构尺寸/mm					
	D_1	D	H	l_d	l_{ch}	R
硬质合金拉模	3～6	45	20	1	1.5	5
	6.1～15	45	25	1.5	1.5	5
	15.1～27	60	30	2	4	5
	27.1～38	90	35	2	2.5	5
钢拉模	38.1～45	90	30	2	3	5
	45.1～55	125	30	2.5	3	5
	55.1～70	150	40	3	3	6
	70.1～110	200	50	4	3	6
	110.1～160	300	60	5	4	6
	160.1～220	360	70	5	5	6

8.1.1.2　辊式拉模

为了减小工具与被拉金属间的摩擦和拉拔力，增大道次加工率，实现高速拉拔，出现了这种辊式模拉拔如图 8-3 所示。其结构类似于一架带有立辊的小型轧机，两对辊上都有相应的孔型。在拉拔圆线时，入口侧辊子的孔型为椭圆形，出口侧辊子的孔型为圆形。目前，此种拉模只限于拉拔直径为 2～20mm 的线材。2mm 以下的线材，由于在模具制造上两对孔槽对正困难，以及线材的精度问题不易解决，故而未用。

除上述结构形式外，还有一种模孔表面由若干个自由旋转辊构成的辊式模如图 8-4 所示，可由 3、4 或 6 个辊子组拼起来。这种模具主要是用来拉伸型材。

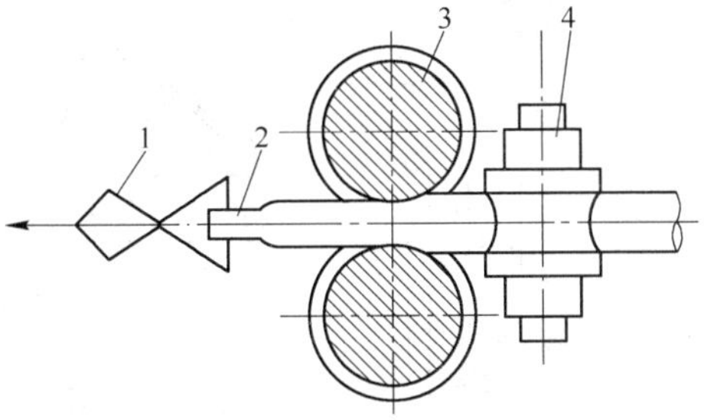

图 8-3　辊式模拉拔示意图

1—拉拔小车夹钳；2—制品；
3—辊式拉模水平辊；4—辊式拉模立辊

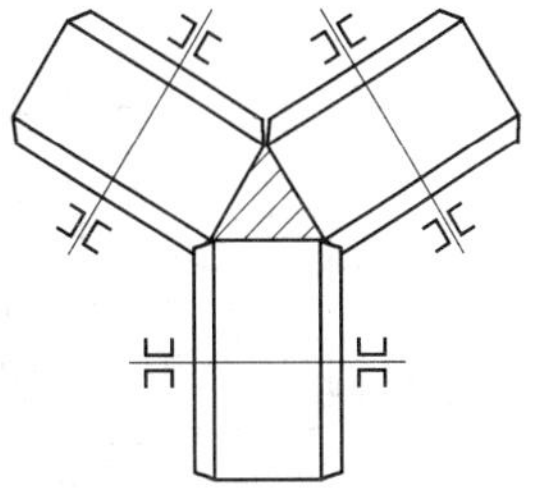

图 8-4　用于生产型材的辊式模示意图

辊式模与普通拉模相比，具有以下优点：

（1）模具制造加工容易，模孔通用性强，可一模多用。因此，辊模又称万能拉模，即可单模使用，也可多模组合连续拉拔。

（2）道次变形量大，一般道次压缩率可达 30%～40%。

（3）动力消耗低。

（4）在拉拔过程中能改变辊间的距离，获得变断面型材。

（5）在现有的拉拔机上，可以实现更高的拔制速度。

辊式模拉拔模孔调整及保证制品精度较困难，因此，尚未广泛地应用，只用于方形、矩形、三角形、六角形以及其他异断面型材的拉拔。

8.1.1.3　旋转模

图 8-5 所示为旋转模的示意图。模具的内套中放有模具，外套与内套之间有滚动轴承，通过蜗轮机构带动内套和模具旋转。采用旋转模拉拔，可以使模面压力分布均匀，延长其使用寿命。其次，可以减小线材的椭圆度，故多用在连续拉线机的成品模上。

8.1.2　芯头

8.1.2.1　固定短芯头

根据芯头在芯杆上的固定方式，固定短芯头分为空心和实心的两种。通常拉拔内径大于 30～60mm 的管子时，采用空心芯头，而拉拔内径小于 30～60mm 的管子时，采用实心芯头。芯头的形状一般是圆柱形的，也可以带有 0.1～0.3mm 的锥度。带锥度的优点是可以调整管子的壁厚精度，也可以减少管子内壁与芯头的摩擦。芯头与芯杆一般采用螺纹连接。在拉拔直径小于5mm 的管材时，采用钢丝代替芯头。

（1）空心短芯头。图 8-6 为空心短芯头，空心圆柱芯头的主要尺寸是外径 D、长度 L 和端部倒棱的角度。内孔的直径 d 根据芯头螺丝的直径选定，前者略大于后者。芯头的直径 D 等于拔制后管材的内径，其长度 L 与直径 D 大致有如下的关系：

$$L/D = 1 \sim 1.5 \tag{8-4}$$

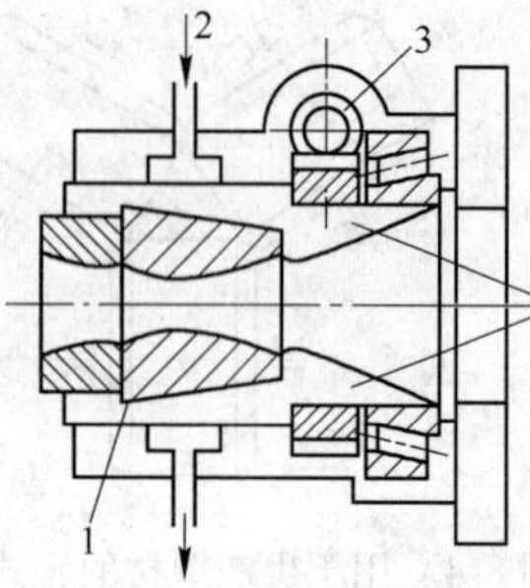

图 8-5　旋转模示意图

1—模具；2—冷却水；3—旋转装置；4—旋转部分

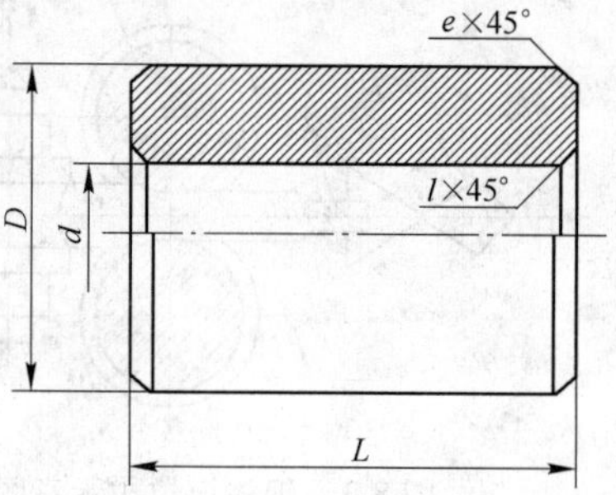

图 8-6　空心短芯头

D 大时比值 L/D 较小；D 小时比值 L/D 较大。生产中所用空心圆柱芯头的长度，当芯头直径 D = 28 ~ 70mm 时，一般为 35 ~ 50mm。

为了保证开始拉拔时芯头能顺利地被管材带入变形区，芯头端面一般倒成45°角。

空心圆柱短芯头加工方便，可以两头使用，比较经济。使用时空心圆柱短芯头与拉杆的连接如图 8-7 所示。

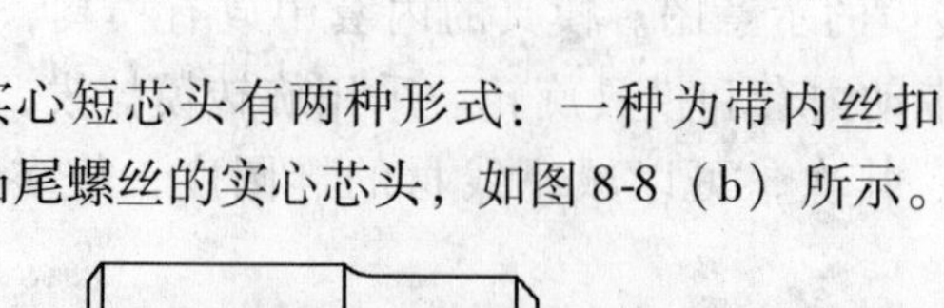

图 8-7　空心芯头与拉杆的连接

1—芯头；2—芯头螺丝；3—连接套；4—拉杆

（2）实心短芯头。实心短芯头有两种形式：一种为带内丝扣的实心芯头，如图 8-8（a）所示；另一种为带凸尾螺丝的实心芯头，如图 8-8（b）所示。

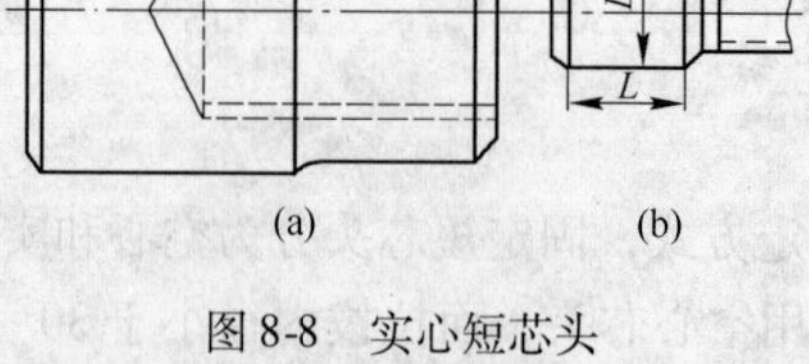

图 8-8　实心短芯头

（a）带内丝扣的实心芯头；（b）带凸尾螺丝的实心芯头

带内丝扣的实心芯头和芯头拉杆的连接如图8-9所示，凸尾实心芯头和拉杆连接时，利用凸尾螺丝直接装在拉杆前面的连接套上。

实心固定短芯头只可使用一端，不能调转180°再使用另一端。

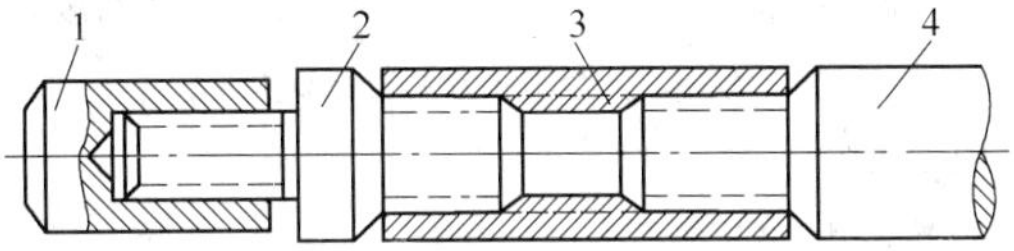

图8-9　带内丝扣的实心芯头与拉杆的连接

1—芯头；2—接手；3—连接套；4—拉杆

8.1.2.2　游动芯头

游动芯头的形状，如图8-10所示，由两个圆柱部分和中间的圆锥体组成。

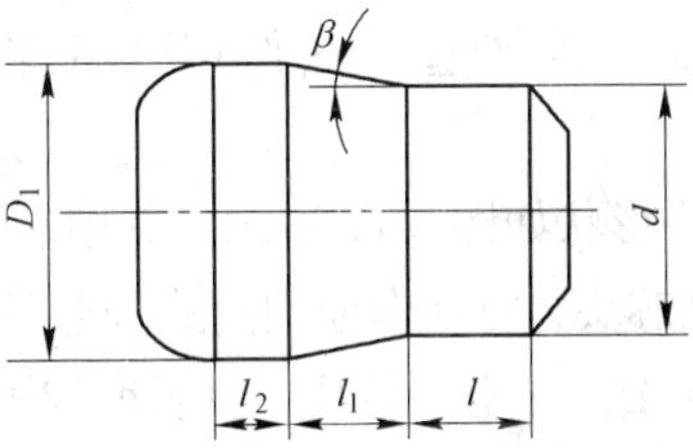

图8-10　游动芯头

（1）芯头锥角β。游动芯头拉拔时，为了实现稳定的拉拔过程。芯头锥角β应满足两个条件：

1）芯头锥角β大于摩擦角ρ，小于拉模模角α

$$\alpha > \beta > \rho \tag{8-5}$$

这是游动芯头稳定在拉拔变形区的必要条件。

2）芯头锥角β与拉模锥角α之间存在1°~3°的角度差，即

$$\alpha - \beta = 1^\circ \sim 3^\circ \tag{8-6}$$

这是游动芯头拉拔得到良好稳定的流体润滑的基本条件。

由于拉模的模角$\alpha = 11^\circ \sim 15^\circ$时，拉拔力最小。因此，游动芯头拉拔时，最好的拉模模角α与芯头锥角β范围是$\alpha = 11^\circ \sim 15^\circ$，$\alpha - \beta = 1^\circ \sim 3^\circ$。在实际生产中，为了使拉模具有通用性，一般取$\alpha = 12^\circ$，$\beta = 9^\circ$。

盘管拉拔时，芯头是完全自由的，其纵向及横向的稳定性由管材与芯头圆锥段比较大的接触长度来保证，因此盘管拉拔的芯头与拉模锥角差不宜过大。

（2）芯头定径圆柱段。芯头定径圆柱段的长度l可在一较大的范围内波动，而对拉拔力和拉拔过程的稳定性影响不大。实际生产中使用的芯头在定径圆柱段上往往带有很小的锥度（直径差0.1mm），因此其影响更不明显。定径圆柱段长度l可用下式确定：

$$l = l_y + l_d + \Delta \tag{8-7}$$

式中　l_y——芯头轴向移动的范围，当$\alpha = 12^\circ$，$\beta = 9^\circ$时，$l_y = 4.8(S_0 - 0.995S_1)$；

l_d——模孔定径带的长度；

Δ——芯头在后极限位置时，伸出模孔定径带的长度，一般为2~5mm。

通常，芯头定径圆柱段的长度 l 取模孔定径带长加6~10mm。

（3）芯头圆锥段。芯头圆锥段的长度 l_1 与 β、D_1 和 d 存在如下关系

$$l_1 = (D_1 - d)/2\tan\beta \tag{8-8}$$

式中　D_1——芯头大圆柱段直径；

d——芯头定径圆柱段直径；

β——芯头锥角。

（4）芯头大圆柱段。芯头大圆柱段的直径 D_1 应小于拉拔前管坯的内径 d_0。对于盘管和中等规格的冷硬直管，$d_0 - D_1 \geqslant 0.4$mm；退火后直管 $\geqslant 0.8$mm；毛细管 $d_0 - D_1 \geqslant 0.1$mm。

盘管拉拔时，为了使芯头与管尾分离，芯头大圆柱段直径 D_1 大于模孔直径0.1mm以上；对于毛细管和小直径厚壁管 $D_1 \geqslant D - S_1$。

大圆柱段的长度 l_2，主要对管坯起导向作用，不宜过长，一般取其等于 $(0.4 \sim 0.7)d_0$。

目前，生产中常用游动芯头形状如图8-11所示。其中芯头图8-11（a）、（b）用于直线拉拔，图8-11（a）为双向游动芯头，可换向使用。这种芯头不适用于大直径管材和成盘拉拔。芯头图8-11(c)、(d)、(e)主要用于盘管拉拔，其长度较短，尾部倒圆或成球形。

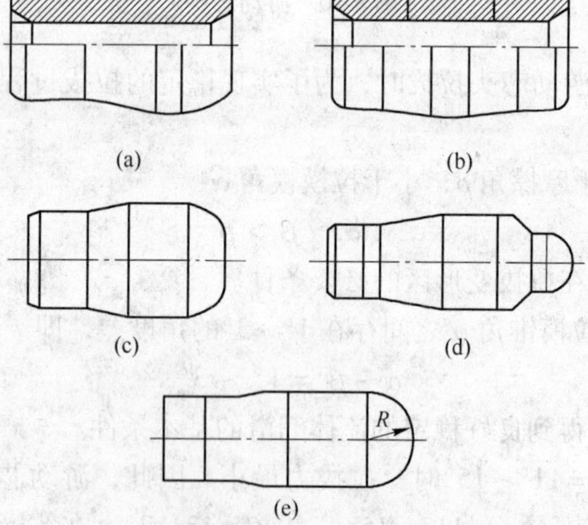

图8-11　常用游动芯头形状

(a) 单向游动芯头；(b) 双向游动芯头；(c)~(e)拉拔盘管用芯头

8.2　模具材料及其加工

8.2.1　模具材料

在拉拔过程中，拉拔工具受到很大的摩擦，尤其在拉线时，拉拔速度很高，工具的磨损很快。因此，工具材料应具有高的硬度、高抗磨性和足够的强度。常用来制造拉拔工具

的材料有以下3种。

8.2.1.1　金刚石

金刚石是目前世界上已知物质中硬度最高的材料，耐磨耐高温，是优良的制模材料。尤其在高速拉制细线时，金刚石模可以保证制品的精度与形状。金刚石性质较脆，不能承受较大的压力，其价格昂贵，加工困难，一般只有在线径小于0.3~0.5mm时才使用。

目前，制造拉模的金刚石有天然金刚石和人造金刚石两种。所谓人造金刚石就是将钻石粉在高温高压下进行烧结而制成的钻石。其具有多晶结构，性质较天然金刚石均匀，耐磨性能比天然的高。目前人造金刚石制模得到了很快的发展。人造金刚石的价格比天然金刚石低，规格越大，差价越大，直径为1.0mm的拉模，人造金刚石的价格只有天然金刚石的1/6。人造金刚石模的使用寿命比天然的长2~3倍，为碳化钨模的200~300倍。另外，人造金刚石模磨损后还可以更改尺寸后再用。目前，我国已采用人造金刚石生产直径为6.0mm的模芯。

目前我国生产的人造金刚石晶粒较粗，抛光性能较差，尚不能用来制作成品模。

8.2.1.2　硬质合金

天然金刚石昂贵稀缺，块径小，因此在拉制直径为2.5mm以上（40mm以下）的制品时，拉模多用硬质合金制造。硬质合金的硬度仅次于金刚石，具有较高的耐磨、耐蚀性，使用寿命比钢模高达百倍以上，而且价格也较便宜。目前，拉拔直径为45~100mm的制品也在逐步采用硬质合金模。

目前国内硬质合金模芯普遍采用钨钴类硬质合金制作，其化学成分及物理性能如表8-4所示。为了提高硬质合金的使用性能，有时还在碳化钨硬质合金中加一定量的铝、铌和钛等元素。

表8-4　硬质合金的牌号、成分、性能

牌号	成分/%		密度/g·cm^{-3}	硬度HRC	抗弯强度/MPa
	WC	Co			
YG3	97	3	15.0~15.3	91.5	1100
YG6	94	6	14.6~15.0	89.5	1450
YG8	92	8	14.5~14.9	89.0	1500
YG11	89	11	14.0~14.4	86.5	1800
YG15	85	15	13.4~13.8	87.0	2100

制作拉模用的硬质合金多选用YG6与YG8，其中型材模用YG8与YG10。根据不同的工作条件选用硬质合金的牌号时，主要考虑其强度与韧性，所选牌号应保证拉模受力后不能破碎。

硬质合金芯头一般用YG15制作。

8.2.1.3　钢

对于拉拔大、中规格制品的钢质拉模常用T8A与T10A优质工具钢等制作。钢质芯头用35号钢、45号钢以及30CrMnSi钢等制作。在国内，生产中通常用45号钢制作钢质拉模和芯头。为了提高拉模的耐磨性和减少黏结金属，钢质模具要进行热处理，处理后的硬度为HRC58～65。除此以外，还可在工具表面镀铬，以增强耐磨性。镀铬厚度为0.02～0.05mm，镀铬的拉模可提高其使用寿命4～5倍。

除上述三种材料外，有时也用铸铁和刚玉陶瓷制作拉模。铸铁制模容易，价格低，但拉模的硬度、耐磨性差，只适合于拉拔大规格、少批量的制品。刚玉陶瓷的硬度和耐磨性较高，可代替硬质合金模做直径为0.37～2.0mm的线材拉模，但质脆、易碎裂。

8.2.2　模具加工

8.2.2.1　金刚石模具的加工

金刚石模的加工有两种方法：

（1）将金刚石先磨两个支撑面及观察面然后再进行各工序加工。这种加工方法的优点是可以利用金刚石的透明性观察开孔等加工过程，但这种加工方法需磨掉部分金刚石。另外，金刚石细小，加工时固定很不方便。小直径金刚石模孔的加工采用此种方法。

（2）先将金刚石与有关粉末烧结成块，镶套后再进行各工序加工。此种方法可比前一种少磨掉2/3～4/5的金刚石，加工时容易确定中心，操作方便。大直径金刚石模孔的加工常采用此种方法。

8.2.2.2　硬质合金模具的加工

硬质合金拉模模孔通常采用机械研磨法加工，具体工序如下：选择坯料→镶套→工作锥磨光→润滑锥磨光→出口锥磨光→定径带磨光→过渡区磨光→工作锥抛光→定径带抛光→检查验收。

此外，硬质合金模模孔的加工还有化学-机械研磨加工、超声波加工、电火花加工、电解液加工等。

硬质合金芯头用形状相似的毛坯磨削而成，毛坯与成品之间的加工余量一般为0.5～0.7mm，磨削后抛光。

金刚石模和硬质合金模均镶入模套中使用，如图8-12、图8-13所示。

图8-12　金刚石模

1—金刚石；2—模框；3—模套

图8-13　硬质合金模

1—硬质合金；2—模套

8.2.2.3　钢质模具的加工

钢质拉模大多采用锻造后的圆钢坯经过机械加工成形。圆钢坯的直径比拉模直径大5mm左右，厚度比拉模厚度大3mm左右。为了降低硬度便于机械加工，加工之前圆钢坯先进行退火。退火后的硬度为HB≤200。

圆钢坯经退火并检查合格后，按要求进行机械加工。圆形拉模孔在车床上直接车削；异形模模孔，先用插床加工出初型，然后用手工加工成型。

为了提高拉模工件表面的硬度和耐磨性，机械加工后的拉模进行氰化及淬火表面热处理。经表面处理后的拉模，研磨抛光后镀铬。镀铬可以提高拉模的使用寿命，但实际生产中常不镀铬即使用。

钢质芯头的原料是圆钢坯或厚壁钢管。为了容易车削，车削前原料进行退火。机械加工合格后的芯头进行表面热处理，其处理工艺和拉模类似。热处理后的芯头必须镀铬。为了使铬层牢固，镀铬前芯棒表面需进行磨光和除油处理。

8.3　拉拔工具的管理使用及提高工模具寿命的途径

8.3.1　拉拔工具的检验

拉模的质量检验包括模孔表面质量的检验和模孔形状、尺寸的检验。模孔表面质量的检验，一般用肉眼、放大镜或显微镜进行观察，或根据磨光后抛光的余量和抛光使用的磨料来判定。对大尺寸模孔和未镶套的透明的金刚石模孔的形状和尺寸采用直接测量的方法检验，表8-5为模孔各区形状和尺寸检验的常用方法。

表8-5　模孔形状和尺寸检验的方法

检查部位		检查方法
定径带	名义直径	测量制品通过该模孔拉出后的直径
	实际直径	用工具、显微镜测量
	横断面形状	用光学投影法测量
	纵向长度	把制品从模孔中拉出一段后，出口处涂以使制品变色的药剂，再反向拉拔，测量未变色的圆柱部分的长度
工作锥	纵向长度	浇注易熔材料（蜡、石膏、铅锡合金、与模孔入口处测量凝固后取出的铸型）
	纵向断面形状及锥角	用量规粗略测量
		从模孔拉出一段后，对反拉回的金属段（或易熔材料的铸型）用显微镜观测形状和锥角
		对得到的锥形金属段或用铸型方法得到的锥段，用光学投影器放大的方法进行测量
		利用光学反射原理制成的光学仪器确定锥角
入口锥	形状和长度	浇注易熔材料，与模孔入口处测量凝固后取出的铸型
各过渡区	圆滑性	用肉眼或通过放大镜观察模孔，观察用前述方法得到的铸型

在实际生产中，对模孔尺寸的检验还有一些简易的方法：如对于1mm以下的细规格孔径用紫铜丝直接测量；对较粗规格的孔径，则采用引拔机对实物进行测试或用软铅丝测量。采用软铅丝测量的具体方法是：取一段比孔径小20%的软铅丝，将一端在铁砧上用半

磅小锤均匀而轻轻地敲打，把软铅丝的头部锤成扁体，扁体宽度比模孔大 0.1～0.3mm，然后将扁体两侧涂上白蜡，穿入模孔，用小钳子引拔（图 8-14），所拔出的软铅丝的扁头宽度即模孔的实际直径。最后用千分尺测量扁头的尺寸即可。

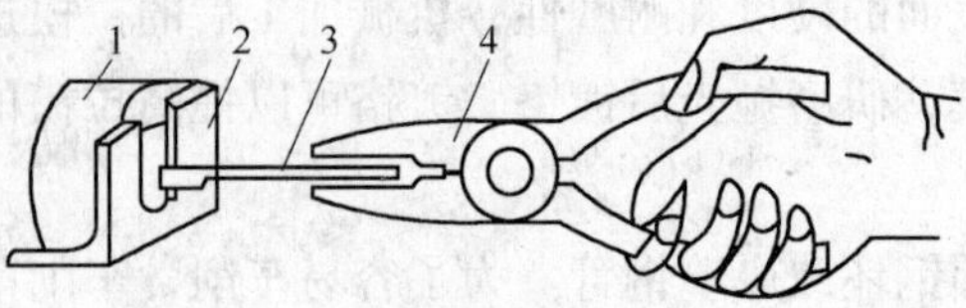

图 8-14　用软铅丝检测模孔孔径

1—拉模；2—模具支座；3—软铅丝；4—钳子

8.3.2　拉拔前工具的安装

拉拔前拉模和芯头安装得是否正确，直接影响到拉拔过程的进行、拉拔后产品的质量以及工具的消耗。

8.3.2.1　拉模安装

为了避免拉拔时制品产生弯曲，拉模应非常垂直地安装在中心架的模座内，拉模的中心线和拔制中心线一致。

图 8-15 为几种拉模安装不正的情况，在生产中应注意。

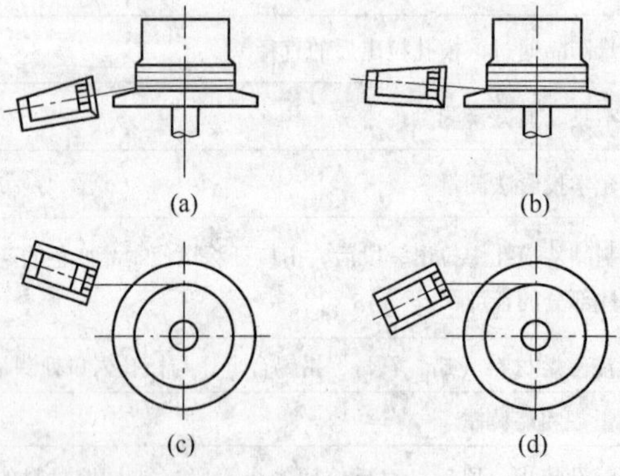

图 8-15　拉模位置不正

（a），（b）侧视位置不正；（c），（d）俯视位置不正

8.3.2.2　芯头的安装

拉管时，芯头的位置很重要。芯头只有进入拉模的定径带，并在拔模的全周上形成一个环形的孔型时如图 8-16 所示，拉出来的管材才符合规定的拔制尺寸。

为了保证拉拔时芯头处于合适的位置，固定短芯头拉拔前，一般先把芯头工作表面的前端和拉模定径带靠出口锥一侧的端面对齐，如图 8-17*A*—*A* 线所示，然后根据试拔后芯头上与管材内壁接触的印迹判断其位置是否正确并进行调整。

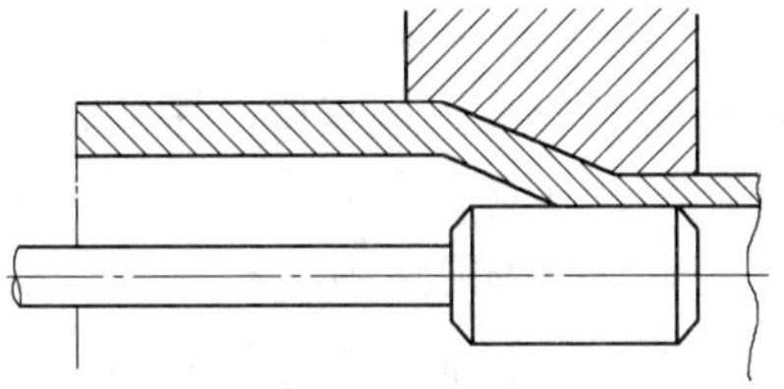

图 8-16　固定短芯头和拉模的配合

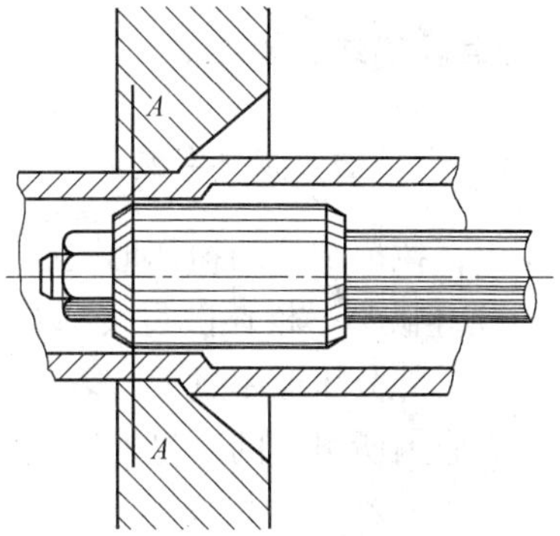

图 8-17　固定短芯头位置的调整

游动芯头拉管时，芯头与拉模的相对位置应保证当芯头处于最后位置时，其前端仍能进入拉模定径带内，如图 8-18 所示。固定螺母与芯头前端面之间的距离应保证当芯头处于前极限位置时芯杆不受拉力。

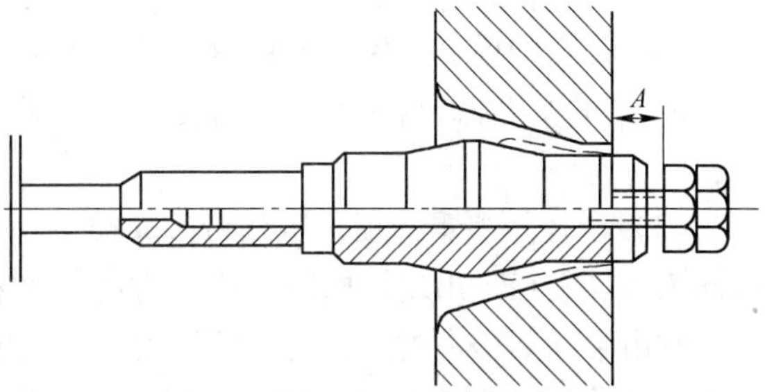

图 8-18　游动芯头在拉模中的位置

在拉杆上固定空心芯头时，芯头螺丝要拧紧，否则它们之间的间隙会影响拉拔时芯头的实际位置。

固定短芯头拉拔时，由于开拔前芯头不能预先进入拉模的定径带处于拉拔过程中它应在的位置。因此，在刚开始拉拔，芯头被管坯带入变形区之前，实际上进行的是无芯棒拔制，锤头部分的一段管材管壁在拔制过程中不但没有得到压缩，反而增厚了。这部分厚壁管段一般称为空拔头，如图 8-19 所示。

形成了空拔头以后的管材，若在下一道次短芯头拔制时，误把芯头送入空拔头，则使该部分的管壁受到很大的压缩，导致拉拔力急剧增加甚至管材被拔断。为了避免上述现象的产生，拔制时，在芯棒前面装一定位器，定位器的直径小于芯头的直径。这样当芯棒向前送时，定位器进入空拔头而芯头留在空拔头后面，从而避免拔断，如图 8-20 所示。生产中有时采用芯头螺丝的头部起定位器的作用，这时，芯头螺丝头部的厚度应根据上道次所形成的空拔头的长度选取。

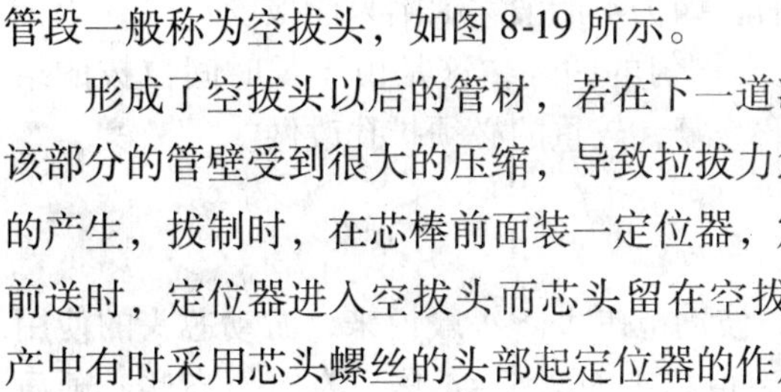

图 8-19　固定短芯头拉拔时的空拔头

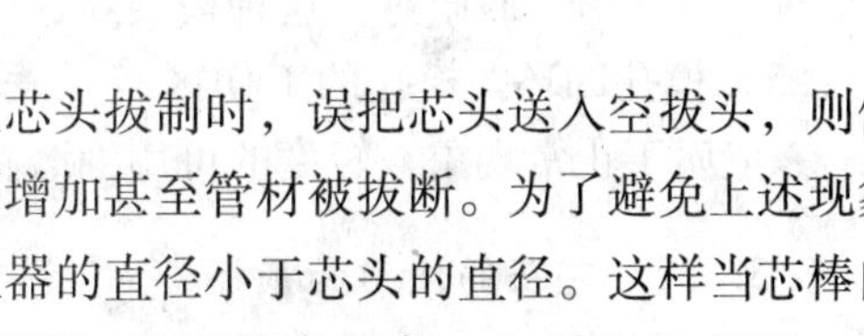

图 8-20　定位器的使用
1—芯头；2—定位器

空拔头的长度，一般规定不超过 50mm，超过了这个长度应将它切除。

8.3.3 模具的损坏与修理

8.3.3.1 拉模的损坏与修理

使用中，拉模常见的损坏形式有：

（1）模坯破裂。模坯破裂大都发生在线材或粗规格制品的拉拔过程中。主要是由于线材塑性不好、部分压缩率过大、表面氧化皮过多、润滑不良，或是原料有耳子、椭圆以及尺寸偏粗等原因所引起的。另外，模具镶套配合不紧，也会造成模坯破裂。

（2）模壁粘线。拉拔低强度制品时容易发生这种缺陷。若制品表面酸洗不清、涂层不牢，或者拉拔时形成的润滑膜过薄，致使制品与模具之间产生过大的摩擦力（甚至干磨），则会引起咬粘，造成制品表面严重刮伤。模孔的光洁度如果过差，也会造成咬粘。

发生咬粘的模具，模壁上粘有金属屑，修理时可先用刀刮去金属屑，然后检查模孔。磨损轻微的，用细磨料研磨后即可使用；磨损明显的，必须放大规格，用中、粗磨料扩孔改做。

（3）定径带严重磨损。定径带的磨损主要有两种情况：一是出现沟槽；二是定径带磨成椭圆形。定径带出现沟槽的原因，大都是坯料表面残留氧化皮，或表面有筋和飞翅等，拉拔时由于局部压力过大，润滑膜被破坏所造成的。定径带磨成椭圆形的原因，主要是润滑膜（或涂层）严重不良，拉拔不正所造成的。

对于这种模具的修理，如果沟槽不深，可以先用直针磨削定径，去除沟槽，然后再将模具的出口区磨深一些（保持定径带的一定高度），再用细磨料精磨。如磨出的孔径尺寸不符合成品规格，可作为过桥模（中间模）使用。对于沟槽过深和定径椭圆形的模具，应扩孔改做。扩孔前，先将定径带用直针磨圆，然后再改制适当的规格。

（4）模壁斑点磨落。造成这种缺陷的原因是磨坯质量欠佳，外购的磨坯成分不匀，或烧结时产生气泡、砂眼等。这种模具经过改做后，如仍不能消除缺陷只能报废。

（5）模孔凹环。模孔的工作区有时发现一圈均匀的凹环，这是由于长时间拉拔的结果，一般属于正常现象，轻度的可用细磨料研磨修复，较重的必须扩孔改做。

8.3.3.2 芯头的使用和损坏

芯头的寿命取决于其制造质量和使用条件，波动范围大。一般说来，游动芯头的使用寿命总是高于同种条件下工作的固定短芯头，为短芯头的2.5~4倍，有时更高些。硬质合金芯头因为本身硬度高并可反复修磨，寿命更长。

芯头报废的原因很多，比较常见的是工作表面脱铬和磨损。游动芯头的脱铬主要发生在定径圆柱段上，并从圆锥段与定径圆柱段交接线上开始，有时甚至只拉拔很少管材就出现明显的环状脱铬。镀铬前芯头表面抛光不善（特别是定径圆柱段与圆锥段交接处）或镀铬质量不良是脱铬的主要原因。

芯头磨损呈环形的纵向划道，最严重处在芯头定径圆柱段上，圆锥段磨损较轻。芯头大圆柱段与圆锥段交接处也经常脱铬，但它不是因为变形不合理从此处而成的，而是拉拔结束时芯头此处冲击模孔工作带所致。

加工不良的芯头会因为应力集中而断裂，壁厚过薄或淬火不善的空心芯头往往会发生碎裂。

8.3.4 模具的使用寿命及提高使用寿命的途径

拉拔生产实践表明，拉拔工具的消耗在整个拉拔生产中占有相当的比例（大约5%～10%）。因此在拉拔生产中提高工具的使用寿命、降低工具的消耗，对于降低拉拔制品的成本是很有意义的。

拉拔工具的使用寿命，通常以通过模孔拉出质量合格的产品数量来表示。在一定的拉拔条件下，影响拉拔工具寿命的因素主要是工具材质、润滑效果和反拉力的大小等。在实际生产中，通常从以下几个方面来提高工具的使用寿命：

（1）提高坯料及模具的表面质量，减小摩擦，减小磨损。

（2）严格控制拉拔过程中工艺参数的稳定性。

（3）合理安装拉拔工具。

（4）定期检修与合理维护拉拔设备。

（5）定期检查拉拔工具，发现缺陷及时修理。

（6）改善润滑条件。

复习思考题

8-1 普通拉模模孔通常由几部分组成，各部分的作用如何？

8-2 固定短芯头有哪些常用的结构形式，分别用在什么场合？

8-3 制造拉模的材料有哪几种，分别有什么特点？

8-4 拉拔工具的质量检验包括哪些内容，分别采用什么方式进行检验？

8-5 拉模安装的基本要求是什么，经常出现的安装不正有几种情况？

8-6 固定芯头安装时应安装在哪个位置？

8-7 游动芯头直线拉管时的安装位置如何？

8-8 拉模一般出现哪些破坏形式，应怎样避免？

8- 芯头的破坏形式有哪些，应如何减少？

8-10 结合具体情况，谈谈你对提高拉拔工具寿命的认识。

9 拉拔设备

9.1 管棒材拉拔机

管棒材拉拔机有各种各样的形式，如表 9-1 所示，可以按拉拔装置分类，也可以按管棒材同时拉的根数分类。

表 9-1　管棒材拉拔机分类

项　目	按拉拔装置不同分类	按同时拉拔的根数分类
管棒材拉拔机	链式拉拔机 齿条式拉拔机 带有两侧链带的拉拔机 模子移动式拉拔机 液压传动式拉拔机 连续拉拔矫直系列 圆盘式拉拔机	单线拉拔机 双线拉拔机 三线拉拔机 多线拉拔机

9.1.1 设备组成及技术性能

链式拉拔机是指拉拔时夹住金属头部进行拉拔的，拉拔小车是由链轮链条系统传动的拉拔机。它有单链单机（图 9-1）、单链双机和双链拉拔机（图 9-2）三种类型。单链单机拉拔机的主传动只传动一根链条带动一台拉拔小车。单链双机拉拔机的主传动同时传动两根链条，每根链条分别带动一台拉拔小车。双链拉拔机的主传动同时传动两根链条，两根链条共同带动一台拉拔小车。目前双链拉拔机得到了较大的发展和应用。

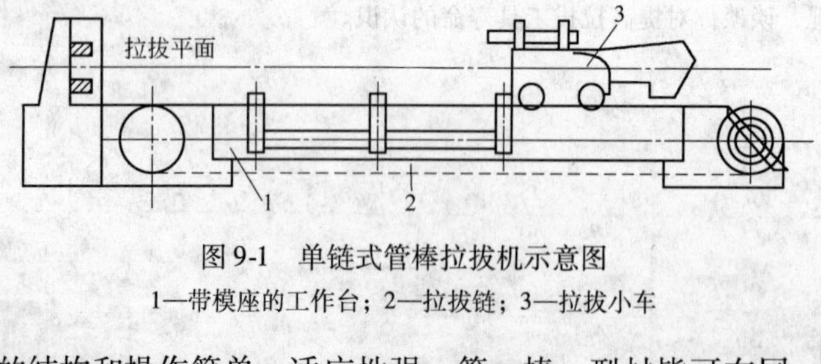

图 9-1　单链式管棒拉拔机示意图
1—带模座的工作台；2—拉拔链；3—拉拔小车

链式拉拔机的结构和操作简单，适应性强，管、棒、型材皆可在同一台设备上拔制，它是目前管棒材拉拔生产中应用得最为普遍的设备。

链式拉拔机一般由模座（中心架）、工作机架、拉拔链、主传动、拉拔小车、拉拔小车返回机构、受料分料装置、成品收集槽等组成。对于拉拔管材的链式拉拔机，尚有上芯杆机构以及移动、固定、转换芯杆的机构。

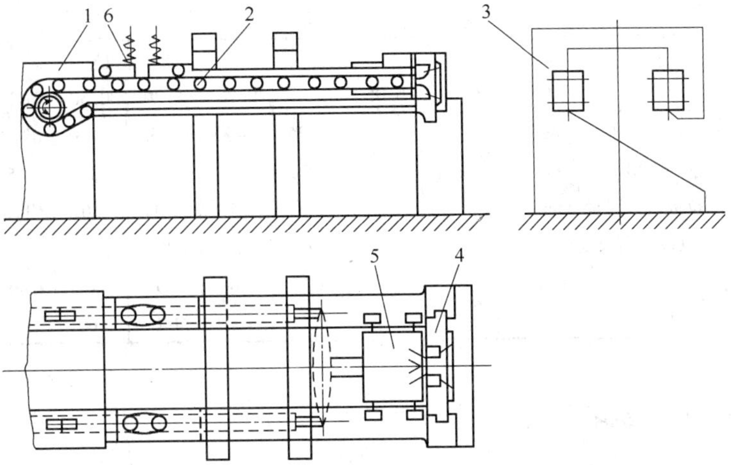

图 9-2　双链式拉拔机示意图

1—主传动；2—拉拔链；3—C 形架；4—模座；5—拉拔小车；6—闭锁装置

链式拉拔机最大已达 400t 以上，机身长度一般可达 50 ~ 60mm，个别的达到 120mm，拉拔速度通常是 120m/min，最高的已达 180m/min，拉拔小车返回速度已达 360m/min。为了提高拉拔机的生产能力，目前拉拔机正向着多线、高速、自动化的方向发展。表 9-2 为目前采用的高速双链式拉管机的性能情况。

表 9-2　高速双链式拉管机的基本参数

项　目	额定拉拔机能力/MN					
	0.20	0.30	0.50	0.75	1.00	1.50
额定拉拔速度/m · min^{-1}	60	60	60	60	60	60
拉拔速度范围/m · min^{-1}	3 ~ 120	3 ~ 120	3 ~ 120	3 ~ 120	3 ~ 100	3 ~ 100
小车返回速度/m · min^{-1}	120	120	120	120	120	120
拉拔最大直径/mm	40	50	60	75	85	100
最大拉拔长度/m	30	30	25	25	20	20
拉拔根数	3	3	3	3	3	3
主电机功率/kW	125 × 3	200 × 2	400 × 2	400 × 2	400 × 2	630 × 2

目前常用的链式拉拔机系列如表 9-3 所示。

表 9-3　链式拉拔机系列

种　类	拉拔机性能	拉拔机能力/MN								
		0.02	0.05	0.10	0.20	0.30	0.50	0.75	1.00	1.50
管材拉拔机	拉拔速度范围/m · min^{-1}	6 ~ 48	6 ~ 48	6 ~ 48	6 ~ 48	6 ~ 25	6 ~ 15	6 ~ 12	6 ~ 12	6 ~ 9
	额定拉拔速度/m · min^{-1}	40	40	40	40	40	20	12	9	6
	拉拔最大直径/mm	20	30	55	80	130	150	175	200	300
	拉拔最大长度/m	9	9	9	9	9/12	9	9	9	9
	小车返回速度/m · min^{-1}	60	60	60	60	60	60	60	60	60
	主电机功率/kW	21	55	100	160	250	200	200	200	200

续表 9-3

种　类	拉拔机性能	拉拔机能力/MN								
		0.02	0.05	0.10	0.20	0.30	0.50	0.75	1.00	1.50
棒材拉拔机	拉拔速度范围/m·min^{-1}			6~35	6~35	6~35	6~35	6~35		
	额定拉拔速度/m·min^{-1}			25	25	25	25	15		
	拉拔最大直径/mm			35	65	80	80	110		
	拉拔最大长度/m			9	9	9	9	9		
	小车返回速度/m·min^{-1}			60	60	60	60	60		
	主电机功率/kW			55	100	160	160	160		

9.1.2　主要部件及其结构

9.1.2.1　工作机架

如图 9-1 所示，单链式拉拔机工作台的两侧为工字梁，工字梁安装在底座上并用横梁连接在一起。工字梁的一端固定在减速机的机座内，另一端固定在模座的机座内，两个工字梁之间的横梁上放置着供拉拔链移动用的导槽，导槽用槽钢制成。底座间安装着防止拉拔链下坠的托辊。拉拔小车的轮子沿着工字梁上的导轨运动。

双链式拉拔机的工作机架由许多的 C 形架组成，如图 9-3 所示。C 形架内装有两条水平横梁，其底面支撑拉链和小车，侧面装有小车导轨。两根链条从两侧连接到小车上。

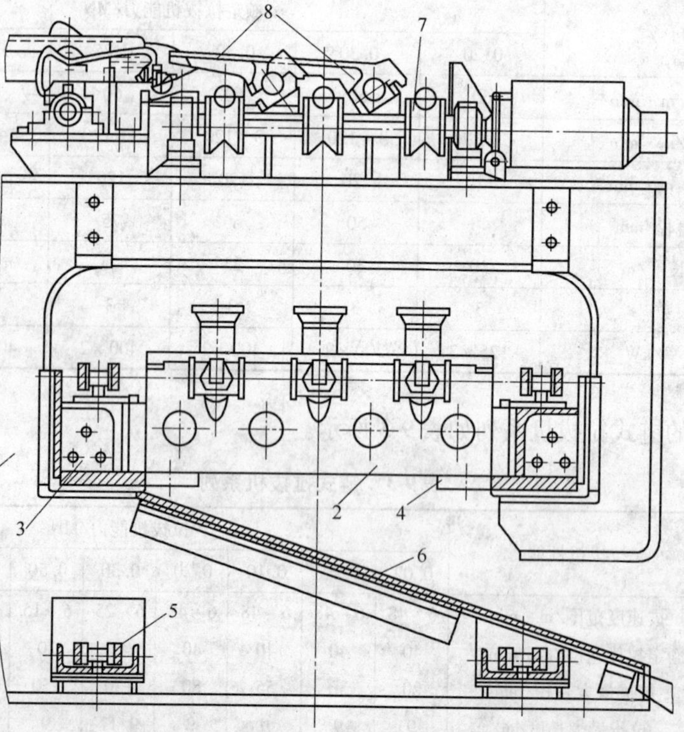

图 9-3　双链式拉拔机 C 形架

1—C 形架；2—拉拔小车；3—支撑梁；4—导轮；5—链条导轮；6—滑板；7—滚轮；8—分料器

C形架之间的下部安装有滑料架。C形工作机架使拉拔机的工作横梁具有良好的横向抗弯能力，适合于多根拉伸，但C形架使操作者无法观察远离拉模座的小车运行情况。

9.1.2.2　模座

模座主要用来安放拉拔模，同时也是连接前后机座的支持部分，其结构如图9-4所示：模座1上部凸出部分的圆形孔用来安放拉拔模2（一般拉拔模放在圆形孔中的模套内）。模座的一端用螺栓固定在前机座的工字梁6上，另一端与后机座的钢梁3相连。拉拔链的松紧借助通过模座的调整（拉紧）螺杆4来调整。螺杆4的一端与从动链轮轴上的叉子5相连接，另一端用螺母拧紧，当转动螺母时，螺杆便和从动链轮一起做纵向移动，因而可用来调整拉拔链的松紧。

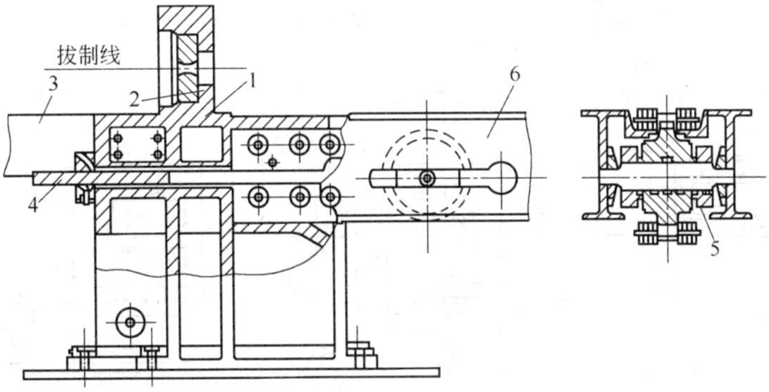

图9-4　模座

1—模座；2—拉拔模；3—后机座钢梁；4—调整螺杆；5—叉子；6—工字梁

9.1.2.3　拉拔链和链轮

拉拔链和链轮组成了链式拉拔机的链传动。

在单链拉拔机上，拉拔链是闭路的环链，工作时沿同一个方向连续运行。拉拔时拉拔小车的挂钩挂在链条上，当链条运行时，拉拔小车即被带动，从而进行拉拔。

双链拉拔机的拉拔小车直接固接在拉拔链上，链条和拉拔小车共同组成闭环。链条和小车的运动是可逆的，拉拔时链条和小车同时沿拉拔方向运行。小车返回时，链条和小车一起反向运行。由于上下层运行的链条交替地处于主动状态，都需要拧紧，因此装有链条拉紧装置。链条拉紧装置由管形连接器和两根分别具有左和右螺纹的拉杆组成，拉杆的一端和连接器相接，另一端与链条相接，拧动连接器就可实现链条的拉紧。链条的拉紧也可采用其他方式。拉紧后的链条用

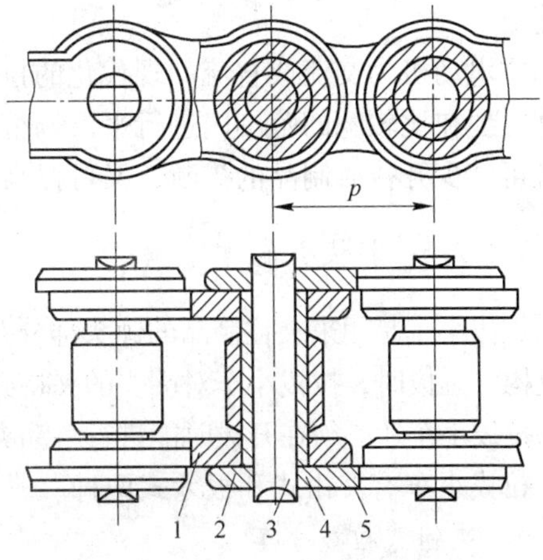

图9-5　拉拔链

1—内链板；2—外链板；3—销轴；4—套筒；5—滚子

止动螺丝固定。

现代化的快速双链拉拔机，拉拔链采用套筒滚子链如图 9-5 所示，当链与链轮啮合时，滚子与齿轮为滚动摩擦，故链和轮齿的磨损减少。

拉拔力大于 500kN 的拉拔机常采用多排链。

链轮更换比较困难而且需停产。

9.1.2.4　主传动

链式拉拔机的主传动由电动机 1、减速箱 2 及主动链轮装置 3 组成，如图 9-6 所示。电动机轴通过标准的齿形联轴节和减速机的高速轴连接，减速机的低速轴由齿形联轴节或弹性联轴节与链轮轴连接。

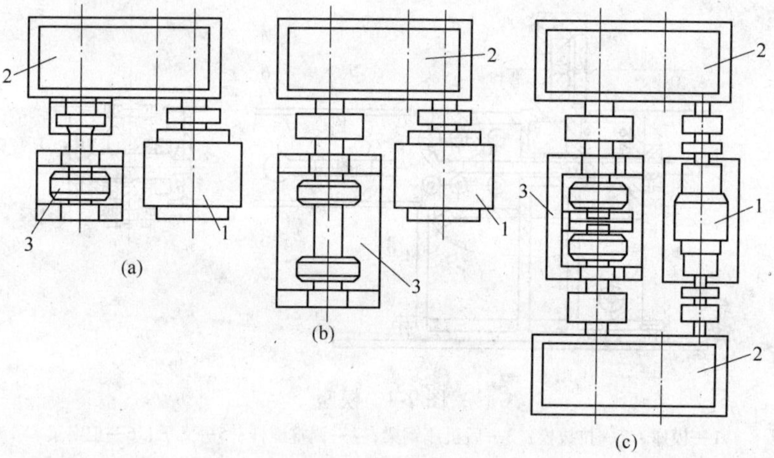

图 9-6　主传动示意图

（a）单链；（b）双链；（c）双链（两台减速机）

1—电动机；2—减速箱；3—主动链轮装置

重型拉拔机的主传动经常使用两台减速机，这样可以减小减速机的尺寸和改善其速度性能。

主电动机为交流或直流。现代化的拉拔机广泛采用直流电动机，其优点是拉拔速度可根据需要在比较宽的范围内进行平滑调整，并可实行低速咬头、快速拉拔的工作制度，这样既可减少开拔时制品的拔断，又可提高拉拔机的生产率。

9.1.2.5　拉拔小车

拉拔小车是用来夹住制品的锤头部分并带动制品沿拉拔方向移动，使拉拔过程得以实现的机构。拉拔时，拉拔小车对端头的夹持必须是强有力和可靠的。对于用挂钩和拉拔链相连接的拉拔小车还必须在开拔时能进行自动夹头和挂钩，在拔制终了时能保证自动脱钩。

拉拔小车有夹钳式和板牙式两种。

A　夹钳式拉拔小车

夹钳式结构比较简单，更换板牙方便，在单链单线拉拔机上应用较多。如图 9-7 所示为夹钳式拉拔小车的示意图。它由装着板牙 2 的夹钳 3、车架 1、挂钩 4、挂钩拉杆 6、撞

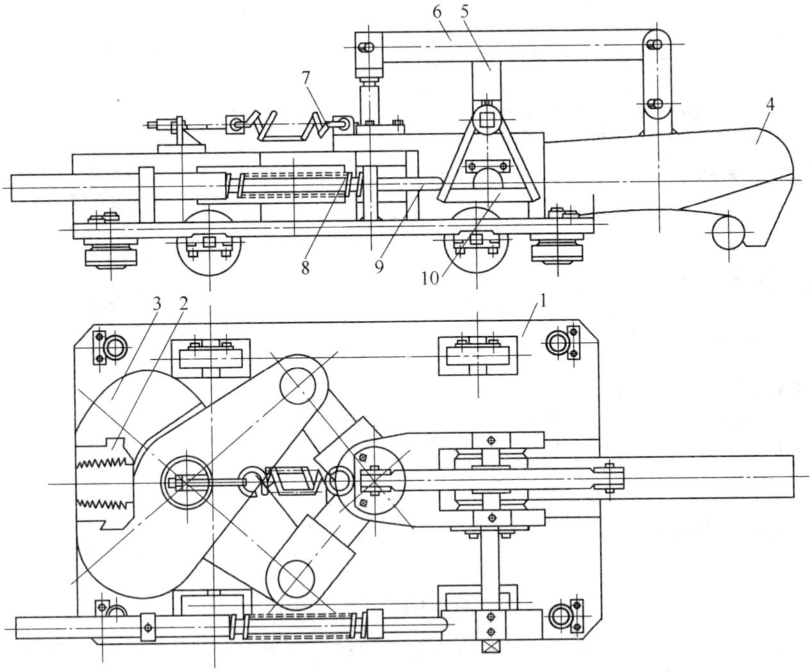

图 9-7　夹钳式拉拔小车

1—车架；2—板牙；3—夹钳；4—挂钩；5—顶杆；6—挂钩拉杆；
7—拉簧；8—压簧；9—撞杆；10—顶杆架

杆 9、顶杆 5 及顶杆架 10 等部件组成。

夹钳式拉拔小车的工作过程如下：开拔时，小车返回中心架前并使撞杆和模座相撞，碰撞后的撞杆前移使顶杆架及顶杆一起转动，顶杆离开垂直位置，于是挂钩拉杆和挂钩下落，钩子挂在拉拔链的链轴上。当挂钩和链轴一起移动时，夹钳拉杆被带动使夹钳夹紧夹头并开始拔制。与此同时，撞杆由于压簧 8 的作用回到撞前的原始位置，另外由于受力后拉拔链上抬，挂钩和它的拉杆也上抬，于是顶杆架在自重的作用下恢复原始状态，使顶杆回到垂直位置。当拔制终了时，拉拔链下落，挂钩和链子脱离，同时，拉簧 7 的作用使夹钳拉杆张开，夹钳松开，管头脱离夹钳，拉拔小车返回到模座前准备下一次拉拔。

B　板牙式拉拔小车

多线拉拔机上广泛使用板牙式拉拔小车。板牙式拉拔小车通过斜楔来控制两块板牙的张开与收拢。板牙式拉拔小车较简单地解决了多线拉拔机夹头装置的机械化和自动化。

目前板牙式拉拔小车有两种：气动楔式拉拔小车和利用冲击力的拉拔小车。

(1) 利用冲击力的拉拔小车。图 9-8 为利用冲击力的拉拔小车。机架 1 上装着可更换的板牙盒 2，盒上开有切槽供楔形板牙 3 移动。切槽和板牙的上面盖有板牙盒盖 4，上面有可倾倒支架 5，在支架 5 内安装着主动杠杆 6 和板牙杠杆 7。板牙杠杆 7 自由地装在轴 8 上，其一端与板牙上的切槽相连，另一端通过弹簧 9 和拉杆 10 与主动杠杆接触。主动杠杆用键固定在轴 8 上。主动杠杆的中部与凸出在机架前沿的顶杆 11 相连接。

其工作过程如下：拉拔小车移向模座并受到冲击时，顶杆 11 受力使主动杠杆 6 转动压缩弹簧 9。在弹簧 9 的作用下，拉杆 10 后移带动板牙杠杆 7 绕轴 8 转动。随着板牙杠杆

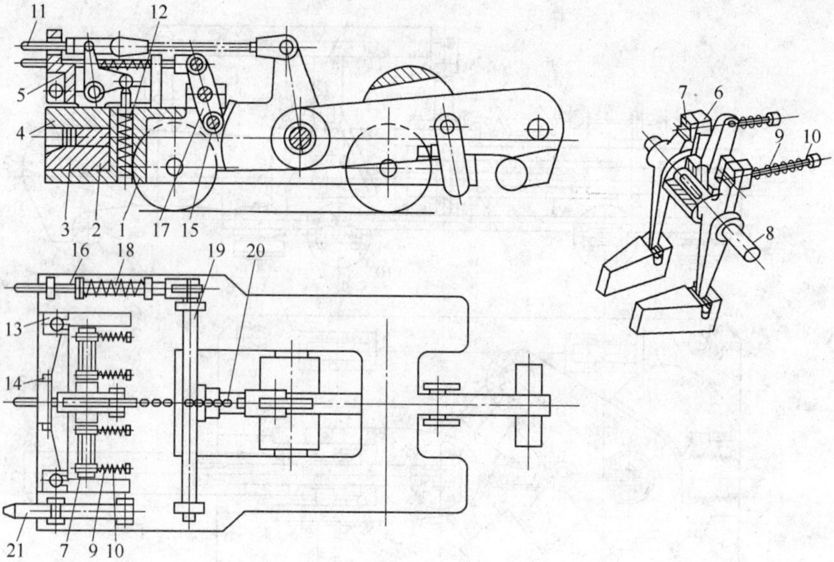

图 9-8　在冲击力作用下的拉拔小车

1—机架；2—板牙盒；3—板牙；4—板牙盒盖；5—可倾倒支架；6—主动杠杆；7—板牙杠杆；8，14—轴；9—弹簧；10—拉杆；11—顶杆；12，18—回动弹簧；13—压紧装置；15—滚轮；16—顶杆；17—杠杆；19—锁紧装置轴；20—链条；21—闭锁杆

7 的转动，板牙 3 沿切槽前移，板牙间的开口度逐渐减小夹住制品头部。

受力后的顶杆 11 同时也通过与其侧面相连的杠杆发生转动并压缩回动弹簧 12，在拔制过程中回动弹簧 12 力图使板牙杠杆 7 回复到原始位置，把板牙口张开。但是由于这时板牙对锤头的夹持力很大，回动弹簧 12 的作用不是以克服由于夹持力所造成的移动板牙的阻力，因而是不能实现的。拔制终了，板牙对锤头的夹持力迅速降低，回动弹簧 12 发生作用，板牙杠杆 7 逆转，板牙后移张开回复到原始位置，制品脱落。

利用冲击作用工作的楔式拉拔小车结构比较简单，必须利用冲击才能可靠地工作，并且板牙夹紧后只有在整根制品拔完以后才可重新张开。

为了防止拉拔小车撞击模座时发生后退现象，小车上装有闭锁装置。

（2）气动楔式拉拔小车。为了弥补利用冲击作用的楔式拉拔小车的不足，现代化的拉拔机上采用了气动楔式拉拔小车。气动楔式拉拔小车可保证夹头、拉拔、脱棒的自动进行，既可用于各种链式拉拔机，也可用于其他传动方式（钢绳、齿条、液压）的拉拔机。

图 9-9 为双链拉拔机上的楔式拉拔小车。机架上 1 安装着板牙垫 2 和板牙 3，板牙的移动靠气缸 4。板牙杠杆通过弹簧和横梁 5 与活塞杆相连。气缸由安装在机架尾部的气包供气。气包通过装在模座上的给气器和装在小车上的喷嘴 6 充气。当小车返回接近模座时，喷嘴进入给气器，配气阀闭合，压缩空气从给气器通过喷嘴及管路进入气缸无活塞杆的一侧，推动板牙前移夹住制品头部。工作时小车的 4 个滚轮 7 沿工作台上的导轨远行。小车用由弹簧 8 与拉杆 9 组成的平衡装置和拉拔链相连接。

9.1.2.6　小车返回机构

为了缩短拉拔节奏，提高拉拔机的生产率，拉拔小车设有快速返回机构。

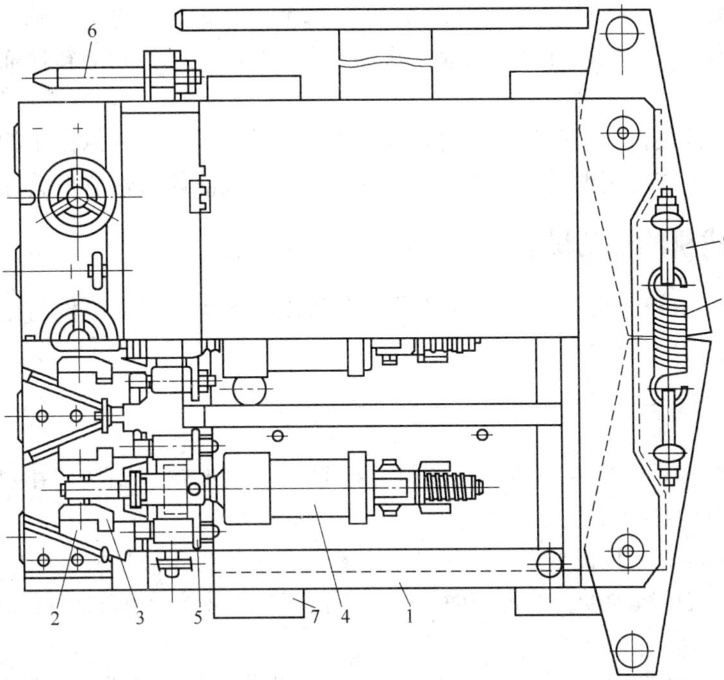

图9-9　气动楔式拉拔小车

1—机架；2—板牙垫；3—板牙；4—气缸；5—横梁；6—喷嘴；7—滚轮；8—弹簧；9—拉杆

单链式拉拔机的小车返回机构单独传动，有链式和绳式两种。图9-10是一种链式拉拔小车返回机构。它由装在前机座两端的链轮、链条、电动机和减速机组成。当小车拉拔时，电磁铁断电，离合器的两半不接触，链轮不转；当小车要返回时，电磁铁通电，电磁铁拉动杠杆使离合器的一半移向另一半，两者接触，链轮转动，小车返回。

大多数双链式拉拔机拉拔小车的快速返回借助主电动机的逆转来实现，这时主电动机

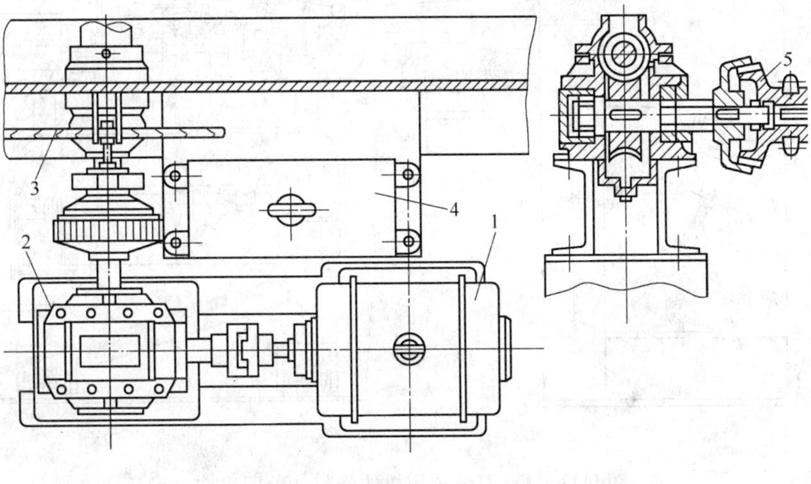

图9-10　链式小车返回机构

1—电动机；2—减速机；3—主动链轮；4—电磁铁；5—离合器

具有最大的速度。这种方式适合于拉拔力不大（250～300kN）的拉拔机。对于拉拔力较大的特别是重型的拉拔机，有时利用液体联轴节来进行减速机传动的转换而不改变主电动机的转动方向。

有的双链式拉拔机采用单独的小功率电动机来传动拉拔小车的返回机构，主电动机和返回机构电动机工作的实现通过安装在中间轴上的电磁或液体联轴节来执行。

9.2　链式拉拔机的辅助机构

链式拉拔机的自动化程度和生产率在很大的程度上取决于辅助机构的完善程度。拉拔机的辅助机构形式呈多样性。

9.2.1　受料-分配机构

受料-分配机构是接受成捆的拉拔坯料并把它们单根地输送到装料中心线上的机构。受料-分配机构有两种配置方式：

（1）装料平面高于拉拔平面。成排的坯料和装料机构处于拉拔机工作机架的上部平台上。这种布置方式可减少设备的占地面积，但不便于工人观察小车的运行情况和进行拉拔操作。

（2）装料与拉拔在同一个平面内。这种配置方式操作方便，但增加了设备的总体宽度。

图9-11为15t双链拉拔机的受料-分配机构，它由料仓、中间台架及带拨料器的辊道组成。料仓由几段链条1组成，链条通过链轮2传动，链兜的容积由摇臂3调整。链轮2的同一根轴上装有圆盘5，利用它的凸缘可将坯料顺长向初步排列并使坯料滚到中间台架6的梁上。中间台架6有不动梁和活动梁7，在传动装置9的带动下，轴8转动，活动梁往返运动，将料仓内的坯料均匀地送到侧挡板10处，然后定量给料器11和拨料器12，将管坯逐根地送到辊道13上。辊道将坯料送往夹头制作装置和夹持器。

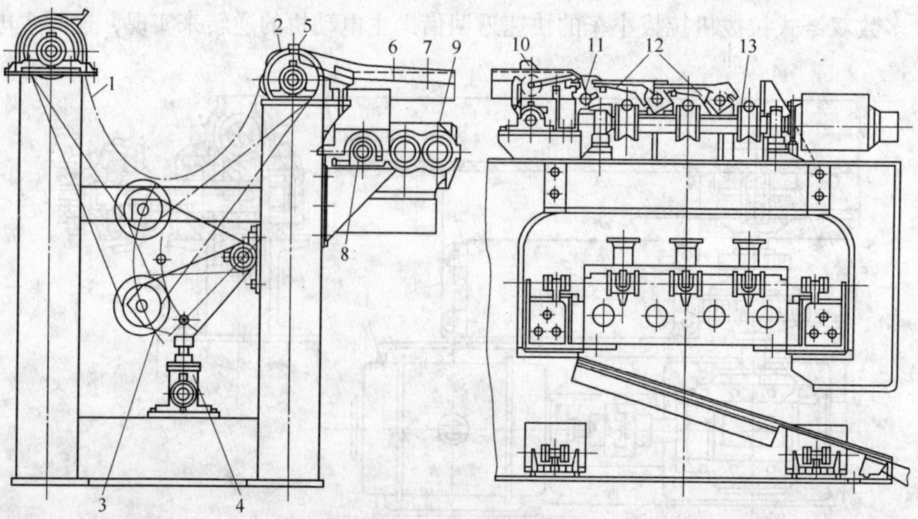

图9-11　15t双链拉拔机的受料－分配机构

1—链条；2—链轮；3—摇臂；4—液压缸；5—圆盘；6—中间台架；7—活动梁；8—轴；9—传动装置；10—侧挡板；11—定量给料器；12—拨料器；13—辊道

9.2.2 夹头制作装置

目前，制作夹头的装置有 4 种：辗头机、空气锤与冲床、旋转打头机和液压喂料器等。

为了提高生产率，有些拉拔机的夹头制作机构直接配置在拉拔机的装料中心线上，在拉拔的同时制作夹头。图 9-12 所示为 15t 管材拉拔机的夹头制作机构。液压缸 1、4 传动两对冲头 2、3，冲头 2 将管端作成 8 字形的纵向折叠，然后冲头 3 将折叠挤成圆形。

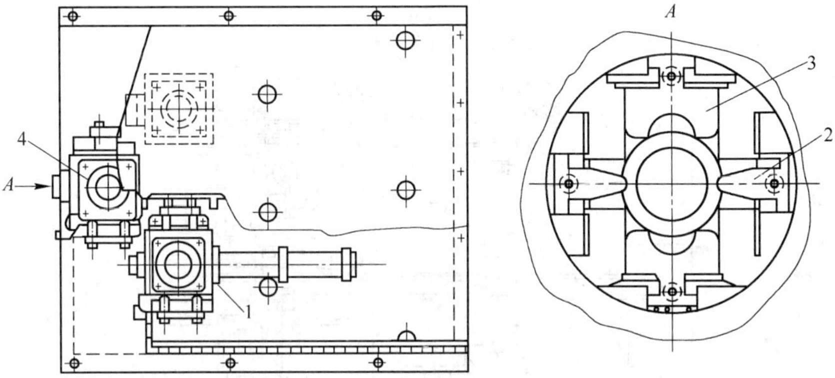

图 9-12 15t 管材拉拔机的夹头制作机构

1，4—液压缸；2，3—冲头

大吨位的拉拔机（例如 50t）采用液压推料器把管头推入压缩模制作夹头（图 9-13），这种夹头质量很好，但是当管材外径和壁厚比很大时，处于夹紧钳口和模子之间的管材纵向稳定性小，推料法很少有效，故仍需用其他方法制作夹头。壁厚较薄的管材若用推料法做夹头，拉拔时必须采用堵头，以免管头夹扁。

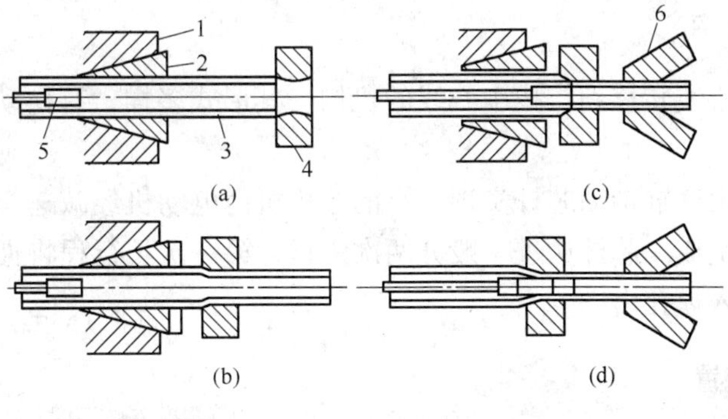

图 9-13 液压喂料制造夹头过程

（a）准备；（b）送料；（c）夹料；（d）拉拔

1—送料夹头；2—斜钳口；3—管坯；4—拉模；5—芯头；6—拉拔钳口

9.2.3 装料机构

将做好夹头的管坯套到装有芯头的芯杆上的机构为装料机构。对直径大、长度小的管坯，采用小车推进式，反之为夹送辊式，重量大的长管坯和多品种生产的拉拔机则两种机构联用。

图 9-14 为夹送辊式的装料机构。该机构有两对喂料辊，第二对辊子带有柔性支撑调节辊，它可使芯头保持在管坯中心线上，上层辊由液压缸带动压下和抬起，一般喂料辊都是主动的，这样可以消除管材的打滑，已拉拔过的、弯曲度较大的管坯也可以顺利地套到芯杆上。

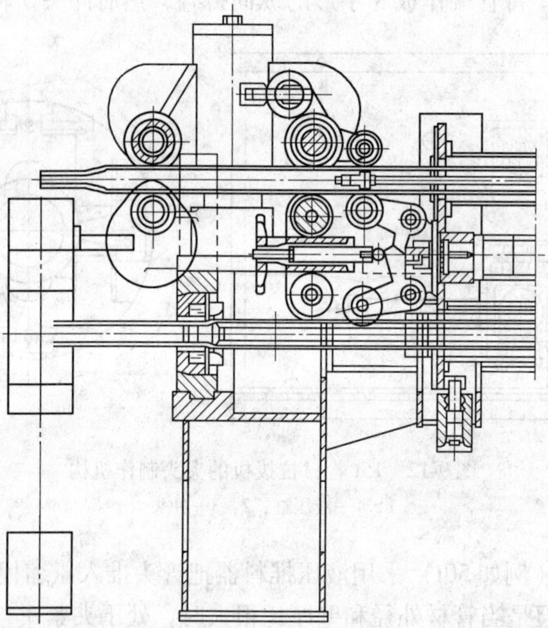

图 9-14　夹送辊式装料机构

9. 2. 4　芯杆移送机构

将芯杆装料中心线转移到拉拔中心线的机构。其形式多样，有摆动式、翻转式、回转筒式等。

送管入模一般由气缸带动芯杆实现，有的拉拔机由电动机经减速箱、摩擦离合器、链轮、链条移送芯杆组成。芯杆送进一般分两次进行，第一次长行程将夹头送过拉模，第二次短行程把芯头送入模孔内。

9. 2. 5　自动润滑装置

润滑剂由拉模后面的喷嘴喷出，喷至制品外表面。对于管材内表面的润滑，润滑剂通过空心芯杆，从芯头后面的开口喷至管材内表面。

9. 2. 6　减缓前冲机构

高速拉拔中、小规格制品时，制品在脱离模孔的一瞬间，由于整根管棒处于高速运动状态并且拉拔力突然消失，因此在惯性力的作用下，制品将猛烈前冲碰撞小车，造成制品头部较大长度上蛇形弯。例如，生产 HAl77 - 2 管，由 ϕ38mm × 2.1mm 连续拉拔 3 道次至 ϕ25mm × 1mm，拉拔速度为 35m/min，在第 3 道次拉拔后管材头部的蛇形弯曲段长度可达约 2m。

拉拔机上采用下面两种机构减缓制品的前冲：

(1) 在拉拔小车上装设缓冲器。

(2) 制动机构。如图 9-15 所示，该机构由气缸带动夹紧及松开，沿拉拔中心线配置，床身较长的拉拔机上可配置两套制动机构，第一套在拉模座附近，第二套装在床身合适的位置。

制动机构的夹紧力取决于制品的规格和拉拔速度，制动器用石棉橡胶衬里，它与制品外表有较大的接触面积，以防制品外表面被损伤和造成压扁。

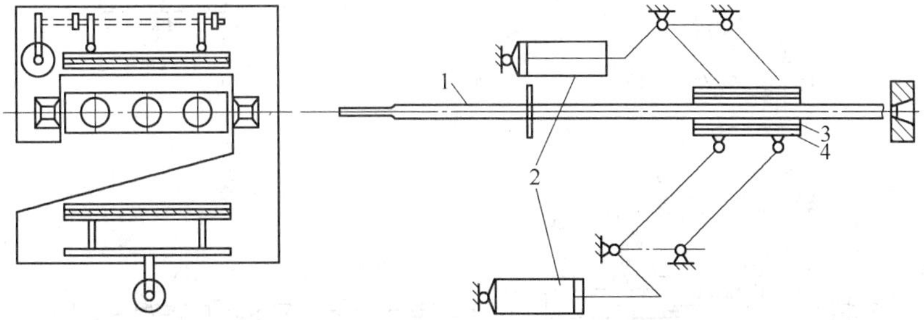

图 9-15 制动装置

1—管材；2—气缸；3—石棉橡胶；4—小弹簧

9.3 圆盘拉拔机

圆盘拉拔机具有很高的生产效率，能充分地发挥游动芯头拉拔新工艺的优越性。专供游动芯头拉管使用的圆盘拉拔机必须严格防止管材缠绕在卷筒上时可能变椭圆，因此卷筒直径较大，结构也较复杂，并往往配备其他专用设备组成一个完整的机列，以实现操作的自动化和机械化。

目前，圆盘拉拔的毛细管可长达数千米，拉拔速度高达 2400m/min，管子卷重约为 700kg。

圆盘拉拔机一般用绞盘（卷筒）的直径来表示其能力的大小，绞盘的直径范围为 550 ~ 2900mm，最大达 3500mm。拉拔力一般为 8.8 ~ 17.8kN。

圆盘拉拔机有各种结构形式，一般分为卧式和立式两大类，如图 9-16 所示。

圆盘拉拔机最适合于拉拔紫铜和铝等塑性良好的管材。因管子内表面的处理较困难，对需经常退火、酸洗的高锌黄铜管不太适用。

近年来，圆盘拉拔机在各国得到了迅速的发展。尤其倒立式圆盘拉拔机应用得更为广泛。

9.3.1 立式圆盘拉拔机

主传动装置安装在下部基础上的立式圆盘拉拔机称为正立式圆盘拉拔机，如图 9-16 (b) 所示，其结构简单。由于正立式圆盘拉拔机的卸卷必须在整根管子拉完后才能进行，生产率很低，故目前只有一些大吨位的圆盘拉拔机仍采用此种结构。

主传动装置配置在卷筒上部的立式圆盘拉拔机称为倒立式圆盘拉拔机，如图 9-16（c）所示。拉拔后的盘卷可依靠重力从卷筒上自动落下，故不需要专门的卸料装置。倒立式圆盘拉拔机有连续卸料式和非连续卸料式两种，前者只有在整根管子拉完之后才能卸料，后者则可实现边拉边卸。由于卷筒上部空间不便于配置能力很大的传动装置，故这类拉拔机的能力较小。

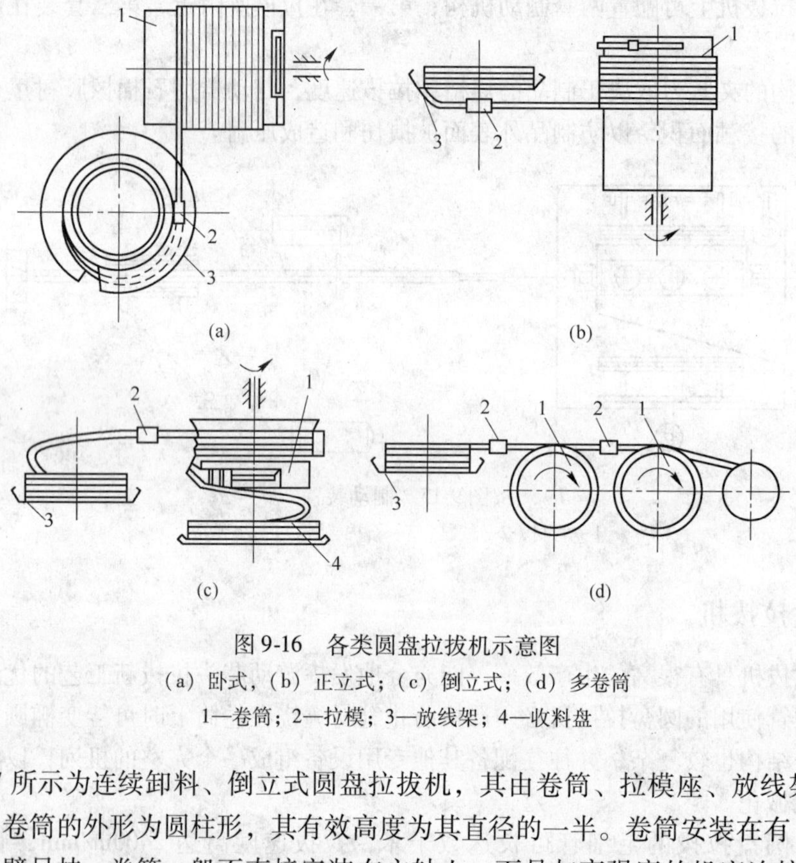

图 9-16　各类圆盘拉拔机示意图

（a）卧式；（b）正立式；（c）倒立式；（d）多卷筒

1—卷筒；2—拉模；3—放线架；4—收料盘

图 9-17 所示为连续卸料、倒立式圆盘拉拔机，其由卷筒、拉模座、放线架及主传动装置组成。卷筒的外形为圆柱形，其有效高度为其直径的一半。卷筒安装在有 4 个支柱的平台上或悬臂吊挂。卷筒一般不直接安装在主轴上，而是与高强度的机座连接在一起的。卷筒下部有一个与之同速转动的受料盘，故可一边拉拔一边卸料，拉拔管材的长度不受卷筒尺寸限制。卷筒底部的凹槽内装有铰接的刚臂夹钳。拉拔时为了使夹钳紧贴卷筒，设有锁紧装置，该装置的锁位于夹钳底部，其动作由液压缸控制。液压剪安装在夹钳附近，当拉拔后的管材通过两片张开的剪刃时，在液压缸的带动下，两片剪刃同时动作剪断管头。

在重型拉拔机上（例如直径 2000mm 的卷筒拉拔直径 45mm 的管材），由于拉拔力很大，夹头切除前缠绕于卷筒上 15 ~ 20 圈的管材，在切除夹头时管材可能突然从夹钳里松开导致缠绕于卷筒上的上百米管产生很大的回弹力，使卷筒及其传动装置受到振动，并影响拉模座及其支架，已剪断的管材头部可能从旋转着的卷筒表面猛甩出来，伤及工人或毗邻设备，因此有的拉拔机在剪刀附近增设了一个握紧夹钳。握紧夹钳与剪刀之间的管材由于摩擦夹紧而逐渐松开，剪刀与钳口之间的距离满足管材回弹的总长度。当管头切断后盘

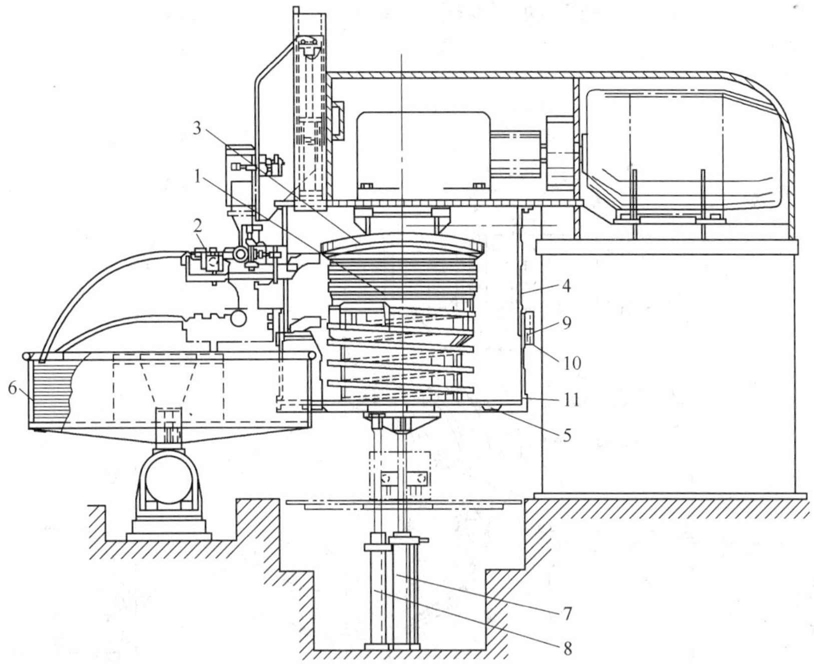

图 9-17　倒立式圆盘拉拔机

1—卷筒；2—拉模座：3—推料器；4—护板；5—收料盘；6—放线架；
7，8—液压缸：9，10—上、下护板的凹、凸圆环；11—耐磨圆环

卷逐渐回弹开去，不致产生猛烈的冲击。

拉模座既可绕平行于卷筒的轴线转动，又可沿导轨平行于卷筒轴快速移动，其速度与卷筒的同步不很严格。拉模座内安装有导向模、拉拔模、芯头回收筐及管材外表面润滑装置等。导向模后面一般装有 3 个可快速开、闭的矫直辊，用以初步矫直入模前的管坯。压紧辊的长度等于或小于卷筒长度，其离开和压向卷筒由液压缸控制。拉拔时压紧辊主动旋转，其转速与卷筒转速相适应。

套在卷筒上部的大圆环是推料器，它通过销子与卷筒同速转动。推料器相对卷筒倾斜有一定的角度。刚拉出来的管材中心线垂直于卷筒轴，管材开始缠绕时与推料器接触并一边缠绕一边推下，以后各圈依次后圈推前圈，管材连续落下。

放线架有多种结构形式，一般的放线架有可以自由转动的中心柱，装有颈项水平辊的固定环形台和外护板三部分形式，为了减小其转动惯量，放线架多用轻合金制作。

有的放线架可主动的向拉模方向水平移动，其第一次移动使管材夹头穿过膜孔送入钳口，第二次移动后占据拉模上方的适当位置实现切线拉伸，因此管材入模前不必预矫直。放线架很容易在拉拔力产生力矩的作用下转动。

此类拉拔机的放线架一般带传动装置，可与卷筒同速转动。

9.3.2　卧式圆盘拉拔机

图 9-18 所示为一卷筒直径为 1400mm 的非连续卸料、卧式圆盘拉拔机。其卷筒用大型滚动轴承安装在有足够强度的铸钢管柱上，主轴只承受扭转力矩。放线架与拉模座一起平

行于卷筒轴移动以实现均匀排管，放线架的移动用液压控制。拉拔后的盘卷用安装在卷筒固定端的推料环推下。

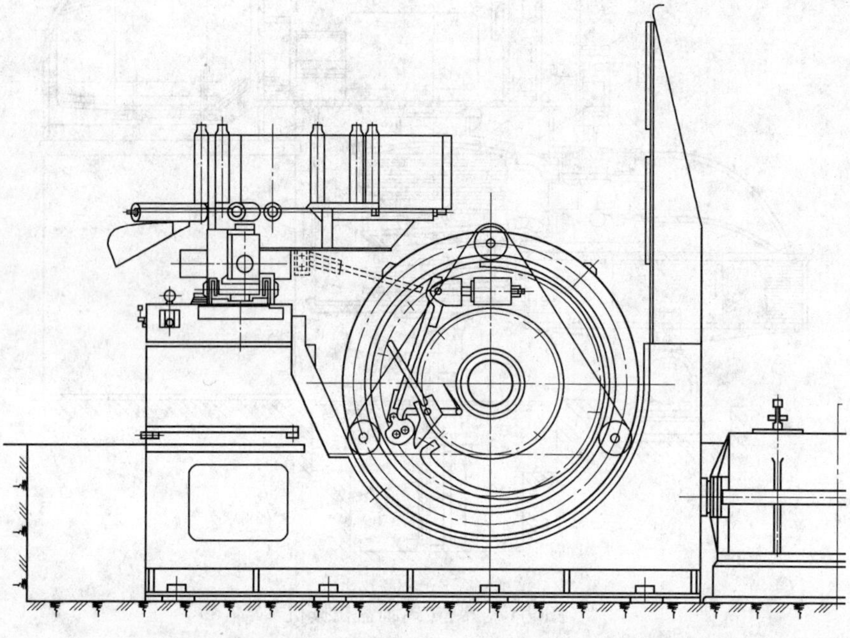

图 9-18　1400mm 非连续卸料、卧式圆盘拉拔机

9.3.3　多次拉拔机

这类拉拔机一般有 2 个或 3 个卷筒，其结构如图 9-19 所示。管材在前一个卷筒上拉拔后，管头由夹送器 2 推入第二个拉模，咬入后第二个卷筒开始拉拔。拉拔时采用压出法排管，夹钳在卷筒的凹槽内移动，一个卷筒拉拔后取下夹钳装到另一个卷筒上。

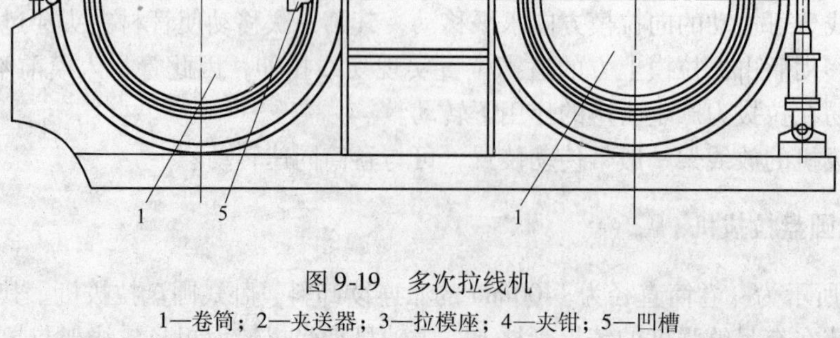

图 9-19　多次拉线机

1—卷筒；2—夹送器；3—拉模座；4—夹钳；5—凹槽

有的多次拉拔机管材缠绕在线轱辘上，每一个线轱辘均有咬入管头的专用夹钳，线轱辘有单独的传动装置带动，管材在其上可以缠绕好几层。

多次拉拔机一般用来拉拔外径小于 5mm 的小管和毛细管。其主要特点是：管材长度不受卷筒尺寸的限制，拉拔速度可达 20m/s，生产率高，拉拔后的盘卷卸下容易，各圈不会搅乱，并可实现带反拉力拉拔。结构复杂，造价昂贵，高速拉拔拉断时各圈极易搅乱，重新拉拔必须换下原来的线轱辘（此时夹钳埋在管卷层的下面）。

9.4　联合拉拔机

对于 $\phi4\sim95$mm 的管材、$\phi3\sim40$mm 的棒材或型材，趋向于将拉拔、矫直、切断、抛光以及探伤等组合在一起形成一机列。它在提高管棒材的生产效率以及制品质量等方面有较大的优越性，下面仅就棒材联合拉拔机列加以叙述。

9.4.1　联合拉拔机列的结构

棒材联合拉拔机列由轧尖、预矫直、拉拔、矫直、剪切和抛光等部分组成。其结构如图 9-20 所示。

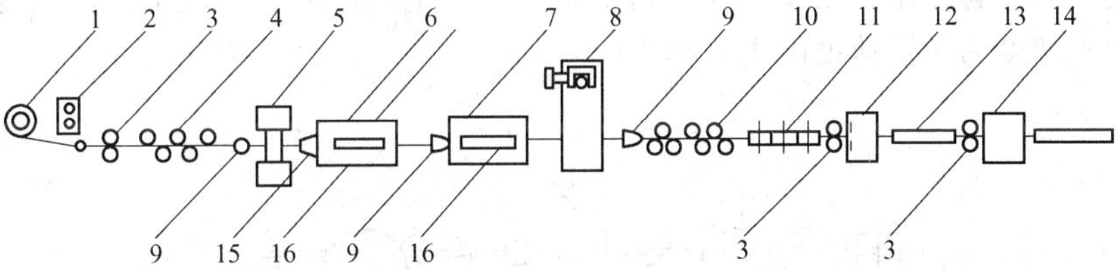

图 9-20　DC-SP-1 型联合拉拔机列示意图

1—放线架；2—轧头机；3—导轮；4—预矫直辊；5—模座；6，7—拉拔小车；8—主电动机和减速机；9—导路；10—水平矫直辊；11—垂直矫直辊；12—剪切装置；13—料槽；14—抛光机；15—小车钳口；16—小车中间夹板

（1）轧头机。轧头机由具有相同辊径并带有一系列变断面轧槽的两对辊子组成。两对辊子分别水平和垂直地安装在同一个机架上。制作夹头时，将棒料头部依次在两对辊子中轧细以便于穿模。

（2）预矫直装置。机座上面装有 3 个固定辊和 2 个可移动的辊子，能适应各种规格棒料的矫直。预矫直的目的是盘料进入机列之前变直。

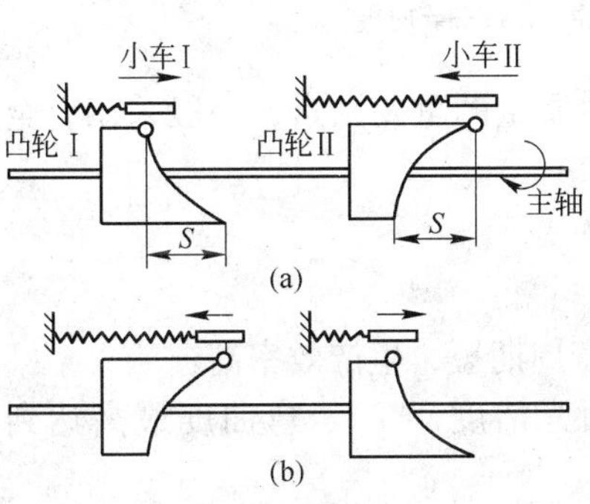

图 9-21　拉拔机构示意图

（a）小车拉拔；（b）小车返回

（3）拉拔机构。拉拔机构如图 9-21 所示。从减速机出来的主轴上，设有两个端面凸轮（相同的凸轮，位置上相互差 180°）。当凸轮位于图 9-21（a）的位置时，小车Ⅰ的钳口靠近床头且对准拉模。当主轴开始转动，带动两个凸轮转动。小车Ⅰ由凸轮Ⅰ带动并夹住棒材沿凸轮曲线向后运动。同时，小车Ⅱ借助于弹簧沿凸轮Ⅱ的曲线向前返回。当主轴转到 180°时凸轮小车位于图 9-21（b）的位置；再继续转动时，小车Ⅰ借助于弹簧沿凸轮Ⅰ的曲线向前返回，同时小

车Ⅱ由凸轮Ⅱ带动沿其曲线向后运动。当主轴转到360°时，小车和凸轮又恢复到图9-21（a）的位置。凸轮转动一圈，小车往返一个行程，其距离等于S。

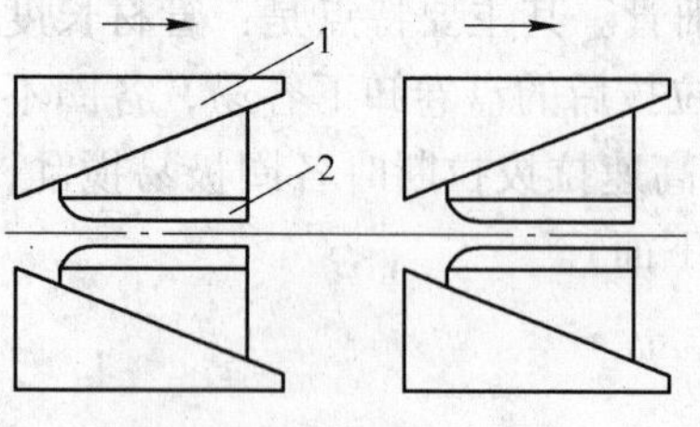

图9-22　拉拔夹持机构示意图

1—喇叭形导路；2—钳口

拉拔小车中间各装有一对夹板，小车Ⅰ的前面还带有一个装有板牙的钳口，小车Ⅱ前面装有一个喇叭形的导路。棒材的夹头通过拉模进入小车Ⅰ的钳口中。当设备启动，小车Ⅰ的钳口夹住棒材向右运动，达到后面的极限位置后开始向前返回，这时钳口松开，被拔出的一段棒材进入小车Ⅰ的夹板中。当小车Ⅰ第二次往后运动时，钳口不起作用，因为夹板套是带斜度的，如图9-22所示。夹板靠摩擦力夹住棒材向后运动，小车Ⅰ开始返回时，夹板松开。小车Ⅰ可以从棒材上自由地通过。当小车Ⅰ拉出的棒材进入小车Ⅱ的夹板中以后，就形成了连续拉拔过程。

（4）矫直与剪切机构。矫直机由7个水平辊和6个垂直辊组成，对拉拔后的棒材矫直。

（5）抛光机。图9-23为抛光机工作示意图。其中4、7为固定抛光盘，5、8为可调整抛光盘。棒材通过导向板3进入第一对抛光盘。然后通过三个矫直喇叭筒，再进入第二对抛光盘。抛光盘带有一定的角度，使棒材旋转前进，抛光速度必须大于拉拔速度和矫直速度，一般抛光速度为拉拔速度的1.4倍。

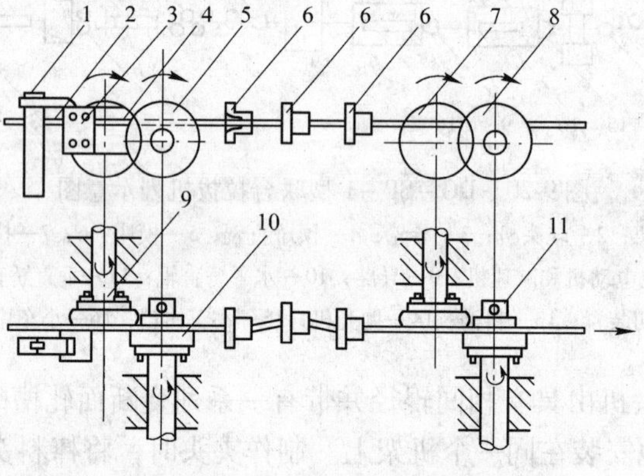

图9-23　抛光机工作示意图

1—立柱；2—夹板；3—导板；4—固定抛光机；5—调整抛光机；6—矫直喇叭筒；7—固定抛光盘；8—调整抛光盘；9—轴；10—棒材；11—导向板

抛光盘的粗糙度和硬度以及导向板的质量是保证棒材质量的重要因素，一般采用合金钢或硬质合金制成。

9.4.2　联合拉拔机列的特点

（1）机械化、自动化程度高。所需生产人员少，生产周期短，生产效率高。

（2）产品质量好，表面粗糙度R_a为1.6μm（表面光洁度▽7）、弯曲度最高达到0.02mm/m。

（3）设备质量小，结构紧凑，占地面积小。如DC－SP－1型机列总长21.55m，拉拔部分宽0.8mm。

（4）矫直部分和抛光部分不容易调整，凸轮浸在油槽中，运转中难免不漏油，这是联合拉拔机列存在的缺点。

9.5　拉线机

9.5.1　拉线机的分类及其基本组成

拉线机主要按其工作原理和结构形式分类，其分类如图 9-24 所示。单次拉线机只有一个拉线模盒和一个拉拔卷筒，线坯在单次拉丝机上只拉拔一个道次。多模连续式拉线机则配备有多个拉线模盒和多个拉拔卷筒，可连续多道次拉线。

- 拉丝机
  - 单次拉丝机
    - 立式卷筒单次拉丝机
    - 卧式卷筒单次拉丝机
    - 倒立式拉丝机
  - 连续式拉丝机
    - 非滑动式
      - 积线式
        - 滑轮式拉丝机
        - 双卷筒拉丝机
      - 非积线式
        - 活套式拉丝机
        - 直进式
          - 普通直进式拉丝机
          - 调谐线式直进拉丝机
          - MTR 拉丝机
    - 滑动式
      - 水箱拉丝机
      - 干式滑动拉丝机
    - 组合式拉丝机

图 9-24　拉线机的分类

拉线机的类型很多，其结构形式也是多种多样，但是所有的拉线机中都包括以下几个基本组成部分：拉线卷筒、拉线模盒、电动机及传动机构、冷却装置、收放线装置和防护装置。

9.5.2　单次拉线机

单次拉线机是最早出现的拉线机，其结构如图 9-25、图 9-26 所示。单次拉线机按其卷筒的安装方式分为立式、卧式和倒立式 3 种，其中立式应用得最多。

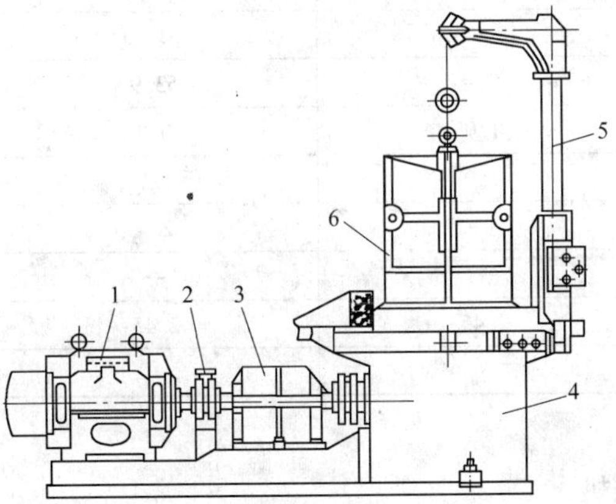

图 9-25　正立式单次拉线机

1—电动机；2—抱闸；3—减速机；4—齿轮箱；5—悬臂吊；6—卷筒

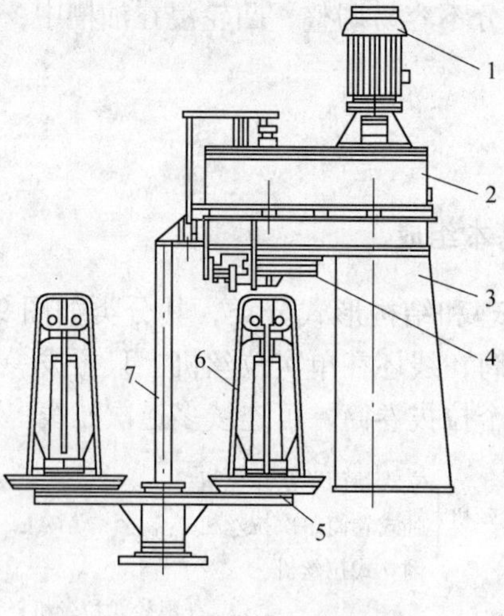

图 9-26　倒立式单次拉线机

1— 电动机；2—齿轮箱；3—机座；4—卷筒；5—旋转台；6—收线架；7—立柱

单次拉线机具有以下特点：

（1）结构简单，灵活性大。

（2）拉拔速度低（一般 0.1 ~ 3m/s），停车次数多，劳动强度大，产量低，占地面积大。

（3）设备改装方便，添加辅助设施也较容易。

单次拉线机主要用于粗规格金属线的拉拔，而且可以拉拔异形线材。表 9-4 所示为典型的单次拉线机的技术性能值。

表 9-4　典型的单次拉线机的技术性能

技 术 性 能	1/750 拉拔机	1/650 拉拔机	1/550 拉拔机
模子数/个	1	1	1
绞盘数/个	1	1	1
绞盘直径/mm	750	650	550
线连直径/mm	20 ~ 12	12 ~ 7.2	8 ~ 3
成品直径/mm	17 ~ 10	10 ~ 6	7 ~ 2
最大拉拔力/kW	73.5	53.9	19.2
拉拔速度/ $m \cdot s^{-1}$	1.0	0.9	1.2 ~ 1.4
Ⅰ	2.0	1.7	1.8 ~ 2.2
Ⅱ	—	2.4	2.7 ~ 3.2
Ⅲ	—	—	4.1 ~ 4.9
Ⅳ	2.45	2.45	1.47
线卷最大重量/kW			

9.5.3　多道次连续拉线机

多次连续拉线机配备有多个拉丝模和多个拉丝卷筒，拉拔时线坯连续同时通过多个模子。多次连续拉线机分为滑动式多次连续拉线机与非滑动式多次连续拉线机两大类，以及由这两类不同类型的拉丝机组合而成的组合式拉丝机。

9.5.3.1　滑动式多次连续拉线机

滑动式多次连续拉线机就是除最后的收线卷筒外，线与各卷筒间存在着相对滑动的拉线机。各卷筒上线材的线速度均低于卷筒的速度，在极限情况下两者可能相同。

目前滑动式多次连续拉线机拉线都是在盛有润滑液的箱中完成，故此类拉线机已专指湿式拉线机，常称为水箱拉线机。水箱拉线机按其卷筒的结构、布置形式分为以下几种：立式圆柱形拉拔绞盘连续拉线机、卧式圆柱形拉拔绞盘连续拉线机、卧式塔形拉拔绞盘连续拉线机和立式塔形拉拔绞盘连续拉线机。

（1）立式圆柱形绞盘滑动式多次连续拉线机。图 9-27 所示为立式圆柱形拉拔绞盘多次连续拉线机。其绞盘轴垂直安装，模子、绞盘和线均浸在润滑剂中。这种拉线机主要用于拉拔 ϕ2mm 以上的线材，拉拔速度一般在 2.8 ~ 5.5m/s 范围内。由于拉模、绞盘、线均浸在润滑剂中，工作不便且线材质量受到影响。

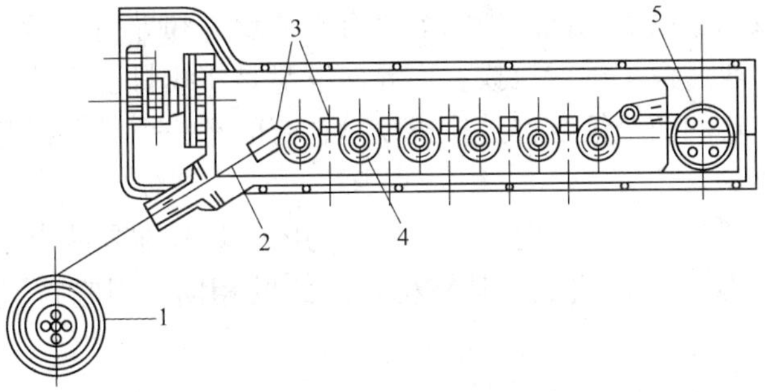

图 9-27　立式圆柱形绞盘连续多模拉线机

1—坯料卷；2—线；3—模盒；4—绞盘；5—卷筒

（2）卧式圆柱绞盘滑动式多次拉线机。这种拉线机多用于粗线和异型线的拉拔，其结构如图 9-28 所示。绞盘轴线水平方向布置，绞盘的下部浸在润滑液中，模子由绕在绞盘上的线所带的润滑剂进行润滑。目前大多采用向模孔喷注剂的结构。

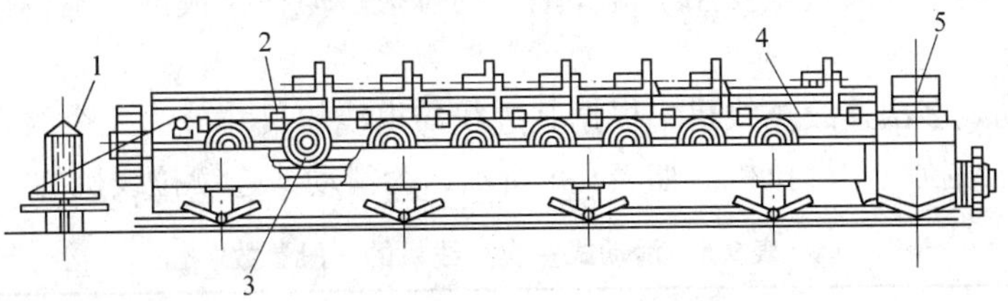

图 9-28　卧式圆柱形绞盘连续多模拉线机

1—坯料盘；2—模盒；3—绞盘；4—线；5—卷筒

这种拉线机机身很长，为了克服此缺点，有的拉拔机将绞盘分成两层或圆形布置。图 9-29 所示即为一拉制细线的绞盘圆形布置的 12 模连续拉线机。

为了提高生产率，有时还在一个轴上同时安装同一直径的数个绞盘，把几根轴水平排列，实现几根线的同时拉拔。

卧式圆柱绞盘滑动式多次拉线机主要用于粗线和异型线的拉拔。

(3) 卧式塔形绞盘连续多模拉线机，如图9-30所示。它是滑动式连续拉线机中应用最广泛的拉线机，主要用于拉细线。

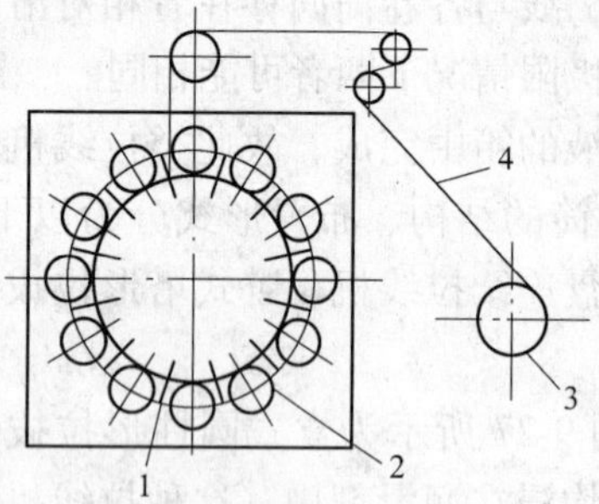

图9-29　圆环形串联12模连续拉线机
1—拉模；2—绞盘；3—卷筒；4—线

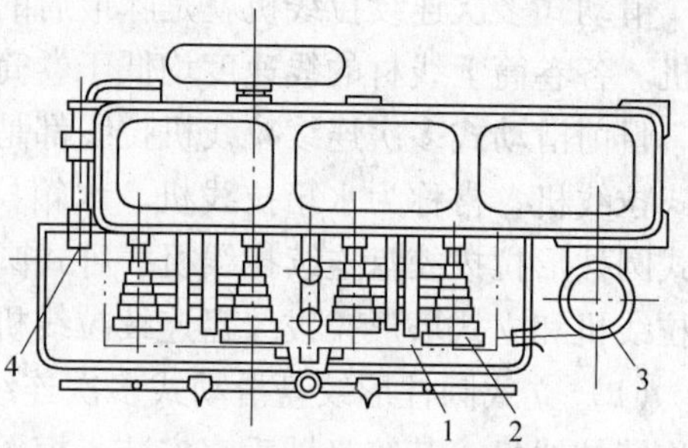

图9-30　卧式塔形绞盘连续拉线机
1—拉模；2—绞盘；3—卷筒；4—线

塔形绞盘分两级和多级。拉线机中的绞盘有拉拔绞盘和导向绞盘。拉拔绞盘的作用是建立拉拔力，使线材通过模子进行拉拔，而导向绞盘是使线材正确地进入下一模孔。在不同的设备中，有的成对的两个绞盘都是拉拔绞盘；有的是一个导向绞盘；有的是两个既作拉拔绞盘又作导向绞盘。

卧式塔形绞盘连续拉线机拉拔时，线、模座与绞盘均浸在乳液中。

(4) 立式塔形绞盘连续拉线机。其结构与卧式的相同，但它拉拔速度低，占地面积大，采用较少。

滑动式多次连续拉线机具有以下特点：

1) 拉拔道次多，伸长系数大。

2) 拉拔速度高，可达20m/s。

3) 机身结构紧凑，占地少，拉拔产品质量较好。

4) 易于实现机械化、自动化。

5) 绞盘有磨损。

滑动式多次连续拉线机主要用于铜、铝线的拉拔，但在拉拔钢、不锈钢及铜合金细线时也常采用。

我国将滑动式多次连续拉线机，根据其进线与出线的尺寸分为5个级别：大拉机、中拉机、小拉机、细拉机和微拉机。如表9-5所示，为滑动式连续拉线机的一般参数。

表9-5　滑动式多次拉线机的一般参数

种类	级别	模子数/个	成品直径/mm	推荐的伸长系数	线坯与成品直径比值	线坯直径/mm
粗拉	Ⅰ	5	16~10	3	1.7	25~18
		9	9.99~4.5	6	2.5	16~18
	Ⅱ	9	4.49~1.6	20	4.5	8~7.2
		13	1.59~1.0	50	7.2	8~7.2

续表 9－5

种 类	级 别	模子数/个	成品直径/mm	推荐的伸长系数	线坯与成品直径比值	线坯直径/mm
中拉	Ⅲ	12	0.99～0.4	16	4	3.95 ～1.6
细拉	Ⅳ	19	0.39 ～0.2	25	5	1.95～1.0
	Ⅴ	19	0.19～0.1	20	4.5	0.95～0.45
特细拉	Ⅵ	19	0.09～0.05	16	4	0.36 ～0.2
	Ⅶ	19	0.04～0.03	12	3.5	0.14 ～0.1
	Ⅷ	19	0.02～0.01	9	3	0.06～0.03

近年来滑动式多次连续拉线机出现了多头连续多次拉线机并取得飞速的发展。所谓多头连续多次拉线机就是用一台拉线机同时拉几根线并且每一根线通过多个模连续拉拔。实践表明，多头连续多次拉线机的拉拔速度可达到25m/s或更高。因此，在提高产量，降低生产成本和设备投资等方面都显示出它的先进性。

9.5.3.2 无滑动多次连续拉线机

拉拔时，线与绞盘之间没有相对滑动的多次连续拉线机称为无滑动多次连续拉线机。无滑动多次连续拉线机按其工作特点，分为积线式和非积线式两种。

A 积线式无滑动多次连续拉线机

积线式无滑动多次连续拉线机的每个绞盘上存储有若干圈数的线，在拉拔过程中，依靠绞盘上线圈数的自动增加或减少实现无滑动拉拔。

目前，积线式无滑动多次拉线机有两种结构形式：滑轮式和双卷筒式。

a 滑轮式拉丝机

滑轮式拉丝机是国内目前使用最广泛的拉线设备，与其他拉线机相比，具有结构简单、投资少、可使用普通电机、操作方便、管理简单等优点。它的主要缺点是拉拔过程中线材容易产生轴向扭转，不适合高强度金属线的拉拔。

滑轮式连续拉线机主要由放线架、主机、积线调节装置和吊线架四部分组成，如图9-31所示。积线调节装置由滑轮及鼓顶两部分组成。滑轮部分的结构虽有几种形式，但原理相同。滑轮的形状有圆盘轮和凹弧轮两种，后者穿头时比较方便，滑轮上端有弹簧缓冲机构，进线口下端附有挡丝圆环，以防线跳动出轨。积线鼓顶部分也有两种形式：导轮结构和拔线杆结构，后者比前者拔线更可靠，线更不易出轨。收线结构由收线卷筒、爪式卸线架和吊线机组成。吊线机有液压、气动、机械传动等形式，国内目前大都使用机械卷扬吊线机。

目前，滑轮式连续拉线机的每个卷筒皆采用单独传动，并带有自动控制装置，故能够在任一个卷筒停止工作时，同时停止其前面的所有卷筒，而其后面的所有卷筒及收线卷筒继续工作。滑轮式连续拉线机对电机的调速能力要求不高，一般采用交流电机。滑轮式连续拉线机的线材行程复杂，拉拔速度较低，不适于细线、特细线及型线的拉拔。通常，滑动式积线连续拉线机被用来拉拔钢线及铝线。

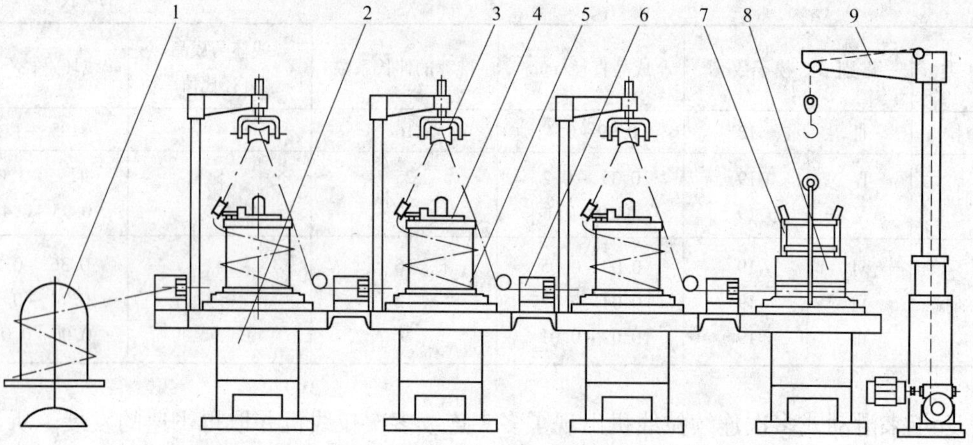

图 9-31　滑轮式连续拉线机
1—放线架；2—箱体；3—滑轮；4—积线调节装置；5—中间卷筒；
6—模盒；7—卸线架；8—收线卷筒；9—吊线机

b　双卷筒式积线拉线机

如图 9-32 所示，双卷筒式积线拉线机由滑轮式拉线机发展而来，它通过与下卷筒装在同一主轴上的浮动的上卷筒来实现卷筒上积线的调节。双卷筒式积线拉线机解决了滑轮式拉线机的线材扭转及走线不稳的问题。同时，由于采用双卷筒代替了上滑轮机构，增加了卷筒的储线量，进一步提高了线材的冷却能力，使得双卷筒式拉线机的拉拔速度大大高于滑轮式拉线机，更符合现代生产高速化的需要。但是，由于导轮增多，尤其是在中间滑轮处线材被反弯 180°，使得双卷筒拉丝机不适于拉拔粗规格的制品，双卷筒拉线机的应用范围受到限制。但目前，双卷筒式拉线机仍得到了广泛的应用。

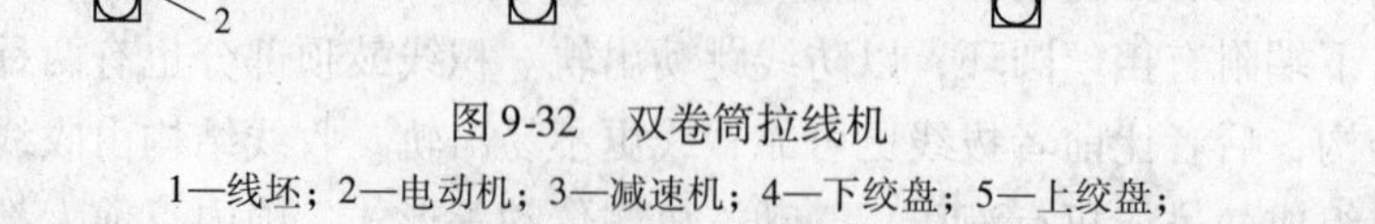

图 9-32　双卷筒拉线机
1—线坯；2—电动机；3—减速机；4—下绞盘；5—上绞盘；
6—滑环；7—导轮；8～13—拉模

B　非储线式无滑动多模连续拉线机

非储线式无滑动多次连续拉线机的拉拔卷筒与线材之间无滑动，拉线机的各卷筒分别用单独的直流电动机带动，并有卷筒速度调节装置；拉拔过程中，两个中间拉拔卷筒上的线材不允许积累或减少。

目前，非储线式无滑动多次连续拉拔机有活套式与直线式两种形式。

a　活套式无滑动多次连续拉线机

图9-33为无滑动活套式连续拉线机。其相邻两卷筒之间设置一个活套臂，当金属秒体积流量不平衡时，活套臂收入或放出少量金属线，保证拉拔的顺利进行。

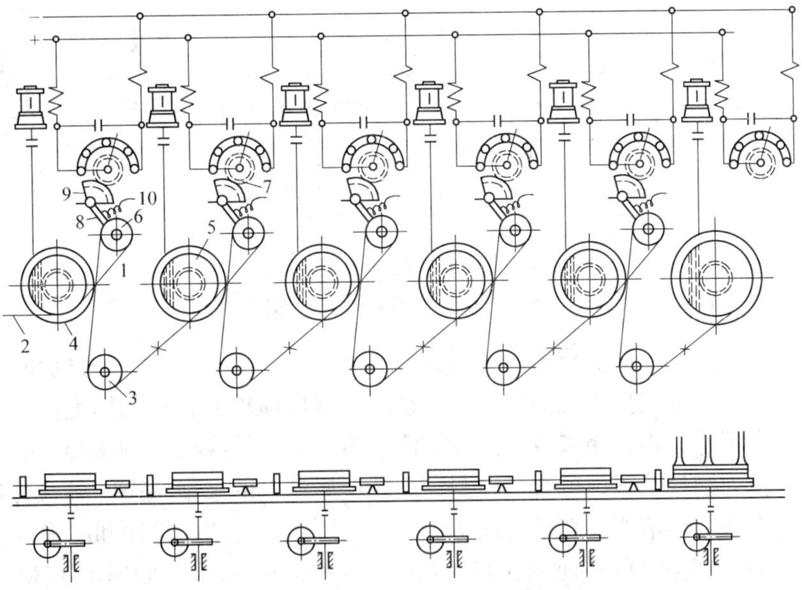

图9-33　无滑动活套式连续拉线机

1—线坯；2—拉模；3—固定导轮；4，5—拉拔绞盘；6—张力轮；7—齿轮；8—平衡杠杆；9—扇形齿轮；10—强力弹簧

活套式连续拉线机每一卷筒使用一只直流电机，通过变阻器实现无级变速。活套式连续拉线机简化了线坯的走线，使用范围广泛，能适应不同金属线品种规格的拉拔要求，但是其制造成本较高，管理操作维修水平要求较高。现代化的活套式连续拉线机还可以通过改进结构增大卷筒上的积线量，改善线坯的冷却效果。由于在活套式连续拉线机上，线坯走线仍要通过活套轮、导轮等，故对粗规格、高强度金属线的拉拔仍不方便，对其韧性也不利。

b　直线式无滑动多次连续拉线机

直线式无滑动多次连续拉线机是目前世界上较先进的拉线设备，我国已有部分工厂使用。这种拉线机的特点是：线材由一个拉拔卷筒出来不经过任何张力轮和方向导轮立即进入下一个拉模，线材从一只卷筒到另一只卷筒几乎是直线进行的。直线拉线机的机械结构虽很普通，如图9-34所示，但对电气设备要求较高。

直线式无滑动多次拉线机的线速一般较快。因此冷却装置除了模子和卷筒的水冷以外，还在机台背侧装有小型通风机，风管引入水盘，风自卷筒下端吹向筒上卷绕的线材，可收到强制风冷的效果。

直线式无滑动多次拉线机拉拔时，每只卷筒绕有十多圈线，前后卷筒之间存在反拉力，延长了模子的寿命。拉拔过程中不存在急剧的弯曲和轴向扭转，因此拉出的线性能较好。

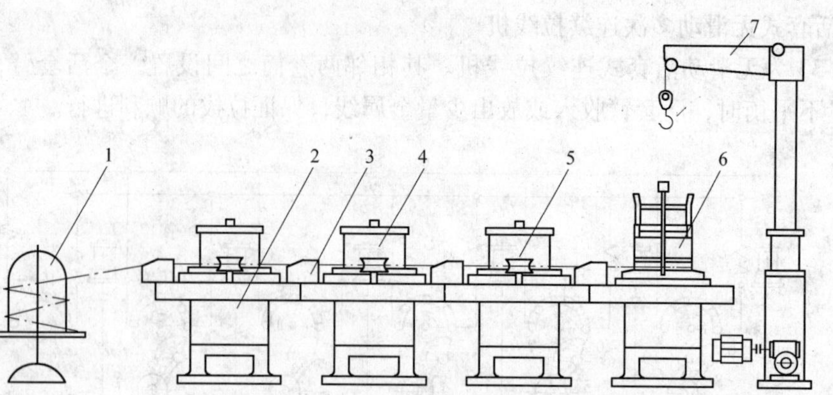

图 9-34　直线式无滑动多次连续拉线机

1—放线架；2—箱体；3—模盒；4—中间卷筒；5—导轮；6—收线卷筒；7—吊线机

直线式无滑动多次拉线机分普通直进式拉线机、调谐线式直进拉线机和 MTR 型直线拉线机 3 种。普通直进式拉线机的控制系统缺乏直接反馈单元、控制精度低于活套式拉线机，并且反拉力不稳，不宜用来拉拔细线。调谐线式直进拉线机（图 9-35）在每一中间道次上增加了反拉力测量装置，可直接检测和反馈金属流量的平衡状态，是一种带反馈的闭环速度控制的设备。调谐线式直进拉线机的关键是测张力机的可靠性和准确性。

MTR 型直线拉线机的外形像双卷筒拉线机如图 9-36 所示，同时具有积线式和直线式拉线机的特点。拉线机有上下两个卷筒，两个卷筒的直径不相等，线材在两个卷筒上取相同的绕向，不出现 180°反弯。卷筒倾斜布置，线坯有一定的积线量。采用直流驱动，实现了带反馈的闭路循环速度控制。MTR 型直进拉线机走线简单，线坯冷却好，调速精度高。

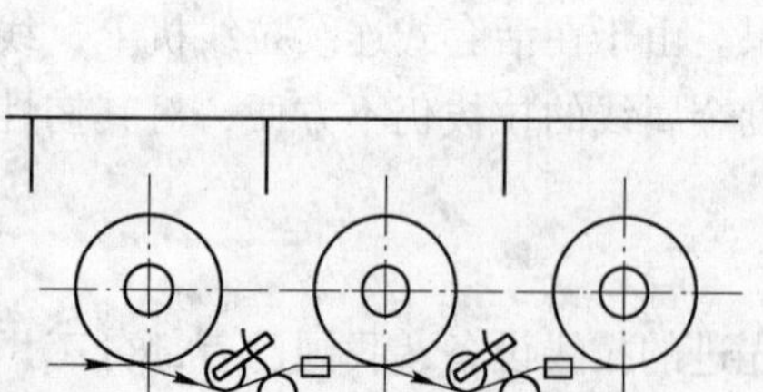

图 9-35　调谐式拉线机

1—反拉力测量装置

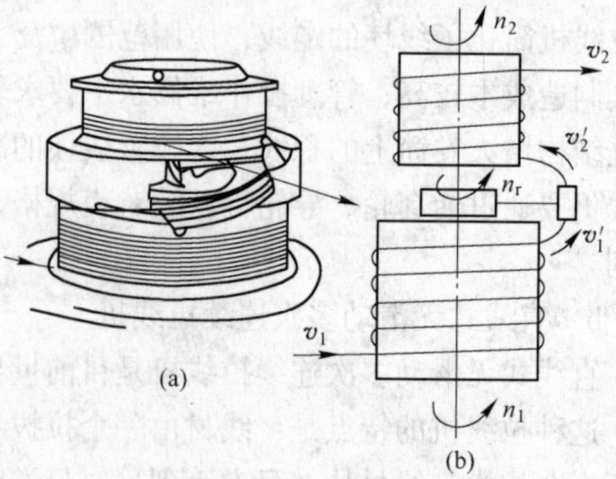

图 9-36　MTR 型直线式拉线机

（a）外观；（b）工作原理

9.5.4　组合式拉线机

在实际条件中，为了取得最佳的效益，常把不同类型的拉线机组合在一台拉线机上进行拉拔，这种拉线机被称为组合式拉线机。

组合式拉线机的组合方式很多，具体的组合形式与生产实际情况有关，常见的有以下几种：

（1）滑轮式与双卷筒拉线机的组合。

（2）滑轮式与直线式的组合。

（3）直线式与活套式的组合。

（4）干式拉线机与水箱拉线机的组合。

9.6　拉线机的主要部件及其结构

9.6.1　卷筒

9.6.1.1　干拉卷筒

图9-37为干式拉拔所使用的典型卷筒结构，由筒壁、轮辐和轮毂三部分组成。轮毂的内孔制成锥形以便与锥轴相配合。筒壁四周有四条凹槽，以备插入爪式卸线架。

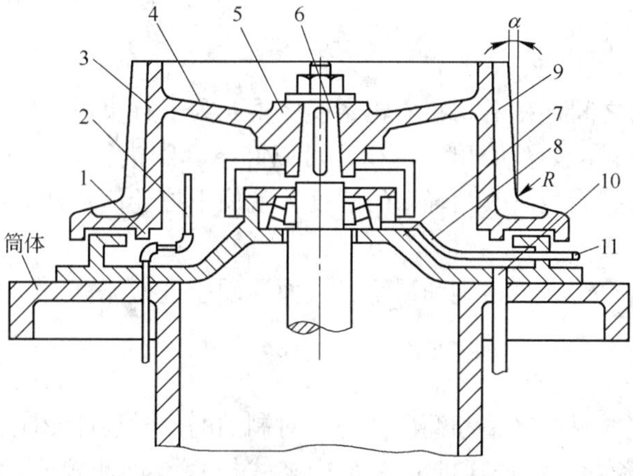

图9-37　卷筒结构

1—防水凸缘；2—进水管；3—筒壁；4—轮辐；5—轮毂；6—锥轴；7—水盘；8—油管；9—凹槽；10—出水管；11—油嘴

卷筒的表面斜度 M 和底部与斜面交界处的圆弧 R，根据所拉线径及金属种类不同而不同。水冷部分由进水管、水盘和出水管组成。为了防止水珠喷出，除了在轮毂下面安装防水罩和将轮辐制成密封状态以外，并将卷筒底部铸出凸缘。

卷筒材料一般是铸铁，如拉制高强度线材。卷筒规格以直径大小来区别，直径不同，所拉线规格不同。

由于卷筒的表面具有圆弧 R 和斜度 M，故卷筒具有推移作用。H_1 段（图9-38）为卷筒推移区，能容纳10～20圈的线材顺序紧贴在筒壁上。线材以螺旋形绕在 H_1 段上，一层层地贴紧，当受到最下层的螺旋推力作用时，由于 H_1 具有一定的斜度而使线材顺利上移。H_2 段是积线区，其直径较 H_1 段略小，斜度较大，当线材推移至此时，不再紧贴于卷筒上，也不逐层

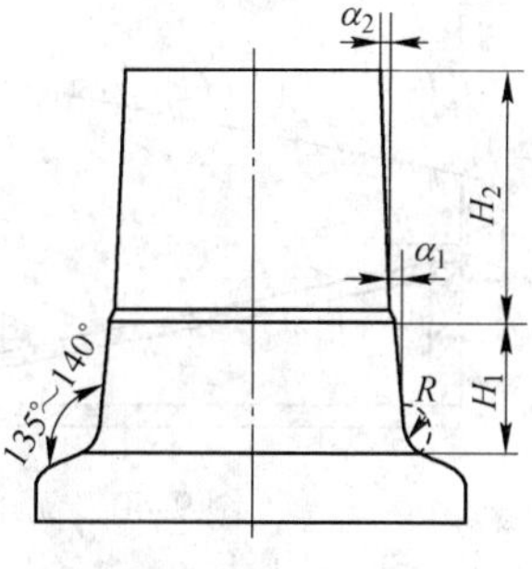

图9-38　卷筒外形示意图

挨紧而形成内外几层的堆积。

9.6.1.2　湿拉卷筒

湿式拉拔机的卷筒又称塔轮，如图9-39所示，有8~10个梯级。塔轮分主动、被动（双主动例外）两种。主动塔轮起拉拔作用，被动塔轮起导向作用。

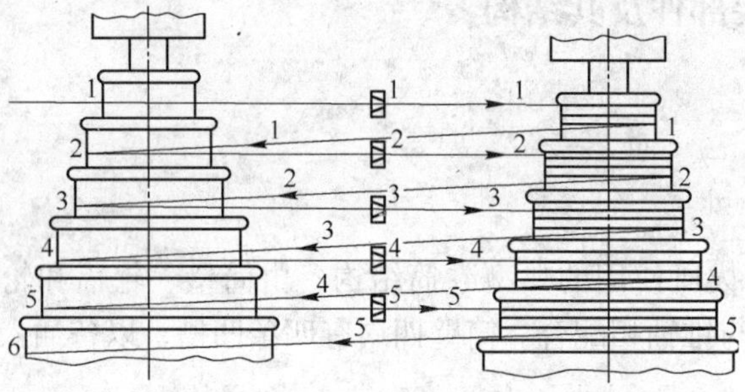

图9-39　塔轮

由于塔轮与线材之间存在滑动，塔轮磨损严重。为了解决塔轮表面磨损的问题，有的塔轮制成组合装配形式，如被磨出了沟槽，可以卸下套圈进行修理或调换，但结构复杂。还有的塔轮将原来的平底表面改为轻微的斜度，就像干拉卷筒那样，在拉拔时促使线材向前推移。

制造塔轮的材料有铸铁、铸钢和锻钢，表面淬硬或进行喷镀，以增加耐磨性能。

9.6.2　模盒

模盒的性能决定线材的平整和润滑状态，对制品的力学性能影响很大。

模盒的种类较多，比较普通的有无水冷老式模盒、进灰模盒、简单水冷模盒、多向调节水冷模盒以及消除应力双模盒等。其中进灰模盒和多向调节水冷模盒使用较广泛。

9.6.2.1　进灰模盒

进灰模盒有无水冷和有水冷两种。图9-40为一种常见无水冷的强迫管进灰模盒，其结构简单。强迫管进灰模盒进灰效果的好坏取决于强迫管的尺寸，一般为60~100mm，锥角4°~6°。强迫管的出口间隙对润滑剂的压力影响很大。间隙过大，润滑剂过多地流入，引起反流，使润滑剂压力减小；如果反流不畅，还会造成强迫管堵塞。间隙过小，管口急剧磨损，同心度误差加大，润滑不匀，另外模子的角度还应适当放大。强迫管的最佳出口间隙为0.02mm左右。

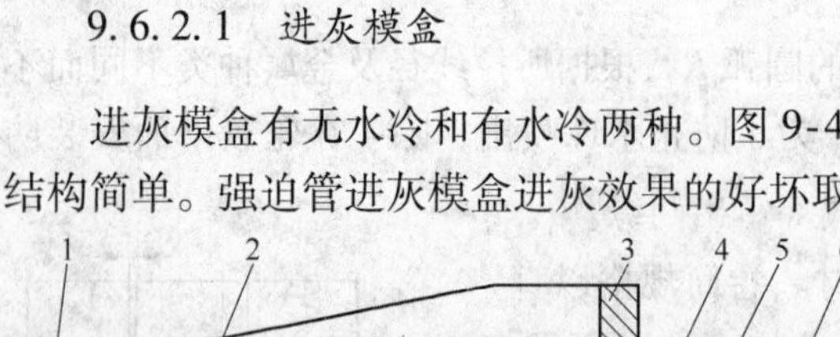

图9-40　无水冷进灰模盒

1—进线口；2—斜底；3—模盒体；4—强迫管；5—拉线模；6—压紧螺母

进灰模盒调换模子时操作比较麻烦，

但若使用带闸板的进灰模盒，如图9-41所示，则换模非常方便。

带水冷的进灰模盒结构如图9-42所示。

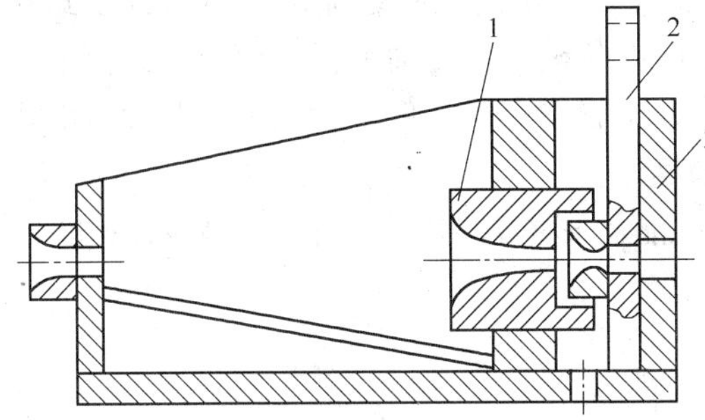

图9-41　带闸板的进灰模盒

1—强迫管；2—闸板；3—模盒端墙

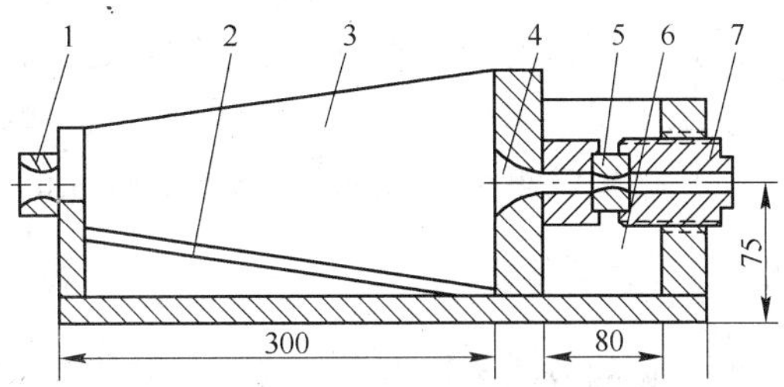

图9-42　带水冷的进水模盒

1—进线口；2—垫板；3—模盒盒体；4—强迫管；5—拉模；6—水冷室；7—压紧螺母

9.6.2.2　多向调节水冷模盒

多向调节水冷模盒（见图9-43）是生产中使用最多的一种，如将进灰口放长，又可作强迫进灰模盒用。

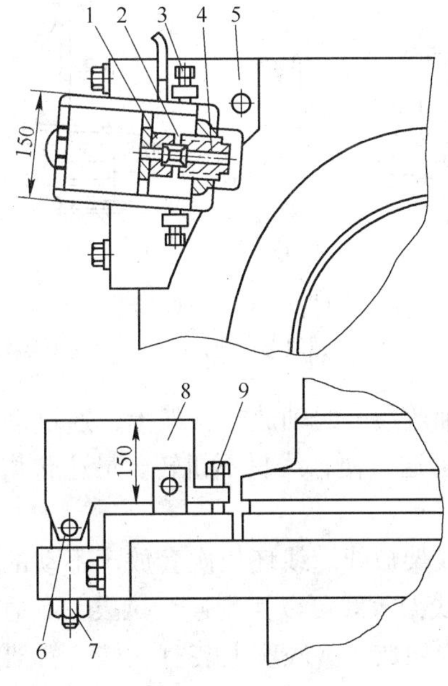

图9-43　多向调节模盒

1—模坑；2—石棉纸板；3—定位螺钉；4—压紧螺母；5—支撑座板；6—旋转支轴；7—摆动支轴；8—模盒盒体；9—调节螺钉

模盒不装在箱体台面，而装在支撑座板5上，座板上附有定位螺钉3，可以将模盒有效地固定，防止拉拔时振动。如模盒位置不对，调节螺钉9升降进行调节，若出入较多，调节旋转支轴6，使出线孔高度与卷筒一致，模子平正垂直。盒深度较大，可容纳较多的拔丝粉。压力较大，成良好的润滑膜。当模盒左右切线不准时，将定位螺钉3偏左右调节。由于这种模盒的调节范围是有一定限度的，而且不允许随便安装。因安装时要先拉好中线，使调节螺钉处于中间位置，然后再固定支承座板的螺钉。模子前后的两片石棉纸板和压紧螺母起密封作用。当旋紧螺母后，石棉纸板受压挤满所有缝隙，从而达到密封效果。模坑下部伸出的一段半圆状托座在调换模子时托住模子和石棉纸板，使之不致落入盒底。这种模盒的冷却水与一般不同，是上管进水，下管出水（一般下管进水、上管出水），模子虽不浸在水中，但因为是活水，故冷却效果良好。

用这种模盒拉制高强度的线材，成品的力学性能及平整度均较佳，并可提高拉拔速度。

9.6.3　放线装置

常见的放线装置有固定式和旋转式两种，如图 9-44 所示。

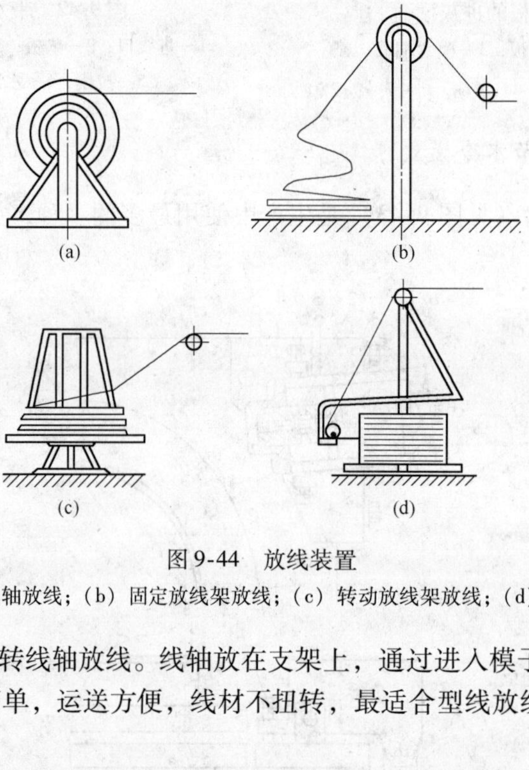

图 9-44　放线装置

（a）旋转线轴放线；（b）固定放线架放线；（c）转动放线架放线；（d）线轴放线

图 9-44（a）为旋转线轴放线。线轴放在支架上，通过进入模子的线坯拉力使之旋转放线。转动线轴放线简单，运送方便，线材不扭转，最适合型线放线，但放线有限，反拉力较大。

图 9-44（b）为固定放线架放线。线坯依次套放于不动的放线架上，线坯经过导轮进入第一个模子。不转动的放线架放线可以实现连续拉拔，专适合轧制线坯放线。

图 9-44（c）为转动放线架放线。底座上装有立柱，料架绕立柱旋转放线。转动放线架放线可以移动，使用比较灵活，不易乱线，但工作惯性大，适合单次拉拔、线坯成卷供应的中粗规格的线坯放线。

图 9-44（d）为线轴放线。线坯通过支杠旋转放出。这种放线方式不易乱线、断线，反拉力小，适合细线放线。

9.6.4　收线装置

拉线机的收线装置目前大致有三种：收线架、连续卸线机和工字轮收线机。

9.6.4.1　收线架

如图9-45所示，为一四吊杆收线架。这是结构最简单的，也是目前国内用得最多的收线设备。它由固定十字架、活络十字架、吊爪等组成。开车前卸线架的四爪插入卷筒周围凹槽中，使其随机运转。当线材满架后，将卸线架吊出，掀动手柄。四爪下端即因连杆的动作而收缩，线卷卸下。

收线架收线结构简单，成本低。但收线量有限，卸线时需人工操作，收线机必须停止，不能连续生产。

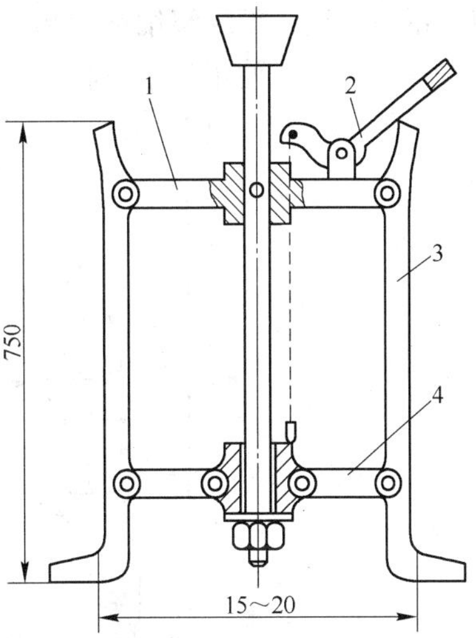

图9-45　四吊杆收线架
1—固定十字架；2—卸丝手柄；3—四爪；4—活络十字架

9.6.4.2　连续卸线机

连续卸线机主要用于中规格以上拉线机的收线。这种设备卸线频率高，劳动强度大，可实现连续卸线。

连续卸线机有卧式收线机和倒立式收线机两种。卧式收线机制造维护简单，运行可靠，故应用较多，如图9-46所示。卧式收线机下线时需人工，劳动强度较大，多使用于速度较低的连续机组。

倒立式收线机（见图9-47）的收线卷筒向下垂直布置，收线过程中自动把线落在随之旋转的落线架上，倒立式收线机可以自动下线，存线较多。存线量一般在500～2000kg之间，线满之后由小车拉出吊走，再换一空落线架，可以连续不停车卸线。

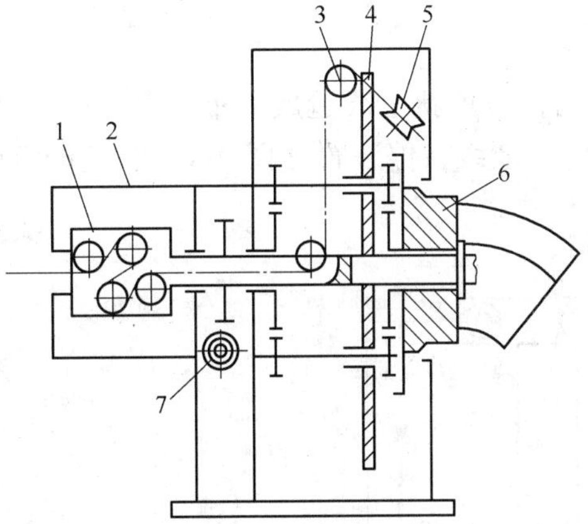

图9-46　卧式连续收线机
1—进线矫直轮；2—机座；3—导轮；4—转盘；5—绕线矫直轮；6—卷筒；7—蜗轮蜗杆传动

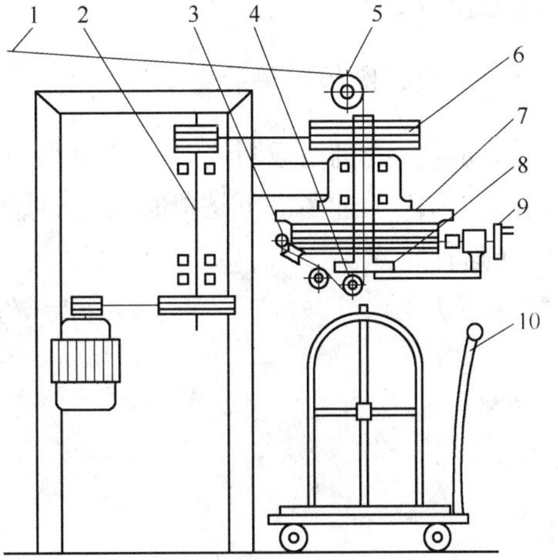

图9-47　倒立式连续收线机
1—线；2—传动装置；3—水平导轮；4—垂直导轮；5—滑轮；6—轴承座；7—卷筒；8—转盘；9—压紧轮；10—收线小车

9.6.4.3　工字轮收线机

工字轮收线机（见图9-48）常常用来卷取大盘重的金属线，按所绕线的材料和规格的不同，工字轮的规格和材料也不同，有钢制、铁制和木制几种。缠绕钢丝的工字轮一般使用钢板结构，而缠绕细钢丝和有色金属线的工字轮多使用木制工字轮。塑料工字轮的使用也日见增多。使用工字轮收线可以使各工序之间衔接方便，便于运输管理。

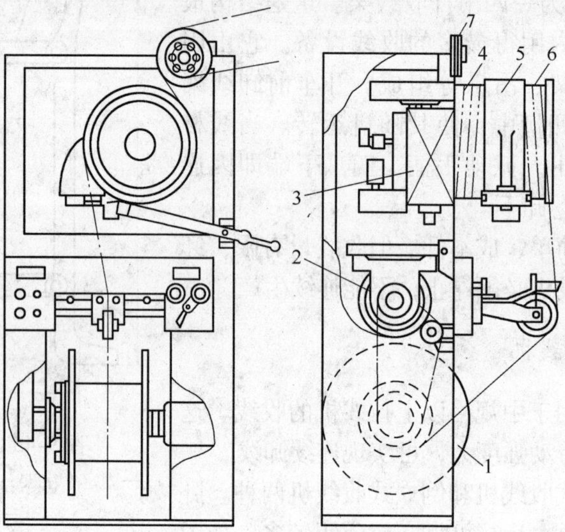

图 9-48　工字轮收线机

1—工字轮；2，3—电动机；4—收线卷筒；5—积线导套；6—活动卷筒；7—导线轮

现代拉线机后面还常布置连续卸线装置，这种连续卸线装置也常称为收线机，包括倒立式收线机和工字轮收线机，其结构与连续机组所用的收线机大同小异，可以使拉线机实现大盘连续卸线。

9.6.5　乱线、断线自停装置

滑动式拉线机拉拔断线时尾端会很快进入箱内，给重新上线造成困难，尤其是 17 模拉线机，因模子过多，更是费时费工。如采用乱线、断线自停装置（图 9-49），就能有效地防止这种缺点。

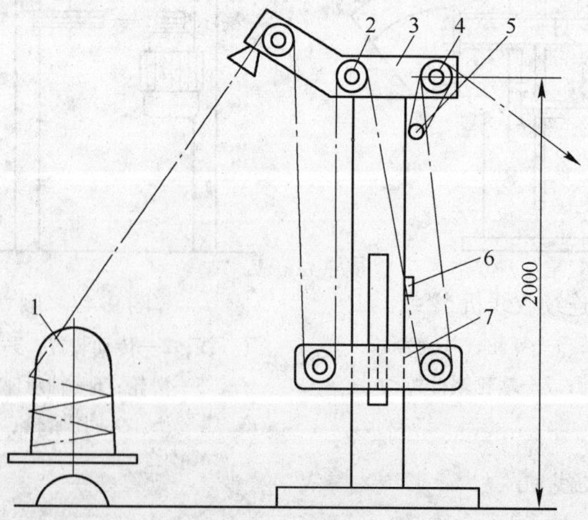

图 9-49　乱线、断线自停装置

1—放线架；2，4—滑轮；3—焊接架；5—速度继电器；6—限位继电器；7—活动滑轮架

这种装置有两个作用：

（1）放线架的线材穿上滑轮群并引入拉拔机后，若发生乱线，活动滑轮架7就会因线材的张力过大而上升，立即与限位继电器6接触，随即停车。

（2）线材在运行过程中如果断头，滑轮4即停止转动，速度继电器5也因缺乏动力而立即停转，并发出信号停车。

这种装置必须将主电机配上制动装置，效果才显著。

这种装置如果去掉活动放线架，即可将线材直接放在地上，作为固定放线之用，但应将架子抬高。

复习思考题

9-1 链式拉拔机包括哪几部分，各部分的作用如何？

9-2 现代双链式拉拔机的工作机架多采用C形架，它有何优缺点？

9-3 管棒材拉拔机的受料-分配机构有几种布置方式？

9-4 板牙式拉拔小车是如何工作的？

9-5 根据卷筒的布置方式，圆盘拉管机有几种形式，各有何优缺点？

9-6 倒立式圆盘拉管机的结构如何，如何实现边拉边卸？

9-7 管棒材联合拉拔机有何优缺点？

9-8 单道次联合拉拔机与多模连续拉线机有何区别？

9-9 什么是无滑动多模连续拉线机，它包括哪几种类型？

9-10 滑动式拉线机有何缺点？

9-11 拉线机主要有哪几部分组成，各自的作用如何？

9-12 拉线机的放线装置有哪些形式，各有何特点？

9-13 拉线机、放线机、收线机之间的工作能力应如何匹配？

9-14 断线、乱线自停装置是如何工作的？

10 拉拔工艺

10.1 拉拔配模

拉拔配模，又称为拉拔道次计算，是根据拉拔设备的类型、参数、被拉金属的特性、成品的性能尺寸要求等（有时还包括坯料尺寸）确定拉拔道次及各道次所需的模孔形状及尺寸的工作。

拉拔配模应满足以下几方面的要求：

（1）合理的拉拔道次。

（2）最少的拉断次数。

（3）最佳的表面质量。

（4）合格的力学性能。

（5）与现有的设备参数、设备能力等相适应。

拉拔配模分为单模拉拔配模和多模连续拉拔配模。

10.1.1 拉拔配模的内容

10.1.1.1 坯料尺寸的确定

A 圆形制品坯料尺寸的确定

在拉拔圆形制品——实心棒、线材以及空心管材时，如果能确定出总加工率，那么根据成品所要求的尺寸就可确定出坯料的尺寸。在确定产品的总加工率时应考虑如下几个方面：

（1）保证产品的性能。拉拔时，加工率对制品的力学性能和物理性能有很大的影响，拉拔时的总加工率（指退火后）直接决定着制品的性能。

对软制品来说，关于总加工率一般没有严格的要求，在实际生产中软制品的力学性能通过成品退火来控制。但为了使制品不产生粗晶组织，应避免采用临界变形程度进行加工。

对半硬品（用拉拔控制性能）和硬制品来说，应根据加工硬化曲线查出保证规定力学性能所需要的总加工率，并以此为依据，推算出坯料的尺寸。

（2）满足操作上的要求。这主要是管材拉拔时应考虑的问题，因为管材在拉拔时不仅有坯料直径的变化，而且还有壁厚的变化。

衬拉时，每道次必须既有减径量又有减壁量。单有减壁量无法装入芯头，拉拔不能进行。另一方面，如果总减壁量过大，以及总减径量过小的现象也不允许发生。这主要因为经过几道次拉拔后可能管径已达到成品尺寸，而管壁仍大于成品尺寸，也使拉拔无法进行。因此，拉拔圆管时，坯料的尺寸应保证：减壁所需的道次小于或等于减径所需的道次。减径所需的道次大于减壁所需的道次不但允许而且在生产小直径管材时也是必需的。

这是因为当管壁厚度已达要求后，可采用空拉减径，而壁厚可基本保持不变。因而，一般在确定管坯尺寸时，总是先定出管壁厚的尺寸，根据坯料及成品壁厚计算出减壁所需的道次，然后再由此推算出与此相适应的管坯最小外径。

由管坯及成品壁厚计算减壁所需的道次数有两种方法：

$$n_S = \ln \frac{S_0}{S_k} \Big/ \ln \overline{\lambda_S} \tag{10-1}$$

或

$$n_S = (S_0 - S_k) \Big/ \overline{\Delta S} \tag{10-2}$$

式中　n_S——减壁所需的道次；

S_0，S_k——坯料与成品的壁厚，mm；

$\overline{\lambda_S}$——平均道次壁厚伸长系数；

$\overline{\Delta S}$——平均道次减壁量。

由管坯及成品外径计算减径所需道次数经常用以下方法：

$$n_D = \frac{D_0 - D_k}{\overline{\Delta D}} \tag{10-3}$$

式中　n_D——减径所需道次数；

D_0，D_k——坯料与成品的壁厚，mm；

$\overline{\Delta D}$——平均道次减径量。

（3）保证产品表面质量。由挤压或轧制供给的坯料，一般总会有些缺陷，如划伤、夹灰等。拉拔时，由于主应力与主变形方向一致，因此坯料中的一些缺陷可能随着拉拔道次和总变形量的增加而逐渐暴露于制品的表面，并可及时予以除去。因此适当增大拉拔时的总变形量对保证制品的质量有好处。但对空拉而言，过多道次空拉会降低管子内表面质量，使表面变暗、粗糙，甚至出现裂纹，因此在制定拉拔工艺时应控制空拉道次及其总变形量。在生产对壁厚和内表面要求严格的小直径管材时，尽管操作困难、麻烦，也不得不采用各种衬拉。根据生产实践经验，各种金属管材所用管坯的壁厚应皆有一定的最小加工裕量，如表10-1所示。

表10-1　管坯壁厚裕量

合　金	管坯加工裕量($S_0 - S_k$)/mm
紫　铜	1~3.5
黄　铜	1~2
青　铜	1~2

（4）考虑供料情况及坯料管理。用挤压和轧制供给的坯料，由于受设备条件的限制，其规格总有一定的公差范围，而且为了便于坯料的技术管理，坯料规格数量也不能很多。因此，在确定坯料尺寸时，应考虑具体的生产条件，恰当的选取坯料的尺寸。

另外，若管坯偏心严重，管坯的直径尺寸则应取大些，以适当的增加空拉道次，更好的纠正偏心。

综上所述，在保证产品质量的前提下，坯料的尺寸应尽可能取小些，以努力提高生产率。

关于坯料的长度选择，为了提高生产效率和成品率，根据设备条件和定尺要求应尽量取得长些，并可通过计算加以确定。

B　异型管材拉拔坯料尺寸的确定

等壁厚异型管的拉拔都用圆管作坯料，当管材拉拔到一定程度之后，进行 1 ~ 2 道次过渡拉拔使其形状逐渐向成品形状过渡，最后进行一道次成形拉拔而出成品。过渡拉拔一般采用空拉；成品拉拔可以用空拉，也可以用衬拉，一般多用固定短芯头拉拔。

异型管原始坯料尺寸的确定，其原则与圆管的相似。等壁厚异型管材的一个特殊问题是必须确定出过渡拉拔前的圆形管坯的直径及壁厚。由于过渡拉拔及成品拉拔的主要目的是成型，其加工率一般都很小，主要考虑成型正确的问题。

异型管材所用坯料的尺寸根据坯料与异型管材的外形轮廓长度来确定，为了使圆形管坯在异形拉模内能充满，一般管坯的外形尺寸等于或稍大于异形管材的外形尺寸。

部分异型管材所用圆形坯料（见图 10-1）的直径，可按下列算式近似计算。

椭圆形管　$D_0=(a+b)/2$

六角形管　$D_0=6a/\pi=1.91a$

方形管　$D_0=4a/\pi=1.27a$

矩形管　$D_0=2(a+b)/\pi$

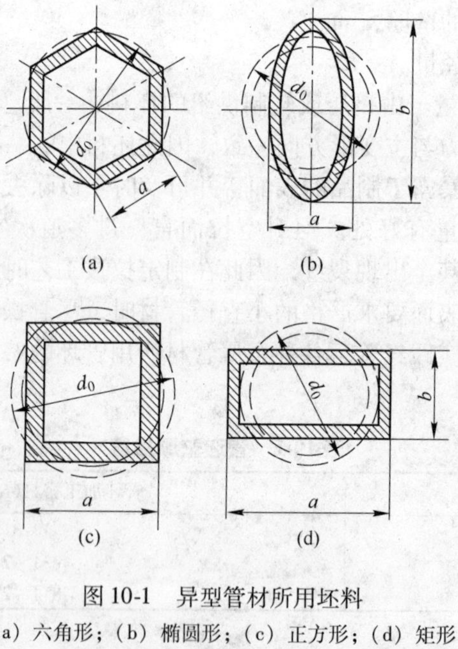

图 10-1　异型管材所用坯料

（a）六角形；（b）椭圆形；（c）正方形；（d）矩形

为了保证空拉成形时棱角能充满，实际上所用坯料直径要大于计算值的 3% ~5%，根据异型管材断面的形状和尺寸不同，可进行一次拉拔或两次拉拔，也可以采用固定短芯头拉拔或者空拉。

C　实心型材拉拔坯料尺寸的确定

确定实心型材的坯料时，首先有一个坯料形状的问题。实心型材的坯料断面形状大多采用较简单的形状，如圆形、矩形、方形等。

在确定坯料尺寸时，除了和圆棒一样外，还应考虑如下几方面：

（1）成品的外形轮廓包容于坯料的外形轮廓中。

（2）拉拔时，坯料的各部分尽可能受到相等的延伸变形。

（3）形状要逐渐过渡，并有一定量的过渡道次。

10.1.1.2　中间退火次数的确定

拉拔过程中，由于冷变形的加工硬化作用，拉拔金属的强度不断升高而塑性下降，甚至使塑性耗尽，再也不能进行加工，因此在整个拉拔过程中间需要进行相应的热处理，恢复金属的塑性，使拉拔进行下去。

中间退火次数用下式确定：

$$n_1 = \frac{\ln\lambda_\Sigma}{\ln\overline{\lambda'}} \tag{10-4}$$

式中　n_1——中间退火次数；

λ_Σ——由坯料至成品的总伸长系数；

$\overline{\lambda'}$——两次退火间的允许的伸长系数。

对于固定短芯头拉管，中间退火次数还可用下式计算：

$$n_1 = \frac{n}{\overline{n}} - 1 \tag{10-5}$$

式中　n——总拉拔道次数；

$\overline{n}$——两次退火间的平均拉拔道次数，见表10-2。

中间退火次数的关键是$\overline{\lambda'}$值，$\overline{\lambda'}$太大或太小都会影响生产效率和成品率。若$\overline{\lambda'}$太小，则金属塑性不能充分利用，会增加中间退火次数，使生产效率和成品率降低；反之，若$\overline{\lambda'}$太大，则中间退火次数虽然减少了，但易造成拉拔制品出现裂纹、断头、拉断等。因此，值$\overline{\lambda'}$要根据生产实践经验确定，如表10-3所示。

10.1.1.3　拉拔道次及道次伸长系数的分配

A　拉拔道次的确定

拉拔道次n根据总伸长系数λ_Σ和道次的平均系数$\overline{\lambda}$（表10-3）确定：

$$n = \frac{\ln\lambda_\Sigma}{\ln\overline{\lambda}} \tag{10-6}$$

B　道次伸长系数的分配

道次伸长系数的分配通常采用两种方法：

（1）平均分配法。对于像铜、铝、镍和白铜那样塑性好、冷硬速率慢的材料，除前后两道次外，中间各道次均给以较大的伸长系数。

第一道次采用较小的伸长系数是由于开始拉拔时坯料存在着较大的尺寸偏差以及退火后的表面有残酸、氧化皮等；为了精确地控制成品的尺寸公差，最后一道次一般也采用较小的伸长系数。

（2）逐道次递减法。对于像黄铜一类的合金，其冷硬速率很快，稍给予冷变形后，强度就急剧上升使继续加工发生困难。因此，在退火后的第一道次尽可能采取较大的变形程度，随后逐渐减小，并在拉拔 2 ~ 3 道次后进行退火。

表 10-2 固定短芯头拔管时的 n 值

合 金	两次退火间的平均拉拔道次数 $\bar{n}$
紫铜、H96	不限
H62	1 ~ 2（空拉管材除外）
H68 HSn70-1	1 ~ 3（空拉管材除外）
QSn7-0.2 QSn6.5-0.1	3 ~ 4（空拉管材除外）
直径大于 100mm 的铜管材	1 ~ 5

表 10-3 各类金属拉拔时 $\overline{\lambda'}$ 和 $\bar{\lambda}$ 的经验值

游 动 芯 头 拉 管

合 金	两次退火间的平均拉拔道次 $\bar{n}$	道次平均伸长系数 $\bar{\lambda}$
紫 铜	不限	1.65 ~ 1.75
HAl77-2	3	1.70
H68、HSn70-1	2.5	1.65

棒 材 拉 拔

合 金	两次退火间的平均总伸长系数 $\overline{\lambda'}$	道次平均伸长系数 $\bar{\lambda}$
紫铜、H96	不 限	1.22 ~ 1.44
H90 ~ H80	1.67 ~ 6.67	1.25 ~ 1.44
H68	1.43 ~ 3.31	1.11 ~ 1.82
H62、HPb63-0.1、HMn58-2	1.25 ~ 1.82	1.19 ~ 1.43
H59、HPb59-1、HSn62-1、HFe59-1-1	1.17 ~ 1.82	1.17 ~ 1.33
HPb63-3	1.67 ~ 2.5	1.17 ~ 2.0
锡磷青铜	1.67 ~ 3.31	1.19 ~ 1.54

在实际生产中，最后成品道次的伸长系数 λ_k，往往近似按下式选取：

$$\lambda_k \approx \sqrt{\bar{\lambda}} \tag{10-7}$$

而其余道次的伸长系数根据上述分配原则确定。

对每一道次的拉拔力都要进行计算，从而确定出每一道次的安全系数。安全系数过大或过小都是不适宜的，必要时需要重新设计计算。

10.1.2 拉拔配模设计计算

10.1.2.1 单模拉拔配模计算

A 圆棒拉拔配模计算

一般来说，圆棒拉拔配模有 3 种情况：

(1) 给定成品尺寸和坯料尺寸，计算各道次的尺寸。

(2) 给定成品尺寸并要求获得一定的力学性能。

(3) 只要求成品尺寸。

对最后一种情况，在保证制品表面质量的前提下，坯料的尺寸应尽可能接近成品尺寸，以求通过最少的道次拉拔出成品。

B 型材拉拔配模计算

用拉拔方法可以生产大量各种形状的型材，如三角形、方形、矩形、六角形、梯形以及较复杂的对称和非对称型材。与挤压、轧制一样，拉拔型材时最主要的也是变形不均匀问题，因此，型材拉拔配模的关键是尽量减小不均匀变形。

在实际生产中，型材配模计算常常采用 B. B. 兹维列夫提出的“图解设计法”进行，具体步骤如下（见图 10-2）：

（1）选择形状尽可能接近成品形状但又简单的坯料，坯料的断面尺寸应满足成品的力学性能和表面质量的要求。

（2）参考与成品同种金属、断面积又相等的圆断面制品的配模设计，初步确定拉拔道次、道次伸长系数以及各道次的断面积（F_1、F_2、F_3、…）。

（3）将坯料和成品断面的形状放大 10 ~ 20 倍，然后将成品的图形置于坯料的断面外形轮廓中，在使它们的重心尽可能重合的同时，力求坯料与型材轮廓之间的最短距离在各处相差不大，以便使变形均匀。

（4）根据型材断面的复杂程度，在坯料外形轮廓上分 30 ~ 60 个等距离的点。通过这些点作垂直于坯料与型材外形轮廓且长度最短的曲线。这些曲线应该就是金属在变形时的流线。在画金属流线时应注意到这样的特点：金属质点在向型材外形轮廓凸起部分流动时彼此逐渐靠近，而在向其凹陷部分流动时彼此逐渐散开（见图 10-2 中的 m 与 n 处）。

（5）按照 $\sqrt{F_0}-\sqrt{F_1}$、$\sqrt{F_1}-\sqrt{F_2}$、…、$\sqrt{F_{k-1}}-\sqrt{F_k}$ 值比例将金属流线分段，然后将相同的段用曲线圆滑地连接起来，这就画出了各模子的定径区的断面形状。为了获得正确的正交网，在金属流线比较疏的部分可作补助的金属流线。

（6）设计模孔，计算拉拔力和校核安全系数。

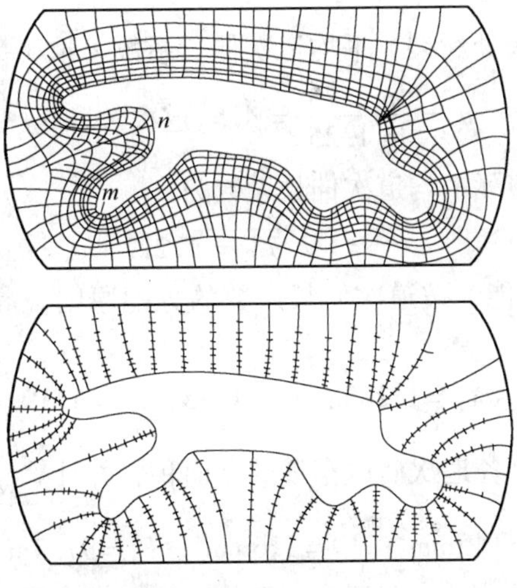

图 10-2 用图解法设计空心导线用的型材配模

［例 10-1］ 紫铜电车线（见图 10-3）断面积为 $85mm^2$，最低抗拉强度不小于 362. 8MPa。试

进行配模计算。

［解］

（1）查 $\sigma_b-\lambda$ 曲线如图 10-4 所示。为了保证最低抗拉强度 σ_b 不小于 362.8MPa，最小伸长系数约为 2.0。根据电车线的偏差，其最大断面积为 $86.7mm^2$，故线杆最小断面积应为 $86.7\times2.0\approx173.4mm^2$。

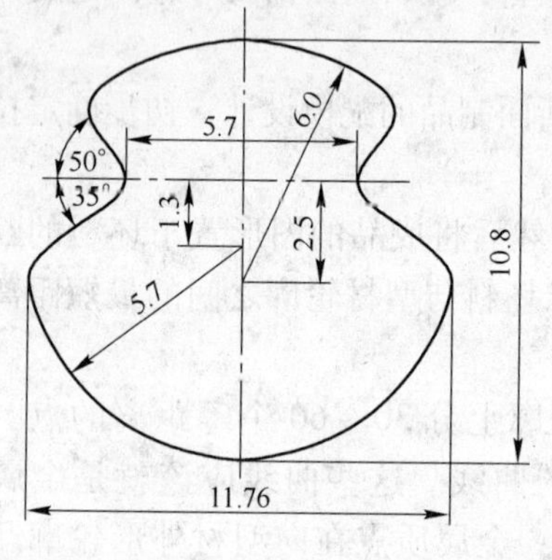

图 10-3　断面 $85mm^2$ 电车线的形状和尺寸

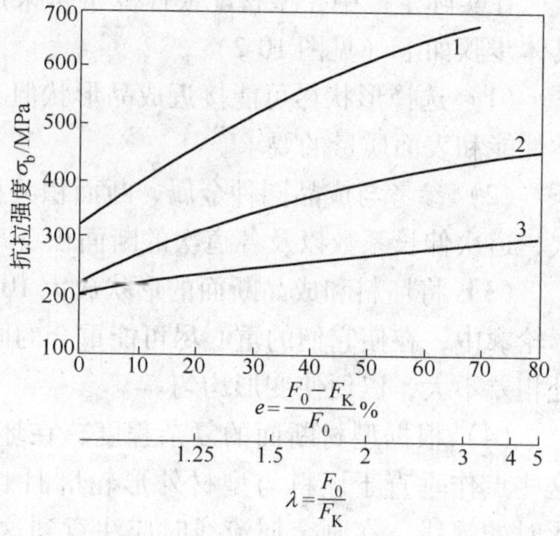

图 10-4　紫铜抗拉强度与变形程度之间的关系

根据电车线断面形状选用圆线杆最为适宜，则线杆最小直径约为 ϕ14.9mm。根据工厂供给的线杆规格，选用 ϕ16.5mm。考虑正偏差，线杆直径为 ϕ17mm（$F_{0max}=227mm^2$）。

（2）考虑成品的负偏差，电车线的最小断面积为 $F_{kmin}=83.3mm^2$，故其可能的最大伸长系数为：

$$\lambda_\Sigma=\frac{F_0}{F_1}=\frac{227}{83.3}=2.73$$

为了避免拉拔时在焊头处断裂，平均道次伸长系数 $\bar{\lambda}$ 取 1.25，则道次数 n 为：

$$n=\frac{\ln 2.73}{\ln 1.25}=4.5\text{，道次数取 5}$$

由于道次增加，故其实际平均道次伸长系数为：

$$\bar{\lambda}=\sqrt[5]{2.73}=1.222$$

（3）根据铜的加工性能，按道次伸长系数的分配原则，参照平均道次伸长系数，将各道次伸长系数分配如下：

$$\lambda_1=1.245;\ \lambda_2=1.265;\ \lambda_3=1.25;\ \lambda_4=1.19;\ \lambda_5=1.17$$

（4）根据 $\lambda_i=\frac{F_{i-1}}{F_i}$ 计算各道次后电车线的截面积，并计算 $\sqrt{F_{i-1}-F_i}$ 值：

$$F_1=183mm^2;\ F_2=145mm^2;\ F_3=116mm^2;\ F_4=97.5mm^2;\ F_5=83.3mm^2$$

$$\sqrt{F_0}-\sqrt{F_1}=1.54mm^2;\ \sqrt{F_1}-\sqrt{F_2}=1.49mm^2;\ \sqrt{F_2}-\sqrt{F_3}=1.27mm^2$$

$$\sqrt{F_3}-\sqrt{F_4}=0.90mm^2;\ \sqrt{F_4}-\sqrt{F_5}=0.74mm^2$$

（5）按照上面所得的各道次线段数值将所有金属流线按比例分段，将相同道次线段连线即构成各道次的断面形状如图 10-5 所示。

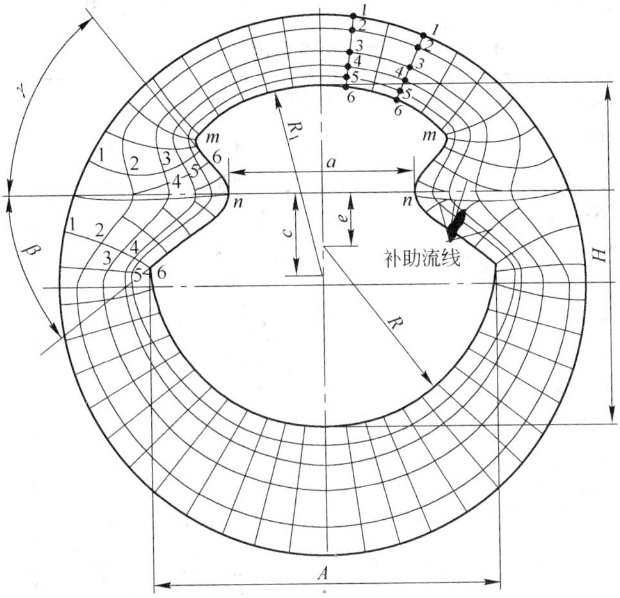

图 10-5 85mm² 电车线配模图

(6) 确定各道次的模孔尺寸，计算拉拔力并校核安全系数（从略）。

上述配模的结果列于表 10-4。可见各道次的大、小扇形断面的伸长系数相差较小，故不致引起较大的不均匀变形，可以认为结果是合理的。

表 10-4 85mm² 电车线各道次的断面系数

道次	线尺寸/mm							角度/(°)		断面积/mm²			伸长系数 λ		
	A	H	a	c	e	R	R_1	γ	β	总面积	大扇形	小扇形	总面积	大扇形	小扇形
1	15.6	15.6	12.1	2.5	2.5	7.8	7.25	78	53	183	131	52	1.24	1.22	29
2	14.0	13.9	9.6	2.5	2.3	7.0	7.15	68	46	145	105	40	1.26	1.25	1.0
3	12.8	12.6	7.8	2.5	2.1	6.5	6.65	62	43	116	84	32	1.25	1.25	1.25
4	12.0	11.5	6.8	2.5	1.7	6.2	6.28	57	41	97.5	70.5	27	1.19	1.195	1.1
5	11.7	10.8	5.7	2.5	1.3	6.0	6.0	50	35	83.3	60.7	22.6	1.17	1.16	1.19

C 圆管拉拔配模

a 固定短芯头拉管配模

固定短芯头拉拔所用的坯料可以由挤压管、冷轧管或热轧管供给，在拉拔时，由于金属与工具接触摩擦面较大，故道次伸长系数较小。

对塑性良好的金属，如紫铜、铝和白铜等管材，道次伸长系数最大可达 1.7 左右，两次退火间的总伸长系数可达 10，一般来说，可以一直拉拔到成品而无需中间退火。大直径管材（ϕ300 ~600mm）的道次伸长系数和两次退火间的伸长系数主要受拉拔设备能力的限制，通常，拉拔 2 ~5 道次后退一次火，道次伸长系数为 1.10 ~1.30。

对于冷硬速率快的金属如 H62、H68、HSn70-1、硬铝等管材，一般在拉拔 1 ~3 道次后即需进行中间退火，道次伸长系数最大也可达到 1.7 左右，一般道次平均伸长系数为 1.30 ~ 1.50。表 10-5 是国内采用固定短芯头拉拔各种金属管材时常用的伸长系数。

表 10-5　固定短芯头拉管时采用的伸长系数

金属与合金	两次退火间的总伸长系数 $\overline{\lambda'}$	道次伸长系数
T_2、TU_1、TUP、H96	不　限	1.2 ~ 1.7
H68、HAl77-2	1.67 ~ 3.3	1.25 ~ 1.60
H62、HPb63-0.1	1.25 ~ 2.23	1.18 ~ 1.43
HSn70-1	1.67 ~ 2.23	1.25 ~ 1.67
HSn62-1	1.25 ~ 1.83	1.18 ~ 1.33
HPb59-1	1.13 ~ 1.54	1.18 ~ 1.25
QSn4-0.3	1.67 ~ 3.3	1.18 ~ 1.43
B30、BFe30-1-1、BFe5-1、BZn15-20	1.67 ~ 3.3	1.18 ~ 1.43
NCu28-2.5-1.5、NCu40-2-1	1.43 ~ 2.23	1.18 ~ 1.33
L2 ~ L6	1.20 ~ 2.8	1.20 ~ 1.40
LD2、LF21	1.20 ~ 2.2	1.2 ~ 1.35
LF2	1.1 ~ 2.0	1.1 ~ 1.30
LY11	1.10 ~ 2.0	1.1 ~ 1.30
LY12	1.1 ~ 1.70	1.10 ~ 1.25

固定短芯头拉拔时，管子外径减缩量一般为 2 ~ 8mm，其中小管用下限，大管用上限。只有对于 $\phi > 200$mm 的退火紫铜管，其减径量达 10 ~ 12mm。道次减径量不宜过大，以免形成过长的“空拉头”，即管子前端与芯头接触的厚壁部分；此外，还会使金属的塑性不能有效地用于减壁上，因为衬拉的目的主要是使管坯的壁厚变薄，也就是说，在衬拉配模时应遵循“少缩多薄”原则。“少缩多薄”也有利于减小不均匀变形，减少空拉阶段时的壁厚增量和使芯头很好地对中，减少管子偏心。对于铝合金管，减壁量过大还会降低其内表面质量。固定短芯头拉拔时不同金属的道次减壁量，如表 10-6 所示。

表 10-6　固定短芯头拉拔不同金属时的道次减壁量

管坯壁厚	紫铜、H96 铝、LF21	H68、H62、HSn70-1、HAl77-2、LY11、LY12		HPb59-1、HSn62-1、LF5、LF6、LF11、LF12		镍及镍合金	白铜	QSn4-0.3
		退火后第一道次	第二道次	退火后第一道次	第二道次			
<1.0	0.2	0.2	0.1	0.15	—	0.15	0.20	0.15
1.0 ~ 1.5	0.4 ~ 0.5	0.3	0.15	0.20	—	0.20	0.30	0.30
1.5 ~ 2.0	0.5 ~ 0.7	0.4	0.20	0.20	—	0.30	0.40	0.40
2.0 ~ 3.0	0.6 ~ 0.8	0.5	0.25	0.25	—	0.40	0.50	0.50
3.0 ~ 5.0	0.8 ~ 1.0	0.6 ~ 0.8	0.2 ~ 0.3	0.30	—	0.50	0.55	0.60
5.0 ~ 7.0	1.0 ~ 1.4	0.8	0.3 ~ 0.4	—	—	0.65	0.70	0.70
>7.0	1.2 ~ 1.5	—	—	—	—	—	—	—

在拟定拉拔配模时，为了便于向管子里放入芯头，任一道次拉拔前管子的内径 d_n 必须大于芯头的直径 d'_n，一般为

$$d_n - d'_n \geqslant a \tag{10-8}$$

式中，$a = 2 \sim 3\text{mm}$。

因此，管坯的内径 d_0 与成品管材内径 d_k 之间应满足下面条件：

$$d_0 - d_k \geqslant na \tag{10-9}$$

式中　n——拉拔道次。

管材每道次的平均伸长系数要遵守下列关系：

$$\lambda_\Sigma = \frac{F_0}{F_k} = \frac{\pi(D_0 - S_0)S_0}{\pi(D_k - S_k)S_k} = \frac{\overline{D}_0 \cdot S_0}{\overline{D}_k \cdot S_k} = \lambda_{\overline{D}\Sigma} \cdot \lambda_{S\Sigma} \tag{10-10}$$

$$\overline{\lambda} = \sqrt[n]{\lambda_\Sigma} = \sqrt[n]{\lambda_{\overline{D}\Sigma} \cdot \lambda_{S\Sigma}} = \overline{\lambda_{\overline{D}}} \cdot \overline{\lambda_S} \tag{10-11}$$

式中　$\lambda_{\overline{D}\Sigma}$，$\lambda_{S\Sigma}$——与总伸长系数相对应的管子平均直径总伸长系数和壁厚总伸长系数；

$\overline{\lambda_{\overline{D}}}$，$\overline{\lambda_S}$——管子道次的平均直径伸长系数与壁厚平均伸长系数。

上式说明管子每道次的平均伸长系数 $\overline{\lambda}$ 等于相应的平均直径伸长系数$\overline{\lambda_{\overline{D}}}$与壁厚平均伸长系数$\overline{\lambda_s}$的乘积。表 10-7 为固定短芯头拉拔管材时的直径与壁厚道次伸长系数。

表 10-7　固定短芯头拉拔管材时的直径与壁厚道次伸长系数

金属和合金	管子拉拔前内径/mm	采用的道次伸长系数	
		$\lambda_{\overline{D}}$	λ_S
紫　铜	4 ~ 12	1.25 ~ 1.35	1.13 ~ 1.18
	13 ~ 30	1.35 ~ 1.30	1.15 ~ 1.13
	31 ~ 60	1.30 ~ 1.18	1.13 ~ 1.10
	61 ~ 100	1.18 ~ 1.03	1.10 ~ 1.03
	101 以上	1.03 ~ 1.02	1.03 ~ 1.02
黄　铜	4 ~ 12	1.25 ~ 1.35	1.13 ~ 1.18
	13 ~ 30	1.30 ~ 1.25	1.16 ~ 1.15
	31 ~ 60	1.25 ~ 1.10	1.15 ~ 1.06
	61 ~ 100	1.10 ~ 1.08	1.06 ~ 1.02
铝及其合金	14 ~ 20	1.18 ~ 1.28	1.10 ~ 1.15
	21 ~ 30	1.18 ~ 1.13	1.14 ~ 1.08
	31 ~ 50	1.12 ~ 1.11	1.05 ~ 1.06
	51 ~ 80	1.10 ~ 1.09	1.01 ~ 1.02
	80 ~ 100	1.09 ~ 1.08	1.02 ~ 1.015
	100 以上	1.07 ~ 1.05	1.02 ~ 1.01

另外，在保证管子力学性能的条件下，为了获得光洁的表面，管坯壁厚 S_0 必须大于成品管的壁厚 S_k。当 $S_k \leqslant 4.00$ 时，$S_0 = S_k + 1 \sim 2\text{mm}$；当 $S_k > 4.00\text{mm}$ 时，$S_0 \geqslant 1.5S_k$。亦可用表 10-1 所给出的数据。

［例 10-2］ 拉拔紫铜管 $\phi 20^{\pm 0.1} \times 1.0^{\pm 0.03}$ mm 的配模计算。技术条件：抗拉强度 $\sigma \geqslant 353.0\text{MPa}$。

［解］

（1）确定坯料断面尺寸。考虑成品偏差，成品的最大、最小断面积为：

$$F_{k\max} = \pi(D_{k\max} - S_{k\max})S_{k\max}$$

$$= \pi(20.1-0.43)\times 0.43$$
$$=32.6$$
$$F_{k\,min} = \pi(D_{k\,min} - S_{k\,min})S_{k\,min}$$
$$= \pi(19.9-0.47)\times 0.47$$
$$=28.6$$

根据材料强度与伸长系数关系曲线，查得所需伸长系数为1.65，则所需坯料的最小断面积为：

$$F_{0min} = 1.65\times 32.6 = 53.8\text{mm}^2$$

根据工厂产品目录，选择挤压管坯尺寸为$\phi 27.1^{\pm 0.1}\times 2^{\pm 0.05}$mm，则所选管材的最大断面积为：

$$F_{0max} = \pi(27.1-2.05)\times 2.05 = 161.3\text{mm}^2$$

最大的（计算）总伸长系数为：

$$\lambda_{\Sigma max} = \frac{F_{0\,max}}{F_{k\,min}} = \frac{161.3}{28.6} = 5.6$$

（2）查表取平均伸长系数$\overline{\lambda} = 1.5$，则道次数为：

$$n = \frac{\ln\lambda_{\Sigma}}{\ln\overline{\lambda}} = \frac{\ln 5.6}{\ln 1.5} = 4.25\text{，取 } n = 5$$

道次数增加，故平均道次伸长系数为：

$$\overline{\lambda'} = \sqrt[5]{\lambda_{\Sigma}} = \sqrt[5]{5.6} = 1.41$$
$$\lambda_{\overline{D}\Sigma} = \frac{\overline{D_0}}{\overline{D_k}} = \frac{25.05}{19.43} = 1.29$$
$$\overline{\lambda_{\overline{D}}} = \sqrt[5]{\lambda_{\overline{D}\Sigma}} = \sqrt[5]{1.29} = 1.05$$
$$\lambda_{S\Sigma} = \frac{S_0}{S_k} = \frac{2.05}{0.47} = 4.35$$
$$\overline{\lambda_S} = \sqrt[5]{\lambda_{S\Sigma}} = \sqrt[5]{4.35} = 1.34$$

（3）根据铜的加工性能，按道次伸长系数的分配原则，参考壁厚平均伸长系数和直径平均系数值，将伸长系数分配如下：

直径伸长系数　$\lambda_{\overline{D}1} = \lambda_{\overline{D}2} = \lambda_{\overline{D}3} = \lambda_{\overline{D}4} = \lambda_{\overline{D}5} = 1.05$

壁厚伸长系数　$\lambda_{S1} = 1.45$；$\lambda_{S2} = 1.40$；$\lambda_{S3} = 1.38$；$\lambda_{S4} = 1.35$；$\lambda_{S5} = 1.15$

所以各道次的伸长系数为：

$$\lambda_1 = \lambda_{\overline{D}1}\times\lambda_{S1} = 1.45\times 1.05 = 1.51$$
$$\lambda_2 = \lambda_{\overline{D}2}\times\lambda_{S2} = 1.40\times 1.05 = 1.48$$
$$\lambda_3 = \lambda_{\overline{D}3}\times\lambda_{S3} = 1.38\times 1.05 = 1.45$$
$$\lambda_4 = \lambda_{\overline{D}4}\times\lambda_{S4} = 1.35\times 1.05 = 1.44$$
$$\lambda_5 = \lambda_{\overline{D}5}\times\lambda_{S5} = 1.15\times 1.05 = 1.21$$

（4）各道次制品尺寸计算。各道次的平均直径：

$$\overline{D_4} = \overline{\lambda_{\overline{D}}}\times\overline{D_5} = 1.05\times 19.43 = 20.40\text{mm}$$
$$\overline{D_3} = \overline{\lambda_{\overline{D}}}\times\overline{D_4} = 1.05\times 20.40 = 21.40\text{mm}$$

$$\overline{D_2} = \lambda_{\overline{D}} \times \overline{D_3} = 1.05 \times 21.40 = 22.50\text{mm}$$
$$\overline{D_1} = \lambda_{\overline{D}} \times \overline{D_2} = 1.05 \times 22.50 = 23.70\text{mm}$$
$$\overline{D_0} = \lambda_{\overline{D}} \times \overline{D_1} = 1.05 \times 23.70 = 25.05\text{mm}$$

（5）验算各道次的拉拔力及安全系数。表 10-8 所列为 ϕ27mm × 2mm 管坯拉拔到 ϕ20mm × 1mm，管子各道次的主要参数情况。

表 10-8 用固定短芯头拉拔时各道次的主要参数

参 数	坯 料	道 次				
		1	2	3	4	5
$\lambda_{\overline{D}}$		1.05	1.05	1.05	1.05	1.05
$\overline{D}$/mm	25.05	23.7	22.5	24.4	20.40	19.43
λ_S		1.44	1.41	1.38	1.35	1.15
D/mm	27.1	25.15	23.56	22.15	20.58	19.90
d/mm	23.00	22.25	21.44	20.05	19.80	18.96
a/mm		0.75	0.81	0.78	1.15	0.54
F/mm^2	158	107	75	50.5	34.6	28.6
λ		1.51	1.48	1.45	1.44	1.21

b 游动芯头拉管配模

游动芯头拉拔与固定短芯头拉拔相比，具有许多的优点。例如：它可以改善产品的质量，扩大产品品种；可以大大提高拉拔速度；道次加工率大，对紫铜固定短芯头拉拔，伸长系数不超过 1.5，用游动芯头可达 1.9；工具的使用寿命高，在拉拔 H68 管材时的使用寿命比固定短芯头的高达 1 ~3 倍，特别是对拉拔铝合金、HAl77-2、B30 一类易黏结工具的材料效果更为显著；有利于实现生产过程的机械化和自动化。

游动芯头拉拔配模除应遵守第 8 章所规定的原则外，还应注意，减壁量必须有相应的减径量配合，不满足此要求，将导致管内壁在拉拔时与大圆柱段接触，破坏力平衡条件，使拉拔不能正常进行。

当模角 $\alpha = 12°$，芯头锥角 $\beta = 9°$时，减径量与减壁量应满足下列关系：

$$D_1 - d \geqslant 6\Delta s \tag{10-12}$$

式中 D_1，d——游动芯头大小圆柱段直径；

s——道次减壁量。

实际上，由于在正常拉拔时芯头不处于前极限位置，所以在 $D_1 - d \leqslant 6\Delta s$ 时仍可拉拔。$D_1 - d$ 与 Δs 之间的关系取决于工艺条件，根据现场经验，在 $\alpha = 12°$、$\beta = 9°$，用乳液润滑拉拔铜及铜合金管材时，式（10-12）可改为：

$$D_1 - d \geqslant (3 \sim 4)\Delta s \tag{10-13}$$

由于配模时必须遵守上述条件，故与用其他衬拉方法相比较，游动芯头拉拔的应用受到一定的限制。

游动芯头拉拔铜、铝及合金的伸长系数列于表 10-9、表 10-10。

表 10-9　铜及其合金游动芯头直线拉拔的伸长系数

合　金	道次最大伸长系数		平均道次伸长系数	两次退火间伸长系数
	第一道次	第二道次		
紫铜	1.72	1.90	1.65～1.75	不限
HAl77-2	1.92	1.58	1.70	3
H68、HSn0-1	1.80	1.50	1.65	2.5
H62	1.65	1.40	1.50	2.2

表 10-10　20～30mm 铝管直线与盘管拉拔时的最佳伸长系数

道　次	14.7kN 链式拉拔机		1525mm 圆盘拉拔机	
	道次伸长系数	总伸长系数	道次伸长系数	总伸长系数
1	1.92		1.71	
2	1.83	4.51	1.67	2.85
3	1.76	6.20	1.61	4.60

[例 10-3]　拉拔 HAl77-2，ϕ30mm×1.2mm，长 14m 冷凝管的配模计算。

[解]

(1) 选择坯料。根据工厂条件及成品管材长度要求，选择拉拔前坯料的规格为 ϕ45mm×3mm，它是由 ϕ195mm×300mm 铸锭经挤压（ϕ65mm×7.5mm）、冷轧（ϕ45mm×3mm）及退火工序而生产的。

(2) 确定拉拔道次及中间退火数。查表，平均道次伸长系数取 $\overline{\lambda}=1.7$，两次退火间的平均伸长系数 $\overline{\lambda'}=3$，则拉拔道次数 n 和中间退火数 n_1 为：

$$\lambda_{\Sigma}=\frac{F_0}{F_k}=\frac{(45-3)\times 3}{(30-1.2)\times 1.2}=3.65$$

$$n_1=\frac{\ln\lambda_{\Sigma}}{\ln\overline{\lambda'}}=\frac{\ln 3.65}{\ln 3}=1.17$$

$$n=\frac{\ln\lambda_{\Sigma}}{\ln\overline{\lambda}}=\frac{\ln 3.65}{\ln 1.7}=2.24$$

取 $n=3$，$n_1=1$；并将退火安排在第一道之后。

实际平均道次伸长系数　$\overline{\lambda}=1.54$

(3) 确定各道拉拔后管子的尺寸、芯头小圆柱段于大圆柱段直径。

1) 各道拉拔时的减壁量初步分配为：

0.9mm→退火→0.6mm→0.3mm

计算各道的壁厚，见表 10-11。

2) 选取拉模模角，确定芯头小圆柱段、大圆柱段直径 d_1、D_1。计算 D_1-d，进行检查，D_1-d 均符合各道拉拔时减壁量的要求，并符合芯头规格统一化要求。

3) 游动芯头大圆柱段直径与管坯内径的间隙选为：

0.8mm→退火→1.0mm→0.6mm

从而可以计算各道次拉拔后管子的尺寸。

4）计算各道伸长系数，对各道次进行验算，检查其是否在允许范围内及其分配的合理性，并进行必要的调整。

表 10-11　游动芯头拉拔时各道次的参数计算

工序名称	拉拔后管子尺寸/mm			减壁量 ΔS /mm	间隙 a /mm	游动芯头直径/mm			伸长系数 λ	拉拔后管子长度 /mm
	D	d	S	S	a	D_1	d	D_1-d		
坯料	45	39	3							4.3
第一道拉拔	38.4	34.2	3.1	0.9	0.8	38.2	34.2	4	1.65	6.9
退火										
第二道拉拔	33.2	1.5	1.5	0.6	1.0	33.2	30.2	3	1.615	10.7
第三道拉拔	30	1.2	1.2	0.3	0.6	29.6	27.6	2	1.38	14.8

10.1.2.2　多模连续拉拔配模

与一般单模拉拔配模不同，多模连续拉拔配模的伸长系数分配与拉线机原始设计的绞盘速比有关。

多模连续拉拔配模分为滑动式多模连续拉拔配模和无滑动式多模连续拉拔配模。对储线式无滑动拉线机，由于各绞盘上的线圈储存量可以调节拉拔过程，故对配模的要求不甚严格。滑动式拉线机，由于 $\lambda_n > \gamma_n$（λ_n——道次的伸长系数；γ_n——相邻两绞盘的速比）是其拉拔的基本条件，因此其配模应根据 $\lambda_n > \gamma_n$ 按一定的滑动系数 τ_n 来确定各模孔的孔径。

拉线机上道次伸长系数的分配有等值的与递减的两种。目前在大拉拔机上对铜均采用递减的伸长系数，对铝则用等值的伸长系数；在中、小、细与微拉机上也采用等值伸长系数。道次伸长系数一般为 1.26。但是，由于拉线速度的不断提高，为了减少断线次数将道次伸长系数降至 1.24 左右。对大拉拔机，由于拉拔的线较粗，速度较低，故道次伸长系数可达 1.43 左右。为了控制出线尺寸的精度，一些拉线机，例如小拉线与细拉线机上最后一道的伸长系数很小，大约为 1.16 ~ 1.06。此外，为了提高线材的质量和减少绞盘的磨损，趋向于按百分之几到 15% 的滑动率配模。

线材多模连续拉拔配模的具体步骤是：

（1）根据所拉拔的线材和线坯直径选择拉线机，在正常情况下，拉线消耗的功率不会超过拉线机的功率。

（2）计算由线坯到成品总的伸长系数 λ_Σ，确定拉拔道次 n 并分配道次伸长系数。

（3）根据现有拉线机说明书查得各道次绞盘速比，并计算总速比 γ_Σ。

$$\gamma_\Sigma = \frac{v_k}{v_1} = \gamma_1\gamma_2\gamma_3\cdots\gamma_k \tag{10-14}$$

（4）根据总伸长系数 λ_Σ 和总速比 γ_Σ 计算总的相对滑动系数 τ_Σ。

$$\tau_\Sigma = \frac{\lambda_\Sigma/\lambda_1}{\gamma_\Sigma} \tag{10-15}$$

（5）确定平均相对滑动系数 $\bar{\tau}$。

$$\bar{\tau} = \sqrt[k-1]{\tau_{\Sigma}} \tag{10-16}$$

（6）根据$\bar{\tau}$值的大小按照道次伸长系数的分配原则分配各道次的滑动系数τ_1、τ_2、τ_3、…、τ_k，并根据$\lambda_n = \tau_n \cdot \gamma_n$计算各道次的伸长系数$\lambda_1$、$\lambda_2$、$\lambda_3$、…、$\lambda_k$。

（7）根据$F_n = \lambda_n F_{n-1}$，由后至前计算各道的线材直径及断面积。

（8）根据$v_{n-1} = v_n/\lambda_n$计算各道的线速，求出各道次的滑动值。

（9）计算拉拔力，校核安全系数。或直接上机试用。

[例10-4] 直径为$\phi 7.2$mm的紫铜热轧线坯，拉拔直径为$\phi 1.6$mm的铜丝配模计算。

[解]

（1）根据所用线坯直径和成品尺寸，在Ⅱ-9模滑动式拉线机上进行拉拔。

（2）根据线坯和成品的尺寸，计算总的伸长系数及拉拔道次。

$$\lambda_{\Sigma} = \frac{F_0}{F_n} = \frac{7.2^2}{1.6^2} = 20.25$$

取平均道次伸长系数为1.43，则拉拔道次为：

$$n = \frac{\ln 20.25}{\ln 1.43} = 8.4\text{，取9道次}$$

（3）计算速比。在Ⅱ-9模拉拔机上有三级速度，如表10-12所示。

表10-12　Ⅱ-9模拉拔机上有三级速度

绞盘序号	1	2	3	4	5	6	7	8	9
一级速度	1.445	1.8	2.252	2.81	3.53	4.41	5.504	6.86	8.126
二级速度	1.82	2.271	2.833	3.538	4.447	5.543	6.925	8.633	10.244
三级速度	2.741	3.422	4.269	5.331	6.7	8.353	10.434	13.008	15.404

取二级速度时：$\gamma_5 = \frac{v_6}{v_5} = \frac{5.543}{4.447} = 1.2465$，其余按此法计算。

$$\lambda_{\Sigma} = \frac{v_k}{v_1} = \frac{10.244}{1.82} = 5.63$$

根据实际生产情况，取$\lambda_1 = 1.5$，则总滑动系数为：

$$\tau_{\Sigma} = \frac{\lambda_{\Sigma}/\lambda_1}{\gamma_{\Sigma}} = \frac{20.25/1.5}{5.63} = 2.40$$

$$\bar{\tau} = \sqrt[k-1]{\tau_{\Sigma}} = \sqrt[8]{2.40} = 1.115$$

（4）分配滑动系数，计算各道次伸长系数。按递减规律分配各道次的滑动系数$\tau_1 = 1.15$，$\tau_2 = 1.12$，…，$\tau_9 = 1.1$

$\lambda_1 = \tau_1 \cdot \gamma_1 = 1.15 \times 1.248 = 1.55$，其他见表10-13所示。

（5）计算各道次后的线材直径和断面积：

$$F_n = \lambda_n F_{n-1}$$

因为制品直径已知，故由后向前推算得$d_8 = 1.82$

（6）计算线材速度。

$$v_{n-1} = v_n/\lambda_n$$

$$v_8 = v_9/\lambda_9 = 10.244/1.29 = 7.94$$

（7）计算各道次的滑动率。

$$R_8 = \frac{v_8 - v_7}{v_8} \times 100\% = \frac{8.633 - 7.94}{8.633} = 8.03\%$$

（8）计算拉拔力，校核安全系数。（略）

表 10-13　Ⅱ-9 模拉线机上的配模计算结果

模子序号	绞盘圆周速度 /m·s^{-1}	绞盘圆周速比 γ	滑动系数 τ	各道次伸长系数	线材断面积 /mm^2	线材直径 /mm	线材速度 /m·s^{-1}	滑动率 /%
0	—	—	—	—	40.72	7.2	—	—
1	1.82	—	—	1.55	26.24	5.78	0.776	57.36
2	2.71	1.248	1.15	1.44	18.25	4.82	1.117	50.81
3	2.833	1.247	1.12	1.4	13.07	4.08	1.564	47.62
4	3.538	1.249	1.12	1.4	9.348	3.45	2.19	38.1
5	4.447	1.257	1.115	1.4	6.697	2.92	3.067	31.03
6	5.543	1.246	1.115	1.39	4.831	2.48	4.263	23.09
7	6.925	1.249	1.1	1.37	3.53	2.12	5.84	15.67
8	8.633	1.247	1.1	1.36	2.602	1.82	7.94	8.03
9	10.244	1.187	1.1	1.29	2.011	1.6	10.244	

10.2　拔制工艺表的编制

10.2.1　拔制工艺表

拉拔生产是一个多工序循环性生产的过程，车间所生产的产品品种很多，因此在一种新产品投产以前，必须对其生产工艺事先作一个明确的规定，作为组织生产进行生产的依据，这个工作就是编制拔制工艺表。另外，由于同一时间内车间里所进行生产的产品品种也是多种多样的，为了使这样的生产不发生混乱现象，事先编好拔制工艺表是很重要的。

拔制工艺表包括以下内容：生产该产品所用坯料的尺寸、拔制道次，每道的变形量及拔制以后制品的尺寸、拔制方法、模具类型、拔制力、所用设备和中间工序的安排等。此外，有的拔制工艺表还列出了生产一吨产品应投料的数量、每道次后的加工长度和总加工长度，以便安排生产。

从拔制工艺表包含的基本内容可以看出，拔制工艺表编制的合理与否会直接影响到产品的产量、质量和各项消耗等技术经济指标。因此，制定拔制工艺表必须从高产、优质、低耗的前提出发来考虑。为了达到这个目的，在保证产品质量及设备安全的条件下，要求拔制道次和中间工序尽可能少，同时又能使车间的设备负荷均匀以达到均衡生产。

编制拔制工艺表除根据所拔金属的特点及产品的技术条件外，还与具体的生产条件（如拉拔机及各种辅助设备的配置和它们的技术性能，各工序操作情况等）有关。因此，各车间都应有根据自己的生产特点制定的拔制工艺表，并且在生产实践的基础上不断地进行修改，使它进一步完善。

10.2.2 辅助工序的确定

编制拔制表时，在进行配模计算的同时，还应相应地确定制品生产的工艺过程，即确定坯料和中间制品在拔制前和成品在精整时应顺次进行的辅助工序。下面是需要安排的主要工序和应考虑的问题。

10.2.2.1 连拔

连拔时可省去退火、酸洗等工序，是减少中间工序、提高生产率的好办法。采用连拔时，若出现拔断、制品表面产生大量划道或管材空拉后出现纵裂，则应停止连拔，把制品送去退火。

10.2.2.2 热处理

冷加工后不能进行连拔和连拔以后的制品都要进行中间热处理，以消除加工硬化。成品管要进行成品热处理，使其得到应有的组织和性能。

10.2.2.3 酸洗和润滑

坯料和经过中间热处理的制品，均须进行酸洗，以消除表面氧化皮，并进行表面润滑。成品管根据要求进行或不进行酸洗。

10.2.2.4 锤头和切头

制品的锤头和切头只存在于拉拔的生产过程中。一般每锤一次头，应能拔制 2 ~ 3 次。以后继续拔制时，通常把老头切掉，再重新锤头。若为薄壁管或下道次为空拉，则中间可缩头一次。厚壁管由于缩头困难，一般不采用缩头。

10.2.2.5 中间矫直

拉拔生产中，如果热处理以后制品的弯曲度较大、影响了酸洗打捆或下一个工序的拉拔，应在热处理后安排中间矫直。在用连续式辊底炉进行热处理的情况下，一般不安排中间矫直。

10.2.2.6 检查和修磨

成品必须检查表面质量，发现表面缺陷应在允许范围内进行修磨。根据产品的用途和使用要求，在加工过程中的适当时候还须规定必要的中间检查和修磨工序。

10.3 热处理和酸洗

10.3.1 热处理

10.3.1.1 热处理的目的及类型

在拉拔过程中，为了消除金属因塑性变形产生的加工硬化，恢复其塑性，必须采用相应的热处理工艺。生产中采用的各种热处理工艺按其目的可分为：软化退火、成品退火、消除内应力退火、淬火和时效等。

（1）软化退火。也称中间退火，其目的是消除冷加工过程中产生的冷作硬化而恢复其塑性。软化退火的温度高于合金的再结晶温度。

（2）成品退火。为了达到成品要求的性能标准和消除内应力所进行的退火。在条件允许时，成品退火最好采用无氧化退火，这样可以免除酸洗，保持金属光泽。

（3）消除内应力退火。为消除制品在冷加工时产生的内力，通常采用在再结晶温度以下的低温退火。退火后的制品，仍能保持硬制品的力学性能。消除内应力退火也可称成品退火。

（4）淬火和时效。少数合金，为了改善其内部组织和性能，进行淬火或时效处理。淬火温度应选择在可使合金元素最大限度地溶入固溶体而不致使合金产生过热，即略低于共晶温度。

10.3.1.2 热处理的工艺要求

（1）铜锌合金的退火要求。铜锌合金可在下列气氛中进行光亮退火：含氢5%～10%和除去水蒸气的分解氨或除去二氧化碳和水蒸气的发生炉煤气中。

退火易脱锌的合金，如H68、HSn70-1、HAl77-2等，当采用煤气炉退火时，用闷炉退火，即把炉温升到高于退火温度，装料后，停止加热，保持正压。

对于含锌量大于20%的黄铜，如H62、H68、HSn70-1、HSn62-1、HPb59-1、HAl77-2、HPb63-3、HP63-0.1硅青铜、锌白铜等拉拔后要及时（一般不超过24h）退火，以防止应力裂纹。

（2）镍合金的退火要求。为了获得光亮的表面和避免因含氧而氢脆，可在离解的和未完全燃烧的氢气中进行，也可在经过干燥，并除去二氧化碳、水蒸气的发生炉煤气中进行。

（3）退火时保护性气氛的选择。保护性气体的选择，原则上取决于被加热物体及其表面的要求。表10-14为一般常用的退火炉气氛。

表10-14 一般常用的退火炉气氛

气体	成分/%							使用范围	说明
	CO_2	CO	H_2	N_2	NH_4	H_2O	其他		
氧化性							空气	用于没有条件使用保护气氛的场合	
水蒸气						H_2O		紫铜	有蒸气凝结
二氧化碳气	CO_2							紫、黄、青铜	
氮气				99				紫、黄、青铜	
氢气			99.8～100					镍及镍合金	
氨气					NH_4			青铜淬火	
液氨分解				25				所有合金退火	紫、黄铜适用于低温退火
真空								所有合金退火	黄铜用低真空
抽真空—通保护气								所有合金退火	单独装置

（4）接触退火时的工艺要求。电阻系数较大的白铜、镍及其镍合金、黄铜以及青铜均可用通电直接加热金属而达到退火的目的。

接触退火时的退火温度可通过金属加热时线膨胀量的变化或用光电控制器来控制，也可用电流的变化及通电时间来控制。

10.3.2 酸洗

10.3.2.1 酸洗过程

热轧坯料或氧化退火后的制品，表面形成一层氧化物，拉拔前一般通过酸洗的方法去掉。有些金属或合金的氧化皮，如镍及镍合金，则需在拉拔1~2个道次后再酸洗去除。

酸洗工序由酸洗、水洗、中和和干燥几个步骤组成。

首先把带有氧化皮的金属浸在一定化学组成及浓度的酸洗液中，经过一段时间取出来。为了从金属表面消除残酸及附在其上的金属粉末，要进行水洗。水洗是用高压水喷射刚酸洗后的金属。为了彻底去掉金属表面上的残酸，使之很快干燥，在拉拔前不致变色，水洗后的金属浸入盛有预热到60~80℃含1%~2%肥皂水中停留一段时间，肥皂和残酸起中和作用，有的还需通热风或电炉来干燥。

酸洗不同的金属，采用不同的酸洗溶液。

重有色金属及其合金通常在硫酸水溶液中进行酸洗，酸洗液的温度为40~60℃。酸液温度过高及硫酸浓度过大时，会使硫酸蒸气过多，妨碍健康。在温度低于30℃时酸洗，酸洗的速度显著降低。为了缩短酸洗时间，经常设法使酸液搅动。酸洗时，由于溶液内硫酸盐的不断提高，硫酸浓度相应降低，因而使酸洗时间逐渐增长，因此酸洗溶液用到一定程度时必须彻底地更换。

酸洗时，通常由两个酸洗槽，一个盛有硫酸盐溶液，进行预酸洗；一个盛有纯洁的硫酸水溶液，预酸洗后金属的进一步酸洗。当酸洗液中硫酸盐达到一定程度时，就把该溶液放到预酸槽内去。当预酸洗槽溶液不行时，将废液放入结晶装置或电解装置处理器中加以利用。

为了使酸洗后的金属表面光洁和具有本来的颜色，硫酸水溶液酸洗后的金属有的还进行二段酸洗，此时在硫酸溶液中加入2%~6%的重铬酸钾或重铬酸钠。加入重铬酸盐仅在新溶液中有效。随着溶液中酸洗金属的硫酸盐增加，重铬酸盐的作用很快地减弱，为了取得好的效果，要加入大量的新重铬酸盐。

对于在氧化性气氛中进行氧化退火的金属和合金，如铜镍合金、青铜、镍及镍合金，这些金属的氧化物很难溶解在稀酸溶液中，因而采用50% H_2SO_4 +25% HNO_3 +25% H_2O 或75% H_2SO_4 +25% HNO_3 酸溶液进行浓酸洗。

由于硝酸使金属溶解及生成氢气起搅拌作用，加快了酸洗速度，故要及时结束浓酸洗，以免造成过度酸洗降低金属塑性而难于继续变形。

10.3.2.2 酸洗时的注意事项

酸洗液应能使氧化物很快溶解，使主要金属溶解很慢或完全不溶解，应不产生有毒性气体，并且应来源广泛，价格便宜。

酸洗时应注意：

（1）配酸的程序，应先往槽内注水，然后加酸，以防爆炸。

（2）严禁铁器进入酸洗槽中，以防制品表面镀铜。酸洗时，紫铜与黄铜应分开。

（3）酸洗紫铜的硫酸水溶液中，含铜量超过50g/L时，则应重新换酸。酸洗黄铜的硫酸水溶液中，含铜量超过25g/L，含锌量超过50g/L时，则应重新换酸。但当酸液中含盐量没有达到上述规定，而仅酸的浓度低于规定值，则允许向槽中补充一定数量的酸，使达到规定的范围。

（4）为加速镍及镍合金酸洗速度和效果，允许在酸溶液中加入少量的氯化钠。

10.3.2.3　酸洗液的处理

（1）酸洗液的利用。将酸洗液抽到容器里，用蒸发的方法来回收硫酸铜。当温度下降时，硫酸铜在水中的溶解度迅速下降。废酸溶液在蒸发槽内加热，其中水分蒸发直至废液成为硫酸铜的饱和溶液，然后溶液进入布置有许多狭铅带的结晶器中。当冷却时，硫酸铜以铜钒（$CuSO_4 \cdot 5H_2O$）形式在铅带上析出，经过一段时间后，从槽内拿出铅带，取下铜钒。

（2）酸洗液电解再生。当大规模生产时，采用电解法将废液还原为铜及硫酸。这样在收回铜的同时，溶液可送回酸洗槽去继续使用，减少了换酸过程。

所谓电解法就是用酸泵将废液连续地吸入电解槽内，在铜阴极上析出电解铜，在不溶解的铅阳极板上析出氧，电解液中硫酸的浓度不断增加，铜含量逐渐减少。

电解法使酸液再生的方式有两种：间歇式和连续式。将所有的废液打入电解槽内电解，而后流回酸洗槽的方法为间歇式电解。不断地用泵把废液打入电解槽内电解，而后又不断地流回酸洗槽内的方法称为连续式电解。采用循环连续酸洗时，使酸洗溶液连续再生是合理的，故推荐使用。

10.4　拉拔时的润滑

在拉拔过程中，由于工具和制品之间有相对滑动，因此存在着摩擦。摩擦的存在对拉拔过程是不利的，也是拉拔时进行润滑的直接原因。

10.4.1　拉拔时润滑剂的作用及对其要求

10.4.1.1　拉拔时润滑剂的作用

拉拔时，所采用的润滑剂有以下几方面的作用：

（1）能良好的润滑被拉金属的表面及拉拔模孔，形成一层能承受拉拔模孔中的高压力而不破坏薄膜，降低变形区的摩擦力。

（2）能使制品表面获得良好的光洁度，从而提高产品质量。

（3）能带走拉拔时部分热量，可采用较大的加工率和高的拉拔速度。

10.4.1.2　对拉拔润滑剂的要求

拉拔时，由于拉拔方式、条件、产品品种的不同，对润滑剂的要求不尽相同。但是，拉拔用的润滑剂一般都应满足以下要求：

（1）对工具与变形金属表面有较强的黏附能力和耐压性能，在高压下能形成稳定的润滑膜。

（2）有适当的黏度，既能保证润滑层有一定的厚度和较小的流动阻力，又便于喷涂到工具和金属上，并保证使用与清理方便。

（3）对工具及变形金属有一定的化学稳定性。

（4）温度对润滑剂的性能影响小，且能有效地冷却模具与金属。

（5）对人体无害、环境污染最小。

（6）有适当的闪点及着火点。

（7）成本低，资源丰富。

总之，拉拔润滑剂应满足拉拔工艺、经济与环保等方面的要求。

10.4.2 拉拔润滑效果的评定

拉拔时润滑效果好坏的评定有多种方法：如测定比较拉拔力的大小或润滑膜的厚度等，这些方法的缺点是不能把润滑性能和模子的寿命明确地联系起来。利用拉拔后制品表面的平坦率作为判定指标来评定润滑效果，则有效地避免了这一缺陷。

制品表面平坦率的定义为：

$$平坦率=\frac{制品表面平坦的面积}{总测定面积}\times 100\%$$

拉拔时，随着金属的前进，润滑剂进入变形区。变形区内，拔制前金属表面上的突起部分（凸部），在模子压力的作用下发生塑性变形，形成平坦部。而原来金属表面的凹部则被挤进了润滑剂，承受一部分压力。因此，凹部由于充满着润滑剂而处在液体润滑状态，而平坦部分处于边界润滑状态。因此，平坦率小，意味着液体润滑部分的表面积在总面积中所占的比例大，摩擦表面属于液体润滑状态的部分大，这样就改善了润滑性能，提高了模子的使用寿命。也就是说，平坦率越小，拉拔时的润滑效果越好，模子的寿命就越高。

采用拉拔后制品表面的平坦率作为评定拉拔时润滑性能的指标，不但可以预测模子的寿命而且可以据此选择适宜的润滑剂。

10.4.3 拉拔润滑剂

拉拔时所采用的润滑剂根据其在润滑时作用的不同分为润滑涂层和润滑剂。

10.4.3.1 润滑涂层

由于有些金属构成润滑膜的吸附层很慢或者要求采取大量的措施，或者根本不形成吸附层（如铝及铝合金，银、白金等），因此需要对金属表面进行预先处理（打底），在金属表面覆盖一层润滑膜的载体膜（涂层），以使润滑剂能够均匀而牢固地附着在被拔制的金属表面，保证拉拔时的润滑效果。

有色金属及合金的拉拔生产中常用的润滑涂层有：

（1）氧化-涂层处理膜。即是首先把酸洗后除净表面污染膜的湿坯料，放置在室温下潮湿的空气中进行空气氧化或是用阳极氧化法生成氧化膜，然后再浸涂某种涂料，反应生成的预处理膜。钛及其合金拉拔时的润滑即采用此种方法。氧化-涂层处理膜法简便，但易产生粉尘，污染生产环境，故一般仅限于基本上不容许镀其他镀层的情况使用。

（2）硼砂处理膜。即是在黄化处理的基础上用硼砂水代替石灰水。硼砂水溶液一般含5%～30%的硼砂。硼砂处理膜的黏附性好，不易剥落，不污染环境，但吸潮性大，不适于湿度大的环境用。该法常用于碳钢和低合金钢丝的拉拔。

（3）水玻璃处理膜。即是用水玻璃溶液代替石灰水处理。这种处理可防止车间的灰尘污染，使拉拔后的金属免受大气腐蚀。此法可用于碳钢和低合金钢的拉拔，但不适用于使用液体润滑剂的不锈钢的拉拔，以及随后要热镀和涂敷橡胶的线材。

（4）磷酸盐处理膜。此法即是将经过除油清洗，表面洁净的坯料置于磷酸锌、磷酸锰、磷酸铁或磷酸二氢锌溶液中进行处理。

（5）氟磷酸盐处理膜。即将除净表面污染膜的金属放入氟磷酸盐溶液中进行处理。

（6）草酸盐处理膜。在镍合金制品的拉拔中，采用此种表面预处理。

（7）金属镀膜。该方法一般用于总变形量较大的制品拉拔。金属镀膜有化学法和电镀法两种，在拉拔不锈钢时一般用电镀。在拉拔有黏附倾向的金属（如钛、钽、锆）时，常采用盐类电解液镀一层厚度在0.1mm以下的锌、锡、铜或镉，并且随后进行磷酸盐处理，作为预处理表面膜。

（8）树脂膜。该法可克服草酸盐膜变形程度有限以及金属镀层难于去除等问题。近年来，使用较多的是用于奥氏体不锈钢中丝和细丝拉拔及弹簧钢丝自动覆膜的氯系树脂及氯化树脂膜。

10.4.3.2　润滑剂

和润滑涂层一样，润滑剂的合理选择或制备对提高润滑效能具有重要作用。在实际生产中，它直接影响着产品的质量、拉拔时的生产率以及模具消耗等重要的技术经济指标。

润滑剂按其形态分为湿式润滑剂和干式润滑剂。

A　湿式润滑剂

湿式润滑剂使用的比较广泛，按其化学成分，分为以下几种：

（1）矿物油。它属于非极性烃类，通式为C_nH_{2n+2}，是石油产品。常用的矿物油有锭子油、机械油、汽缸油、变压器油以及工业齿轮油等。

矿物油与金属表面接触时只发生非极性分子与金属表面瞬时偶极的互相吸引，在金属表面形成的油膜纯属物理吸附，吸附作用很弱，不耐高压与高温，油膜极易破坏。因此，纯矿物油只适合有色金属细线的拉拔。

矿物油的润滑性质可以通过添加剂改变，扩大其应用范围。

（2）脂肪酸、脂肪酸皂、动植物油脂、高级醇类和松香。它们是含有氧元素的有机化合物，在其分子内部，一端为非极性的烃基，另一端则是极性基。因为这些化合物的分子中极性端与金属表面吸引，非极性端朝外，定向地排列在金属表面上。由于极性分子间的相互吸引，而形成几个定向层，组成润滑膜，润滑膜在金属表面上的黏附较牢固，润滑能力较矿物油强。因此，在金属拉拔时，可作为油性良好的添加剂添加到矿物油中，增强矿物油的润滑能力。

(3) 乳液。乳化液通常由水、矿物油和乳化剂所组成，其中水主要起冷却作用，矿物油起润滑作用，乳化剂使油水乳化，并在一定程度上增加润滑性能。

目前有色金属拉拔所使用的乳液是由 80% ~85% 机油或变压器油；10% ~15% 油酸；5% 的三乙醇胺，把它们配制成乳剂之后，再与 90% ~97% 的水搅拌成乳化液供生产使用。

B　干式润滑剂

与湿式润滑剂相比较，干式润滑剂有承载能力强，使用温度范围宽的优点，并且在低速或高真空中也能发挥良好的润滑作用。干式润滑剂的种类很多，但最常用的是层状的石墨与二硫化钼等。

(1) 二硫化钼。二硫化钼从外观上看是灰黑色、无光泽，其晶体结构为六方晶系的层状结构。

二硫化钼具有良好的附着性能、抗压性能和减磨性能、摩擦系数在 0.03 ~0.15 范围内。二硫化钼在常态下，-60 ~349℃时能很好地润滑，温度达到400℃时，才开始逐渐氧化分解，540℃以后氧化速度急剧增加，氧化产物为 MoS_2 和 SO_2。但在不活泼的气氛中至少可使用到1090℃。此外，MoS_2 还有较好的抗腐蚀性和化学稳定性。

二硫化钼的缺点是颜色黑、难洗涤和污染环境。

(2) 石墨。石墨和二硫化钼相似，也是一种六方晶系层状结构。

石墨在常压中，温度为 540℃时可短期使用，426℃时可长期使用，氧化产物为 CO。摩擦系数在 0.05 ~0.19 范围内变化。石墨具有很高的耐磨、耐压性能以及良好的化学稳定性，是一种较好的固体润滑剂。

(3) 其他。二硫化钨 WS_2 也是一种良好的固体润滑材料，WS_2 比 MoS_2 的润滑性稍好，比石墨稍差。

肥皂粉（硬脂酸钙、硬脂酸钠等）作润滑剂，有较好的润滑性能、黏附性能和洗涤性能。

以脂肪酸皂为基础，添加一定数量的各种添加剂（如极压添加剂、防锈剂等），可作专用于干式拉拔的润滑剂。

10.4.3.3　各种金属材料拉拔使用的润滑剂

拉拔不同的有色金属与合金的各种制品所采用的润滑剂是不同的。表 10-15 为部分实际生产中拉拔铜、镍和铝等金属及其合金常用的润滑剂、成分组成和相应的使用范围。

在使用上述这些润滑剂时，有几点应注意：

(1) 随金属的强度和厚度增大，要提高润滑剂的稠度。

(2) 随拉拔速度的增加，要减小润滑剂的黏度。

(3) 拉线时最常用的是乳液，线材越细，所用乳液的浓度应越低。

(4) 拉拔啮合金管时，最有效的方法是与不锈钢一样，用草酸盐处理加皂化润滑。

由于含硫的极压添加剂会使铜腐蚀形成锈斑，故在拉铜及其合金时应完全避免使用。此外，在拉拔细线时，过剩的游离脂或碱可能导致模孔堵塞，使制品划伤或断线。

使用润滑油循环系统拉拔铝材时，黏附铝的脱落进入润滑剂内成为铝屑会导致润滑油“黑化”，故应采用黏度较小的润滑剂，以减少分离铝屑的困难。

表 10-15　部分实际生产中拉拔铜、镍和铝等金属及其合金常用的润滑剂、成分组成和相应的使用范围

润滑剂类型	成分组成及配比/%	优　点	缺　点	使用范围
乳液	皂片和水	方便，使用广泛	润滑性能不太好	多次中、细拉
	1.3 肥皂 +4.0 机油 + 余量水；或 1.0 肥皂 +3.0 机油 + 余量水	冷却性好，便宜，使用广泛	润滑性较差，使用温度不超过70℃	多次拉拔各种金属
	4.5 三乙醇胺 +4.0 肥皂 +7.5 油酸 +44.0 煤油 + 余量水	较经济，制品表面光滑	需要专门配置	紫、黄、青铜及铜镍合金
	8～10 肥皂 +2～3 机油 +1～2 油酸 +0.2 火碱 + 余量水			光亮紫、黄铜管
	0.5～1.0 肥皂 +3～4 切削油 +0.4 油酸 + 余量水			紫、黄铜及镍合金管
	5 锭子油 +3 油酸 +0.15 硫黄 +0.5 三乙醇胺 + 余量水 5 肥皂 +2 硫黄粉（或 1～2 石墨或硬脂酸铝）+ 余量水			中拉细拉铝材
油性润滑剂	100 剂油，或 81～83 机油 +11～13 油酸 +2～4 三乙醇胺 +1～3 酒精	中等润滑及冷却性能	污染生产环境	单次拉拔各种金属
	10 油酸 +85 变压器油 +5 三乙醇，或 90 植物油 +10 蓖麻油			紫、黄铜管成品
	85～95 变压器油 +5～20 油酸，或 20 牛脂 +80 气缸油			粗拉铝线材
	含硫量小于 1% 的硫化矿物油，蓖麻油，鲸蜡醇，硬脂酸等			粗拉铝线材
	重油或 60 黑机油 +40 高级机油			铝棒型材
黏稠润滑剂	10 石墨 +10 硫黄 + 余量机油	润滑性能好	冷却性差，污染环境	镍及合金，玻青铜
	2 肥皂粉 +3 水胶 +35 石墨乳液 + 余量水	道次加工率大，表面光滑	污染生产环境	热电偶线
	10～15 高速机油 +80.8～86.8 润滑脂 +3～4 氯代链烷烃 +0.2 三乙醇胺			粗拉铝材
	65 煤油 +20.7 硬脂酸钙 +7.8 油酸 +6.5 三乙醇胺			粗拉铝材
粉末润滑剂	肥皂粉	便宜	冷却性能差	镍及合金
	3～5 二硫化钼 + 余量肥皂粉	润滑效果好，使用时间长	表面易出现划道	铜镍合金及镍基合金
固体润滑剂	镀铜 + 铜用润滑剂	牢固、可靠	不经济	镍及合金

在冷拔钛和稀有金属时，需要先进行氧化处理，氟磷酸盐处理和镀软金属等表面处理，然后用二硫化钼、石墨、皂粉、蓖麻油、天然蜡等润滑剂进行润滑处理。表 10-16 为一些钛及稀有金属拉拔时常用的润滑剂及相应的表面处理。

表 10-16　钛及稀有金属拉拔时常用的润滑剂及表面处理

金　属	拉拔制品	表面处理层	润　滑　剂	使　用　方　法
钛	管	氟磷酸盐	二硫化钼水剂	在已晾干的涂层表面上涂以二硫化钼水剂，然后晾干或在200℃以下烘干后进行拉拔
		空气氧化物	氧化锌 + 肥皂或石墨乳	经空气氧化的表面上涂以氧化锌和肥皂的混合物或石墨乳，晾干或烘干后拉拔
	棒	铜　皮	20 ~ 30 号机油或气缸油	挤压后铜皮不去除，拉拔时按铜的润滑方法进行润滑
钽和铌	粗丝 3.0 ~ 0.6	氯化处理	固体蜂蜡（70% 蜂蜡 + 30% 石蜡）；20% 肥皂水；5% 的软肥皂水；25% 石墨粉 + 10% 阿拉伯树胶 + 水石墨乳	拉拔前坯料表面进行氧化处理
	细丝 <0.6mm	氧化膜层	1% ~3%肥皂 +10%油脂(猪油) +水	配制成乳液，带氧化模拉拔
			硬脂酸 9g + 乙醇 15mL + 四氯化碳 16mL + 扩散泵油 40mL	按此比例配制，适用于无氧化模拉拔
	管	空气氧化或阳极氧化物层	长芯杆拉拔时：内表面用石蜡，外表面用蜂蜡	在芯杆上涂石蜡，管材外表面和模孔中涂蜂蜡，并涂均匀
			空拉时：锭子油、集邮、氧化石蜡润滑	空拉时，把液体润滑剂涂在管子上或边拉边涂
锆	管	氟磷酸盐	二硫化钼水剂	同钛的氟磷酸盐润滑处理施用方法
	棒	铜　皮	20 ~ 30 号机油或气缸油	同钛的铜皮处理的施用方法
钼	管	在热状态下拉拔，不加处理层	胶体石墨乳	加热前把胶体石墨水剂刷一层在管子上，然后在 200 ~ 300℃ 烘干使用，在拉几道后，在热状态下涂上石墨乳

钨、钼拉拔使用石墨乳作润滑剂，其不仅起拉拔润滑作用，而且在加热或热拉过程中还可保护丝料表面不被氧化。此外，还有采用玻璃粉、石墨和树脂，以及石墨和二硫化钼作为润滑剂进行热拉的润滑处理办法。

10.4.4　拉拔润滑方式

润滑剂的效果与使用润滑剂的方式有很大关系。一般而言，拉拔的润滑方法有以下几种。

10.4.4.1　干式（粉剂）润滑

干式润滑是指用干式润滑剂即粉状固体润滑剂进行的润滑，如图 10-6（a）所示。该方法主要用于拉拔直径大于0.8～1.0mm的粗拉和中拉。一般说来，干式润滑可以在最大的断面减缩率下避免黏模，为了使润滑剂黏附牢固，常常要在坯料上加石灰或可变形模。

10.4.4.2　湿式（稀油）润滑

湿式润滑是指用液体润滑剂如肥皂液、乳浊液等进行的润滑如图10-6（b）所示。该方法常用于拉拔直径小于0.8～1.0mm的丝材拉拔。湿式润滑可得到更好的表面质量，并在高速拉拔时提供冷却。

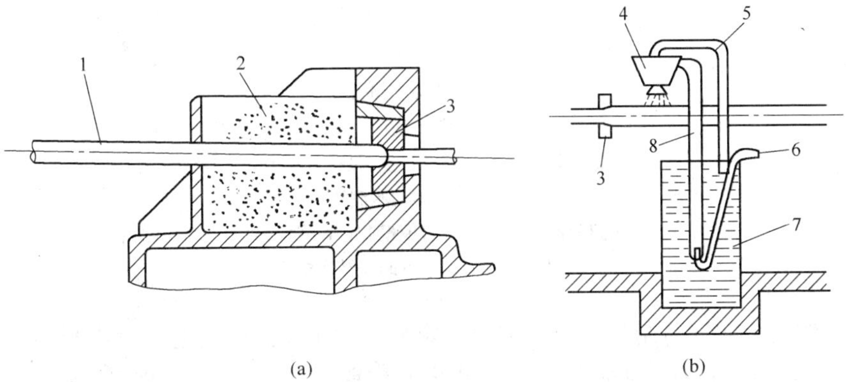

图10-6　一般拉拔润滑方法示意图

（a）干式润滑；（b）湿式润滑

1—被拔制材；2—粉及润滑箱；3—冷拉拔模；4—中间油池；5—过剩油管；6—压缩空气管；7—润滑油齿；8—输入润滑油管

10.4.4.3　液体润滑

液体润滑是指被拔制金属与模具表面之间由高压液体润滑剂分割开的一种润滑方式，这种润滑方式油膜厚度较大，摩擦系数很低。目前，液体润滑有两种实现方式：流体动力润滑法和流体静力润滑法。

A　流体动力润滑法

这是目前在拉拔生产中采用较多的一种液体润滑方式。图10-7所示为流体动力润滑的装置示意图。拉模前面装置一个具有一定长度，其内孔直径略大于制品拔前直径的压力管，当制品和润滑剂一起通过压力管时，液体的流体效应使润滑剂增压然后送入变形区并建立润滑膜。

流体动力润滑按采用润滑剂分为湿式和干式流体动力润滑两种。由于湿式润滑时的液体润滑剂的黏度比干式润滑时的固体润滑剂小，其润滑膜的压力较不易建立，故湿式流体动力润滑需要较长的压力管，否则效果不明显。而对于干式流体动压润滑，由于通常可采用孔径略大于变形前制品直径的拉模模芯充当压力管，故在生产中使用较多。另外，由于使用肥皂粉进行普通干式拉拔时，一般已处在液体摩擦和边界摩擦的混合摩擦状态，所以在干式流体动力润滑拉拔的开始时，也不会出现润滑不良和拉拔过程出现困难的现象。

在实际生产中，为了有效地进行干式流体动力润滑，需注意以下几个方面：

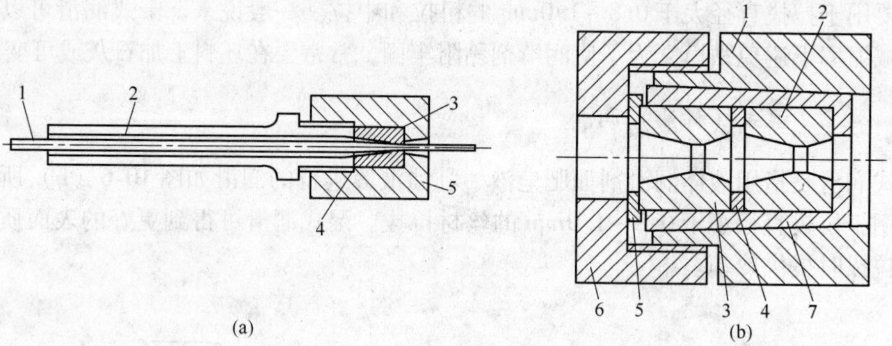

图 10-7　流体动压润滑装置

（a）湿式流体动压润滑：

1—被拔制品；2—压力管；3—拉模；4—密封垫；5—模套；

（b）干式流体动压润滑：

1—外套；2—拉模模芯；3—压力管模模芯；4—密封垫圈；5—垫圈；

6—压紧螺母；7—可卸圆锥形模套

（1）流体动力润滑对制品表面光洁度的影响。由于在流体动力润滑拔制时，变形区完全或大部分区域处在液体摩擦状态，金属表面和模壁不直接接触，靠流体传递压力使金属变形，因此，来料表面的凹凸不平处，会得不到很好的加工，致使拔制后金属表面的平坦度即光洁度可能较普通拔制后的为差，严重的可能出现梨皮状的表面，影响产品质量。所以，必须充分掌握流体动力润滑的条件，以保证金属表面能合乎质量要求。

（2）拔制过程中来料带入干式粉粒状润滑剂的条件。要建立必需的流体动压力，必须保证润滑剂能顺利充分地进入压力管和工作模。干式流体动力润滑拔制时，金属表面光洁度和润滑剂的组成，对润滑剂的带入有影响，拉拔速度对此也有关系。金属表面比较粗糙时容易带入润滑剂。

（3）拉拔速度的影响。拉拔速度一方面会影响金属带入润滑剂的能力，另一方面对润滑剂的发热温升也有影响。当拉拔速度很高时，由于会产生大量的热，引起润滑剂的发热温升，使其黏度降低影响润滑效果。因此，在高速干式流体动力润滑拉拔时，为了充分发挥其效能，要进行冷却。实践证明，在流体动力润滑拉拔比普通拔制模子寿命增加一倍的情况下，若在流体动力润滑拔制的同时进行冷却，则模子的寿命可提高两倍。

（4）来料强度及拉拔时断面减缩率的影响。一般来料的强度高，拉拔时的断面减缩率大，拔制时金属上润滑剂的附着量就少，因此，为了获得更厚的润滑膜，增加润滑剂的附着量，必须创造能建立更大动压力的条件。

（5）压力管最佳参数的选择。压力管的参数主要有两个，即它的长度和金属与压力管之间的间隙。试验表明，干式流体动力润滑时，随着压力管长度的增加、间隙的减小，拉拔力、金属表面的润滑膜并不是单调的增加或减小，而是有一个最佳的组合范围，因此，使用时应注意合理选择确定。

B　流体静力润滑法

图 10-8 为拉拔时的流体静力润滑的装置结构示意图。它有两个拉拔模，加压后的高压液体直接输到两个模子间的腔室中。变形主要在第二个模子中进行。第一个模子起密封

作用。当被加工的线材通过充满润滑剂的高压室时，就由于高压室液体的静压作用而形成厚的润滑膜层。由于此法需用两个模子，故又称双模法。

采用流体静力润滑，需要一套高压泵系统；同时，金属尾端离开模子前高压液体供应的及时切断；第一个模子润滑较差可能过早磨损等问题的存在，使流体静力润滑在生产上的应用受到限制。

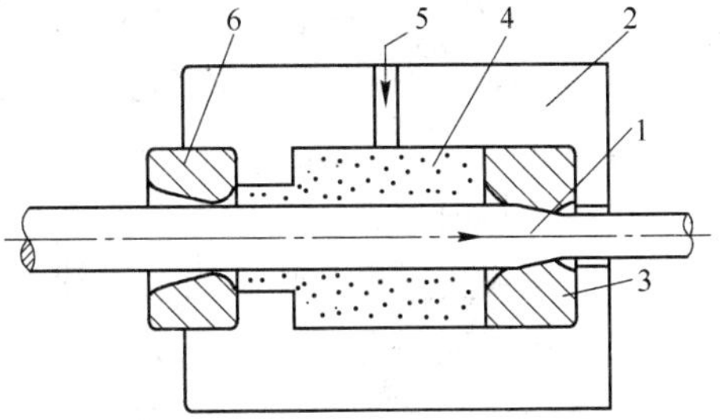

图 10-8　流体静力润滑拉拔示意图
1—线坯；2—模套；3，6—拉模；
4—阻油模；5—高压油

实际生产中，除了上述单纯的流体动压润滑和单纯的流体静压润滑两种以外，还有流体动压和静压相结合的润滑方式。采用这种润滑方式时，工作模前装有压力管，同时配置泵加压系统。这样，在需要时，可同时利用流体动压和静压，使润滑膜达到足够的压力。这种润滑方式同时还可改善拉拔开始润滑膜尚未形成时的润滑条件。

10.5　拉拔时制品的缺陷和消除

产品缺陷是拉拔生产的大敌，它不仅降低了拔制产品的质量，使产品不能发挥其应有的作用，而且会增加产品及各种辅料的消耗，浪费人力、物力和动力，增加产品的加工成本，影响拉拔生产的各项技术经济指标的完成。因此，生产中必须尽可能避免各类缺陷的产生，提高产品质量，降低产品成本，提高劳动生产率。

10.5.1　拉拔缺陷的类型

拉拔生产中的缺陷大致可分成3类：

（1）形状尺寸不合格。制品的几何形状不合格，只在非圆形断面的拔制中出现。其产生的原因，除了拉模模孔形状不当以外，有时还会由于工艺不当所致。如用圆形坯料拔制六角钢时，角部未充满现象就是由于坯料选择过小所致。

制品的几何尺寸不合格，是由于拉拔时模孔的尺寸选配不当，对制品在拔制、矫直、抛光等生产过程中的金属膨胀量估计不足或忽视模孔磨损所致。

（2）力学性能和金相组织不合格。这类缺陷形式较多，产生原因也各不相同。但这些缺陷在所供坯料合格的条件下，基本上是由于拉拔、热处理的工艺不当或热处理的具体操作不当引起的。

（3）表面质量不合格等。

10.5.2　拉拔缺陷的产生及消除

拉拔生产中的缺陷很多，主要有：

（1）折叠。折叠指的是存在于棒材的外表面或管材内外表面，出现的直线形或螺旋形的、连续或不连续的折合分层。其分布有明显的规律性。

折叠的产生是因坯料质量差引起的，如坯料本身存在折叠或表面有夹杂、严重的刮伤和裂缝，修磨后的管坯有棱角等，这些都可在拔制后延伸成折叠。

折叠缺陷必须通过提高坯料的质量来避免。

（2）裂缝（包括裂纹、发纹）。制品表面上出现的直线或螺旋形分布的细小裂纹。其深度在 1mm 或 1mm 以上，多与拔制方向一致。裂缝有连续的和不连续的。

裂缝的产生主要是：

1）坯料内有裂纹或皮下气泡、夹杂物。

2）拉拔变形量选择不当，或存在酸洗氢脆。

3）热处理制度不合理或操作不当，拉拔后未及时热处理等。

裂缝的避免，须通过两方面来实现：

1）提高管料的质量。

2）避免制品在拉拔生产中产生麻点、划道和擦伤等缺陷。

（3）凹坑。凹坑是指分布在制品表面、面积不一的局部凹陷。其分布有的呈周期性，有的无规律。凹坑缺陷是因氧化皮或其他质硬的污物在拔制或矫直过程中压入管材表面，或者是原来存在于管材表面的翘皮剥落造成的。

仔细检查坯料并除去翘皮等缺陷，保持工作场地、工具和润滑剂等的清洁，防止氧化皮和污物落到制品表面可有效地防止凹坑的产生。

（4）尺寸超差。制品的直径超出标准规定尺寸要求的范围。尺寸超差包括直径超差、不圆度超差和壁厚超差（管材）。

尺寸超差的产生主要是操作人员的责任心不强，换错模子、更换模子不及时或模子加工超差造成的；另外，拉拔时模子磨损不均、变形不均匀也会造成尺寸超差。

此外，对定壁后空拔道次中的壁厚变化量估计不准，使用弧形外模和锥形芯棒进行短芯棒拔制时芯棒位置调整不当——过前或过后，也是造成尺寸超差的原因。

圆形制品的横截面变椭是由于使用了模孔为椭圆形的拔模，或者是由于制品两端弯曲过大，在矫直过程中上下窜动，制品外径过大推入时卡住、尾部甩动过大以及各对矫直辊之间压下量分配不均等造成的。若制品的变椭是由前者造成的，需及时更换拔模。而对于后者，则应及时消除矫直时造成椭圆的原因。

（5）拉裂。拉拔时制品表面出现横向裂缝的现象，称为拉裂。拉裂一般多发生在局部，异型产品多在角部出现。

拉裂产生的原因是：

1）热处理制度不合理或操作不当。

2）变形量选择不当（过大）或拔制速度过快。

3）模具入口锥太大，使变形区太短。

4）润滑条件不良。

5）钢质不良或有酸洗氢脆。

（6）管材壁厚不均。拉拔管材时，管材壁厚不均产生的主要原因是：

1）坯料壁厚不均过大。

2）拔制时拔制线和管轴线不一致。

3）芯棒和拔管模的模孔变椭。

为了减少管材的壁厚不均，管料的壁厚不均应尽可能小，同时仔细检查模具和调整拔管机。

（7）划道和擦伤。这种缺陷的特征是制品的表面上呈现纵向的、直线形的长短不一的、为肉眼可见的划痕，多为沟状，但也有可能是凸起的条纹。划道和擦伤产生的原因是：

1）制品在生产和运输过程中，与料架、链条等相对移动或互相碰撞造成。

2）在热处理过程中，不小心被擦伤。

3）模具粘钢。

4）模具的强度和硬度不够或不均。

5）模具出现碎裂和磨损。

6）锤头不良，锤头过渡部分的尖锐棱角损伤了模具。

7）矫直时，矫直辊表面不良等。

在生产中，防止划道和擦伤的产生，可从以下两方面入手：

1）提高拔制前各准备工序的质量。

2）使用强度及硬度高、光洁度好的模具。

（8）拔断。拔断的产生主要是由于：变形量过大；热处理和酸洗润滑的质量不好；锤头不合乎要求；锤头前的加热产生了过热或过烧；拔制线和管的轴线不一致；短芯棒伸出拔管模的定径带过前；开拔速度过快等。

拉拔生产中要避免拔断，应注意以下几点：

1）拔制前管的尺寸和配模严格按照拔制表的规定。

2）拔模对正，芯棒的位置正确。

3）保证拔制前各准备工序的质量。

4）拔制速度较高时，低速开拔。

（9）短芯棒拔制时空拔头过长。短芯棒拔制时，管材存在一段不长的壁厚大于规定拔制壁厚的空拔头是正常的。但若空拔头过长就会增加切头量，加大金属消耗。

空拔头过长的原因是由于开拔时芯棒没有及时推入或者芯棒未能被管材带入变形区造成的。对于前一种情况，要注意操作和使用定位器。而对后一种情况，则可在砂轮上打磨芯棒端部倒角，使之有利于带入变形区。

（10）抖纹。这种缺陷只产生在短心棒拔制，其表现为：管材内表面或内外表面上呈现高低不一、数目不同的波浪形环痕，有的是连续的，有的是不连续的，有的是整圈的，也有的不是整圈的。抖纹的产生，是由于拔制过程中管和芯棒拉杆发生了抖动。其具体的原因是：

1）酸洗和润滑质量不好。

2）拔制时摩擦力增加而且不断变化。

3）热处理后沿管长度力学性能不一致。

4）芯棒拉杆过长过细。

5）芯棒位置过前或过后，以及变形量过大等。

防止抖纹的产生，要从提高酸洗、润滑和热处理的质量、正确调整芯棒的位置、避免使用直径过细的芯棒拉杆等方面入手。

（11）纵向开裂。管材呈现的穿透管壁的纵向裂开，称为纵向开裂，其具有突发性。纵向开裂一般发生在全长，但有时只发生在靠锤头部分一端。

纵向开裂通常只在空拔管中出现，这是因为空拔后管的外表面存在较大的切向拉伸残余应力的缘故。

造成纵向开裂的原因主要有：

1）减径量太大，使不均匀变形的程度加剧，残余应力增加。

2）空拔时连拔道次过多，管子产生了较大的残余应力和加工硬化现象。

3）退火不当，包括温度过低、温度不均或者时间太短。

4）锤头后过渡部分的管壁局部凹陷过深或拔制后管的尾端不齐有凹口引起应力集中。

5）拔制后未及时烘烤或退火，并在搁置时遭到冲击。

6）管子表面有折叠等缺陷以及氢脆等。

纵向开裂在金属冷加工性能差、管壁较厚和低温下空拔管时发生的倾向更大。管材的纵向开裂是一种无法挽救的缺陷，一旦出现，管材即报废。

对于管材纵向开裂的防止，应从以下几方面入手：

1）控制空拔道次的减径量和连拔次数。

2）保证热处理和锤头质量。

3）避免出现氢脆。

4）拔制后的管材及时退火。

（12）管壁的纵向凹折。管壁的纵向凹折多发生在空拔薄壁和特薄壁管上，它是由于拔制过程中管子的横截面丧失了稳定性造成的，其具体的原因是减径量过大。当锤头端过渡部分的管壁局部凹陷过深时会增加纵向凹折产生的倾向。

为了防止纵向凹折的产生，在拔制薄壁和特薄壁管时减径量应小一些，锤头质量好一些，或采用双模拔制。

（13）翘皮。制品表面局部的、与金属基体分离的薄片。其个别的成块状、不连续、在表面上生根或不生根。翘皮不能自然剥落。

翘皮的产生主要是因为：

1）坯料存在的皮下气泡在拉拔后暴露。

2）热轧时产生的翘皮带至冷拔。

3）坯上有较深并具棱角的横向凹坑，在拔制后形成翘皮。

提高坯料质量可以有效地避免翘皮的产生。

（14）表面夹灰和夹杂。制品表面或表面裂缝中嵌入非金属夹杂造成制品表面质量降低的现象。表面夹灰或夹杂的产生主要是由于：

1）挤压坯料在挤压时温度过高，造成了严重的氧化。

2）酸洗后表面冲洗不净。

3）拉拔时润滑油没有及时过滤更换，油中有杂质。

4）表面碰伤造成杂物压入。

表面夹灰和夹杂的避免应从控制坯料质量、各辅助工序的质量、保持工作环境清洁入手。

（15）麻面。管表面呈现的成片的点状细小凹坑缺陷称为麻面。麻面产生的主要原因是酸洗时产生了点状腐蚀，或退火后氧化皮过厚矫直后压入了管材的表面和管材保存不好发生锈蚀等。

（16）碰（压）凹。这种缺陷主要产生于薄壁管，它是由于搬运、吊运不当特别在退火后出炉时管子堆放过多、低层管被压凹、矫直时管子甩动、切管时夹持过紧等造成的。

（17）矫凹。其表现是外表面有圆滑的或具有尖锐棱角的螺旋状印疤。矫凹的产生是由于矫直辊角度不正确、矫直时擦碰到矫直辊边部的凸肩、矫直辊上有磨损的凹槽或产品两端弯曲过大等。

总之，要避免拉拔缺陷的产生，必须从坯料的质量，拉拔操作等各方面入手，具体问题具体分析，不断总结经验，改进生产工艺，提高产品的质量。

另外，对已产生缺陷的产品，也要根据具体情况认真分析原因，采取相应的技术措施，加以消除或挽救。

10.6 拉拔时的金属损耗

拉拔生产中，金属的消耗包括有形损耗和无形损耗两类。有形损耗指锤头、切头、取样和废品等的消耗。无形损耗指酸洗消耗和热处理烧损。

拉拔时因锤头而造成的金属损耗取决于锤头的长度。而锤头长度又与模座结构和拉拔模的尺寸等有关。一般，锤头部分的平均长度为150mm左右。产品长度增加，锤头损耗相对降低。

切头损耗指生产过程中不计在锤头损耗之内的其他的中间切头切尾和成品切头切尾损耗。

热处理烧损为热处理过程中由于氧化而造成的金属损耗。当采用保护气体热处理时，可以降低烧损。

酸洗损耗是由于金属在酸洗过程中的溶解而造成的。酸洗一次，损耗的金属约为酸洗制品重量的0.5%。

成品检验取样的数量与金属的种类和品种有关。不同金属和品种的检验项目不同，取样的数量和造成的金属损耗也不同。

废品中包括拔废的中间废品和成品检验时性能、尺寸和表面质量不合格的产品。一般高标准和精密产品、小口径制品的废品率高于一般用途的、大规格制品的废品率。

10.7 特殊拉拔方法

10.7.1 无模拉拔

此拉拔过程如图10-9所示。首先将坯料的一端夹住不动，另一端用可动夹头夹住拉拔。同时，感应线圈在拉拔夹头附近进行局部加热，实现边加热边拉拔，直至该处出现细颈。当细颈达到所要求的减缩尺寸后，感应线圈和拉拔夹头做相反方向的移动。无模拉拔法利用金属在局部加热的同时进行拉拔时，由于被加热部分变形抗力减小，只在该部分产生颈缩，从而来代替普通拉拔工艺中所用的模具，使材料直径均匀缩小。

无模拉拔的断面收缩率ψ取决于拉拔速度与加热线圈的移动速度。若棒材变形前后的断面面积分别为F_1、F_2，那么棒料的原始断面F_1以速度v_2移入变形区，拉拔后的断面F_2以速度v_1+v_2离开变形区。根据秒体积不变规律，则$F_1v_2=F_2(v_1+v_2)$，由于制品的断面收缩率为：$\psi=1-\frac{F_2}{F_1}$，所以

$$\psi=\frac{v_1}{v_1+v_2} \tag{10-17}$$

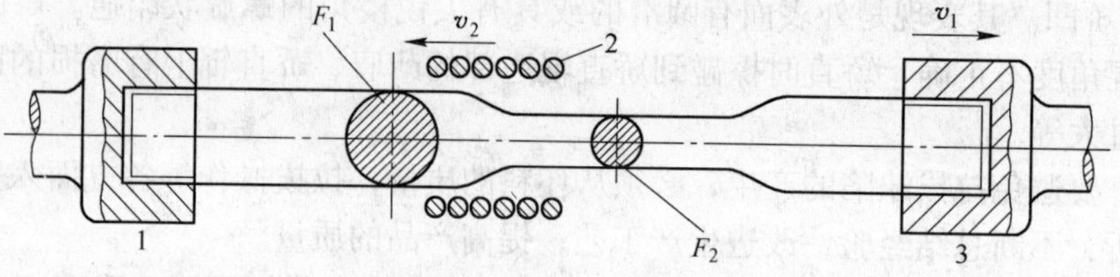

图 10-9　无模拉拔示意图

1—固定夹头；2—加热线圈；3—可动拉拔夹头

无模拉拔的特点是完全没有普通拉拔方法中用的模子、模套等工具，用较小的力就可以加工，一次加工就可得到很大的断面收缩率，如钛合金采用无模拉拔的一次断面减缩可达80%。而且，无模拉拔时，与工具之间无摩擦，故对低温下强度高塑性低、高温下因摩擦大而难以加工的所谓难加工材料，是一种有效的加工方法。此外，这种加工方法能实现普通拉拔无法进行的加工。例如，可以制造像锥形棒和阶梯形那样的变断面棒材，而且还可以进行被加工材的材质调整。

无模拉拔的速度低，它取决于在变形区内保持稳定的热平衡状态，此状态与材料的物理性能和电、热操作过程有关。为了提高生产率，可以用多夹头和多加热线圈同时拉拔数根料。无模拉拔时的拉拔负荷很低，故不必用笨重的设备。无模拉拔的制品加工精度可达±0.013mm。

无模拉拔特别适合于具有超塑性的金属材料。

10.7.2　集束拉拔

集束拉拔就是将两根以上断面为圆形或异型的坯料同时通过圆的或异型孔模子进行拉拔，以获得特殊形状的异型材的一种加工方法。如把多根圆线捆装入管子中进行拉拔，可获得六角形的蜂窝形断面型材。目前，此种方法已发展成为生产超细丝的一种新工艺。图 10-10 所示，就是生产不锈钢超细丝的集束拉拔法示意图。

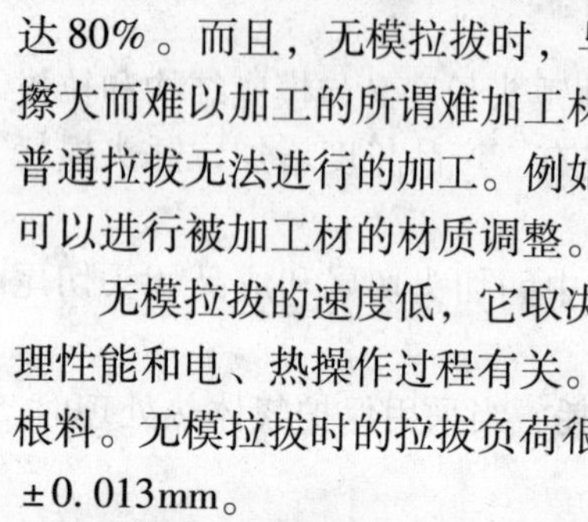

图 10-10　超细丝集束拉拔法

1—线坯；2—包套

将不锈钢线坯放入低碳钢管中进行反复拉拔，从而得到双金属线。然后将数十根这种线集束在一起再放入一根低碳钢管中进行多次的拉拔。在这样多次的集束拉拔之后，将包覆的金属层溶解掉，即可得到直径为0.5mm 的超细不锈钢丝。

采用集束拉拔时，包覆的材料应价格低廉，变形特性和退火条件与线坯的相似，并且易于用化学方法去除。管子的壁厚为管外径的10%～20%。线坯的纯度应高，非金属夹杂物尽可能少。

用集束拉拔法制得的超细丝价格低廉，但将这些丝分成一根根使用很困难，另外丝的断面形状有些扁平呈多角形，这些都是其缺点。

10.7.3　玻璃膜金属液抽丝

这是一种利用玻璃的可抽丝性，由熔融状态的金属一次制得超细丝的方法（图 10-11）。

首先将一定量的金属块或粉末放入玻璃管内，用高频感应线圈加热，使金属熔化，玻璃管产生软化。然后，利用玻璃的可抽丝性，从下方将它引出、冷却并绕在卷取机上，从而得到表面覆有玻璃膜的超细金属丝。通过调整和控制工艺参数，可获得丝径为 1 ~ 150μm、玻璃膜厚为 2 ~ 20μm 的制品。

玻璃膜超细金属丝是近代精密仪表和微型电子器件所必不可少的材料。在不需要玻璃膜时，可在抽丝后用化学方法或机械方法将它除掉。目前用此法生产的金属丝有铜、锰钢、金、银、铸铁与不锈钢等。通过调整玻璃的成分，有可能生产高熔点金属的超细丝。

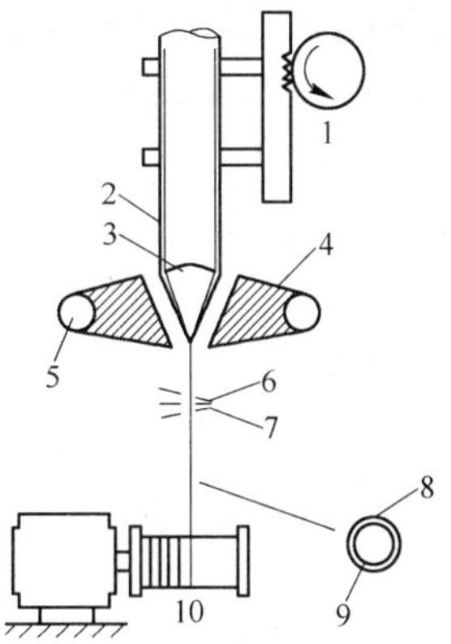

图 10-11　玻璃膜金属液抽丝工作原理

1—送料机构；2—玻璃管；3—金属坯料；4—高频感应加热；5—冷却水；6—水冷；7—干冰；8—玻璃层；9—铜丝；10—卷取机

10.7.4　静液挤压拉线

通常的拉拔，由于拉应力较大，故道次伸长系数很小。为了获得大的道次加工率，发展了静液挤压拉线的方法，如图 10-12 所示。将绕成螺管状的线坯放在高压容器中，并施以比纯挤压时的压力低一些的应力。在线材出模端加一拉拔力进行静液挤压拉线。此法生产的线径最细为 20μm。由于此法拉拔时，金属与模子间很容易地得到流体润滑状态，故适用于易黏模的材料和铅、金、银、铝、钢一类软的材料。目前，国外已生产有专门的静液挤压拉线机。

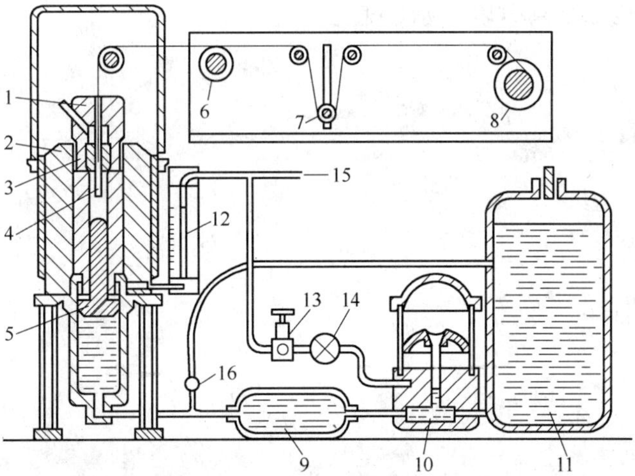

图 10-12　静液挤压拉线机

1—末端螺栓连接；2—模支撑；3—模子；4—卷成螺旋状的线坯；5—增压活塞；6—绞盘；7—张力调节装置；8—收线盘；9—缓冲罐；10—风动液压泵；11—液罐；12—行程指示板；13—调压阀；14—截止阀；15—进气口；16—液体排出阀

为了克服在高压下传压介质黏度增加，而使挤压拉拔的速度受到限制，该机采用了低黏度的煤油并加热到40℃。该设备的技术特性为：

最大压力：1500MPa；

拉丝速度：1000m/min；

线坯（铜）重：1.5kg；

成品丝径：0.5 ~0.02mm；

设备的外形尺寸：1.25m ×1.65m ×2.5m。

复习思考题

10-1　什么是拉拔配模，拉拔配模应满足哪些基本要求？

10-2　拉拔配模时，如何确定坯料的尺寸？

10-3　如何确定拉拔时的中间退火次数及拉拔道次数？

10-4　拉拔时各道次的伸长系数通常如何分配？

10-5　固定短芯头拉拔 H62 管材，坯料规格为 $\phi 39 \times 2.0$，成品尺寸为 $\phi 3 \times 0.5$，试对该产品进行配模计算。

10-6　何谓拔制工艺表，其包括哪些内容，有何意义？

10-7　拉拔时的金属消耗有哪几部分组成？

10-8　拉拔中的退火有几种，各放在什么位置？

10-9　酸洗的目的是什么，一般金属采用何种酸液酸洗？

10-10　使用硫酸酸洗时，应注意哪些事项？

10-11　拉拔润滑的目的是什么，拉拔时对润滑剂有哪些要求？

10-12　拉拔时的润滑方式有哪几种，各有何优缺点？

10-13　拉拔时的缺陷可分为哪几类，棒材拉拔时多出现哪几种类型的缺陷？

10-14　管材拉拔时可能出现哪些缺陷，应如何避免？

轧 制

11 轧制概述

11.1 轧制的基本方法

11.1.1 轧制的概念

轧制过程是靠旋转的轧辊与轧件之间形成的摩擦力，将轧件拖进轧辊之间的缝隙（辊缝），并使之受到压缩产生塑性变形的过程。通过轧制，使轧件的横断面积减小而长度增加，且使轧件具有一定的组织和性能。轧制与锻造、冲压、挤压、拉拔等统称为“金属塑性加工”。由于轧制具有生产率高、产量大、产品种类多等优点，致使轧制成为“金属塑性加工”中最广泛使用的成形方法。

轧制方法是生产金属材的常用生产方法，钢铁、有色金属、某些稀有金属及其合金均可以采用轧制方法进行加工，比如用轧制方法生产有色金属及合金的板带箔材、型材和管材；有色金属及合金的板带材，几乎全部采用轧制方法生产。

11.1.2 轧制的分类

根据轧件的运动方向不同，轧制可分为纵轧、横轧和斜轧。纵轧轧辊的轴线互相平行，轧辊的转动方向相反且轧辊与轧件互相垂直；横轧轧辊的转动方向相同，轧辊轴线平行或在同一平面内呈一定的锥角（又称为楔横轧）；斜轧的两个轧辊成一定的角度且旋转方向相同，轧件做螺旋形运动。有色金属板带材、型材主要是用纵轧方法生产，而管材的生产，采用斜轧穿孔，斜轧或纵轧轧管。

根据轧制时金属的温度不同，又可分为热轧和冷轧：在金属的再结晶温度以上轧制称为热轧，而在金属的再结晶温度以下进行的轧制称为冷轧。热轧时，金属的塑性好，变形抗力低；冷轧则具有轧制精度高、表面光洁度高等优点。

根据轧制时的轧辊形状，可分为平辊轧制和型辊轧制。平辊轧制主要用于生产板、带、条、箔等，所用的轧辊为均匀或近似均匀的圆柱体，它具有设备简单、生产率高、产品成本低等特点，因此在有色金属塑性加工中得到广泛应用；在刻有轧槽的轧辊中轧制各种型材称为型辊轧制，它是轧制法生产有色金属型材及管材的方法之一。

11.2 有色金属轧材的种类

有色金属中，应用较广泛的是铝、铜、钛等及其合金的轧材。由于有色金属种类繁多，并且有许多钢铁无法比拟的独特优良性能，使其轧材广泛应用于国防、国民经济建设以及人民日常生活的各个方面，并且在许多工业领域中起着钢材无法取代的特殊作用。

11.2.1 按有色金属种类分类

按照有色金属的分类方法，其轧材可分为轻有色金属轧材、重有色金属轧材及稀有金属轧材。

11.2.1.1 轻有色金属轧材

轻有色金属主要包括铝、镁及其合金。一般铝及铝合金可分为纯铝（L1 ~ L6）、硬铝（LY11、LY12、LY16 等）、超硬铝（LY4、LY9 等）、防锈铝（LF2、LF3、LF5、LF6、LF21 等）及锻铝（LD2、LD5、LD7、LD11 等）等数种；也可按热处理特点不同分为可热处理强化的铝合金和不可热处理强化的铝合金两大类，比如硬铝合金、超硬铝合金及锻铝合金为可热处理强化铝合金，其轧材经淬火时效处理可获得很高的比强度，但其耐蚀性能与加工工艺性能稍差，为此其中有些合金需要包铝轧制。在两大类中，每类又可分为很多不同的合金系。表 11-1 为铝及铝合金的供应状态名称与标准代号。

表 11-1 铝及铝合金的供应状态

供应状态名称	标准代号	供应状态名称	标准代号
热轧成品	R	不包铝（热轧）	BR
退火状态（软态）	M	不包铝（退火）	BM
硬（冷轧状态）	Y	不包铝（淬火、优质表面）	BCO
3/4 硬、1/2 硬、1/3 硬、1/4 硬	Y1、Y2、Y3、Y4	不包铝（淬火、冷作硬化）	BCY
特硬	T	优质表面（退火）	MO
淬火	C	优质表面淬火自然时效	CZO
淬火后冷轧（冷作硬化）	CY	优质表面淬火人工时效	CSO
淬火自然时效	CZ	淬火后冷轧人工时效	CYO
淬火人工时效	CS	热加工人工时效	RS
淬火自然时效冷作硬化	CZY	加厚包铝	J

铝合金的比强度大，某些铝合金的比强度及比刚度可赶上甚至超过了钢。纯铝材由于其色泽美丽、耐腐蚀性好而被广泛用于轻工部门，特别是日常用品与电器用品方面。铝合金与镁合金材根据其性能不同而用途各异，比如超硬铝合金与镁合金由于比强度大，主要用于宇航及运输工业，防锈铝合金材则主要用于建筑及石油化工方面。此外，铝箔作为铝材中的一类产品，主要应用在包装与电子等工业方面。

镁及镁合金密度小，比强度与比刚度高，能承受较大的冲击、振动载荷，切削加工性能与抛光性能好，已广泛应用于仪表、光学仪器、无线电元件、汽车制造中，在飞机、导弹、人造卫星与宇宙飞船上也得到越来越多的应用。

11.2.1.2 重有色金属轧材

重有色金属主要包括铜、镍、铅、锌等，以铜及铜合金应用最广。

铜及其合金按供应状态分：热加工状态（R）、软态（M）、1/3 硬态（Y_3）、半硬态（Y_2）、硬态（Y）及特硬态（T）六种。按牌号分为：紫铜（T1～T4）；无氧铜（TU1、TU2、YUP、TUMn）；普通黄铜（H96、H90、H68、H62 等）；复杂黄铜（也叫特殊黄铜，在 Cu-Zn 合金中加入第二种化学元素而形成，主要有铝黄铜如 HAl77-2、铅黄铜如 HPb59-1、锡黄铜如 HSn90-1 等）；青铜（锡青铜如 QSn4-3、铅青铜 ZCuPb30、铍青铜 QBe2 等）及白铜（铜镍合金）等。

重有色金属轧材如铜及铜合金轧材具有很好的导电、导热、耐蚀及可焊性能，故和铝材一样广泛应用于国防、轻工、汽车与拖拉机、仪表、电气与电子等许多工业部门。

重有色金属中，除铜及其合金外，镍及镍合金轧材广泛应用于电真空、耐蚀结构件及电热材料等；锌及锌合金具有较好的耐蚀性与较高的力学性能，其轧材主要用于电池及印刷工业；铅的熔点低，耐腐蚀性能好，射线不易穿透，其轧材主要用作耐酸、耐蚀、蓄电池及防御辐射材料等。

11.2.1.3 稀有贵金属轧材

稀贵有色金属主要包括钛、钨、钼、钽、铌、锆等。

钛及钛合金密度小，抗拉强度高（可达 1372MPa），它的比强度在金属材料中几乎是最高的，因此其轧材应用广泛，比如是重要的宇航结构材料，并在舰船制造与化学工业等领域广泛应用。

钨、钼两种金属性质相似，其共性是：熔点、强度与弹性模量高，线胀系数小，蒸气压低，导电、导热性能良好。它们可以用作生产合金钢的添加元素；它的烧结坯料通过热锻或热轧-冷轧成片材及板材，作为高温高强度材料用于宇航、电子电气等工业部门；常见的钨钼丝可作高温电炉的发热体与电光源材料。

钽、铌、锆及其合金轧材或作为高温高强材料用于宇航工业，或利用其突出的核性能，在原子能工业，做核反应堆材料，或利用其优良的耐蚀性能，在化工设备中做耐蚀零部件等。

11.2.2 按轧材的断面形状特征进行分类

有色金属及合金的轧材可分为板带材、型材以及管材等几大类。

11.2.2.1 板带材

有色金属及合金的轧材主要是板带材，也是应用最广泛的一类轧材。有色金属及合金板带材按厚度进行分类，可分为厚板、薄板和箔材；按轧制时的温度分类，可分为热轧板带材和冷轧板带材；按材料种类又分为铜板带材、铝板带材等。目前，新型产品如异形断面板、变断面板等不断出现，比如铝合金变断面板材、带筋壁板等在航空工业中广为应用。

11.2.2.2　型线材

有色金属及合金型线材也被广泛应用。由于有色金属及合金一般熔点较低、变形抗力较低，而尺寸和表面要求严格，故其型材、棒材、线材大多数采用挤压法生产，仅在生产批量较大、尺寸和表面要求较低的中小规格的棒材、线坯和简单断面的型材时，采用轧制方法生产。

11.2.2.3　管材

有色金属及合金的管材生产，包括管材的热加工和冷加工，其中后者应用广泛。热加工是指把实心的管坯穿制成空心的毛管，然后再在轧管机上轧出合适的有色金属热轧管，因此它包括斜轧穿孔和热轧管材；冷加工主要包括冷轧和冷旋压，其中冷轧具有减壁能力强、可显著地改善来料的性能、尺寸精度和表面质量高等优点，因此被广泛应用到铜及其合金等的管材生产上。

11.2.3　有色金属及合金轧材生产系统

有色金属及合金材料中，主要以铜、铝及其合金的轧材应用比较广泛，其生产系统规模不大，但一般是重金属和轻金属分别自成系统进行生产，在产品品种上多是板带材、型线材及管材等相混合，在加工方法上多是挤压、轧制、拉拔等相混合，以适应于批量小、品种多及灵活生产的特点和要求。但也有专业化生产的工厂，例如电缆厂、铝箔厂、板带材厂等。

有色金属及合金的轧材主要是板带材，生产方法主要有成块轧制和成卷轧制，这两种轧制方法各有特点。实际生产中应根据合金、品种、规格、批量、质量要求及设备条件选择生产方法及工艺流程。

11.3　有色金属轧制产品标准

产品标准有以下四个方面的内容。

11.3.1　产品品种和规格

主要是规定有色金属轧材的断面形状和尺寸精度方面的要求。它包括金属牌号、主要用途、尺寸范围、尺寸系列、尺寸偏差和供应状态等。

11.3.2　技术条件

它包括下列几项：

（1）材料的化学成分。规定各合金组元含量的上、下限，各杂质元素含量的允许上限，以及总杂质含量的允许上限等。

（2）对制品的表面要求。如光滑性和清洁性等，并对起皮、起泡、夹杂、裂纹、划伤、凹坑、斑点、辊印、皱纹及其他缺陷的程度和范围，作出相应的规定。

（3）对产品的内部要求。如对裂纹、分层、疏松、夹渣、气孔、断口等，所作的规定和允许范围。在国家标准中对有色金属加工产品的不同特性，规定了不同的标志代号。

（4）对制品的外形要求。在热轧材和冷轧材中，如对波浪、翘曲、不平、椭圆度、偏心、弯曲、扭拧等，所作的数量上的规定。

（5）对制品切口和锯口的要求。即对制品头、尾、边等部分的整齐性和光洁性的规定。在剪切轧件时要选择正确的方法，才能满足要求。

（6）对制品机械性能的要求。如抗拉强度、伸长率、屈服强度、抗压强度、抗剪强度、高温持久强度或瞬时强度等的最小允许值，但并非对每一种性能都作规定，按制品用途而异。

（7）对制品工艺性能的要求。规定制品工艺性能的数量范围，以适应使用单位进一步加工的需要。例如板带的杯突试验、线材的反复弯曲试验、管材的耐压试验等，此外还有耐蚀性、焊接性、切削性等方面的试验，按需要选做。

（8）对制品金相方面的要求。例如规定了铝合金的过烧、无氧铜中的含氧量、铜合金的晶粒度等，另外还附有划分等级的图谱，与标准试样比较，即可确定制品在金相方面是否合格。

11.3.3 验收规划和试验方法

要对材料进行测试，才能确定是否合乎技术条件的规定。它规定了取样部位、试样形状和尺寸、试验条件、试验方法等。

11.3.4 交货标准

对于不同的有色金属及合金轧材，包括板带材、型线材、管材等，规定交货状态，如热轧状态交货、退火状态交货、经热处理及酸洗交货等，另外还对产品的包装、标志、运输、保管等方面都作了明文规定。

11.4 轧制技术的现状与发展

随着冶金和机械电气工业的进步，电子计算机自动控制技术的应用以及社会总体科学技术水平的提高，有色金属的轧制技术，在工艺、设备和理论上也都有着飞跃的发展。总体来说，有色金属轧制工业技术发展的主要特点是：

（1）轧制理论和实践紧密结合。近代由于电子计算机自动控制技术的推广应用，使轧制理论及有关数学模型的实际用途显著增大，各种轧制新技术、新工艺（如不对称轧制、板型控制技术等）的出现和新的研究方法（如有限元法、极限分析法等）的开拓，也使轧制理论不断得到新的发展，新理论反过来又指导和促进了轧制新技术的发展。

（2）生产过程连续化。不仅热轧生产过程实现了连续铸坯、连续轧制，还实现了连续铸坯与连续轧制直接衔接连续化生产，而且更突出的是冷轧板带箔材也实现了完全连续化生产，尤其是从冶炼、铸坯到轧制全过程的连续化，亦即连续铸轧或连铸-连轧技术，已经在铜、铝等有色金属轧材生产中日益得到推广和应用。生产过程的连续化也为提高作业速度创造了条件，各种轧机的轧制速度不断提高。

（3）生产过程自动化。生产过程自动化不仅是提高轧机生产能力的重要条件，而且是提高产品质量、节省劳力、降低消耗的重要前提。目前电子计算机广泛应用在轧制生产中，包括过程控制和数字直接控制等，不仅应用在轧制中，还应用在精整、热处理、无损探伤以及生产管理等方面。自动控制技术的广泛应用，大大提高了产品的尺寸精度和平直度，使产品的质量得到很大的提高。

(4) 节约能源和金属消耗。大力发展连续铸坯技术，并进一步采用连铸-连轧方法，可以大大提高成材率、节约能源消耗、简化工艺过程和降低生产成本，大大提高经济效益。另外一些新的节能降耗新工艺、新技术也正在得到积极开发和推广应用。

(5) 不断扩大产品品种和规格。现在有色金属及合金轧材包括板带材、型线材以及管材等，品种规格已达数万种之多，并且还在不断扩大。例如生产一些宽度超过 3m 的有色金属板材；开发新的合金；生产厚度在 0.01mm 以下的箔材等。

轧制生产技术发展的这些特点，正是反映了当前轧制工艺理论研究的主要内容。通过学习与理论分析，来提高产品的质量、产量，扩大品种并降低各项消耗和成本。

复习思考题

11-1 什么叫轧制，轧制有哪些基本方法？

11-2 有色金属轧材分哪几类，各有什么作用？

11-3 有色金属轧材生产有哪些主要特点？

11-4 有色金属压力加工产品标准主要有哪些主要内容？

11-5 现阶段轧制技术的发展主要表现在哪几个方面？

11-6 解释名词：热轧，冷轧，纵轧，横轧，斜轧。

11-7 有色金属是如何分类的？

12 轧制设备

12.1 概述

12.1.1 轧制设备的定义

在轧制车间内，用于轧材生产所需要的所有设备，叫轧制设备，它包括主要设备和辅助设备两大类。

主要设备，又称为主机列，简称轧机，是轧制金属材料的设备。轧机使轧件在转动的轧辊之间产生塑性变形，轧出所需要的断面形状和尺寸的轧件。

在轧制车间内，除轧机外，为了完成全部生产工艺过程，还必须有一系列辅助工序，如：加热、运输、矫正、剪切、冷却、打印、包装等，为了完成这些工序，使用了各种各样的设备，称为辅助设备。

12.1.2 轧制设备的分类

在有色金属及合金轧制车间内的设备，通常主要是指轧机。轧机可以按用途、构造和布置三种方法进行分类。

12.1.2.1 轧机按用途分类及轧机的标称

轧机按用途进行分类，也就是按轧制产品的断面形状特征进行分类，通常分为型材轧机、板带材轧机和管材轧机。

（1）型材轧机。型材轧机的轧辊上一般刻有轧槽，主要用来生产具有一定断面形状的型线材。型材轧机是按轧辊的公称直径或者人字齿轮中心距进行标称的，例如：320 铝线轧机，是指轧机的轧辊公称直径为 320mm。

（2）板带轧机。板带轧机包括热轧板带轧机、冷轧板带轧机和箔材轧机，主要用来生产有色金属及合金的板带箔材，是有色金属轧制车间内应用最多的一类轧机。板带轧机是以轧辊的辊身长度进行标称的，例如：1300 热轧铝板轧机，轧辊的辊身长度为 1300mm，所轧铝板的最大宽度约为 1210mm。

（3）管材轧机。管材轧机包括热轧管材轧机（主要是斜轧穿孔轧机）和冷轧管材轧机。管材轧机是以此套轧机（组）所能生产的管材的最大外径来标称的。

12.1.2.2 轧机按构造分类

轧机按构造分类，是以轧机中轧辊的数目及其在机座中的位置为特征进行分类的：具有水平轧辊的轧机、具有互相垂直轧辊的轧机、呈斜角布置的轧机和其他特殊轧机，如图 12-1 所示。有色金属轧制车间最常用的是具有水平辊的轧机。

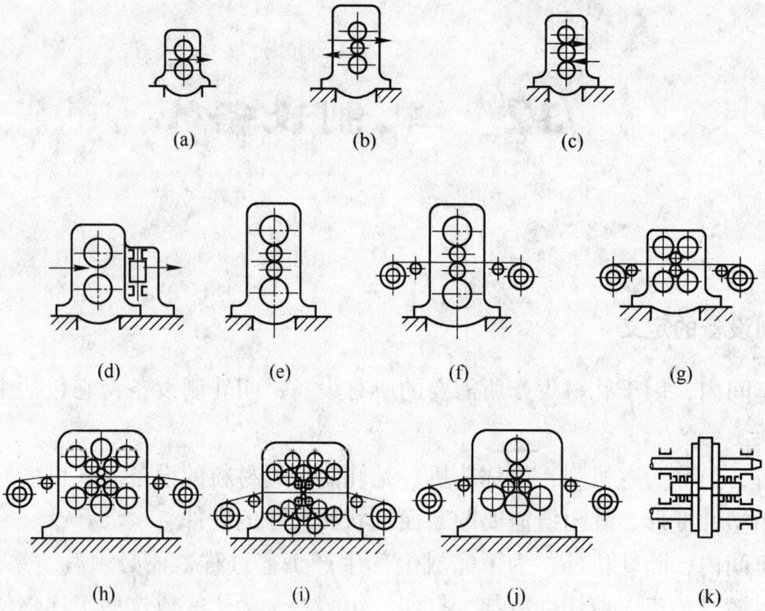

图 12-1　轧机的种类

（a）二辊轧机；（b）三辊劳特轧机；（c）三辊等径轧机；（d）板材万能轧机；（e）四辊板材轧机；（f）四辊带材轧机；（g）六辊轧机；（h）十二辊轧机；（i）二十辊轧机；（j）复合式多辊轧机；（k）型材万能轧机

（1）二辊轧机。其工作机座由两个布置在同一垂直平面内的水平轧辊组成。此轧机结构简单，工作可靠，应用最广泛。二辊轧机又分为可逆式和不可逆式两种：可逆式轧机的轧辊可以正转和反转，因此可以在同一台轧机上将坯料往复轧制多道次；不可逆式轧机轧辊只能向一个方向转动。

（2）三辊轧机。由三个位于同一垂直平面内的水平轧辊所组成。在这种轧机中，轧件可以同时在两个方向上进行轧制，而轧辊无需反转。三辊轧机又分为三辊劳特轧机（主要用来生产中厚板材）和三辊等径轧机（主要用来生产型材），它们都是由交流电机驱动。三辊轧机有上下两条轧制线，需要用摆动台来过渡。

（3）四辊轧机。四辊轧机由两个直径较大的支承辊和两个较小的工作辊组成。较小的工作辊与轧件接触，可以减小变形区接触面积，降低总轧制压力；支承辊起支持作用，可以减少工作辊的弯曲并提高辊系的强度。四辊轧机广泛应用在热轧和冷轧板带、箔材生产。四辊轧机一般驱动工作辊，支承辊靠摩擦力转动，仅在冷轧难变形有色金属板带箔材，工作辊直径较小时，驱动支承辊。

（4）多辊轧机。为适应冷轧板带产品尺寸向高精度和大的宽厚比方向发展的需要，提高轧机的刚性和强度，降低轧制力，出现了六辊、八辊、十二辊和二十辊轧机，主要用来生产难变形极薄带材。

（5）万能轧机。既有水平轧辊又有垂直轧辊（立辊）的轧机称为万能轧机。立辊主要用于从水平方向上轧制轧件，保证轧件侧边平齐并控制轧件的宽度。

（6）斜辊式轧机。其两个轧辊的轴线呈一定的角度布置，并以相同的方向旋转，在轧制时轧件边旋转边前进，主要用于无缝管穿孔、均整等。

12.1.2.3 轧机按布置分类

这种分类可以反映工作机座的数量、布置及生产能力的大小。主要布置形式有单机座、横列式、纵列式、阶段式、连续式、半连续式、串列布棋式等。

12.1.3 轧机主机列的组成

轧机由一个或数个主机列组成。一般主机列由三部分组成：主电动机、传动装置和工作机座。图 12-2 是轧机主机列的各组成部分。

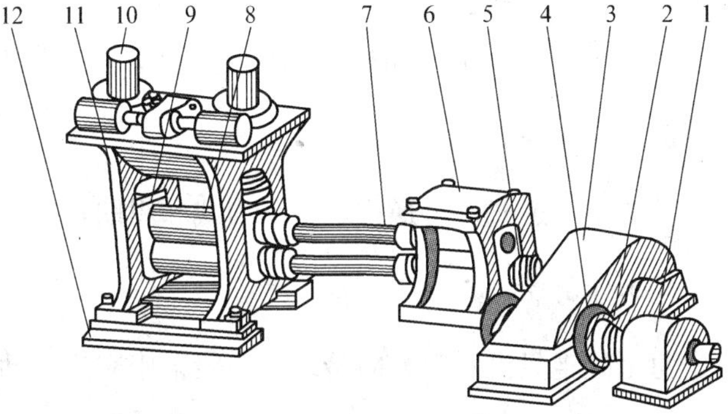

图 12-2 轧机主机列的各部分组成

1—主电动机；2—电机联轴节；3—减速机；4—飞轮；5—主联轴节；6—齿轮座；7—连接轴；8—轧辊；9—轧辊轴承；10—轧辊调整装置；11—机架；12—轨座

12.1.3.1 轧机主电动机

主电动机是整个轧机（组）的驱动装置：使轧辊转动以使轧件发生塑性变形，属于电气设备范围。由于各种轧机的要求不同，主电动机有交流电动机和直流电动机两种，主电动机的功率取决于轧机的用途和生产率等。

12.1.3.2 传动装置

用来将原动机（主电动机）的动力传动给执行机构（工作机座）。传动装置一般是由齿轮座、减速机、飞轮、连接轴和联轴节等组成。

（1）齿轮座。将动力传递给轧辊。按轧辊的个数，一般是由两个或三个直径相等的圆柱形人字齿轮组成，在垂直面内形成一排，装在封闭的传动箱内。

（2）减速机。它以一定的速比降低主轴转速，以适应轧辊转速的要求。

（3）飞轮。用于储存和释放能量，均衡主电动机的负荷。当轧辊空转时，飞轮加速，积蓄能量；在轧制时，飞轮减速，放出能量。

（4）连接轴。连接齿轮座和轧辊，用以传递动力。

（5）联轴节。将齿轮座、减速机和主电动机轴连接在一起，传递动力。分主联轴节和电动机联轴节。

以上介绍的是典型的主机列传动装置。在特殊情况下，某些传动环节可以略去。例如：在可逆式轧机上，一般无飞轮；当轧辊的转数与主电动机轴的转数相同时，就不需要减速机；若是单辊传动或每个电动机只带动一个轧辊，就可以省略齿轮机座。

12.1.3.3　工作机座

它是轧机的执行机构，包括轧辊、轧辊轴承、轧辊调整装置、机架等。

（1）轧辊。轧辊直接与金属接触，使金属发生塑性变形，是工作机座中的关键部件。

（2）轧辊轴承。它支撑轧辊并承受轧制力。

（3）轧辊调整装置。调整和控制轧辊的位置，以获得所需要尺寸和形状的轧件。轧辊调整装置包括轧辊平衡装置、压下装置等。

（4）机架。它是安装轧辊等装置的封闭框架，承受轧制力。

12.1.4　轧机的工作制度

轧机的工作制度可分为不可逆式、可逆式、带张力式和周期式等。

12.1.4.1　不可逆式工作制度

在此工作制度下，每个轧辊只沿一定方向转动，一般采用交流电动机带动。

12.1.4.2　可逆式工作制度

轧件经一道次轧制后，为了能在原来的轧辊间进行下一道次的轧制，可以使轧辊向相反的方向旋转。一般采用直流电动机带动。

12.1.4.3　带张力工作制度

这种工作制度能使轧件在轧辊的入口处和出口处产生一定的张力（拉力）。一般在冷轧有色金属及合金带材、箔材时采用此种工作制度。

12.1.4.4　周期式工作制度

包括行星轧机、周期式冷轧管机等，其工作特点是：压下过程不是连续的在毛坯全长方向上进行，而是周期式地分段进行。

12.1.5　辅助设备分类

在轧制车间内，从生产工艺可以看出，除在主机列上完成塑性变形轧制工序外，还要用很多辅助工序，把这些工序连贯起来才能使车间生产从坯料到成品连续进行。

每个辅助工序均需要相应设备来完成，每项辅助设备都关系着整个车间生产的进行，同时每项辅助设备生产能力均直接影响全车间的生产率的大小。

在轧制车间内，辅助设备可分为两大类：

（1）改变轧件外形的设备，如剪切、矫直、卷取等。

（2）移送轧件的设备，如辊道、升降台、反转设备等。

这些辅助设备，有的是在轧制生产线上单独布置，有的直接和轧机布置在一起，形成一套完整的生产机组。

图 12-3 为轧制铝带常用的二辊卷带冷轧机组。从图中可以看出，在机组中，除主机列（轧机），包括机架、轧辊、调整装置等外，还包括圆盘剪、卷取轴、轧边刀、导辊等辅助设备。

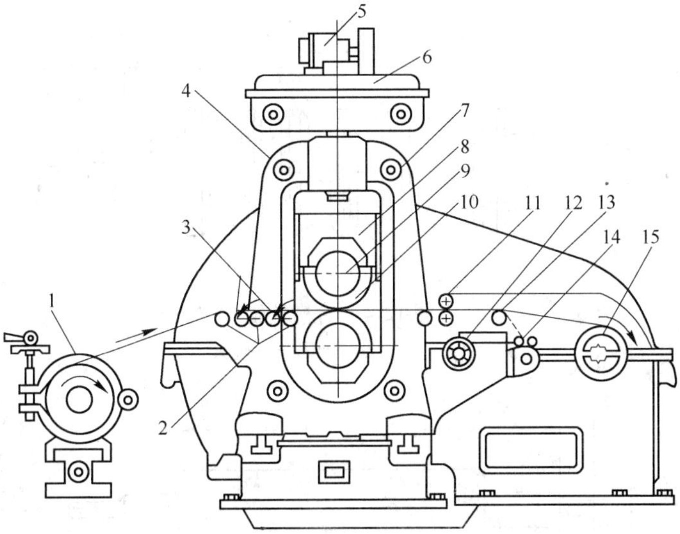

图 12-3 二辊卷带冷轧机

1—制动器；2—固定辊；3—活动辊；4—机架；5—压下电动机；6—压下齿轮座；7—机架拉杆；8—轴承座；9—轧辊；10—托瓦；11—圆盘剪；12—张力调节手轮；13—导辊；14—轧边刀；15—卷取轴

12.2 轧机的结构

图 12-3 为二辊铝带冷轧机的基本结构，主要包括轧辊、轧辊轴承、轧辊调整装置、机架等，现分述如下。

12.2.1 轧辊

轧辊是轧机在工作中直接与轧件接触并使金属产生塑性变形的重要部件，也是轧机上最大的消耗性零件。

12.2.1.1 轧辊的分类

按轧机的类型，轧辊可以分为 3 种：

（1）带孔型的轧辊。这种轧辊上刻有轧槽（如图 12-4 所示），上下两个轧辊的轧槽形成孔型，轧件在孔型中轧制。它主要用于轧制各种型线材和管材。

（2）平面轧辊。它主要用于轧制板带箔材。轧辊一般为圆柱体，有时为了轧制出具有良好板型的板带箔材，辊面做成稍有凹或凸的辊型。

（3）特殊轧辊。它主要用于斜轧穿孔机、车轮及轮箍轧机等专用轧机上，轧辊具有各种不同的形状。

12.2.1.2　轧辊的结构和参数

轧辊一般由辊身、辊颈和辊头3部分组成，如图12-4、图12-5所示。

（1）辊身。辊身是轧辊与轧件接触并使轧件产生塑性变形的部分，它是轧辊上最重要的，辊身直径 D 和辊身长度 L 是轧机的主要参数。

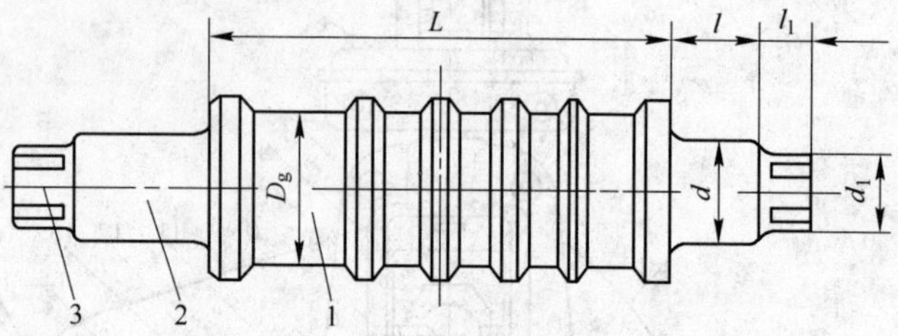

图12-4　有槽轧辊

1—辊身；2—辊颈；3—辊头

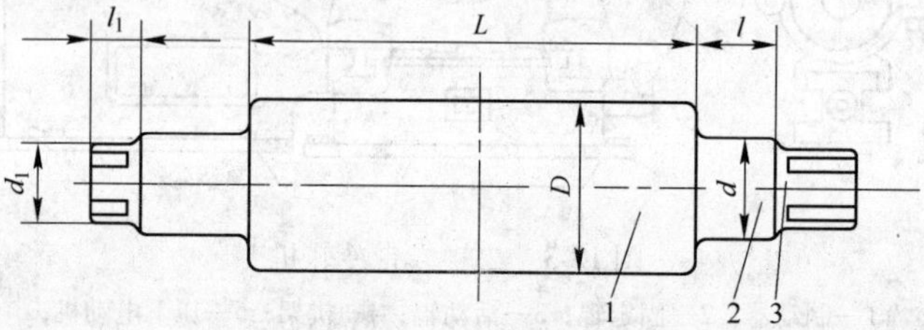

图12-5　轧辊组成

1—辊身；2—辊颈；3—辊头

轧辊的辊身直径有公称直径（名义直径）和工作直径之分。公称直径通常指人字齿轮中心距，并以此值表示轧机的大小；工作直径是指轧辊与轧件接触进行压下变形而直接工作的直径。

型材轧机的辊身长度 L 与孔型的布置数目及轧辊强度有关，而板带轧机的辊身长度 L 主要与轧制板带的最大宽度 b 有关。

（2）辊颈。辊颈是轧辊的支承部分，它与轧辊轴承装配在机座中，将轧制力经压下调整装置传递到机架上。

辊颈尺寸为直径 d 和长度 l，它与轴承型式和工作载荷有关。辊颈的形状有圆柱形和圆锥形两种，前者主要用于开式滑动轴承和滚动轴承；后者主要用于液体摩擦轴承。

（3）辊头。辊头位于轧辊两端，用来连接轧辊与轴套或接轴，是传递扭矩的部分。在轧机上，辊头主要有3种形式：梅花轴头、扁轴轴头和带键槽的圆柱形轴头。

梅花轴头是简单的结构形式，适用于速度不高，压下量调整不大的轧机，梅花轴头与梅花接轴用轴套连接。扁头轴头用于与万向接轴的叉头连接。

12.2.1.3　轧辊的材质

在选择轧辊的材质时，既要考虑轧辊的工作要求和特点，还要根据轧辊常见的破坏形式和破坏原因，按轧辊要求选择合适的材质。

常用的轧辊材料主要有：合金锻钢、合金铸钢和铸铁 3 种。另外，在十二辊、二十辊轧机工作辊及线材轧机上，常采用碳化钨（硬质合金）轧辊，它一般做成装配式的：外面为碳化钨辊套，内部为碳钢轴芯。

12.2.1.4 轧辊的强度计算

轧辊直接承受轧制压力和转动轧辊的传动力矩，属于消耗性零件。在轧制生产中，轧辊费用占较大的比例。轧辊的主要破坏形式有断辊、辊面剥落、辊面磨损、辊面热裂等，主要原因是由于各种应力的综合影响。

为了保证在轧制生产中优质、高产、低消耗，对轧辊要求具有足够的抵抗破坏的能力，包括抵抗弯曲、扭转、接触应力、磨损、疲劳等各方面的综合性能。

影响轧辊负荷的因素很多，为了简化计算，一般只进行静强度的计算，而将许多因素纳入安全系数中。轧辊的安全系数，是材料的强度极限与许用应力的比值，在一般计算时，轧辊的安全系数取 $n=5$。

根据轧辊各部受力特点，通常辊身只计算弯曲应力，对辊头只计算扭转应力，而对于辊颈则要计算弯曲应力和扭转应力，并进行合成，得到合成应力。计算应力只要不大于许用应力，就说明轧辊是安全的。

12.2.1.5 轧辊的断裂形式及使用维护

轧辊是保证轧制车间生产正常进行的重要部件，除因正常磨损需要定期进行更换外，还应消灭断辊事故的出现。

轧辊断裂原因有两大类：一类属于轧辊材质或制造质量，即轧辊内在因素造成的；另一类则是工艺条件和使用情况，即外部因素造成的。表 12-1 为几种典型的轧辊断裂形式。由于轧辊材质和制造缺陷造成的断裂，一般在断口处可以查出，如沙眼、夹杂、裂纹等缺陷。

表 12-1 几种典型的断辊形式

断辊形式	原因分析
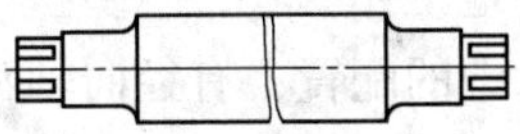	钢板轧辊辊身中间部位断裂，断口较平直为轧制压力过高、轧辊激冷等原因。如断口有一圈氧化痕印，则为环状裂纹发展造成
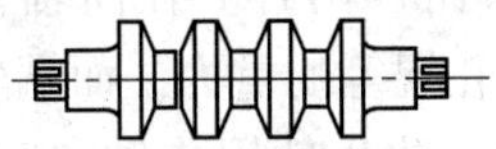	带孔型轧辊在槽底部位断裂，常发生在旧辊使用后期。如新辊出现断辊应检查轧制压力、钢温、压下量等工艺条件及轧辊材质
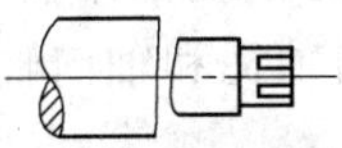	辊颈根部断裂，常发生在加工轧辊时根部圆角半径 r 过小，造成应力集中，应加大圆角半径。轴承温度过高也可能出现辊颈断裂
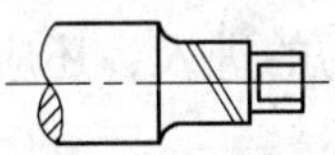	辊颈扭断，断口呈 45°，当扭矩过大时传动端可能出现
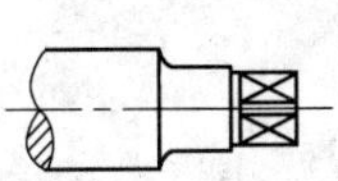	辊头扭断，常从辊头根部断裂 冷轧薄带钢时，轧辊压靠力过大，此时扭矩可大于轧制力矩，启动轧机可能断辊头

操作轧辊必须十分注意，应经常检查轧辊表面，发现有微小的裂纹应及时重车或重磨，防止裂纹等扩展以致使轧辊报废。

轧辊要注意表面润滑，保持光洁，防止锈蚀和轧制中氧化物等进入而磨坏。辊头配合尺寸应符合要求，保持光洁，不得有裂纹。辊头端部的中心孔应注意保护，以利于重车或重磨。

12.2.2 轧辊轴承

轧辊轴承用来支承转动的轧辊，并保持轧辊在机架中的位置。轧辊轴承应具有小的摩擦系数，足够的强度，寿命长，并便于换辊。

轧辊轴承的工作特点是承受很高的、比普通标准轴承所允许要大几倍的单位负荷，这是因为轴承受外围尺寸的限制和在较短的辊颈内可用很大的许用应力所决定的。

轧辊轴承的式样大概可以分为两种：一种是滑动轴承，一种是滚动轴承。新式的液体摩擦轴承也属于滑动轴承类型。

12.2.2.1 非金属轴承衬的开式轴承

非金属轴承衬的开式轴承属于滑动轴承，它的轴瓦通常采用胶木瓦或塑料瓦，优点是摩擦系数低，轴瓦具有良好的耐磨性，因此寿命高，并可减少能耗；胶木轴瓦比较薄，故可采用较大的辊颈尺寸，有利于提高辊颈强度；这种轴承衬质地较软，能吸收进入轴承的硬质颗粒，因而有利于保护辊颈表面。

这类轴瓦的缺点是强度低，耐热和导热性较差，刚性较差，因此不能用在轧件尺寸要求严格的轧机上。在有色金属轧制行业，常用在开坯机、小型热轧板带轧机上。

胶木轴瓦用水进行冷却和润滑，它的工作温度不应超过60～80℃。因为温度较高时，它会迅速膨胀，进而发生碳化，即烧瓦事故；所用的冷却水必须净化，并且不能有腐蚀性；在整个轧制过程中，不能中断冷却水，以防止轴瓦破坏。在轧机停车之前，必须从给油孔压入大量的干油，并逐渐减少水量，使停车后辊颈上布满干油，避免锈蚀，并能在再次启动时减少轴瓦发热和磨损，延长其使用寿命。在充分冷却润滑条件下，这种轴承能较好地工作。

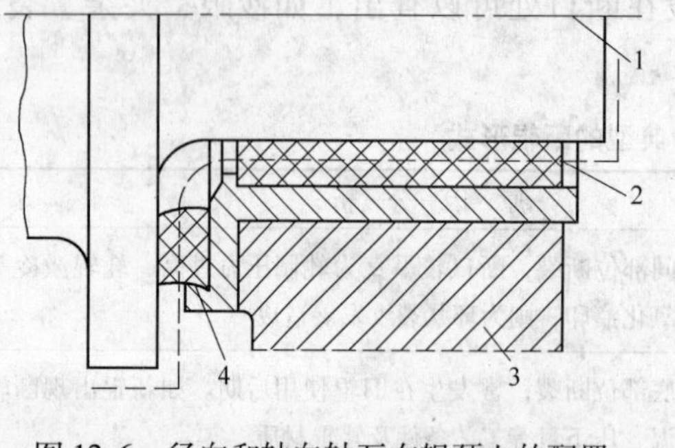

图12-6 径向和轴向轴瓦在辊颈上的配置
（虚线是轴瓦磨损后的轧辊位置）
1—轧辊；2—径向轴瓦；3—轴承座；4—轴向轴瓦（端轴瓦）

轴瓦在轴承中的配置，有径向轴瓦和轴向轴瓦（端轴瓦）两种。径向轴瓦主要承受轧制力和轧辊等的重力，而端轴瓦主要承受轴向力，防止轧辊作轴向窜动。图12-6所示为径向轴瓦和轴向轴瓦在轧辊辊颈上的配置。

开式滑动轴承不能密封，因此在操作中应注意防止氧化皮和杂物的进入，还应检查轧辊辊身边缘，若有裂纹剥落情况，要及时处理，防止轴瓦和辊颈磨坏。

12.2.2.2 液体摩擦轴承

液体摩擦轴承是一种流体润滑的封闭式滑动轴承。其基本特点主要是：摩擦系数低，能耗小；适合在高速重载条件下工作；使用寿命长；结构紧凑等。

由于液体摩擦轴承的显著特点，广泛应用在有色金属及合金板带轧机的支撑辊上，大型二辊板带轧机、高速线坯轧机上也已经采用。

在轧机上应用的液体摩擦轴承，根据油膜形成的原理不同，可分为动压轴承、静压轴承和静-动压轴承3种类型。

（1）动压轴承。动压轴承是应用最早和最广泛的轴承。它的主要特点是：工作油膜是靠轧辊辊颈在轴承中旋转时产生的液体动力效应来建立的。

轧辊的液体动压轴承有两种典型的结构，它们的摩擦面都是通过套在锥面辊颈上的锥形轴套和装在轴承座中的轴承衬套组成的，只是承受轴向力的止推装置不同。一种结构是辊颈套端部带有凸肩，用来承受轧制力和轴向力；另一种则是在辊颈外端专门装有止推滚动轴承（图12-7），其中后者比较先进，应用也越来越广泛。

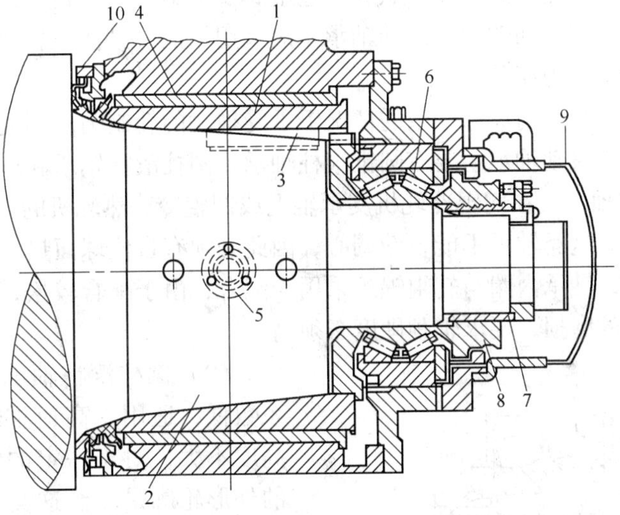

图12-7　四辊轧机上支承辊的油膜轴承

1—套筒；2—锥形辊颈；3—方健；4—轴承衬；5—锁销；6—止推轴承；
7—螺丝环；8—锁紧螺母；9—盖子；10—迷宫密封

当轧机经常启动、制动和反转时，动压轴承在低速时便不能保持液体摩擦状态；动压轴承的油膜厚度随轧制速度的变化而变化，对轧制精度有很大的影响。由于以上两个原因，它的使用受到影响。

（2）静压轴承。静压轴承的高压油膜是靠一个专门的液压系统供给的高压油产生的，靠油的静压力使辊颈悬浮在轴承中。因此，这种高压油膜的形成与轧辊辊颈的运动状态无关，无论是启动、制动还是反转，甚至是静止状态，都能保持液体摩擦状态。

液体静压轴承基本上能满足各种轧制条件和轧制速度的要求，对轴承衬材料的要求也不高，但是必须有一套可靠的高压液压系统。

（3）静-动压轴承。静-动压轴承把动压轴承和静压轴承的优点结合起来，克服了两者的不足：仅在低速、可逆运转、启动或制动情况下才使静压系统投入工作；在高速、稳定运转时，轴承按动压系统工作；动压系统和静压系统可根据转速自由切换。

（4）油膜轴承的使用与维护。使用油膜轴承，必须有专门的班组进行维护保养，有专用的工作间清洗、检查、更换零件和装配，必须确保装配的精度和各零件的清洁，特别要注意保护轴颈镜面和衬套的巴氏合金内表面。整个轴承座安装到辊颈上去后，必须有良好的轴向紧固，严防螺母松动。密封圈必须仔细检查，有磨损和碰坏的，必须及时更换。

必须经常清洗油过滤器，保持油质十分清洁。工作中要密切注意油温和油压：油压波动会影响正常供油，油温变化影响油的黏度，使油膜厚度变化以至影响轴承正常工作。尤其是在长时间停车后启动时，必须先通油循环空载运转，从油泵到轴承整个油路系统稳定后，才能承受载荷。

12.2.2.3　滚动轴承

滚动轴承的摩擦系数低，能耗小，磨损小，使用寿命长；它的刚度大，有利于保证产品的精度，目前已经广泛应用在冷、热轧有色金属及合金板带轧机、线材轧机上。一般四辊轧机的工作辊上都用滚动轴承。滚动轴承一般采用干油（油脂）润滑，不要求特别严格的密封，另外换辊也较为简单。

轧辊滚动轴承要在径向尺寸受限的情况下承受很大的轧制力，因此轧辊用的滚动轴承都是多列的。轧辊用滚动轴承主要有圆锥滚柱轴承、圆柱滚柱轴承和球面滚柱轴承。

（1）圆锥滚柱轴承。在四辊冷轧机支承辊上或四辊冷、热轧机的工作辊上，常常采用四列锥形滚柱轴承。这类轴承不能自动调心，因此必须有自位球面垫。

为了便于换辊，轴承内圈与轧辊辊颈采用动配合，由于配合较松，内圈会出现微量移动，为防止对辊颈的磨损，要求辊颈硬度必须高。

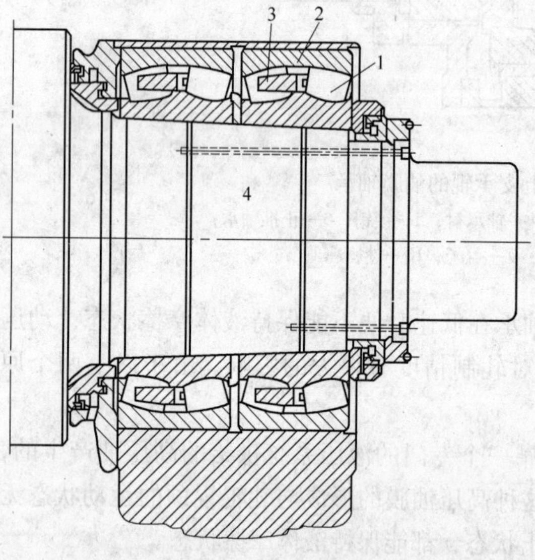

图 12-8　球面滚柱轴承
1—球面滚柱；2—球面套圈；3—隔离环；4—锥形辊颈

（2）圆柱滚柱轴承。这类轴承的摩擦系数低，适用于高速重载场合，它的滚柱高度不大，对于一定的辊颈直径来说，它的外形轮廓最小。这类轴承只能承受径向载荷，轴向载荷必须用独立的止推轴承来承受。

圆柱滚柱轴承在辊颈上为静配合，在轴承座内为过渡配合，止推轴承在辊颈上和在轴承座内均为动配合。换辊时，外圈和滚柱与轴承座组成一整体，可以和任何一对内圈配合，具有互换性；内圈和轧辊一起拆下。

（3）球面滚柱轴承。它的滚柱与套圈是以球面相配合的，如图 12-8 所示，因此它能自动定心，即轴承的轴线可随辊颈轴线转动，保持彼此平衡。它可以同时承受径向载荷和轴向载荷，因此不需要另加止推轴承。球面滚柱轴承常用于四辊冷轧机的支承辊上。

（4）滚动轴承的使用维护。滚动轴承在使用时必须经常注意其轴向紧固情况（尤其是可逆式轧机)、润滑和密封情况，发现有不正常的响声或温度过高，应及时停车检查。

轴承座的解体清洗检查和轴承间隙的测量调整，应定期进行，并做好记录。清洗调整工作应有专业班组在专门的工作间内进行。

12.2.3　轧辊调整装置

轧辊调整装置的主要作用是：调整轧辊在机架中的相对位置，以保证要求的压下量、精确的轧件尺寸和正常的轧制条件。轧辊的调整装置主要有轴向调整装置和径向调整装置两种。

轧辊轴向调整装置在型材轧机上，主要用来对正轧槽，以保证正确的孔型形状；在板带材轧机上只需要轴向固定。轧辊的轴向调整装置一般采用简单的手动调整装置。

轧辊的径向调整装置的作用是：调整两工作辊轴线之间的距离，以保证正确的辊缝开度，给定压下量；调整两工作辊的平行度；调整轧制线的高度；更换轧辊或处理事故时需要的其他操作。

12.2.3.1　轧辊的径向调整装置

（1）压下装置。上辊调整装置也称压下装置，它的用途最广，安装在所有的二辊、三辊、四辊和多辊轧机上。就驱动方式而言，压下装置可分为手动的、电动的和液压的3类：

1）手动压下装置。在有色金属及合金轧制车间内，手动压下装置主要用于型材轧机和小型的热轧、冷轧板带轧机上。轧机的手动压下装置可以采用移动楔铁块、转动压下螺丝或转动压下螺母等办法来实现，如图12-9所示。手动压下装置的优点是结构简单、价格低，缺点是体力劳动繁重，压下速度和压下能力较小。

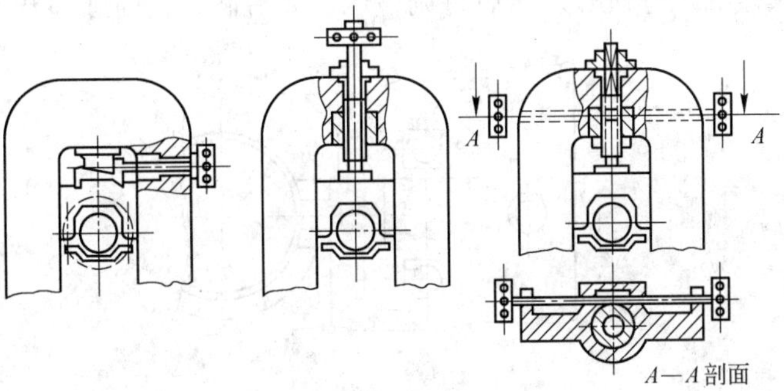

图12-9　手动的上辊调整装置

（a）具有楔块；（b）具有旋转的压下螺丝；（c）具有旋转的螺母

2）电动压下装置。电动压下装置是目前在轧机上应用最广泛的压下装置，它是由电动机通过圆柱齿轮减速箱或蜗轮减速箱传递运动的，它可以用在所有的轧机上，移动的距离、速度和加速度要比手动压下装置大得多。

根据电动压下装置的特点，可分为电动快速压下装置和电动慢速压下装置两种类型。电动快速压下装置主要用在有色金属中厚板材轧机上，其工艺特点是：工作时要求大行程、快速和频繁的升降轧辊；轧辊调整时不能带轧制负荷压下，即只能在轧制间隙时间内调整。慢速压下装置通常用在有色金属热轧和冷轧薄板带、箔材轧机上，它的特点是：较小的轧辊调整量和较大的调整速度，并且能够带轧制负荷压下。

3）液压压下装置。液压压下装置是比较新式的压下装置，主要特点是：具有很高的响应速度、很短的反应时间、很高的调整精度，但其费用较高，控制的行程有限。

（2）轧辊平衡装置。在轧机上轧辊平衡装置的主要作用是：消除轧辊与轴承、压下螺丝与压下螺母、压下螺丝与机架等之间的间隙，避免在轧制时的冲击；抬起轧辊时帮助轧辊上升。

在有色金属及合金轧机上，轧辊的平衡装置主要是弹簧平衡和液压平衡两种，前者主要用在中小型轧机上，比如中小型热轧板带轧机和型材轧机等；后者主要用在大型板带轧机上，比如有色金属大型的板带轧机等。

（3）下辊调整装置。它在有色金属板带轧机上，下辊中心线的位置，仅在换辊时用更换垫片的方法来调整。在开启式滑动轴承中，这些垫片放在轧辊的轴瓦盒和轴承座之间；而用滚动轴承时，这些垫片则放在机架和轴承座之间。

在二辊式或三辊式型材轧机上，下辊的调整，采用手动压上装置，主要有斜楔式和压上螺丝式两种。

12.2.3.2　轧辊轴向调整装置

在型材轧机上，轧辊的轴向调整主要用来对准轧槽，使孔型具有正确的相对位置，一般采用结构简单、便于换辊的压板装置进行轴向调整。

图 12-10 为用双螺栓固定的三角形压板。调整压板 2 上有椭圆孔，套在穿过机架立柱通孔的方头螺栓 3 上。旋转调节螺钉 4 即可使调整压板 2 压紧或松开轧辊轴承 1。在换辊时，只需将方头螺栓的螺母松开，然后将调整压板 2 沿椭圆孔向外移开。

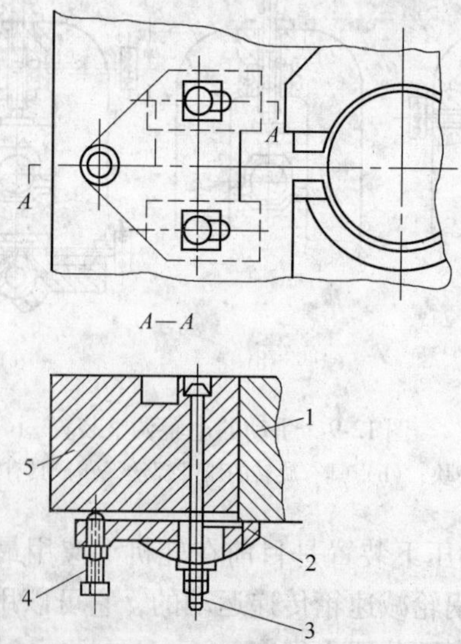

图 12-10　轧辊轴向调整压板

1—轧辊轴承；2—调整压板；3—方头螺栓；4—调节螺钉；5—机架立柱

这种机构只能单方向向内轴向移动轧辊，因此必须在每个轧辊的两端成对的设置。当需要使一端的压板向内调整时，另一端的压板必须松开。孔型对准后，两端的压板都要压紧，用以将轧辊轴向固定。

在有色金属板带轧机上，不需要轴向调整轧辊，但采用滑动轴承时，当轴承衬肩磨损后，必须进行轴向间隙的调整。

12.2.3.3 压下螺丝和螺母

(1) 压下螺丝。压下螺丝的结构一般分为头部、本体和尾部3部分。

压下螺丝的头部与上辊轴承座相接触，承受来自辊颈的压力和上辊平衡装置的过平衡力；压下螺丝的尾部是传动端，承受驱动力矩；压下螺丝的本体带有锯齿形或梯形的螺纹，它与压下螺母的内螺纹相配合，用以传递载荷和运动。

通常压下螺丝用锻造碳钢制造，当负荷很大时，可以采用合金钢制造。

(2) 压下螺母。压下螺母是轧机上除轧辊以外的最大易损件，一般用高强度的无锡青铜（ZQA19-4）或高强度黄铜（ZHA166-6-3-2）铸成。

压下螺母在结构上有整体式（中小型）和组合式（大型）两种，其中前者在有色金属轧机上用得最多。

压下螺母安装在机架中，为了便于更换，一般采用动配合。为了防止螺母从机架中脱出和防止螺母在机架中转动，通常用压板将螺母加以固定。压板嵌在螺母和机架的槽内，并用双头螺栓或方头螺栓固定（图12-11）。

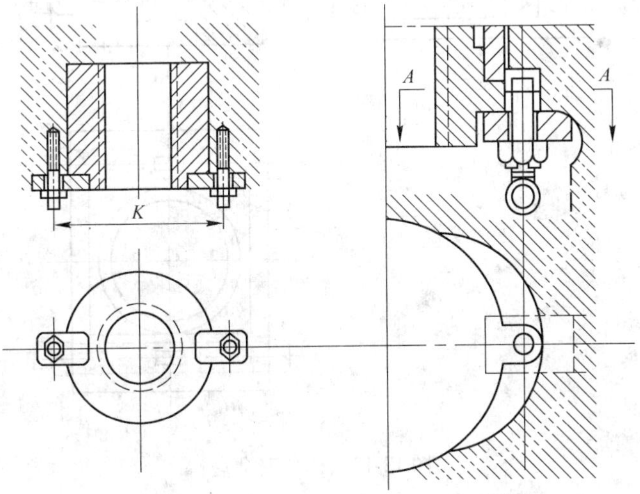

K向视图 A—A剖面

(a) (b)

图12-11 压下螺母的固定方式

(a) 用双头螺栓和压板固定；(b) 用方头螺栓和压板固定

12.2.3.4 安全装置

为了轧辊和机架的安全起见，在某些轧机的压下螺丝和轴承座之间，装有特殊的安全

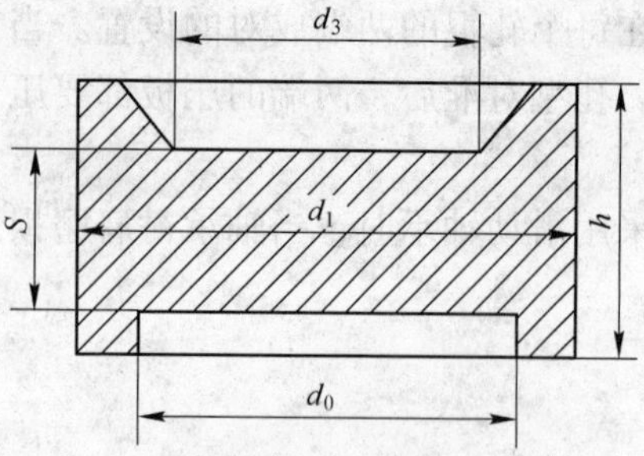

图 12-12　安全臼

装置。主要用在大型的有色金属板带轧机上。在轧机过载时，安全装置首先要被破坏，以保护轧辊等部件；而轧机正常工作时，安全装置不能被破坏，以保证正常生产。安全装置主要有安全臼和楔形安全盒两种。

（1）安全臼（图 12-12）。安全臼通常用铸铁制成，当轧制压力很大时，比如在重有色金属板带轧机上，则用铸钢制成。用铸钢制成的安全臼还有一个优点，即当处理轧卡或坐辊等阻塞事故时，可用氧气切割安全臼以解除事故。

为了在安全臼被破坏时，其碎片不至于向四周飞散，在安全臼的外面要用圆筒形的罩子围起，以防碎片伤人。

（2）楔形安全盒（图 12-13）。由于安全臼材料组织的不均匀性，强度不稳定，性能波动很大，因此在大型轧机上，通常用楔形安全盒代替安全臼。

楔形安全盒的破坏零件通常是受张力的螺栓。楔形安全盒的下部有两部分组成，彼此用两根螺栓拉紧。螺栓的中部做成细颈，当压力达到某一数值时，螺栓就在细颈处断裂，从而起到保护轧机其他部件的作用。

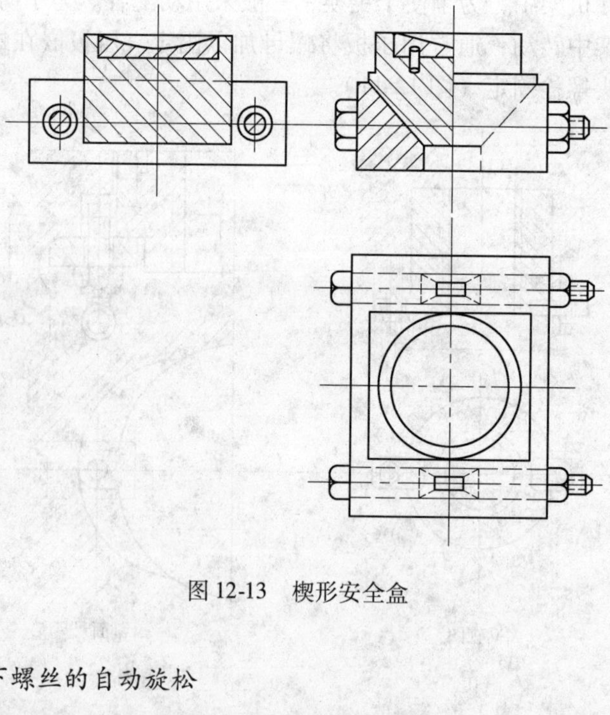

图 12-13　楔形安全盒

12.2.3.5　压下螺丝的自动旋松

上辊的快速调整装置，在工作中有时会出现压下螺丝的自动旋松，主要表现在轧制过程中，已经停止转动的压下螺丝，在突加的压力下，自动向上旋松，使已经给定的压下量减少，影响轧制过程的正常进行。

压下螺丝自动旋松是由于压下螺丝本身的自锁性能差，并在载荷过大或受到冲击性载荷时产生的。

为了防止压下螺丝自动旋松，除加大压下螺丝的摩擦阻力矩、改善自锁性、增设防松措施以外，在工艺操作中要采用合理的压下量和轧制速度，特别是咬入速度不能过大，以减少冲击载荷。

12.2.3.6　压下螺丝的阻塞事故

快速压下装置不具备带负荷压下的能力，因此当压下螺丝的轴向载荷超过压下电机的过载能力时，压下电机将被迫停转，此时压下螺丝会楔紧在螺母中，这种现象称为压下螺丝的阻塞事故。

压下螺丝的阻塞事故，主要有两个原因：一是轧卡，在轧制过程中，主电机意外的跳闸或其他的原因而停止转动，轧件卡在轧辊中间，压下螺丝被轧卡载荷阻塞而不能提升；另外一个原因是坐辊，由于误操作，使两轧辊快速压靠，压下电机被迫停转而造成压下螺丝阻塞事故。

处理压下螺丝阻塞事故的方法，一是用人工解除阻塞载荷然后用压下电机转动压下螺丝，比如轧卡时用氧气切割安全臼，使压下螺丝脱离接触，以解除阻塞事故；另外可以采用专门的工具或回松装置，强力转动被阻塞的压下螺丝，使压下螺丝恢复工作。

12.2.4　机架

机架俗称牌坊，是轧机工作机座的骨架。机架除了安装有轧辊、轧辊轴承、轧辊调整装置和导卫装置外，还承受着经轴承座传来的全部轧制力，因此要求它具备足够的强度和刚性。从结构上看，还要求机架能便利于装卸轧机上的各种零件，以及有快速换辊的可能性。

12.2.4.1　机架的形式

根据机架结构的不同，可分成两大类：闭口式机架和开口式机架。

闭口式机架是一个将上下横梁与立柱铸成一体的封闭式整体框架，如图 12-14（a）所示。闭口机架强度和刚度较大，常用在受力大或要求轧件精度高的轧机上。有色金属轧制最常用闭口机架，如用在板带轧机和多辊冷轧机上。

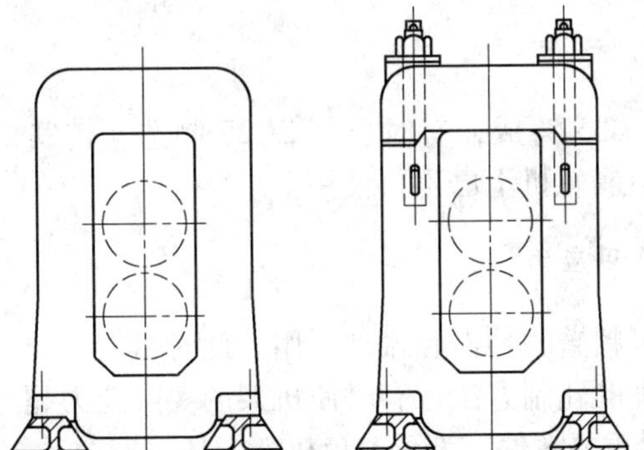

(a)　(b)

图 12-14　轧机机架

（a）闭口式机架；（b）开口式机架

开口式机架的上盖可以从 U 形架（立柱）体上拆开，如图 12-14（b）所示。开口式机架换辊比较方便，但刚性较差，主要用在型材轧机上。

12.2.4.2 机架的主要参数

机架的主要尺寸有窗口高度 H、窗口宽度 B 和立柱断面面积 F_2。它们主要是根据轧辊的直径来决定的，如图 12-15 所示。

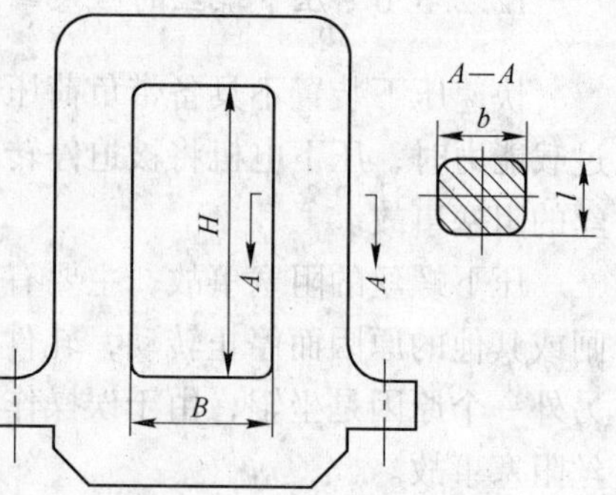

图 12-15 机架结构简图

（1）窗口高度。窗口高度 H 与轧辊数目、轧辊中心距 A、辊颈直径 d、轴承和轴承座径向厚度 S、上辊的调整距离 h 以及余量系数 c 等因素有关。一般用下式计算：

$$H = A + d + 2S + h + c \tag{12-1}$$

（2）窗口宽度。对于开口式机架窗口宽度 B 可根据轴承座尺寸来确定；对于闭口机架，应使窗口的宽度比轧辊辊身直径稍大，以便在换辊时能顺利地从窗口取出轧辊。

（3）立柱断面尺寸。机架应具有足够的强度和刚性，因此必须具有一定的断面尺寸。一般机架的断面面积 F_2 与轧辊的辊颈直径 d（四辊轧机为支承辊辊颈直径）的关系为：

$$F_2 = (0.6 \sim 1.2)d^2 \tag{12-2}$$

上式中，对于铸铁轧辊，取下限，对于合金钢轧辊，取上限。

12.2.4.3 机架的结构

机架一般由立柱和横梁组成。机架立柱的中心线应和装入其中的轧辊轴承座中心线相重合。对于上辊经常做上下移动的有色金属中厚板材轧机，立柱的内侧面有时要镶上铜滑板，以避免立柱被磨损。

机架立柱的断面形状有近似正方形、矩形和工字形等三种，在有色金属轧机上常用的是近似正方形的立柱。

机架下部有机架底脚，机架靠它坐在机架地脚轨上，并用地脚螺钉来紧固。

12.2.4.4 机架的材质

轧机机架通常采用 ZG35 铸成，有时也用 ZG25 制造。铸铁机架由于不能承受冲击载荷，强度较低，在有色金属轧机上已不再使用。

12.2.4.5 机架的许用应力

轧制时，机架受着极频繁的冲击和振动作用，此时机架中出现的载荷往往高于静载荷的数倍。同时由于不正确的轧制方法，有时使机架的实际应力超过名义应力。

工作机架是轧机的最重要零件，为了避免机架损坏，安全系数应尽量大，一般为 7.5 ~ 15。许用应力，在横梁中不超过 50 ~ 70MPa，立柱中不超过 40 ~ 50MPa。

12.2.5 连接装置

连接装置是用来将动力由电动机或齿轮座传送到轧辊上，或者是把动力由上一机架传递到下一机架的轧辊上。连接装置除减速机和齿轮座外，主要包括接轴和联轴节。目前在轧机上常用的连接轴有万向接轴、梅花接轴和弧形齿接轴三种。

12.2.5.1 万向接轴

万向接轴主要用在轧辊调整量较大的轧机上，比如有色金属轧制中的冷热轧板带材轧机、冷轧箔材轧机以及管材轧机等。

在轧机上常用的万向接轴有两种形式：滑块式万向接轴和十字头式万向接轴，其中前者由于能传递较大的扭矩，允许有较大的倾角，因此应用较多。图 12-16 为滑块式万向接轴的立体简图。

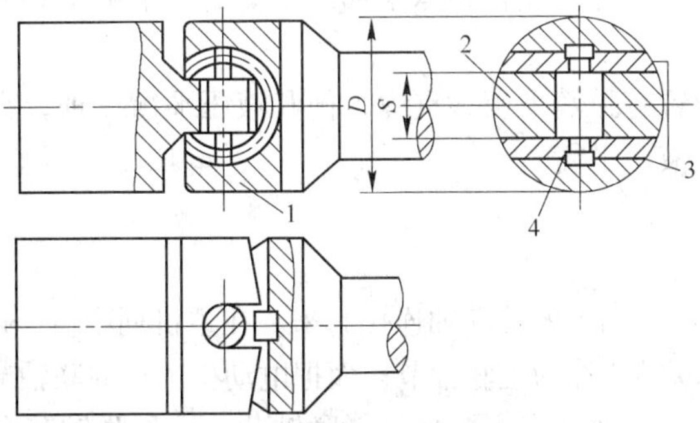

图 12-16 滑块式万向接轴

1—叉头；2—扁头；3—滑块；4—小方轴

万向接轴两端都是叉头，结构相同，但是其外径不同：靠近轧辊一端的叉头外径小于靠主电动机一端的叉头外径。

万向接轴的润滑比较困难，铜滑块易磨损，冲击较大。因此要加强润滑，经常检查，定期更换半圆铜滑块。

12.2.5.2 梅花接轴

梅花接轴应用在轧辊中心线间距变化不大的轧机上，比如有色金属型材轧机、中小型热轧铝板轧机等。接轴的倾角一般不大于 1°～2°，否则就会产生较大的冲击。

梅花接轴由梅花轴和轴套组成，如图 12-17 所示。接轴的最小长度应比两倍轴套的总长度大 40～80mm，以便在换辊时能用钢丝绳套在梅花轴上。在运转中，为了避免轴套移动，中间应用木块顶住，木块用绳子拴住，尽量不要用铁丝捆扎。

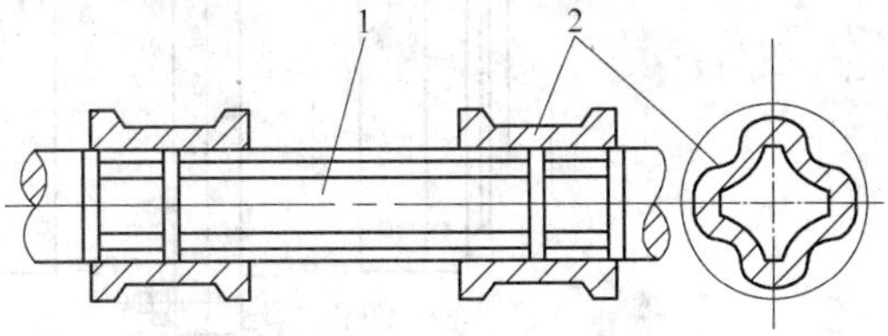

图 12-17 梅花接轴及轴套

1—接轴；2—轴套

梅花接轴一般由铸钢或锻钢制成。梅花轴套要用灰口铸铁制成，其强度比接轴低，目的是当超载时，轴套优先断裂，且当轴套断裂时，因断口相互错动，不至于造成其他部件的破坏。

12.2.5.3 弧形齿接轴

弧形齿接轴具有传动平稳、无冲击振动、润滑条件好、传动效率高等优点，目前在一些新型轧机上已经广泛采用，代替滑块式万向接轴或梅花接轴。

弧形齿接轴由外齿轴套和内齿圈以及中间体等主要零件组成。在运动中，这种接轴的角度在2°~3°以下，几乎是恒定的。

12.2.5.4 接轴的平衡

在轧辊直径大于450~500mm的轧机上，为了不使连接轴的重量全部传递到梅花轴套或接轴铰链上，通常接轴是通过接轴轴承来加以平衡的，平衡所需要的力约为被平衡件重量的1.1~1.3倍。

常用的接轴平衡装置有弹簧平衡、重锤平衡和液压平衡三种，在有色金属轧机上，应用较多的是弹簧平衡和液压平衡。

12.2.5.5 联轴节

联轴节的用途是将主机列中的传动轴连接起来。在主机列中，一般把用于连接减速机低速轴与齿轮座主动轴的联轴节称为主联轴节；而把电动机出轴的联轴节称为电动机联轴节。

目前应用于轧机上的联轴节，主要是补偿联轴节。这种联轴节允许两轴之间有不大的位移和倾斜，其结构类型有十字滑块式、凸块式和齿式联轴节三种。

齿式联轴节的结构如图12-18所示，主要是由两个带有外齿的外齿轴套1和两个带有内齿的套筒2所组成。在安装时，外齿与内齿之间要保持一定的间隙，以便补偿被连接的两根轴之间的小量的偏移和倾斜。

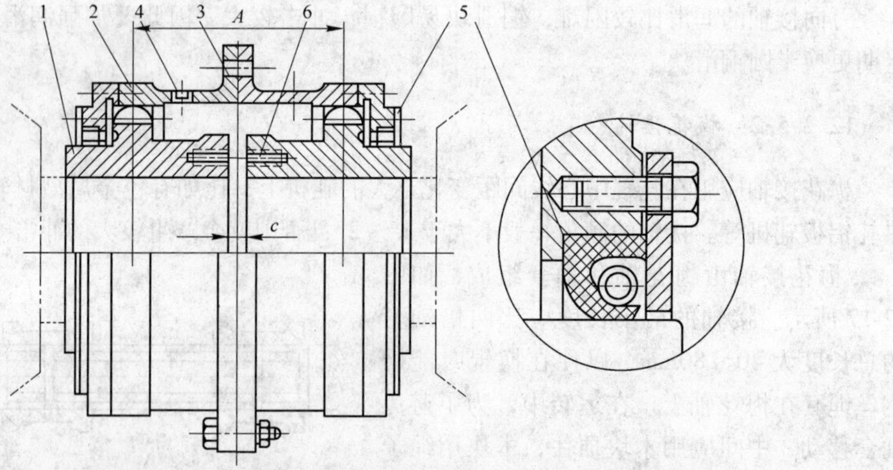

图12-18 CL型齿式联轴节

1—外齿轴套；2—套筒；3—纸垫；4—油塞孔；5—密封圈；6—拆卸轴套用的螺孔

12.3 轧制车间辅助设备

在有色金属轧制车间内，除主要设备（轧机）外，还包括许多辅助设备，主要有剪切设备、矫直设备、卷取设备以及运输设备等。

12.3.1 剪切设备

在有色金属轧制车间内，根据轧制产品的不同，所需要的剪切设备也不同。常见的有色金属轧材切断设备主要有：剪切板带材的斜刃剪、剪切带材的圆盘剪、剪切坯料的平刃剪、在运动中剪切轧件头尾的飞剪以及切断型材、管材的锯切机等。

12.3.1.1 斜刃剪

斜刃剪又称为剪板机，主要用于板材的坯料和成品剪切，以及带材的头尾和横向剪切。剪板机的两个剪刃互成一定的角度，一般为2°～6°之间。通常上剪刃是倾斜的，而下剪刃是水平的。图12-19为斜刃剪切示意图。

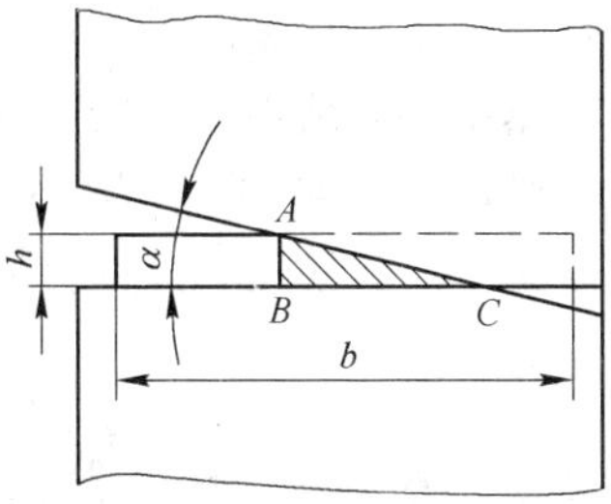

图12-19 斜刃剪切示意图

斜刃剪又分为上切式和下切式两种，上切式一般是上剪刃活动，而下切式是下剪刃活动。剪板机一般为上切式，但在剪切板材时，切口部位向下弯曲变形，因此安装于轧机和横剪机列上的剪板机多采用下切式剪切。

斜刃剪通常用被剪切轧件的断面尺寸（厚度×宽度）来命名的，例如Q7-20×2000型剪切机，属于上切式剪板机，可冷剪厚度为20mm，宽度为2000mm的板材，最大剪切力为1MN。

12.3.1.2 圆盘剪切机

圆盘剪切机通常安装在纵剪机组上，用于纵向剪切板材和带材：将板带材剪成比较窄的带材，或者将它们的边缘剪齐。当用圆盘剪切机切边时，通常还带有碎边剪（斩边刀），将切下的边再横向切成小段，便于回收。图12-20为中型铝带纵剪机列，它是由开卷机、送料辊、头尾剪、圆盘剪、斩边刀、导向辊、梳形辊、卷取机等组成。

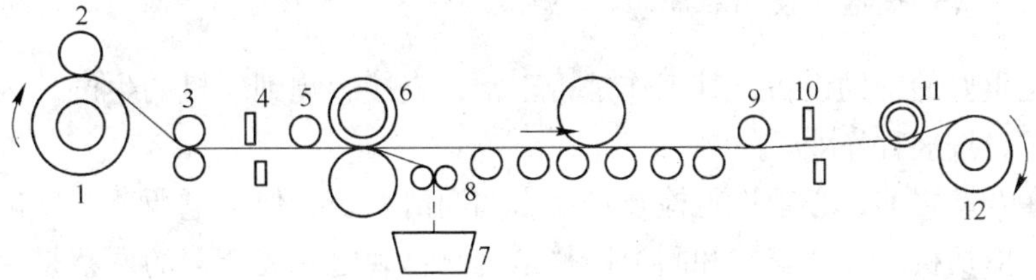

图12-20 中型纵剪机列

1—开卷机；2—压辊；3—送料辊；4—头尾剪；5—橡胶水平辊；6—圆盘剪；7—废料箱；8—斩边刀；9—导向辊；10—剪切机；11—梳形辊；12—卷取机

圆盘剪切机的结构可分为：每个圆盘剪刃都固定在单独轴上的两对圆盘剪切机和所有的圆盘剪刃都固定在两根公用轴上的多对圆盘剪切机，前者主要用于剪切板带材的两个边，而后者主要是将板带材冷剪成更窄的板带条。

12.3.1.3　飞剪机

横向剪切运动着的轧件的剪切机称为飞剪。在有色金属型线材轧制时，轧件头部容易产生弯曲、开裂（劈头）、发黑（低温）等问题，为了保证轧件轧制顺利进行，就需要用飞剪剪头；在冷、热带车间的横剪机组，飞剪将带材剪成定尺长度。

在有色金属型线材轧制车间应用较多的是圆盘式飞剪。它是由两个圆盘式剪刃组成，圆盘的轴线与轧材的运动方向成60°。

12.3.1.4　热锯机

热锯机广泛应用在高温下锯切非矩形断面的型材、管材。锯切后的轧材断面仍能保持平直，无压扁和断面不规整等缺陷，因此，锯切比剪切的断面质量高。

热锯机的结构形式较多，根据其构造，主要分为：杠杆式锯机、滑座式锯机和四连杆式锯机。图12-21所示为杠杆式热锯机，锯盘2由电动机4通过皮带传动，它们均固定在摆动架上，此摆动架绕框架的摆动轴3转动，以达到锯片送进运动进行锯切轧材的目的。

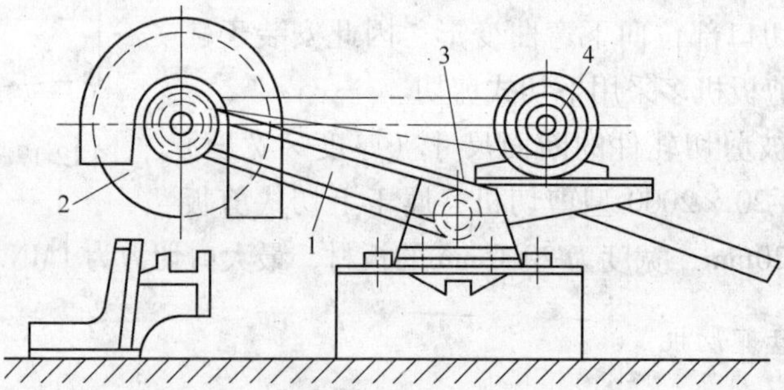

图12-21　杠杆式热锯机
1—摆动框架；2—锯盘；3—框架的摆动轴；4—电动机

该锯机结构简单，操作方便，但其生产效率较低，多用于锯切较小断面的轧材。

12.3.1.5　剪切设备的使用维护

剪切机是重要的辅助设备，其工作是否正常，直接影响到轧机的生产，因此对剪切机必须精心维护，按规程作业。

剪切机在开动之前，必须进行检查：动力和润滑系统，包括电源、液压以及润滑油供应是否正常；剪切机的刀片安装和间隙调整是否符合规定；离合器的调整是否恰当、工作是否正常等。

剪切机开始工作时，应先开空车进行空切，然后由薄到厚试剪轧件，进行必要的补充调整，再进行正常的连续生产。

在剪切或空闲时一定要注意：不要使刀片长时间接触热的轧件，以免刀片受热后产生裂纹或变软，以至于在剪切时崩刀或倒棱。发现刀片刃口变软或有小的崩刃时，应及时更换修磨，否则会使剪切力增加而损坏设备，使剪切质量不符合要求，或使刀片大块崩刃而报废。

刀片间隙的调整是影响剪切机正常工作的重要因素。刀片间隙过大，会使剪切质量下降，而刀片间隙太小会磨损刀片，有时调整不当使间隙为负值时（两刀片重叠少许），会造成机架断裂或刀架损坏等重大事故。

12.3.2 矫直设备

在轧制车间内，矫直的目的是消除轧件在轧制、剪切、运输等过程中产生的弯曲、波浪、瓢曲等缺陷。为了消除板带材轻微的波浪使板型平直，大多使用辊式矫直机进行板材矫直；有色金属管材，常采用斜辊矫直机矫直；对于板面稍有些不平的铅、锌、锡等蠕变性较大的合金板材，可以采用压力矫平。

12.3.2.1 辊式矫直机

有色金属板带材常采用辊式矫直机进行矫直。辊式矫直机由两排直径相等、节距相同、上下相互交叉布置的矫直辊组成，板带材通过矫直辊时，在最初几个辊子之间弯曲比较大，最后几个辊子之间弯曲比较小，板带材不平的原始曲率逐渐消除。

辊式矫直机辊数越多，矫直的精确度越大。厚板采用5～9辊矫直机，薄板采用11～23辊矫直机。矫直辊直径及长度应根据板带材的规格及性能选择，辊径越小，板材矫直时的塑性弯曲越大。板带材薄而宽及辊身细而长时，采用的辊数就多，并且要采用多排支承辊以增加工作辊的刚度。图12-22为中厚板材常用的9辊矫直机。

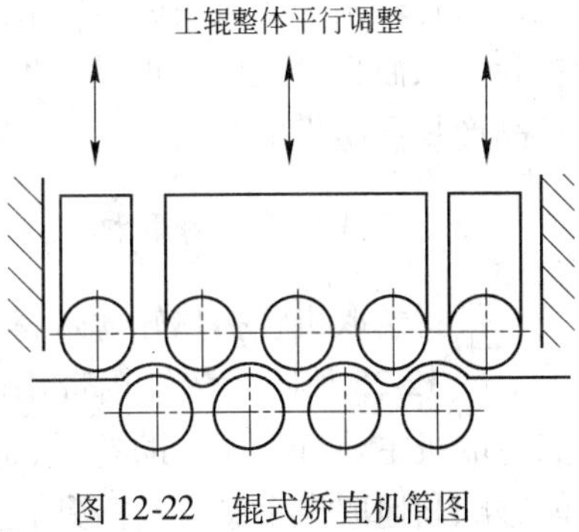

图12-22 辊式矫直机简图

矫直机辊子的节距，随板带材的厚度增加而增加，一般矫直辊的直径约为节距的0.9～0.95倍。矫直速度一般在0.2～1.0m/s之间，薄板用上限，厚板用下限。

12.3.2.2 斜辊矫直机

有色金属管材或矫直质量要求较高的管坯，一般都采用斜辊矫直机矫直。这种矫直机，两排工作辊的轴线在空间交叉，即辊子是斜着排列的（图12-23）。

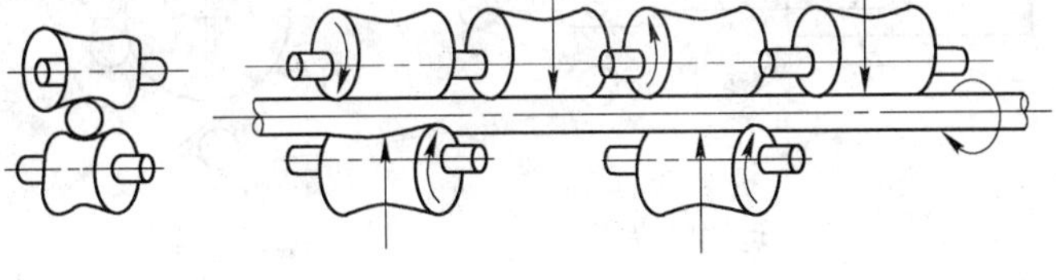
图12-23 斜辊矫直机简图

当工作辊旋转时，轧件除了有前进的运动外，还有旋转运动，被矫轧件在辊子之间进行多次弯曲，就完成了管子或管坯的矫直。

12.3.2.3 张力矫直机

张力矫直机又叫拉伸弯曲矫直机，主要用来矫直厚度小于0.3～0.6mm的有色金属带材，它在辊式矫直机上往往难以矫直。

在拉伸弯曲矫直机矫直过程中，带材在小于屈服强度的拉应力作用下，通过弯曲辊组被剧烈弯曲，将带材的边缘波浪、中间瓢曲等缺陷消除，然后通过矫平辊把剩余的瓢曲部位矫平。图 12-24 为装有 8 个张力辊的拉伸弯曲矫直机示意图。

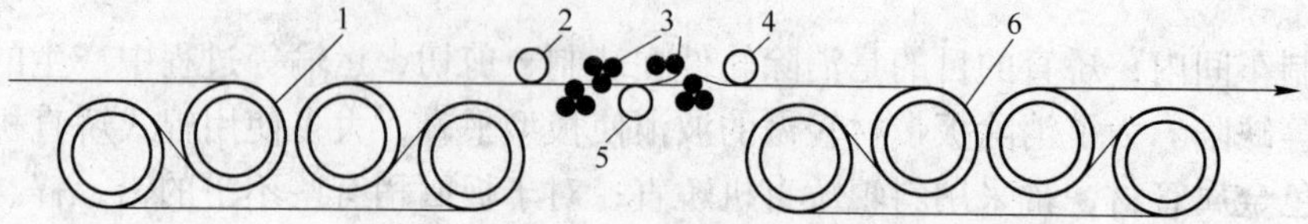

图 12-24 拉伸弯曲矫直机示意图

1，6—张力辊组；2—进料辊；3—弯曲辊组；4，5—矫平辊组

12.3.3 卷取机

在有色金属轧制车间内，卷取机主要用在两个方面：线材轧制车间应用的线材卷取机；带材轧制车间应用的带材卷取机和开卷机。卷取机的作用是将长的轧件卷绕成盘材或板卷，从而为增大原料重量、提高轧制速度、减少轧件头尾温差创造了条件，由此导致了产品产量和质量的提高。此外，成卷的轧材便于运送。

12.3.3.1 带材卷取机

带材卷取机包括热轧薄带材卷取机和冷轧薄带材、箔材卷取机。

图 12-25 所示为热轧铝带用的热卷取机，它布置在轧机后面，与轧制同步进行卷取。热卷取机主要有卷筒、助卷器、张力液压缸、抱臂液压缸等组成，主要部件是卷筒，为了能够顺利地取出带卷，卷筒具有胀缩机构，它是通过液压装置动作的。

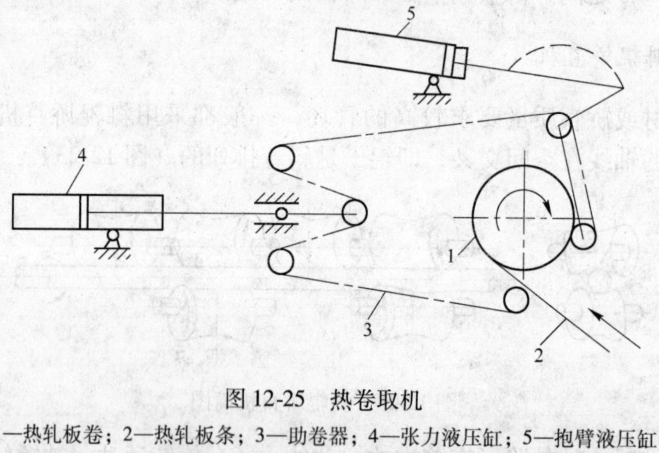

图 12-25 热卷取机

1—热轧板卷；2—热轧板条；3—助卷器；4—张力液压缸；5—抱臂液压缸

图 12-3 为冷轧铝带常用的二辊卷带冷轧机（组），其中 15 为卷取轴（卷取机），它的结构如图 12-26 所示。卷取机是由主传动系统通过链轮和圆锥形摩擦离合器驱动，卷取机的速度应超过轧制速度 12% ~20%。剪切轴采用悬臂式单端弹性胀缩机构，用两面螺纹相反的胀缩螺丝把卷取轴的一端撑开或弹回。

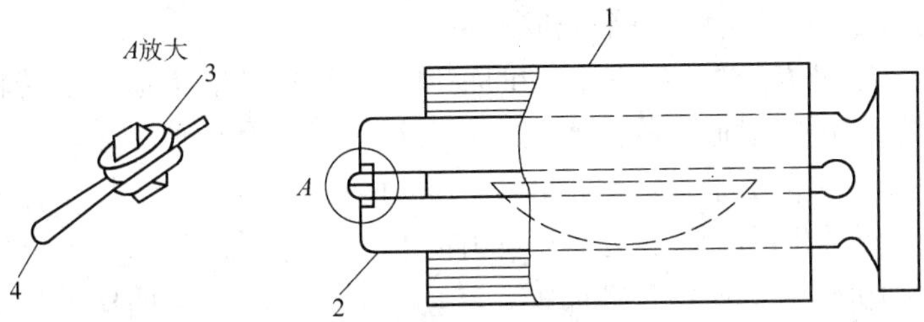

图 12-26 卷取轴

1—铝卷带；2—豁口轴；3—胀缩螺丝；4—操纵扳手

12.3.3.2 线材卷取机

线材卷取机是用来把轧好的线坯或小型材卷成卷（盘条），按送料方式分为切向送料和轴向送料两种；按安装位置分为地上和地下两种；按安装形式分为立式和卧式两种。

图 12-27 为轴向送料的立式卷取机示意图，它有一个带锥体 3 的空心轴 2，由电机带动旋转，轧好的线坯由管子经空心轴 2 进入锥体 3，由锥体转动把线坯绕成卷，卷完后打开下面的底板 6，使盘卷自动落下运走。

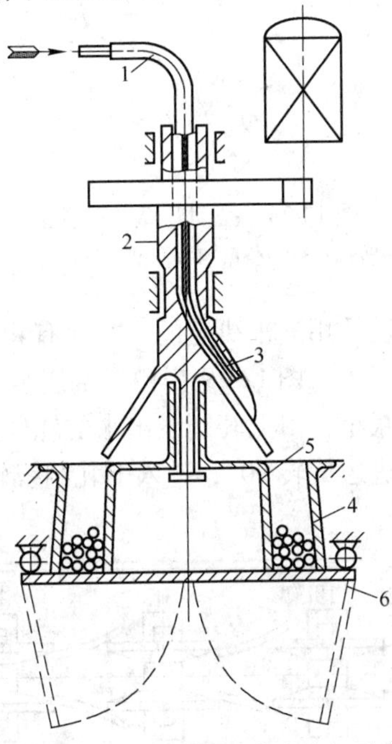

图 12-27 轴向送料的立式卷取机示意图

1—管子；2—空心轴；3—锥体；4—外筒；5—内筒；6—底板

此种卷取机的特点是线坯在卷取时发生扭转，因此只适于卷取圆断面线坯和小型材，适用于高速、连续生产，卷取生产率高。

12.3.4 轧件运送设备

12.3.4.1 辊道

在轧制车间内，辊道是用来纵向运输轧件的。轧件进出加热炉、在轧机上往返轧制以及轧后输入到精整工序，均有辊道来完成。

辊道按传动方式可以分为：集体传动的辊道、单独传动的辊道和空转辊道；按用途可以分为：工作辊道、运输辊道、收集辊道、移动辊道以及升降辊道、炉内辊道等。在有色金属及合金线坯轧制时，由于锭坯重量较小，辊道多为成组传动，每组有 2～10 个辊子。

图 12-28 为三辊轧机的升降辊道（摆动升降台）示意图，升降台 1 可以绕轴 2 上下摆动，它是依靠电动机通过减速箱带动曲柄 5 转动，通过立杆 3 和曲柄连杆 4 机构而使升降台上下摆动的 。

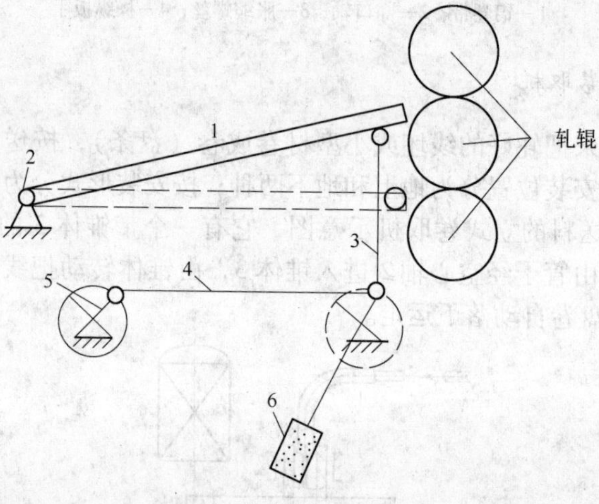

图 12-28　摆动升降台示意图

1—升降台；2—转轴；3—立杆；4—曲柄连杆；5—曲柄；6—液压缸

辊道辊子的形状，是由辊道的用途来决定的，主要有：圆柱形辊子、槽形辊子、花形辊子、锥形辊子以及双锥形辊子等。图 12-29 为槽形辊道示意图，一般由 4～8 个槽形辊组成，槽的宽度沿轧件方向逐渐减小，由上轧制线出来的轧件落到槽形辊道上，借助槽宽逐渐减小的槽形辊，使轧件边前进边旋转 90°，进入下轧制线轧制。

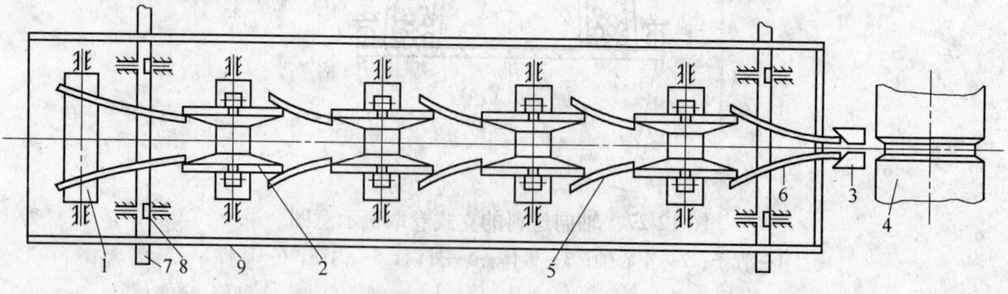

图 12-29　槽形辊道示意图

1—运输平辊；2—槽形辊子；3—进口导板；4—轧机；5—挡料板；
6—进口喇叭口；7—导轨；8—轮子；9—辊道架

12.3.4.2　冷床

大多数热轧机，在轧后均应经过冷却、精整、清理的工序，以保证轧出轧件的质量，冷床就是用于实现该工序的设备。另外，冷床还是一种横向移动轧件的运输设备。

冷床主要分为型材冷床、线材冷床、板材冷床、管材冷床等。有色金属轧制车间用的板材冷床，是由固定的床体和移动轧件的装置组成的，板材在床面的移动大多采用钢丝绳拖动，为了避免板材的表面滑伤，冷床的床面往往设置滚轮。

12.3.4.3 加热炉设备

有色金属热轧车间所用的加热炉主要有：连续加热炉、室状加热炉、箱式电炉、感应电炉等，其中前者应用最广泛。

连续加热炉一般都使用推锭机，把锭坯推入加热炉内。推锭机的传动形式有螺杆式、齿条式、蜗轮蜗杆式等几种，常采用电力拖动，电机功率为6~20kW，常用的总推力为50~200kN。

复习思考题

12-1 轧机怎样按结构进行分类？
12-2 各种轧机是如何进行标称的？
12-3 轧机有什么作用？
12-4 轧辊由几部分组成，各部分有什么作用？
12-5 轧辊是如何分类的？
12-6 轧辊轴承有哪些工作特点，轧机上主要用哪几种轴承？
12-7 液体摩擦轴承主要有哪几类，各有什么特点？
12-8 滚动轴承有哪几种主要形式，各有什么特点？
12-9 轧辊调整装置主要有什么作用？
12-10 轧辊调整装置主要有哪几类？
12-11 机架的形式有几种，各有什么特点？
12-12 机架的材质、许用应力和安全系数各为多少？
12-13 轧机的连接轴共有几种形式，各有什么特点？
12-14 简述梅花接轴的连接方式。
12-15 轧机上常用什么样的联轴节，它有什么特点？
12-16 剪切设备主要有几种类型，其作用如何？
12-17 对于斜刃剪怎样进行维护？
12-18 矫直机主要有什么作用，各类轧材怎样选择矫直机？
12-19 辊式矫直机的辊子数目与板带材厚度有什么样的关系？
12-20 斜辊矫直机的主要作用是什么？
12-21 连续式拉弯矫直机有什么特点，它由几部分组成？
12-22 说明卷取机的用途和类型。
12-23 选择一个有色金属轧制车间，说明各种设备的名称、主要作用和特点。

13 板带材生产

13.1 板带材生产概述

13.1.1 板带产品的特点、分类及技术要求

13.1.1.1 板带产品的特点

有色金属及合金的轧材主要是板带材，常见的是铜及其合金、铝及其合金以及镁、铅、锌、钛、钨、钼等的板、带、箔材及片材。据统计，有色金属板带箔材的产量大体为钢铁板带产品的1/10。

板带产品外形扁平，宽厚比大，单位体积的表面积也很大，此种外形特点带来其使用上的特点：

（1）表面积大，故包容、覆盖能力强，在化工、容器、建筑、金属制品、金属结构等方面得到广泛应用。

（2）可任意剪裁、弯曲、冲压、焊接，制成各种制品构件，使用灵活方便，在汽车、航空等各个部门占有极其重要的地位。

（3）导电、导热、耐蚀、耐酸、防锈等性能良好，故可用在国防、仪表、电气与电子以及电池、印刷、日常用品等多种领域。

板带材的生产具有以下特点：

（1）板带材是用平辊轧出的，故改变产品规格较简单容易，调整操作方便，易于实现全面计算机控制的自动化生产。

（2）带材的形状简单，可成卷生产，并且产量较大，故必须而且能够实现高速度的连轧以及连铸-连轧生产。

（3）由于宽厚比和表面积都很大，故生产中轧制压力很大，可达数百万牛顿；轧机设备庞大；产品尺寸精度和板型控制技术及表面质量控制技术变得十分困难和复杂。

13.1.1.2 板带材的分类及技术要求

在板带材中，一般将单张生产、供应的称为板材；成卷生产、供应的称为带材，合在一起称为板带材。有色金属及合金的板带材主要有两种分类方法：一种是按金属及合金的种类分类，可分为铝板带箔材、铜板带箔材以及镍、铅、锌、锡等的板带箔材；另一种是按厚度进行分类，分为厚板、薄板及箔材，用热轧或冷轧方法生产。

在有色金属及合金的板带箔材中，热轧板的厚度一般在4～25mm，最厚可达50～75mm；冷轧板带的厚度在0.06～15mm之间。在有色金属板材产品中厚度为0.3～4.0mm者称为薄板；厚度为5.0mm以上称为厚板；厚度在0.05mm（铜板带）～0.20mm（铝板带）以下称为箔材。

根据板带材种类、厚度和用途的不同，对其提出的技术要求虽然各不一样，但仍有其共同的一面，归纳起来就是“尺寸精确板型好，表面光洁性能高”。这两句话指出了板带材主要技术要求的4个方面。

（1）尺寸精度要求高。尺寸精度主要是厚度精度，因为它不仅影响使用性能，而且在生产中难度最大。此外，厚度偏差对于金属的节约影响也很大。板带材由于宽厚比很大，厚度一般很小，厚度的微小变化势必引起其使用性能和金属消耗的巨大波动。故在板带材生产中一般都应力争高精度和按负公差轧制。

（2）板型要好。板型要平坦，无浪形、瓢曲，才好使用。例如，对普通薄板，原则上瓢曲度不大于20mm。可见，对板型要求是比较严格的。但是由于板带材即宽且薄，对不均匀变形的敏感性又特别大，所以要保持良好的板型就较难。板带材的 B/H 比值（宽厚比）愈大，困难愈大。此外，板型不良也反映了变形与厚度不均，因此板型的好坏往往与厚度精度也有着直接的关系。

（3）表面质量要好。无论是厚板或薄板，皆不得有气泡、结疤、拉裂、刮伤、折叠、裂缝、夹杂和压入氧化皮，因为这些缺陷不仅有损板制件的外观，而且往往败坏其性能，成为破裂、锈蚀或应力集中的源地。

（4）性能要好。板带材的性能主要包括力学性能、工艺性能和某些特殊的物理化学性能。例如铜板带、铝板带的导电、导热、耐蚀等性能，一定要达到一定数值才能达到质量要求。

13.1.2　有色金属板带材的主要生产方法

生产有色金属板带箔材的生产方法很多，以铜、铝及其合金为例，主要生产方法有下面几种。

13.1.2.1　块式轧制法生产板材

本方法一般适用于非大批生产的中厚板材，块式轧制、单张生产，其生产效率与成品率较低，质量较差，小型工厂常用之。

13.1.2.2　带式轧制法生产板材和带材

近代化的有色金属板、带、箔材的大批生产是采用二辊或多辊可逆式轧机或多机架连轧机进行成卷轧制的，轧制到成品厚度之后再经精整、热处理及剪切等辅助工序，成块或成卷供应。本方法的特点是：设备的机械化和自动化程度高、产量大、质量好、成品率高、生产成本低，同时可以实现大卷重、高速化生产，它是生产铜、铝及其合金板带材最广泛的一种方法。

13.1.2.3　连铸-连轧与连续铸轧生产板带坯料法

前者指金属在一条作业线上连续通过熔化、铸造、轧制、剪切、卷取等工序而获得板带坯料的生产方法；后者指液态金属直接在两旋转辊间结晶，并承受一定的热变形而获得板带材坯料的方法，这种方法由于不需要铸锭，因此也称无锭轧制法，如图13-1所示。这两种方法均具有生产工艺流程短、节能、几何损失与工艺废品少、成品率高以及投资少、生产人员少、易于实现生产过程自动化等优点，属于最有前途的生产方法。

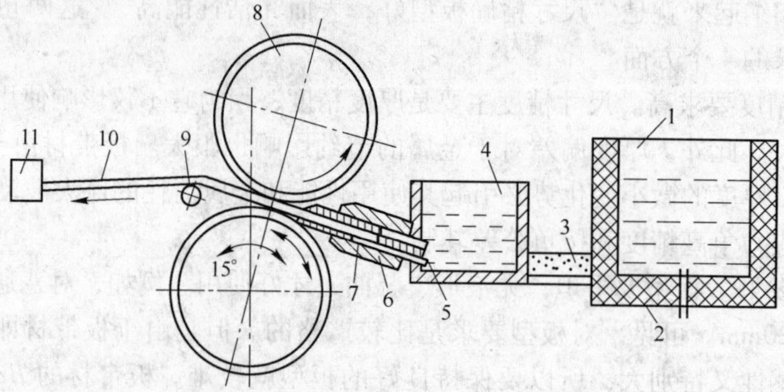

图 13-1 连续铸轧生产前部示意图

1—静置段；2—螺纹钢钎；3—导流槽；4—前箱；5—耐火材料管；6—夹持器；7—铸嘴；8—铸轧辊；9—导向辊；10—板带材；11—精整系统

13.1.2.4 连续电解法生产电解铜箔

作为直流电负极的不锈钢鼓轮在硫酸铜溶液中缓慢地旋转，铜离子在其表面上不断地沉积、剥离下来便得到成卷的电解铜箔。这种方法主要用来生产电子印刷线路板用的高纯度铜带箔材，具有生产工艺简单、生产效率高及生产成本低等优点。

13.1.2.5 复合轧制法

复合轧制法是指两种或两种以上的不同物理、化学性能的金属通过轧制使它们在整个接触面上，相互牢固地结合在一起的加工方法，基本工艺是：表面预处理→热轧或冷轧复合→热处理。它具有生产灵活、工艺简单、自动化程度高等优点，具有很好的发展前景。复合双金属板带有铜-钢、钢-铝、铝-铜、铝-铝合金、铝-锌等多种，主要用于航天、运输、军事等部门。

13.1.2.6 其他板带材生产方法

比如粉末轧制法（图 13-2），将金属粉末在专门的粉末轧机上，经烧结、热轧或冷轧、退火或其他加工处理获得具有某些特殊性能的板带材，如高纯、多孔板材，双金属或多金属带材以及磁性、耐磨材料等，具有投资少、质量好、金属消耗少等优点。此外还有喷轧法生产铝带，以及某些重有色金属用热挤压机热挤成窄带坯然后再轧制成材的方法，适用于产量不大、难于热轧成形的金属。

13.1.3 生产流程

将锭坯生产成带材产品所需要的一系列生产工序，为生产流程，通常是根据产品要求及设备等具体条件制定的。

确定生产工艺流程时要遵循：充分利用合金的塑性，尽量减少中间退火及酸洗的次数，减少轧制道次；产品质量满足技术条件的要求，成品率高，生产成本低；结合具体设备条件，合理安排工序；劳动条件好等。

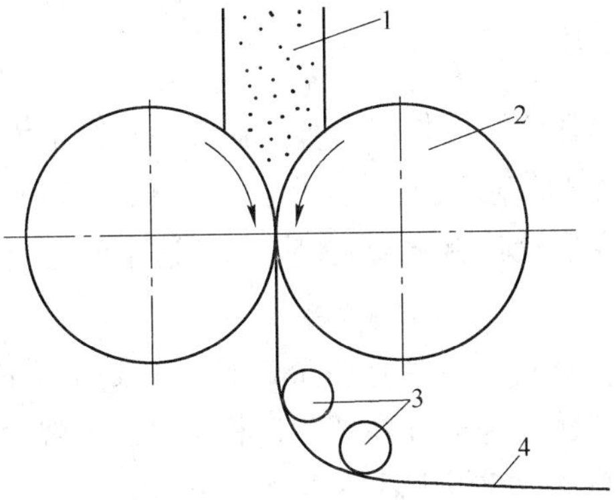

图 13-2　粉末轧制示意图

1—粉末；2—轧辊；3—导向辊；4—带材

有色金属及合金板带材常用的生产流程如图 13-3 所示。由图看出，板带材生产流程可以归纳出几种类型：按轧制方式分为块式法及带式法；按锭坯开坯方式分为热轧法、冷轧法及热挤压法；按热轧后坯料表面清理方式分为铣面或酸洗等。

制定生产流程时，应根据具体的设备条件及工艺要求进行技术经济比较，从提高产品产量及质量综合考虑。

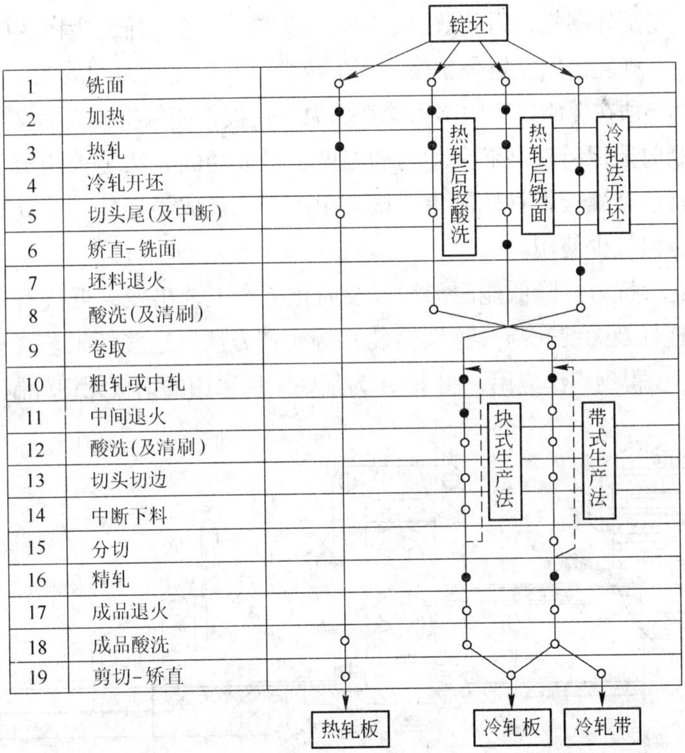

图 13-3　板带常用的生产流程图（重有色金属及合金）

●—常用的工序；○—可能采用的工序；----—可能重复的工序

13.1.4　板带轧制技术的发展

轧件变形和轧机变形是在轧制过程中同时存在的。我们希望轧件易于变形和轧机难于变形，亦即发展轧件的变形和控制轧机的变形。由于板带轧制的突出特点是轧制压力极大，轧件变形难，而轧机变形及其影响又大，因而使这个问题更加成为左右板带轧制技术发展的主要矛盾。

要使板带在轧制时易于变形，主要有两个途径：一是努力降低板带本身的变形抗力（简称内阻），其最有效的措施是加热并在轧制过程中抢温保温，使轧件具有较高而均匀的温度；二是设法改变轧件变形时的应力状态，努力减小应力状态影响系数，减少外摩擦等对金属变形的阻力（简称外阻），甚至化害为利以进一步降低金属变形抗力。至于控制和利用轧机的变形，则包括了增强和控制机架的刚性和辊系的刚性、控制和利用轧辊的变形以及采用液压弯辊与厚度和板型自动控制等各种实用技术。

13.1.4.1　围绕降低金属变形抗力的演变发展

板带热轧时，由于其宽厚比（B/H）和散热面积都很大，使轧件的温降很快，而温度的波动又影响轧制力和轧件厚度的变化：温度越低，则变形抗力越大，轧制力越大，那么又使轧机的弹跳值变大，使轧件的厚度变厚。热轧板带材时，由于轧件很长，由此造成首尾的温度降不一样：尾部轧制晚，因此散热时间长，温降大，温度低。因此由头到尾，开始轧制的温度越来越低，则轧出厚度越来越厚。为了减少温降和轧制力的波动，进而减少轧件轧出厚度的波动，就必须在轧制过程中努力抢温保温，使板带能保持较高而又均匀的温度。

要使板带轧制时能保持较高而又均匀的温度，最成功的方法是采用成卷轧制和提高轧制速度。目前在有色金属板带材轧制中，最常用的方法是成卷连轧，除此之外，还有炉卷轧机和行星轧机，但较少使用。

从降低金属变形抗力、降低能源消耗以及简化生产工艺出发，近代有色金属板带材轧制还出现了连铸-连轧及无锭轧制（连续铸轧）等生产方法。这些新工艺在有色金属板带材及线材生产方面早已得到广泛应用，图 13-4 为某些工厂采用的铝板无锭轧制装备示意图。

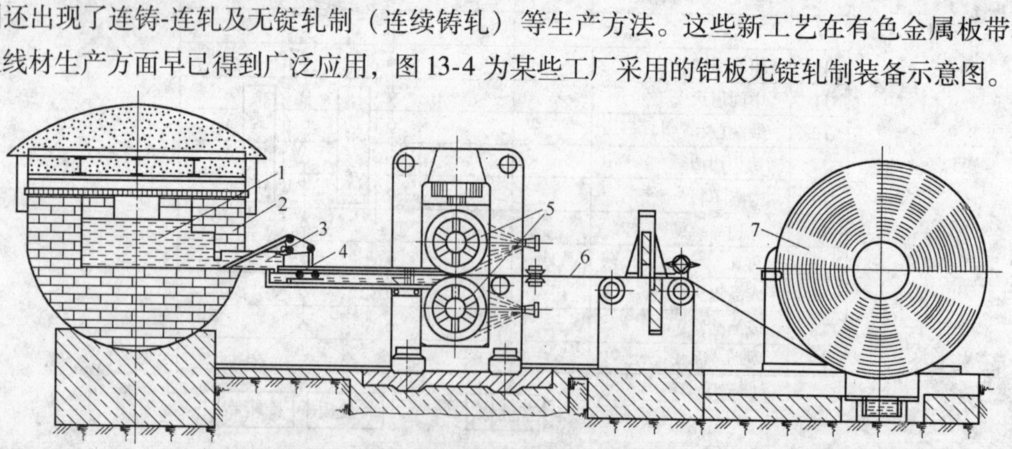

图 13-4　侧注式铝板无锭轧制过程

1—液态金属；2—静置炉；3—分配装置；4—给料漏斗；5—轧辊；6—带材；7—带卷

从图 13-4 中可以看出，液态金属直接在轧辊间结晶和变形而获得带材。液态金属 1 从静置炉 2 出来，在静压力作用下进入分配装置 3 内，然后经给料漏斗 4 流入轧辊 5 间，当液体金属与轧辊表面接触时凝固并承受热变形，然后将从轧辊出来的带材 6 卷成带卷 7。这种轧制方法缩短了工艺流程，提高成品率，降低了能源消耗，改善劳动条件，有利于实现过程的自动化。另外最大的优点是使带材首尾厚度均匀，性能均一。

板带热轧时重点在降低内阻，但随着产品厚度减小，若仍成卷热轧，则轧制温度很难保持，此时还必须前后施加较大的张力，即前拉后拽，才能使板型平直及轧制过程正常进行，因而便只好放弃热轧而采用冷轧的方法生产。在冷轧之前及冷轧过程中，往往采用退火来消除硬化，降低金属的变形抗力，但就冷轧生产而言，占主要地位的技术措施已经不是去降低内阻，而是要努力降低外阻，例如努力减小工作辊直径及辊面摩擦系数等。

13. 1. 4. 2　围绕降低应力状态影响系数的演变发展

板带材热轧时重点在降低内阻，但随着产品厚度减小，降低外阻也愈趋重要。冷轧时主要是降低外阻。通常降低外阻的主要措施就是减小工作辊直径、采用优质轧制润滑液和采用张力轧制，以减小应力状态影响系数，从而降低轧制压力，以便生产更薄的产品。

降低外阻最主要最活跃的是减小工作辊直径，由此而出现了从二辊到多辊的各种板带材轧机。从轧制原理可知，在同样条件下，工作辊直径越小，则变形区面积等参数减小，轧制力减小；另外从最小可轧厚度考虑，$D/h = 1100 \sim 1500$（D 为工作辊辊身直径，h 为最小可轧厚度），因此工作辊直径愈小，则最小可轧厚度愈小。也就是说，从轧制力和最小可轧厚度两方面考虑，工作辊直径愈小愈好。但工作辊直径的减小，又使轧机的强度降低，弹性变形增大。为了解决这个矛盾，只得采用大直径的支持辊来提高轧机的强度和刚性，并采用小直径的工作辊来负责降低轧制压力，支持辊与工作辊分工合作，使矛盾一分为二得到了解决。因此，轧机的轧辊数目越来越多，如图 13-5 所示。支持辊数目越来越多，不仅增加了垂直方向上的刚性，也增加了水平方向上的轧辊刚性。除此之外，还出现了上下轧辊直径不同的不对称异径轧制、上下轧辊速度不同的不对称异步轧制等，目的都是为了减小轧制压力，轧制更薄的产品。

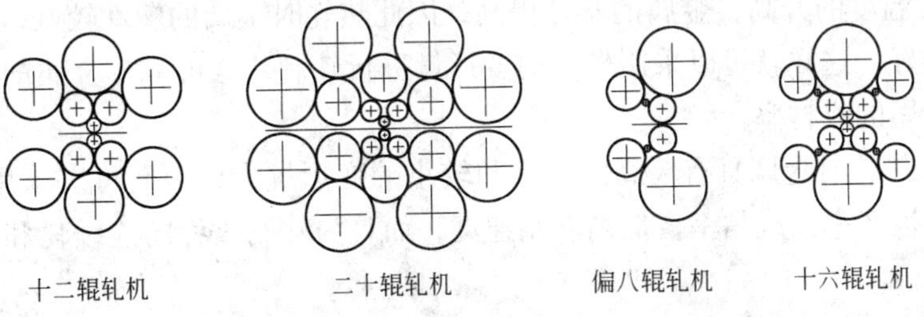

图 13-5　常用多辊冷轧机的各种类型

在改进轧制润滑效率以降低外摩擦影响方面，热轧和冷轧一般都采用工艺润滑，也就是对轧件和轧辊表面进行润滑，它不仅可以减小轧制压力，同时还使所轧带材的断面形状和表面质量得到改善，减少轧辊的磨损，增长轧辊的使用寿命。

13.1.4.3 围绕减少和控制轧机变形的演变发展

在减少和控制轧机变形方面，主要是为了提高板带的厚度精度和板型质量而采取的对轧机的刚性和轧辊的变形的控制技术。

为了提高板带的厚度精度，一般是增大轧机牌坊和辊系的刚性，例如增大牌坊立柱断面、加大支持辊直径、提高轧辊材质的弹性模量及辊面硬度等。

轧机刚性不管如何提高，轧机的变形只能减小，总不能完全消除，因而在提高刚性的同时，必须采取措施来控制和利用这种变形，以减小其对板带厚度的影响。近代广泛采用了液压弯辊技术和很多控制板型的新轧机，来消除或减小轧机变形对板带材厚度、板型等方面的影响。

13.2 热轧板带材生产

热轧是指金属在其再结晶温度以上进行的轧制过程。由于是在再结晶温度以上进行轧制，因此在金属或合金塑性变形过程中无加工硬化现象，所以热轧时金属具有较高的塑性和较低的变形抗力，这样就可以用较少的能量得到较大的塑性变形。因此大多数金属都要进行热轧，只有少数的有色金属，由于在高温时塑性较低不适于进行热轧；或者是由于有色金属的板带材厚度较小时，由于散热较快而不能保证热轧时的温度，才采用冷轧生产。一般说来，金属热轧时的温度比较高，远远高于室温，但也有个别有色金属热轧温度较低，也就是说再结晶温度较低，如铅由于在室温时就能再结晶，因此铅在室温下轧制也属于热轧。

13.2.1 热轧特点

与冷加工相比较，热轧有以下特点：

(1) 热轧可以把塑性较低的铸态组织过渡到塑性较高的变形组织（加工组织），可以显著地改善金属的加工性能。

(2) 一般随温度的升高金属的变形抗力降低，因此热轧时金属的变形抗力比冷加工时要低，这样能显著地减少轧制时的能量消耗。

(3) 随着温度的升高，金属的塑性提高，因此热轧时金属的塑性较好，也就是说金属的加工性能较好，这样就可以采用较大的变形量进行轧制，也可减少金属的裂边和断裂损失，提高了金属的成材率。

(4) 由于热轧时金属具有较高的塑性和较小的变形抗力，因而可以采用较大的锭坯，不仅可以提高生产率和成品率，提高轧制速度，而且为轧制过程的连续化和自动化创造了条件。

但是热轧和冷加工相比较也有不足之处：其制品尺寸不够精确；表面粗糙甚至有金属的氧化物；制品的强度指标较低；在轧制厚度较小的有色金属板带材时，由于温降和温度不均，容易造成首尾厚度不一，性能不均等。因此在有色金属板带材生产中，热轧很少直接出成品，多半是给冷轧提供坯料。

13.2.2 热轧时的锭坯

13.2.2.1 锭坯的质量

目前生产中采用连续或半连续以及水冷模、铸铁模、无流铸造等方法生产锭坯。锭坯经过切断、去除头尾，有的还需进行表面机械加工，作为轧制车间的原料。

锭坯质量的好坏是生产优质板带材产品的基础，因为冷隔、裂纹、缩孔、偏析、夹杂、气孔等铸造缺陷常常是产生各种各样产品废品的主要原因，有的内部缺陷大多在加工过程中才被暴露，导致恶化产品质量及降低成品率。

通常对轧制用锭坯的质量要求如下：

(1) 锭坯的化学成分必须符合标准规定，在某些情况下，从稳定生产工艺及产品性能考虑，工厂内部规定的化学成分范围比产品标准规定的要严格。

(2) 锭坯尺寸及偏差应满足工艺要求，因为锭坯的厚薄不均严重时，会导致轧制时的不均匀变形严重，轧制厚度不均，甚至出现更多的轧制缺陷；锭坯的宽度偏差过大，会导致更大的切边损失。

(3) 锭坯的表面缺陷较多时，通常要进行铣面、刨面或车面。根据生产要求，有时除锭坯的大面（上下表面）铣削外，小面（侧面）也要进行铣削。每面铣削深度根据具体情况决定，一般为2.5~5mm，铣面后应基本去除表面缺陷，并使锭坯厚度基本均匀，但铣面量过多会影响成品率。锭坯表面不铣面者，对局部的表面缺陷必须进行修理去除，修理坑深度不能太深，并要求圆滑过渡，不得有锐角及陡棱，其修理方向要求与轧制方向一致。

(4) 锭坯内部应没有缩孔、气孔、夹杂、偏析及裂纹等缺陷，少量的内部缺陷可进行金相检验确定轻重程度。

某些合金由于晶粒粗大、偏析致使塑性降低或者锭坯尺寸较大等原因，锭坯在热轧或冷轧开坯前，要进行均匀化加热。均匀化加热除减少偏析及组织不均外，也消除了铸坯时冷却不均引起的第一类残余应力。有的合金锭坯塑性较差，如采用真空冶炼的纯镍锭坯晶粒粗大时，可以采用圆锭挤压或预锻的方法提供轧制用扁锭坯。

13.2.2.2 锭坯的尺寸

锭坯的尺寸应考虑产品品种及规格、生产规模、设备条件以及铸造方法等。

中小型工厂的锭坯尺寸一般为 (20~80)mm×(111~400)mm×(300~800)mm；大型工厂的锭坯尺寸一般为 (80~200)mm×(500~1160)mm×(900~1500)mm。

生产中，锭坯质量愈好，合金的高温塑性范围愈宽，设备能力及生产规模愈大，采用的锭坯尺寸及重量也相应增大。

增大锭坯厚度，可以减少各工序的辅助时间，提高设备利用系数，降低切头、切尾的几何损失，有利于实施机械化及自动化连续作业，提高劳动生产率。此外，采用厚锭坯，总的热变形程度大，有助于提供质量较好的坯料。为保证改善铸造组织，要求的最小热轧总加工率应在80%以上。

锭坯厚度尚与铸造方式有关，由于连续、半连续铸锭的锭坯质量一般优于铁模及水冷模铸锭，因此锭坯厚度可以增加；此外锭坯厚度还应考虑设备条件，如轧辊直径、轧机的开口度、轧机允许压力、电机功率及热轧机辊道长度等，目前轧辊直径 D 与锭坯厚度 H 之比（D/H 值），大多在 4～7 之间。

锭坯过厚也是不适宜的，不仅导致增大轧机的电机功率及附属设备，而且从生产工艺考虑，锭坯过厚时轧件不易咬入，轧制道次多，温降大，表面变形严重等。迄今紫铜锭坯厚度上限为 240mm。

锭坯长度与厚度同样应合理考虑。锭坯愈长，生产率及成品率愈高。但也应考虑工作场地、生产工艺等的要求。比如锭坯愈长，温降愈大，则不均匀变形也愈严重。

锭坯宽度应保证成品要求的宽度，一般锭坯宽度应在辊身长度的 80% 以下。

13.2.3 热轧的温度制度

热轧有色金属及合金板带材，在轧制之前需要加热。热轧前锭坯加热，可以保证热轧时的高温塑性，降低变形抗力，消除铸造应力，改善合金的组织状态与性能，提供冷轧用原料。热轧能否顺利进行，关键是确定热轧温度范围，包括开轧温度、终轧温度，前者对金属的塑性有很大的影响，而后者直接影响产品的组织与性能，因此在开轧前要确定合理的热轧温度范围。

13.2.3.1 热轧温度的确定

加热温度是指锭坯出加热炉的温度，一般比开轧温度高 30～50℃。在通常情况下，热轧温度主要从以下三个方面考虑：

（1）合金的状态图。它能够初步给出热轧温度范围，是确定热轧温度的一个重要依据。热轧温度的上限应低于固相线温度 T_0，为了防止锭坯加热时的过热和过烧，通常热轧温度的上限温度约比熔点低 110～200℃，一般取（0.85～0.90）T_0。而热轧温度的下限，对于单相合金取（0.65～0.70）T_0；对于两相及以上的合金，热轧温度下限应高于相变点 50～75℃，以防止热轧过程中发生相变。合金状态图只能大概地给出一个热轧温度范围，至于究竟确定多高的温度，还必须考虑金属与合金的塑性图。

（2）金属与合金的塑性图。塑性图是指金属或合金的塑性在高温下随变形状态和加载方式而变化的综合曲线图，通常认为利用塑性图中拉伸破断时断面收缩率 ψ 和镦粗时出现第一个裂纹时的最大压缩率这两个指标来衡量热轧时的塑性较为适宜。这样金属与合金的塑性图就能给出具体的塑性较高的温度范围。图 13-6 为铜及铜合金的高温塑性图；图 13-7 为铝及铝合金的高温塑性图。

塑性图能够给出金属与合金的最高塑性的温度范围，它是确定热轧温度的主要依据。但塑性图不能反映出热轧终了时的金属组织与性能，因此还必须依据第二类再结晶图确定热轧终了温度。

（3）第二类再结晶图。热轧终了温度对热轧组织和性能影响很大，为了控制热轧后的产品组织和性能，热轧终了温度要参照第二类再结晶图来确定，以保证得到合适的晶粒度。通常热轧终了温度不宜过高，否则会产生粗大晶粒；也不宜过低，否则会引起金属的硬化和能量消耗增大。

表 13-1 和表 13-2 示出铝合金和铜合金的热轧温度范围。

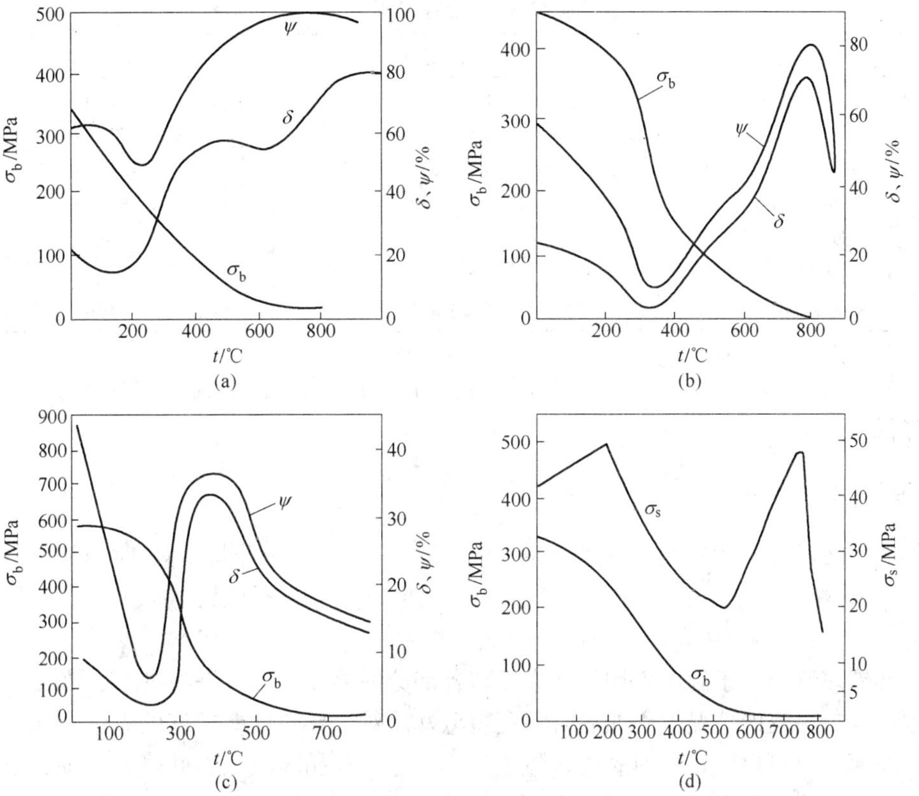

图 13-6 铜及铜合金的高温塑性图

（a）紫铜；（b）H68；（c）H62；（d）HPb59-1

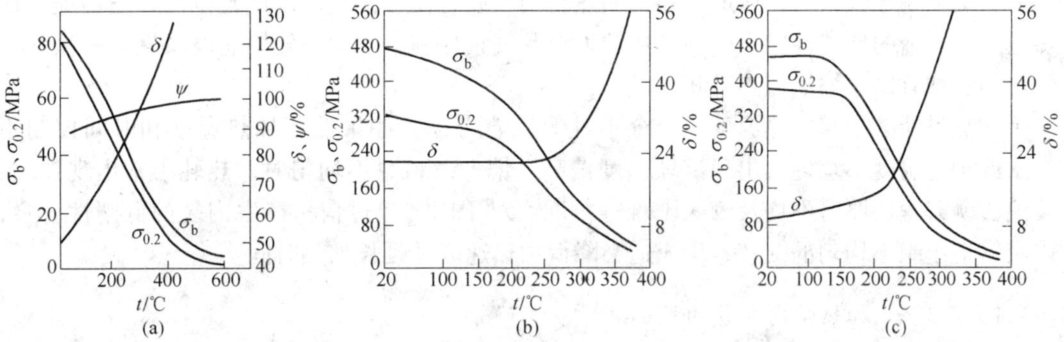

图 13-7 铝及铝合金的高温塑性图

（a）纯铝；（b）LY12；（c）LD10

表 13-1 铝合金热轧温度

合 金	开轧温度/℃	终轧温度/℃	合 金	开轧温度/℃	终轧温度/℃
纯铝	450 ~ 500	350 ~ 360	LF5	450 ~ 480	320 ~ 360
LF21	450 ~ 480	350 ~ 360	LF6	430 ~ 470	360 ~ 370
LF2	450 ~ 511	350 ~ 360	LY11	390 ~ 411	340 ~ 360
LF3	411 ~ 511	311 ~ 330	LY13	390 ~ 411	340 ~ 360

表 13-2　铜合金热轧温度

合　金	开轧温度/℃	终轧温度/℃
紫　铜	800 ~ 850	500 ~ 650
H96、H90	800 ~ 850	470 ~ 700
H80、H70、H68	750 ~ 800	450 ~ 700
H65、H62	750 ~ 800	450 ~ 700
H59、HPb59-1	650 ~ 800	700
QAl5、QAl7、QAl9-2	600 ~ 870	650
QBe2.5、QBe2.0	600 ~ 811	650

另外，从表面质量考虑，加热温度过高会加剧易氧化合金的氧化。为了防止氧化，可适当降低加热温度，并控制炉内气氛。

13.2.3.2　加热时间

加热时间通常包括升温及均热时间，根据坯料及炉子的不同，均热时间一般占总时间的 1/3 ~ 1/5 左右。确定加热时间应考虑合金本体（包括导热性及比热等）、锭坯尺寸及加热炉的传热方式、装料方法等因素。

加热锭坯时，由于温度不均匀造成锭坯各部分的温度差不允许超过 15 ~ 20℃。在保证坯料温度均匀热透的情况下，加热时间愈短愈好。对于导热性能较好的有色金属及合金的锭坯，快速加热可以减轻表面氧化，防止过热、过烧及晶粒粗大，并降低烧损，节省热能消耗及提高加热炉的生产率。快速加热的主要措施是提高炉温、采用高温装炉，炉温越高、装炉坯料温度越高则加热速度越快。

当锭坯尺寸较大时，应适当延长加热时间，或者在合金塑性温度范围内，适当提高加热温度。合金的导热性能愈好，加热炉炉温及气氛控制愈准确，轧制速度及轧机机械化程度愈高，均有助于缩短加热时间。

加热时间必须与加热温度、合金本性等综合考虑。如果锭坯加热温度和时间控制不当，或炉内温度不均匀，出现锭坯温度偏高、偏低及料温不均匀时，热轧中常出现裂纹、波浪、镰刀弯、厚薄不均及咬入困难等情况。对于因加热过快易产生内裂的低塑性合金，以及铸造组织不均匀的锭坯，均应适当降低加热速度及延长加热时间。

13.2.3.3　加热炉内气氛的控制

加热炉内气氛控制主要根据炉内气氛性质与合金的相互作用的特性，以及炉内气氛中某些成分和杂质对合金的有害影响来确定。理想的加热气氛应为中性气氛，但中性气氛在生产中不容易控制，因此一般根据需要采用中性或微氧化性气氛，无氧加热要采用微还原性气氛。控制炉内气氛通常采用调节空气和燃料的比例、控制燃烧程度等方法。

在加热时，除要控制好炉内气氛外，还应控制炉内压力，在有色金属及合金的锭坯加热时，一般采用微正压（炉门微冒火焰）加热。

13.2.3.4　锭坯加热炉

有色金属及合金锭坯加热炉主要有两种：火焰加热炉和电加热炉。火焰加热炉主要燃料为重油和煤气；电加热炉主要有间接电阻炉和感应加热炉。

根据作业方式，加热炉可分为连续式加热炉和间歇式加热炉。前者包括环形炉、步进炉、链式炉和推杆式加热炉等；间歇式加热炉主要包括箱式炉和车底炉。

加热炉的生产能力一般大于热轧机生产能力 10% ~15%。当产品比较单一及产量较大时，采用连续式加热炉较好；品种较多而且加热制度经常变化、产量不大时，则宜采用间歇式加热炉。

在有色金属及合金锭坯加热中，已开始广泛使用电加热炉，包括箱式电阻炉和感应加热炉等。

箱式电阻炉加热时，锭坯成批进出料，结构简单，温度也容易控制，易于变换合金品种及加热制度，适合于品种多、产量小及加热质量要求高的有色金属及合金锭坯，比如镍及镍铜合金等，炉内气氛也易于控制。

感应加热炉，被加热的金属锭坯放于交变磁场中，作为变压器的二次线圈，电能传给锭坯并转换为热能。锭坯加热温度的高低，由作用在锭坯上的电流大小及持续时间决定。感应加热时间短、速度快，不利于锭坯成分和组织的均匀化，因此在生产中多用于成分较纯、组织较均匀或预先经过均匀化处理的锭坯。如果在出料端增加煤气或电能加热装置，起保温及均热作用，就可以加热一些传热性较差的合金（如铝青铜、锌白铜、镍及镍合金等），并使内外温差满足要求。

13.2.4 热轧时的压下制度

热轧板带材轧制制度主要包括压下制度、温度制度、速度制度、张力制度及辊型制度，其中压下制度又称压下规程，是板带材轧制的最基本的变形制度，它直接关系着轧机的产量和产品的质量。轧制制度的其他内容如温度制度、速度制度等都是以压下制度为核心展开的。反过来，温度制度、速度制度也影响到压下制度。

压下制度的主要内容包括确定轧制方式、轧制道次及各道次的加工率等。合理的压下制度应该满足优质、高产、低消耗的要求，在合金塑性及设备能力允许的情况下，尽量采用大加工率及尽可能少的轧制道次。

13.2.4.1 总加工率

大多数有色金属热轧的总加工率达 95% 以上，对于少数高强度、低塑性及热轧塑性范围较窄的合金，热轧总加工率也在 90% 以上。在确定有色金属热轧总加工率时应考虑如下几点：

（1）合金的本身性质。合金的高温塑性范围越宽，高温塑性指数越高，高温时变形抗力越低，热脆性越小，允许采用的热轧总加工率就越大。

（2）产品质量要求。供冷轧用的热轧坯料应考虑铣面及冷轧的要求预留足够的冷变形量，冷轧的产品表面质量及尺寸精度要求越高，则热轧后的坯料厚度应相应增加；生产热轧板成品时，必须控制轧制温度及变形程度、变形速度等工艺参数，保证产品所要求的性能、尺寸偏差及平直度。根据晶粒大小及晶粒均匀程度要求的变形程度不能处于临界变形程度范围内。

（3）轧机能力及设备条件。热轧机的机械化程度越高，轧制速度越快，轧机能力及轧机开口度越大，可采用的热轧总加工率也越大，即可以相应增大坯料厚度或减小热轧后坯料厚度，提高劳动生产率和降低生产成本。

（4）锭坯尺寸和质量。锭坯越厚，锭坯质量越好，热轧前锭坯加热质量越高，热轧总加工率也相应越大。尽量不采用二次热轧。

13.2.4.2 道次加工率

A 限制最大道次加工率的因素

通常总是希望加大道次压下量，这样既能提高轧机的生产率，又能减小变形的不均匀性，获得组织均匀和性能稳定的制品。但是压下量的分配受到下列条件的限制：

（1）金属的塑性。它是限制压下量的一个因素，倘若道次压下量超过金属所能承受的最大变形程度，则金属就要产生裂纹或裂边。

一般情况下，有色金属塑性较好，道次压下量可大些：纯铝、LF21、LF2 等软铝合金可达 80% 以上，LY13、LD2 等可达 50% ~60%；紫铜和纯锌可达 70% ~80%，黄铜 H65、H68、H90 和青铜也可达 50%；钛与钛合金可达 70% ~90%。实践证明，若道次压缩率允许超过 50%，那么金属的塑性就不是限制压下量的一个主要因素。

（2）咬入条件的限制。根据自然咬入条件，只有当 $\alpha \leqslant \beta$ 时，即咬入角≤摩擦角时，金属才能进入轧辊间建立起轧制过程。因此每道次压下量应小于由最大咬入角 α_{max} 所决定的最大压下量 Δh_{max}，即：

$$\Delta h \leqslant \Delta h_{max} = D(1 - \cos\alpha_{max}) \tag{13-1}$$

（3）轧辊强度条件的限制。道次压下量的分配还必须考虑轧辊的强度条件，即由道次压下量所决定的轧制力 p 应小于轧机所允许的最大压力 p_{max}，即 $p \leqslant p_{max}$。

（4）主电机能力的限制。道次压下量的分配还必须考虑主电机的能力，即温升和过载不能超过允许值。

上述四个方面是制定压下制度的主要依据，其中第一点是由金属本质决定的；第二点是由轧制时的工艺条件：温度、速度、润滑和轧辊本身条件等决定的；第三、四两点是由设备能力决定的。

另外，在压下量的分配时，还应考虑产品的质量。比如包铝板铸锭轧制时，为使包铝板与基体合金焊合牢固，头一道次压下量非常重要。实践证明，头一道次压下率在 2% ~4% 的范围内焊合最好，这时压下量分配就突出了包铝板的焊合质量。又如，为了获得良好的板型，在最后一两道次要用较小的压缩率，才能获得平直的板材。

B 热轧各道次加工率的分配

热轧各道次加工率的分配应考虑合金品种、锭坯尺寸、锭坯质量、加热情况、设备条件及产品质量要求等。大致可以把热轧过程分为开始、中间及终了 3 个阶段：

（1）开始轧制阶段。锭坯开始轧制时首先应满足顺利咬入的要求，热轧时目前最常用的咬入角为 20° ~25°。生产中咬入困难时，常对锭坯施加后推力，可以使轧制顺利进行。在开始轧制阶段，为便于把不均匀的柱状晶和等轴晶的铸态组织转变为塑性较好的适于加工的组织，道次加工率及轧制速度不宜过大；在锭坯较厚、开始热轧温度较高的情况下，为减少锭坯变形的不均匀性，避免出现表面变形严重而产生的表面裂纹、缠辊等缺陷，在锭坯组织允许的情况下，应适当逐道次增加压下量，采用低速轧制，使变形尽量能深入内层。除考虑以上问题外，还要考虑合金本性、铸锭质量及加热工艺等具体情况。

（2）轧制中间阶段。热轧时的大部分变形量主要在中间阶段进行。此时铸造组织已逐步转变为加工组织，轧件温度有所降低，塑性较好而变形抗力不高，这个阶段应充分利用轧件的高温塑性，采用大压下量，并增大轧制速度。

（3）轧制终了阶段。热轧最后几个道次，轧件薄而长，温度降低并且头尾温差大，为了热轧后获得平直且尺寸偏差小的坯料，一般应采用较小的道次加工率，适当增加道次，并合理调整辊型。对于易裂边的低塑性合金，除采用小加工率外，为保证终轧温度不至于过低，应尽量快速轧制。

热轧三个阶段是密切相关的，如果开始阶段压下量小，必然加重后面道次的负担，导致在热轧后期增加道次，如终轧温度过低会影响热轧后坯料的性能和质量。

实际生产中，热轧压下制度随锭坯尺寸、锭坯质量、合金成分及性能、热轧塑性温度范围、热轧前加热情况、轧机条件等具体情况不同而变化。一般情况下，热轧机设备能力较小时，压下制度大多为合金的变形抗力大小所限；当设备能力较大时，轧机比较安全，热轧时合金塑性的好坏则成为考虑压下制度的重要因素。

试验研究表明，随工艺及设备的现代化，并考虑各种合金热轧时的难易程度，多数有色金属及合金的最大道次加工率可达到50%以上，高塑性的铜合金、铝合金可以达到70%以上。图13-8为热轧时的道次加工率。

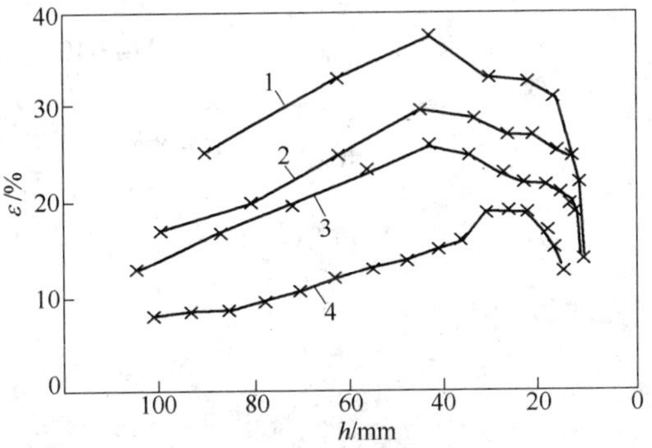

图13-8 热轧时的道次加工率

（轧机 ϕ850mm×1500mm，锭坯尺寸120mm×620mm×1040mm）

1—H62；2—T2；3—B19；4—QSn6.5-0.1

13.2.4.3 热轧时的温降

热轧时的压下制度与轧件温度降是密切相关的，生产中必须掌握温降的规律，修订压下制度，并控制终轧温度。终轧温度太低，由于塑性降低，变形抗力高，导致增加轧制道次，而且由于散热不均易出现裂边及性能、厚度不均影响产品质量；终轧温度较高，轧件塑性好、道次少，一般热轧后不经过退火就可以冷轧，但终轧温度过高时，易出现粗大晶粒及严重氧化，也会恶化产品质量。

大多数有色金属及合金热轧时是逐道次降温的，而锌及其合金热轧时由于塑性变形产生的热效应占主导地位，也就是变形热、摩擦热等超过散失的热量，热轧时会出现温度升高的现象。

热轧时温降的影响因素主要有：轧件对介质的辐射、对流以及接触轧辊、辊道等时的热传导；轧件表面积、重量的大小及热轧时的冷却水的压力和流量；轧制速度的快慢、轧制道次及每道次的间隔时间；锭坯热轧前的加热温度；热轧时塑性变形产生的热效应等。

热轧时的温降可以用公式计算，但较困难且不太精确，实际生产中可采用温降曲线查找每道次的温度降。图 13-9、图 13-10 为部分金属热轧时的温降曲线。

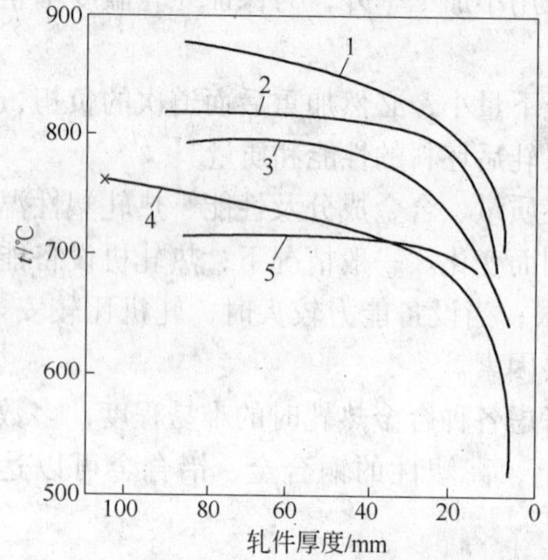

图 13-9　某些合金热轧时的温降曲线
1—H90；2 ~4—H62；5—HPb59-1

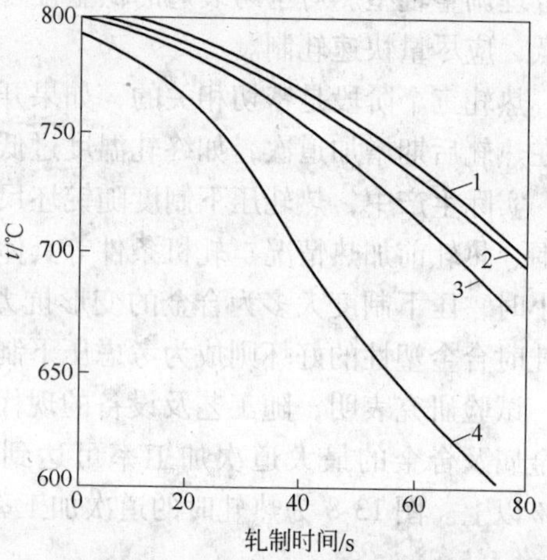

图 13-10　热轧时的温降曲线
（轧机 ϕ850mm × 1500mm，主电机 750kW，
轧速 1.36m/s，压下程序为 140-100-60-38-24mm）
1—T2；2—TUP；3—H90；4—H62

13.2.5　热轧时的冷却润滑和辊型

13.2.5.1　工艺润滑

热轧一般要采用工艺润滑。热轧时的工艺润滑的作用是：提高轧辊的耐磨性，有时可以提高 1 ~2 倍或更高，增加轧辊的寿命；减少轧制时的能量消耗；防止辊面黏着金属粉末，改善产品的表面质量。工艺润滑之所以有这些良好的作用，其根本原因是降低了金属和轧辊间的摩擦系数。

有色金属热轧时使用的工艺润滑剂有三种类型：纯油、水-油混合剂和乳液。其中纯油润滑剂效果最好，因为它能在轧辊表面上形成一层薄的油膜，既不燃烧，又能很好地起到润滑作用。在纯油润滑剂中植物油的润滑效果比矿物油的更好。

热轧对润滑剂有如下的要求：闪点高；燃烧后不留残灰；黏度适当；不腐蚀轧辊和轧件；资源丰富等。有色金属常用的润滑剂有：

铜及铜合金：机油；50% 机油 +50% 煤油；锭子油；蓖麻油等。

镍及镍合金：90% ~95% 机油 +5% ~11% 钙钠基润滑脂；90% 机油 +11% 二硫化钼；煤油等。

铝及铝合金：乳液，组成为：矿物油（85%）+油酸（11%）+三乙醇胺（5%）和水（根据需要配）；矿物油（80%）+不饱和醚（11%）+聚氧乙基产品（11%）和水等。

13.2.5.2 轧辊的冷却

热轧时轧辊与热的轧件相接触，因此轧辊被加热，再加之轧件与轧辊间的摩擦热和轧件的变形热，都使轧辊温度急剧升高，辊面温度有时高达轧件温度的1/3～1/2。由于轧辊表面温度升高，不仅增加了轧件与轧辊间的摩擦系数，提高了轧制力，而且还容易使轧辊表面产生裂纹和黏结金属粉末。另外，轧辊受热又使辊型发生变化，使轧件的板型不能满足要求。

为了防止或减轻上述现象的发生，从而延长轧辊寿命，保持辊面清洁，保持良好的板型，热轧时需要不断地对轧辊进行冷却。从某种意义上讲，热轧过程中的轧辊冷却比工艺润滑更重要。

有色金属及合金热轧时，一般采用工业新水或循环水直接喷洒到轧辊上，冷却水的成分不应腐蚀轧辊、轧机部件及轧件。冷却水的温度一般控制在35℃以下，以提高冷却效果。冷却水带走的金属氧化物，经过沉淀后可回收处理。有的工厂热轧某些合金时，为防止温降过大，可以少放水或不放水冷却，但不应有损于轧辊寿命。

锌及其合金热轧时，轧辊的冷却可采用间接水冷法，冷却水通过空心轧辊内部控制轧辊冷却。润滑剂大多采用石蜡，也可采用混合润滑剂（如95%石蜡+5%硬脂；60%糠油+40%煤油等）。

13.2.5.3 热轧辊型的选择与调整

由于轧件和轧辊间的热交换和产生变形热，轧辊温度逐渐上升，而辊身中部较辊身两端散热较慢，因此轧辊沿长度方向上温度不均，由此造成了热膨胀沿辊身的方向上出现热凸度，即轧辊中部直径大于边部。

为了补偿轧辊在热轧时的热膨胀对板型的影响，应将轧辊磨成一定的凹度。凹形辊主要在于抵消热膨胀凸度、改善轧件宽度方向的厚度均匀性，而且有利于轧件的咬入及减少轧件边部拉应力；在没有立辊压边的情况下，凹度有助于避免轧件沿宽度方向在辊面滑动，即防止轧件的跑偏。

13.2.6 热轧机及轧辊

13.2.6.1 热轧机

有色金属及合金板带材采用的热轧机包括二辊不可逆轧机、二辊可逆轧机、三辊等径式轧机、三辊劳特式轧机、行星轧机和四辊可逆轧机。生产中根据需要和轧机的特点选择使用。

行星轧机是压下量最大的高效率轧机，有很多小工作辊高速轧制锭坯，后面有平整辊消除浪形及减小坯料厚度偏差。由于工作辊直径小，轧制压力低，道次加工率大，可以轧制难于用普通轧机轧制的脆性合金及热轧温度范围较窄的合金。行星轧机送料速度低，产量不高，适于品种多及批量少的生产条件。由于行星轧机设备重量轻、占地面积小，并可与连续铸坯配套使用，具有日益广泛使用的发展前途。图 13-11 为行星轧机示意图。

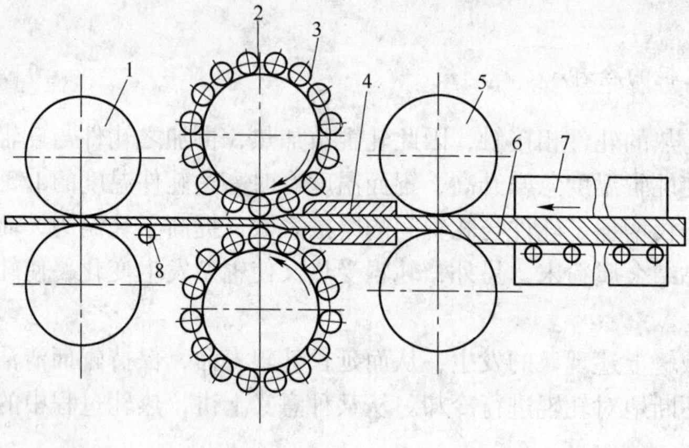

图 13-11　行星轧机

1—平整辊；2—支承辊；3—工作辊；4—导卫装置；5—喂料辊；
6—接头或焊接处；7—加热炉；8—活套支持器

13.2.6.2　热轧辊

热轧时轧辊与高温轧件接触并承受冷却水急冷的反复作用，轧辊表面与中心的温差较大，产生热应力较大。另外热轧辊在轧制时承受轧制压力产生弯曲应力和扭转应力，以及锭坯较厚时的咬入冲击力。根据热轧辊的工作条件，热轧辊的材料主要有：铸钢、锻钢和铸铁，其中锻钢轧辊在有色金属热轧机上应用较多。

热轧辊的常见损坏形式主要有折断和龟裂。

13.2.7　热轧后坯料的表面铣削

热轧后坯料进行表面铣削，可以去除加热及热轧过程中产生的表面氧化、脱锌、压痕及氧化皮压入、表面裂纹等缺陷，尤其是对于热轧时易氧化而且氧化皮不易酸洗干净的某些合金，以及要求高表面质量的产品，效果较显著。热轧后铣面取代酸洗，有利于提高产品质量及改善劳动条件，但降低成品率，并需要专用铣削设备。

热轧后铣面坯料厚度为 7 ~ 15mm，宽度为 330 ~ 750mm 左右，长度在 2500mm 以上。

坯料在铣面前经九辊或十一辊矫直机矫平，一般要求矫直后坯料的纵向不平行度小于 0.3mm，横向不平行度小于 0.1mm，不允许有严重的劈头、裂边及镰刀弯等。

铣面时的单面铣削量为 0.2 ~ 0.5mm，根据热轧后的表面缺陷轻重程度决定，铣面后的局部缺陷可以修理。对于某些黏性较大的合金，如镍及含镍、锰、铝的铜合金，铣削表面时容易粘刀，铣刀寿命低，一般不采用铣面清理表面，可以在热轧后进行一次加工率为 11% ~ 15% 的破鳞轧制，随后酸洗清理表面。

目前大多采用单面专用铣削机，如图 13-11 所示。开始先铣下面，经过翻料机将坯料翻转后，再通过第二台铣面机铣削另一表面。也可以将两台铣削机串联起来，一台铣上表面，另一台铣下表面，这样坯料通过时就变成同时铣削坯料的上下两面的双面铣削机，铣削时坯料上表面的切屑可以吸附清除，大大提高了生产效率。

13.3 冷轧板带材生产

冷轧是指金属在再结晶温度以下的轧制过程，因此冷轧时金属不发生再结晶，而产生加工硬化，即金属的强度和变形抗力提高，使轧制压力提高，同时还伴随着塑性的降低，容易产生脆裂。有色金属板带材大多采用先热轧提供坯料后冷轧成产品的生产流程。

13.3.1 冷轧的特点

冷轧较热轧有以下优点：

（1）冷轧板带材厚度尺寸精确，表面光洁、平坦，缺陷少。

（2）板带材的性能优良。热轧时一般仅保证热轧状态板材成品的性能，冷轧可以控制各种状态所要求的力学性能，并且有良好的承受再加工的性能。

（3）热轧的极限厚度通常不小于3~6mm，冷轧的极限厚度可至0.001mm或更薄，因此冷轧可以轧制热轧所不能轧出的薄带和箔材。

（4）冷轧的生产率高，冷却润滑及辊型控制比较重要，并可采用较大的张力，增加冷轧带材的道次加工率。

但是冷轧也有一些不足，如冷轧时由于金属变形抗力高，道次加工率比较小，能量消耗大。因此在有色金属板带材生产中，冷轧与热轧相互配合，很少单独使用。

13.3.2 酸洗及表面清理

13.3.2.1 酸洗

轧件经热轧及热处理后，采用酸洗法清除表面的氧化皮。一般酸洗过程按如下顺序进行：酸洗⟶冷水洗⟶热水洗⟶干燥。干燥大多采用蒸气烘干或压缩空气吹干，有的工厂冷水洗后直接采用煤气或电加热烘干。

生产中对酸洗工艺的要求是：氧化物清刷干净，表面质量高；酸洗时间短，生产率高；酸的利用系数高，酸耗低等。

酸洗液常采用盐酸、硫酸和硝酸等。酸洗时表面氧化物与之发生反应，氧化皮被溶解或由于化学反应产生的氢气形成气泡的机械剥离作用而脱落。比如铜及其合金酸洗时的化学反应方程式为：

$$CuO + H_2SO_4 \xlongequal{\quad} CuSO_4 + H_2O$$

$$Cu_2O + H_2SO_4 \xlongequal{\quad} Cu + CuSO_4 + H_2O$$

$$Cu + 2HNO_3 \xlongequal{\quad} Cu(NO_3)_2 + H_2\uparrow$$

铜及铜合金氧化皮最外层为CuO，在CuO的下面还有一层Cu_2O，在H_2SO_4中内层Cu_2O的溶解很慢，为了酸洗后表面光亮，在酸洗液中加入适量的$K_2Cr_2O_7$或HNO_3作氧化剂，可加速Cu_2O的溶解，但过量时有损于酸槽寿命及恶化劳动条件。

对于表面不易洗净的紫铜、青铜、锌白铜等合金，以及含Be、Si、Ni的铜合金，与稀酸作用缓慢，可加入0.5%~1%的重铬酸钾；有的工厂由于退火后表面严重氧化及油污过多，或存放时间太久，可以在稀酸溶液中加入0.5%~1%盐酸或氢氟酸。

酸洗时间与酸洗液的浓度及温度有关，一般为5~30min左右，根据合金种类及表面情况而定。酸液温度夏天多为室温，冬天可用蒸汽加热至 40 ~ 60℃，紫铜取上限，黄铜取下限。

在实际生产中，酸液浓度及温度愈高，产生的酸雾恶化劳动条件及设备环境，在酸槽周围常设置抽风罩将酸雾排至一定高度的烟筒放散。最好要回收，包括废酸液等，经电解处理后，可以回收铜和再生硫酸；对废酸液采用氨进行中和处理，可以提取硫酸铜、铜粉及制造微量元素复合化肥；有的工厂对硫酸铜溶液进行电解沉积，可以生产用作印刷电路的铜箔。

配置酸液时必须注意安全，先放水，后配酸，严禁铁器工具掉入酸槽中使轧件表面产生斑点。酸洗时间过长，易于出现“过酸洗”，增加酸耗及金属损耗。

酸洗效率与氧化皮的结构和厚度有关，有的合金退火后可以水浸急冷使氧化皮剥落，或者在酸洗前进行小压下量的冷轧（破鳞轧制），使氧化皮产生裂缝及局部脱落，均有助于提高酸洗效果。

13.3.2.2　表面清理

除化学酸洗外，生产中根据表面情况采用机械或手工工具清刷表面的氧化铜粉和修理其他缺陷。

清刷分干刷和湿刷，湿刷一般在酸洗过程中进行，干刷在干燥后进行。主要用于清除轧件表面经酸洗后残存的氧化铜粉及酸迹，提高制品表面质量。

轧件局部的氧化铜粉、变色及斑点等可用钢丝刷或砂纸清擦去除，表面上的麻坑、裂纹、欠渣、起皮、压坑及夹灰等局部缺陷大多采用刮刀修理，修刮的方向最好要与轧制方向一致。

除采用表面清理外，生产要求高表面光洁度的产品，有时采用压光或抛光工序。压光时一般采用二辊轧机，轧辊直径较粗，轧制速度低，辊面光洁度高，压下量小，总加工率 3% ~ 11%；抛光时采用尼龙辊或亚麻辊，抛光时喷注抛光剂及粒度为 3.5 ~ 5μm 的滑石粉。

13.3.3　冷轧压下制度

根据工艺要求，冷轧可分为开坯、粗轧、中轧及精轧。通常不宜热轧的合金锭坯（厚度 20 ~ 70mm）冷轧至厚度 3.5 ~ 6mm 的过程称为冷开坯；厚度约为 4 ~ 13mm 的热轧坯料冷轧至约 2 ~ 6mm 的过程称为粗轧；随后继续压薄轧件厚度的冷轧过程称为中轧；为达到成品要求进行的最后冷轧称为精轧。

冷轧压下制度包括确定冷轧总加工率、道次加工率及根据产品性能要求控制精轧时的成品加工率。

13.3.3.1　冷轧总加工率的确定

冷轧总加工率是指两次相邻退火之间的总加工率。视冷轧时金属的本性、设备条件、工艺冷轧的目的等具体情况不同，总压下率的确定也是不同的，必须考虑下面条件的影响：

（1）金属的塑性限制。在不直接出成品的冷轧时，总是希望采用尽可能大的总加工率，减少中间退火次数和伴随而来的酸洗等工序，缩短工艺流程，以提高生产率和降低成本。但由于冷轧时的金属加工硬化，使塑性明显下降，如纯铝的总压下率达45%～50%时，伸长率只有3%～6%。金属塑性的不断下降使冷轧越来越困难，甚至出现裂边和断片，以致不能继续轧制。

有色金属开坯和中间冷轧的总加工率，一般可选取如下范围：

铝及铝合金：纯铝50%～95%；软铝合金60%～85%；硬铝合金60%～70%。

铜及铜合金：紫铜45%～95%；黄铜35%～85%；青铜30%～80%。

镍及镍合金：纯镍50%～85%；镍合金40%～80%。

钛合金：TA1、TA2、TA3合金30%～50%；TC1合金25%～30%；TC3合金15%～25%；TA7合金11%～20%。

（2）设备条件的限制。由于轧机的结构不同，冷轧总压下率也不相同。如在多辊冷轧机上轧制重有色金属时，其冷轧总压下率可达85%～90%以上；在摆式轧机上轧制H70黄铜时，其冷轧总压下率可达95%以上，这远比在二辊和四辊轧机上轧制时的总压下率大得多。这是由于多辊轧机和摆式轧机改善了冷轧时的变形条件，因此能采用较大的冷轧总压下率。

（3）最小可轧厚度的限制。有时虽然金属的塑性还允许继续轧制，但由于此时轧件厚度接近轧机的最小可轧厚度，金属变形抗力显著提高，再继续轧制比较困难，或者虽也能压薄一些，但压缩率很小，能量消耗也很大，这样做很不经济，因此也不再继续轧制。

成品冷轧总压下率主要由产品的组织性能和表面质量所决定，因此应根据不同制品来确定冷轧总压下率：

（1）硬制品和特硬制品。根据对性能的要求，按金属力学性能与冷轧压下率关系曲线，来确定成品冷轧总压下率，从而达到国家标准对性能的要求。产品的最终性能主要取决于成品冷轧时的总压下率。

（2）半硬制品。根据对性能的要求，按金属的力学性能与冷轧总压下率关系曲线来确定。也可以利用冷轧后的板带材经低温退火来控制性能，此时与冷轧总压下率关系不大。

（3）软制品。软制品的性能主要取决于成品退火工艺，但退火前的冷轧总压下率对成品退火工艺和最终力学性能也有很大的影响。成品冷轧总压下率愈大，则成品再结晶退火时间可以缩短，且退火温度也可以相应降低，同时伸长率也较高。因此，一般要求成品冷轧总压下率在50%以上。对用于做冲压件的软制品，除了保证强度和伸长率要求外，还要控制深冲值，主要是根据第一类再结晶图来确定合适的冷轧总压下率，使带材经成品退火后具有均匀适宜的晶粒度和力学性能。

（4）表面要求光亮的成品。需要进行抛光轧制的制品，要有一定的冷轧总压下率，才能保证得到表面光亮的制品。如某些铝合金板材在热处理后要进行抛光轧制，其冷轧压下率要保证在1.5%～3%之间。不给予一定的冷轧压下率，便得不到光亮的表面，但压缩率太大也不能起到表面抛光的作用，因此抛光轧制时的总压下率都不超过11%，多在5%左右。

13.3.3.2　道次加工率的分配

冷轧总加工率确定后，即可确定各道次的加工率。冷轧道次压下率的分配原则与热轧时的基本相同，即与金属的塑性、咬入、轧辊强度和主电机能力等条件有关。合理分配各道次的基本要求是：保证产品质量，确保设备安全，尽可能少道次，充分发挥金属的塑性及提高生产率。根据具体条件确定各道次的加工率应按如下规则：

（1）在冷轧第一、二道次时，为了充分利用轧件退火后的良好塑性，应采用最大的道次加工率；以后随轧件加工硬化的增大，逐道次减小加工率。

开始道次轧件较厚，采用的压下量应保证轧件顺利咬入辊缝，不出现打滑。冷轧厚板如出现咬入困难，在开始轧制时不润滑，或者采用煤油润滑，使摩擦系数增大，以便于咬入；冷轧厚带时，根据轧机的条件，也可增大辊缝待咬入后再调整压下。

（2）从提高产品质量出发，生产中应该做到：轧件变形均匀，尺寸偏差符合规定，表面质量满足要求，性能符合标准。在冷轧最后道次，由于轧件变形抗力增大及塑性降低，从保证厚度偏差及平直度考虑，一般采用较小的加工率；精轧成品时可以适当增加道次。

（3）道次加工率必须与总加工率相协调，并结合具体的产品及设备条件。如采用的总加工率较大，道次过多，最后各道次的加工率均较小，会降低轧机的生产效率，此时应适当降低总加工率，但总加工率太小又会增加退火设备的负荷，也是不适宜的。

（4）连轧机冷轧时，必须保证各机架金属的秒流量相等，各机架的压下分配必须与轧制速度、张力、辊型等相协调，既不出现拉窄、拉断，也不能出现过大的活套。

大多数工厂在制定压下制度时，根据各种合金冷轧时的塑性好坏及变形抗力的大小，确定各种合金的冷轧难易程度。各种合金的冷轧难易程度与金属的塑性、变形抗力有关，还与退火质量、热轧坯料等具体情况有关。

在轧制过程中，一般随轧件厚度减薄或宽度增加应相应减小加工率；成卷冷轧可比单张冷轧采用较大的加工率；轧件在冷轧前已有加工硬化或退火不充分的情况下，加工率应适当降低。

13.3.3.3　成品加工率

冷轧成品最后一次精轧的总加工率，即成品加工率，主要取决于技术条件对产品性能的要求，其次也要考虑确保设备安全及提高成品率。

成品加工率选定后，还应合理分配精轧成品的各道次加工率。例如，厚板成品冷轧时，道次过多会由于表面变形大于内层变形出现强度低而延伸率高的情况；薄带产品冷轧时，道次过多会由于晶粒破碎加剧出现强度高而伸长率低的情况；某些对平直度和表面光洁度有特殊要求的产品，采用抛光轧辊进行压光及平整时，则应适当增加道次。

在保证产品性能要求的情况下，增加成品加工率可以充分发挥设备潜力，有利于提高生产率，尤其是轧机能力较大的工厂里，增大成品加工率是优质高产的有效措施。

13.3.4　冷轧时的工艺冷却与润滑

13.3.4.1　工艺冷却

在冷轧过程中产生的剧烈变形热和摩擦热使轧件和轧辊温度升高，特别是当压缩率大、单位压力高和轧制速度快时，更为突出。如不把温度降低，不但影响变形过程，而且还影响带材组织性能和表面质量，同时轧辊辊面由于温度升高会引起淬火层硬度降低，甚至使组织发生分解，使辊面产生残余应力。另外，由于轧辊温度升高和温度沿辊身的不均匀分布，又会使辊型失控。因此，冷轧时单靠自然冷却是不行的，必须对轧件和轧辊进行人工冷却，才能维持正常生产，提高产品质量。

在冷轧过程中，水是比较理想的冷却剂，因其比热大，吸热率高且成本低廉。油的冷却能力则比水差得多：水的热容比油大一倍，热传导率为油的3.75倍，挥发潜热大11倍以上。由于水具有如此优越的吸热性能，因此大多数轧机皆采用水或以水为主要成分的冷却剂。在有色金属冷轧时，冷却剂多采用乳液，即水、油和一些添加剂的混合物。铝合金冷轧时乳液的成分与热轧时的相同，只不过浓度稍高一点；重有色金属冷轧时的乳液还含有0.45%～0.5%的皂，1.5%～2.0%的油，以及不超过0.5%的游离碱。

增加冷却液在冷却前后的温度差是充分提高冷却能力的重要途径。现多采用高压空气将冷却液雾化，或者采用特别的高压喷嘴喷射，可以大大提高其吸热效果并节省冷却液的用量。冷却液在雾化过程中本身温度下降，所产生的微小液滴在碰到温度较高的辊面或板面时往往即时蒸发，借助蒸发潜热大量吸走潜热，使整个冷却效果大为改善。但是在采用雾化冷却时，一定要注意解决机组的有效通风问题，以免恶化操作环境。

13.3.4.2　工艺润滑

冷轧采用工艺润滑的主要作用是减小轧件与轧辊间的摩擦系数，通过改变变形区内的应力状态来减小金属的变形抗力，这不但有助于保证在已有的设备条件下实现更大的压下，而且还可使轧机能够经济可行地生产厚度更薄的产品。此外，采用有效的工艺润滑也直接对冷轧过程的发热率及轧辊的温升起到良好的影响；在轧制某些有色金属及合金时，还可以起到防止金属粘辊的作用。

不同成分的润滑剂对摩擦系数的影响也不同。生产中，采用天然油脂（动物与植物油脂）作为冷轧的工艺润滑剂在润滑效果上优于矿物油。从表13-3中可以看出，在冷轧紫铜带时，采用蓖麻油做润滑剂比不采用润滑剂时的摩擦系数降低50%多，比采用煤油做润滑剂降低几乎达30%，所以采用润滑剂效果比不采用好，采用植物油的润滑效果比矿物油好。

表13-3　在光辊上冷轧紫铜带时各种润滑剂的摩擦系数

润滑剂	摩擦系数	润滑剂	摩擦系数
无润滑剂（轧辊和带材均干燥清洁）	0.093	棕榈油	0.066
水	0.075	橄榄油	0.058
煤油	0.067	蓖麻油	0.046

在生产实践中，为保证冷轧顺利进行，通过乳化剂的作用把少量的油与大量的水混合起来，制成乳状的冷却与润滑剂（乳化液）。在这种情况下，水作为冷却剂和载油剂而起作用，而油是润滑剂。对这种乳化液的要求是：当以一定的流量喷到轧件和辊面上时，既能有效地吸收热量，又能保证油剂以较快的速度从乳化液中离析并黏附在轧件与辊面上，这样才能及时形成均匀、厚度适中的油膜。

有色金属冷轧用乳化液成分一般含皂0.1%～0.8%，含油1.5%～2%，游离碱不超过0.02%～0.05%，乳化液中不应含有游离有机液和机械化合物；乳化液尽量循环使用，在使用时要经常清除表面漂浮的油层及杂物；在冷轧前轧件的表面残酸要清洗干净并表面干燥，否则会出现乳液蚀斑。

13.3.5 冷轧时的张力

13.3.5.1 张力的作用

所谓张力轧制，就是轧件的轧制变形是在一定的前张力和后张力作用下实现的。在带材及箔材成卷冷轧时，由于卷筒与轧辊的线速度差使带材张紧的外力叫张力；作用方向与轧制方向相同的张力叫做前张力；作用方向与轧制方向相反的张力叫做后张力。单位张力是作用在带材断面上的平均张应力。

张力在冷轧过程中起着非常重要的作用：

（1）防止带材在轧制过程中跑偏。轧制带材时，若轧件出现不均匀延伸，则沿轧件宽向上的张力分布将会发生相应的变化，即延伸大的一侧张力减小，而延伸较小的一侧张力增大，结果便自动起到纠正跑偏的作用。

（2）使所轧带材保持平直和良好的板型。由于轧件的不均匀延伸将会改变沿带材宽度方向上的张力分布，而这种改变后的张力反过来又会促进延伸的均匀化，故张力轧制有利于保证良好的板型。

（3）降低金属的变形抗力，便于轧制更薄的产品。张力改变了变形区内金属的应力状态，使金属的变形抗力减小，轧制力减小，轧制时的能量消耗也减小，减轻轧机主电机的负荷，有助于高速轧制、强化压下及增加卷重，提高生产率。

（4）可以改变弹性压扁、弹性弯曲和轧辊的弹跳值，因此可以通过张力的改变来控制轧件的厚度，提高轧制精度。

13.3.5.2 张力的选择

只有采用合适的张力才能很好地控制产品的质量和稳定的轧制过程，至于究竟要采用多大的张力为最佳，要视不同的金属和轧制条件而定。生产中张力的选择主要指平均单位张应力 σ_z。从理论上讲，σ_z 似乎应尽量选高一些，但不应超过带材的屈服强度 σ_s。实际上 σ_z 的选取要视延伸不均匀的情况、有色金属及合金的材质、加工硬化程度及板边情况等因素而定。在实际生产中，$\sigma_z=(0.1\sim0.6)\sigma_s$，变化范围颇大。不同的轧机，不同的轧制道次，不同的品种规格，甚至不同的原料条件，皆要求有不同的单位张应力与之相适应。

对于重有色金属在四辊轧机上轧制时，单位张应力 σ_z 可按 $\sigma_z=(0.2\sim0.3)\sigma_s$ 选取；在多辊轧机上轧制重有色金属薄带和箔材时，一般来说，单位张应力比四辊轧机要大。

轻合金冷轧时，单位张应力一般按 $\sigma_z=(0.2\sim0.6)\sigma_s$ 选取。

实践证明，较大的后张力可降低单位压力 35%，而前张力仅能达到 20%。因此通常用后张力大于前张力的方法进行轧制，这样还可以减少断带的可能性。

13.3.6 冷轧机与冷轧辊

13.3.6.1 冷轧机

根据冷轧工艺特点及产品要求，冷轧机与热轧机相比较，具有如下特点：轧辊开口度小，工作辊径较细，压下速度低但压下调整精度高，轧机刚度大，对轧辊硬度、表面光洁度均较热轧机有较高的要求。

冷轧时最常用的是四辊轧机，它具有工作辊直径较小而轧机的刚度及强度高的优点，可以生产薄而宽的板带材。二辊轧机多用在冷轧后的平整机上。

在冷轧中，轧件越薄，轧制越难变形的产品，越倾向于采用多辊轧机。多辊轧机具有多层支承辊，可防止轧辊侧向弯曲。经常采用的有六辊、十二辊、二十辊以及结构较简单的偏八辊和双偏八辊（十六辊）轧机。

13.3.6.2 冷轧辊

冷轧时的单位压力高，并要求表面光洁及提高轧件精度，因此冷轧时多采用抗断裂性能高的锻钢轧辊。

对冷轧辊的技术要求主要包括抗裂性、耐磨性、抗表面粗糙性以及轧辊在制造中不产生淬火裂纹，质量稳定无缺陷，另外还必须保证轧辊的加工精度。

轧辊的使用寿命取决于抗裂性、辊面硬度、淬火层深度以及研磨质量和使用条件等，另外还与辊身直径、压下制度及轧制速度等条件有关。

13.3.7 温轧

温轧是把锭坯加热到再结晶温度以下进行的轧制过程，因此从本质上讲它仍属于冷轧范畴。温轧在以下两种情况下使用：

（1）有些金属在室温时塑性很低，加工硬化也比较显著，难以进行加工，而在温轧时却具有很好的塑性，如钨、钼等有色金属及某些钢种就是这样的。

（2）为了强化生产过程，提高生产率，利用热轧后的余热直接进行轧制，可以大大降低轧制时的轧制力和能量消耗。

在有色金属中，比较完善的并得到广泛应用的是铝合金板材的温轧。

13.4 铝铜板带箔材生产工艺

13.4.1 铝及铝合金板带材生产工艺

铝及铝合金板带制品，是有色金属及合金板带中最常见的产品之一，根据其合金牌号、尺寸范围与供应状态不同，可分种类很多，其生产方法也不尽相同。

根据铝合金的特性、产品规格范围、产品性能要求以及设备技术条件的不同，铝及铝合金板带材的生产方法与工艺流程可以有多种，常见的有以下几种：

（1）半连续铸锭—加热—热轧—冷轧法。

（2）半连续铸锭—加热—粗热轧—热精轧—冷轧法。

（3）连续铸轧—热精轧—冷轧法。

（4）连续铸轧—冷轧法。

（5）连铸—连轧—冷轧法。

（6）多机架热连轧—冷轧法等。

在以上几种方法中，（1）、（2）两种方法的适用性最广，它们适用于任何合金，而且生产产品质量可靠；（3）方法中，热轧后增加热精轧工序，充分利用合金的热塑性，具有生产效率更高的特点；（4）、（5）两种方法，主要适用于纯铝及软铝合金板带箔材生产，由于它们省掉了铸锭与加热工序，因此具有节能、设备简单与生产效率更高的特点，其应用也比较广泛；（6）方法多机架串联轧制，特别适合于产品品种规格少，产量高的铝合金板带材生产，但由于设备投资大，控制技术要求高，目前在我国应用尚不广。

在以上方法中，连铸-连轧（图 13-4）与连续铸轧（图 13-1）是比较先进的生产方法。前一种生产方法是由连续铸造的锭坯直接进入轧机（单机架或多机架）轧制成所需尺寸的坯料或制品；而连续铸轧法是指液态金属直接在两旋转的轧辊间结晶，并承受一定的热变形而获得板带坯料的生产方法，目前我国较普遍采用此种方法，已有 20 多台双辊铸轧机。

连续铸轧时，内部通冷却水的旋转钢辊一方面起到结晶器作用，使进入辊缝的高温液态金属急剧冷凝成铸坯，另一方面又起到轧辊的作用，使铸坯承受 15% ~50% 的压缩变形，并轧成厚度为 6 ~13mm、宽度为 600 ~2110mm 的成卷带坯，供冷轧铝及铝合金板带箔材用。

连续铸轧与加热热轧法相比较有很多优点：不需要铸锭锯切、铣面、蚀洗及加热等工序，缩短了生产流程；节省能耗，比熔铸-加热-热轧开坯法节能 30% ~50%；几何损失与工艺损失少；设备少、造价低、占地面积小，从而节约大量投资；生产劳动条件好，易于实现生产过程的自动化。因此此种方法应用越来越广泛。

下面以目前常用的铸锭加热-热轧-冷轧工艺说明其生产过程及各工序的作用。此生产工艺是铝及铝合金板带材生产中比较典型的，对于不同的合金、不同的产品，其工艺流程也是不同的。其基本的生产工序为：半连续铸造锭坯→蚀洗与铣面→包铝→加热→热轧→热精轧→预先退火→冷轧→退火→热处理→精整→涂油包装。

13.4.1.1　铸锭的要求与热轧前准备

热轧用的铝及铝合金铸锭是采用卧式连续铸造或立式半连续铸造方法生产的扁锭。前者比较适用于断面尺寸较小的纯铝及软铝合金扁锭；而后者则适用于各种尺寸的所有铝合金的扁锭铸造。为保证质量，满足对产品性能的要求，除保证锭坯的尺寸满足要求外，铸锭的化学成分、内部组织也要满足要求，内部与表面不能有偏析、缩孔、裂纹、气孔、夹杂等缺陷。另外在热轧前要对铸锭进行必要的处理。

A　铸锭的表面处理

铸锭的表面处理方法包括表面机械处理、表面化学处理和表面包铝等。对于表面冷隔、偏析瘤等一类缺陷，采用铣面或局部打磨、修铲等机械方法加以消除，铣削深度以 3 ~7mm 为宜。

对于不铣面的纯铝铸锭，或铣面的铝合金铸锭，表面常有油污、废屑等脏物，以及需要包铝的铸锭与包铝板表面，常要进行表面化学处理（蚀洗），其目的是为了获得光洁坯料表面，或为热轧时包铝板与铸锭牢固焊合。一般先用 15% ~25% 的 NaOH 溶液蚀洗 6 ~13min，然后用冷水清洗，再用 20% ~30% HNO_3 溶液中和 2 ~4min，随后用超过 60℃的热水清洗 5 ~7min，并尽快使其干燥，不形成斑迹。

某些铝合金铸锭在铣面与蚀洗后，在其上下表面与侧表面，在加热、热轧前要用经蚀洗的包铝板包覆。包铝板一般采用纯铝或铝合金 LB1、LB2 板，厚度一般为锭坯厚度的 2% ~4%。按其目的不同，通常分为工艺包铝和使用包铝两大类，前者是为了改善某些合金的性能，如减少热轧开裂；后者是为了提高某些合金的防腐蚀能力。在实际生产中如硬铝与超硬铝锭的包铝，则同时起到以上两个作用。

B　铸锭的均匀化处理

硬铝、超硬铝合金以及 LF21 防锈铝合金等，由于在铸锭过程中易形成晶内及晶间成分偏析，工艺性能差，热轧时易开裂。为此铸锭在锯切与表面处理前要进行均匀化处理，把铸锭置于该合金的非平衡固相线温度与平衡固相线温度之间，进行较长时间的保温，通过其内部金属原子的扩散过程，以达到消除非平衡相与成分偏析，提高工艺性能与制品使用性能的目的。要控制好退火的温度、加热速度、保温时间与冷却速度，以免由于热应力的作用而导致开裂。

13.4.1.2　锭坯的加热与热轧工艺

A　铸锭的加热

铸锭的加热温度是指出炉温度，应满足热轧开轧温度、终轧温度的要求，保证热轧时的塑性高、变形抗力小、产品质量好。加热时间的确定应考虑不同合金的导热性、尺寸、加热设备的加热方式与装料形式等因素。一般情况下，在保证锭坯热透、温度均匀的情况下，加热时间尽可能的短，以减少能耗和金属的消耗（氧化烧损）。

经常采用的加热炉为箱式或连续式电阻加热炉，炉内气氛无特殊要求，为提高加热速度与加热的均匀性，在炉内常采用风机实行强制热风循环。

B　铸锭的热轧

（1）热轧温度。一些铝及铝合金的开轧与终轧温度范围如表 13-1 所示。热轧温度过高，容易出现晶粒粗大与晶间低熔点相的熔化，使热轧时开裂或轧碎；终轧温度过低，金属的变形抗力大，能耗增加，而且由于再结晶不完全，导致晶粒组织与性能不均。因此对于某种具体合金适宜的热轧温度，应根据具体设备等条件具体调节。

（2）热轧加工率。包括热轧总加工率与道次加工率。它们根据合金性质、对轧坯质量要求以及所用轧制设备能力等，其数值也有所不同。如纯铝及软铝合金高温塑性温度范围宽，变形抗力小，其热轧总加工率可在 90% 以上；硬铝合金由于热轧温度范围窄，热脆倾向大，其热轧总加工率为 60% ~70%。道次加工率的分配一般应遵循开始道次加工率小、中间道次大及后面道次加工率减小的规律，以保证轧制工艺顺利进行以及提高生产效率与产品质量。

（3）热轧冷却润滑。铝合金有易于黏附轧辊的特性，温度越高、道次变形量越大、性质越软时，热轧中“轧辊覆铝”现象越严重，并进一步导致产品缺陷，甚至出现轧件缠辊。因此轧制时必须采用乳化液润滑，并同时起到冷却的作用。

C　热精轧（中温轧制）

L4、LF12、LF21、LY12 与 LF5 等热塑性较好的铝合金，在热轧后使其坯料温度控制在 230℃左右，在冷轧机上进行轧制，轧成成品所需要的坯料厚度，此法叫热精轧。这样就实现了热轧与冷轧的连续作业，缩短了生产周期，提高了生产效率。并且由于消除了热轧卷带坯的粘伤与冷轧开卷时的擦伤等缺陷，使制品质量提高，生产成本降低。由于上面的优点，某些铝合金板带材生产出现了前述的半连续铸锭-热粗轧-热精轧-冷轧的生产工艺。

13.4.1.3 冷轧、退火与淬火时效

A 冷轧

铝及铝合金板带材冷轧，按其目的不同分为粗轧、中轧及精轧。粗轧是将热轧坯冷轧到一定厚度；中轧是将粗轧后的坯料轧成成品轧制所需要的坯料厚度；精轧是按成品总体加工率要求轧至成品厚度，达到成品所要求的表面质量与力学性能要求。

冷轧一般采用单机架四辊可逆式轧机或多机架四辊连续式轧机，其主要工艺参数包括冷轧总加工率、道次加工率以及为获得不同状态性能的制品的成品加工率。目前，冷轧总加工率范围大致为：纯铝 50% ~95%；软铝合金 60% ~85%；硬铝合金 60% ~70%。道次加工率：软铝合金 20% ~38%；硬铝合金 20% ~35%；纯铝由于塑性好，在设备允许的情况下，其道次加工率可远大于上述合金的允许值。

由于铝及铝合金板带箔材表面质量要求高，因此冷轧时除要求使用光洁表面轧辊或采用专门的成品抛光（压光）轧制外，另一项措施就是采用润滑性、冷却性、洗涤性与抗污染性良好的润滑剂，在粗轧、中轧常同时使用乳化液与轻质矿物油为基础的全油型润滑剂，精轧时可单独使用由煤油 75% ~80%、13 号或 20 号机油 20% ~25%及油酸 0.5% ~0.8%组成的全油型润滑剂。

B 退火

退火是冷轧生产中比较重要的工序，一般生产中，冷轧与退火交替进行。在铝及铝合金板带材生产流程中，退火可分为坯料的预备退火、中间退火与成品退火等几种。

预备退火是指冷轧前的热轧坯料退火，即在冷轧之前先对坯料进行退火，其目的是消除热轧时因不完全的热变形所产生的加工硬化，或某些铝合金由终轧温度空冷时产生的淬火效应，提高坯料的变形能力。

冷轧过程中为消除坯料加工硬化，提高其塑性、降低变形抗力，以利于继续冷轧而进行的退火叫中间退火。在冷轧过程中，一般来说，坯料与成品的厚差越大，则轧制道次越多，需要的中间退火次数相应的也越多。部分铝及铝合金板带坯料中间退火工艺参数如表 13-4 所示。

表 13-4 部分铝及铝合金板带坯料中间退火工艺参数

合金牌号	坯料厚度/mm	加热温度/℃	保温时间/h	冷却方法
L4、L6		340 ~360	1.0	出炉空冷
LF3	<0.6	370 ~390	1.0	出炉空冷
LF5	<1.2	370 ~390	1.0	出炉空冷
LF6	<2.0	340 ~360	1.0	出炉空冷
LY11、LY12	<0.8	390 ~411	1.0	炉冷至 270℃，出炉空冷
LY16	<0.8	390 ~411	1.0	炉冷至 270℃，出炉空冷
LC4	<1.0	390 ~411	1.0	炉冷至 270℃，出炉空冷

成品退火分为完全退火和低温退火（不完全退火）。前者用于生产软态铝板带制品，后者用于部分消除加工硬化组织或消除制品内应力，提高其尺寸、形状和物理化学性能稳定性，以获得硬态或半硬态制品。为此，铝及铝合金板带材成品完全退火温度应比其再结晶温度高出 110 ~ 200℃，其具体数值依据不同的合金牌号、制品规格、冷变形程度、退火设备类型及装炉量等加以确定。保温时间在保证退火质量前提下应尽可能短，采用快速加热方法有利于获得细小的晶粒组织。表 13-5 列出了部分铝及铝合金软态板带材成品退火制度。

表 13-5　部分铝及铝合金软态板带材成品退火制度

合金牌号	退火温度/℃	成品厚度/mm	保温时间/min		
			盐浴炉	空气循环炉	静止空气炉
LY11、LY12 LY6、LY16	350 ~ 400	1.0 ~ 6.0		60 ~ 180	
LF2、LF3	350 ~ 420	0.3 ~ 3.0 3.1 ~ 6.0		50 90	60 130
LF5、LF6	311 ~ 335	6.1 ~ 11.0		60 ~ 130	80 ~ 180
L4、L6 LF21	350 ~ 420 450 ~ 500 （盐浴炉）	0.3 ~ 0.6 3.1 ~ 6.0 6.1 ~ 11.0	7 ~ 30 7 ~ 40 15 ~ 50	50 60 80	60 80 110

低温退火温度根据其退火目的分为两种情况：为获得半硬态板带制品，其退火温度应在再结晶开始与终了温度之间，使退火后的组织产生部分再结晶晶粒；为消除应力，退火应在开始再结晶温度以下、金属的恢复阶段进行。为此退火温度一般应小于或等于 150 ~ 200℃。

C　淬火与时效

淬火与时效是对硬铝与超硬铝一类可热处理强化合金进行的热处理。淬火是把铝合金加热到一定温度，将其中的可溶相固溶到基体当中，然后快速冷却，使之形成室温下不稳定的过饱和固溶体的过程。而时效则是把淬火形成的过饱和固溶体进行脱溶，形成弥散相而达到强化基体的目的。

淬火工艺参数包括淬火温度（加热温度）、保温时间及冷却速度。确定淬火温度的原则是保证可溶相最大限度地固溶到基体之中，一般淬火温度越高，固溶越彻底，时效后强化效果越好。然而淬火温度过高易发生过热与过烧，使材料报废；而温度过低，则时效后效果不好。由于铝合金有效固溶温度范围甚窄，故要严格控制。表 13-6 中列出一些常用铝合金板带材的淬火温度。

表 13-6　常用铝合金板带材的淬火温度

合　金		LY11	LY11B	LY12、LD10	LY12B	LY12MCZ
不同厚度的淬火温度/℃	板厚≤4.0mm	497 ~ 505	497 ~ 505	497 ~ 502	497 ~ 502	498 ~ 502
	板厚 >4.0mm	497 ~ 502	497 ~ 505	496 ~ 502	497 ~ 502	498 ~ 502

续表 13-6

合 金		LY6	LY16	LC4、LC11	LD2	LY11MCZ
不同厚度的淬火温度/℃	板厚≤4.0mm	503 ~ 507	533 ~ 537	469 ~ 475	521 ~ 525	500 ~ 505
	板厚 > 4.0mm	503 ~ 507	532 ~ 536	468 ~ 470	521 ~ 525	500 ~ 505

保温时间，应由强化相的溶解速度、板材尺寸及加热条件决定。加热温度越高、冷加工率越大，溶解速度越快，则保温时间缩短。

冷却速度由冷却剂温度及把加热后的制品侵入冷却剂的转移时间来确定。一般转移时间越短、冷却速度越快，淬火的效果越好。在实际生产与操作中，常采用水作冷却剂，并通过控制水温，调节不同的冷却速度，以适应不同的合金与不同规格制品的要求，获得良好的制品质量。例如对于大断面的厚板，为解决淬火应力导致的变形与裂纹，除提高淬火介质温度外，还可以采用等温淬火与分级淬火工艺。前者在操作时要把淬火剂加热到人工时效温度，而后者在操作时是先把板带材在 160 ~ 200℃ 的油或熔盐中淬冷，并保持 1 ~ 2min，然后再在水中冷却。

时效是热处理强化工艺的第二阶段，即经淬火形成的过饱和固溶体，通过时效析出弥散相，以达到强化基体的目的。时效操作有人工时效与自然时效两种。前者在操作时，是控制在一定的温度下进行的；后者在操作时，是把板带材放置在室温下自然进行的。采用何种时效方法应根据合金性能以及制品的使用要求与条件确定。表 13-7 为几种常见铝合金的时效工艺制度。

表 13-7 常用铝合金的时效工艺制度

时效类别	合 金	时效温度/℃	时效时间/h
自然时效	LY11、LY12、LD10、LD2	室 温	96 ~ 144
人工时效	LY12	180 ~ 189	13
	LD2	150 ~ 185	12 ~ 15
	LD10	175 ~ 185	5 ~ 8
	LC4	130 ~ 140	12 ~ 24

13.4.1.4 形变热处理

所谓形变热处理是将塑性变形的形变强化与热处理时的相变强化相结合，使成形工艺与获得最终性能统一起来的综合处理方法。

具体的形变热处理可分为三种：低温形变热处理、高温形变热处理和预形变热处理。

13.4.2 铜及铜合金板带材生产工艺

铜及铜合金板带材是重有色金属中应用最广的一类，其生产方法，根据合金的具体特性、产品规格范围、产品性能要求与技术设备条件的不同而不同。目前根据国内外实际的生产情况，生产方法大致有以下几种：

（1）半连续铸锭加热-热轧-冷轧法。此法是最成熟的传统生产方法，应用最广。它适宜于大规模生产，且不受合金牌号限制，除生产带材和成卷轧制横切薄板之外，还适宜于生产不同厚度与宽度的中厚板材。

（2）水平连续铸造卷坯-成卷冷轧法。此法也属于现代化铜板带材生产方法，但在生产规模、合金牌号、产品宽度上都有一定的局限性，在产品厚度上仅适宜于生产带材与宽度不大的薄板材。

（3）块状铸坯-冷轧与挤压坯料-冷轧法。此种方法已在工业发达国家有所见，但由于其适用品种有限，因此使用还不广。

前两种进行比较，主要差异在于后一种方法省去了铸锭加热与热轧工序，因而生产周期短、生产效率高以及节约能耗等优点，但该方法由于生产规模、合金品种以及产品规格上的限制，其适用性远不如第一种方法。半连续铸锭加热-热轧-冷轧工艺被广泛应用在铜及铜合金板带材生产，其最先进的生产过程是：大容量电炉熔炼和立式半连续铸造方法铸锭，在轧机允许的情况下，采用单重几吨到几十吨的锭坯进行热轧开坯，热轧后进行坯料机械双面铣削，铣去铸造与热轧工序带来的表面缺陷，铣面后的卷坯采用大卷重强化冷轧，中间退火与成品退火是在无氧条件下成卷进行的，并开卷清洗，在气体浮动条件下连续进行无氧化退火，并采用连续式精整剪切机列获得最终成品。现对其中一些主要工序的工艺条件及要求作简要叙述。

13.4.2.1 铸锭及其加热

铜及铜合金铸锭的质量对其加工工艺性能与制品最终质量影响很大，因此对锭坯的质量要求严格：除尺寸与形状应满足要求外，铸锭的化学成分、表面与内部质量也应符合相应技术标准，且不能有冷隔、裂纹、气孔及偏析瘤等缺陷。此外，要控制杂质成分，防止出现铋脆等问题。

在加热之前要对锭坯铣面或对其表面进行局部修刮。对于某些复杂铜合金，如一些锡青铜容易出现锡的反偏析，为此在热轧开坯时，其铸锭必须进行均匀化处理。

某些常用铜及铜合金的热轧前加热温度、开轧温度与终轧温度范围列于表13-8。从表中可以看出，加热温度一般应高于开轧温度30～40℃，具体数值取决于出炉后至开轧的温度降。从表面质量考虑，加热温度不应过高，否则会出现金属表面氧化严重，氧化损失大甚至出现表面脱锌，导致热轧开裂。对于热轧塑性温度范围较窄的合金，加热温度要控制准确而均匀，在热操作时要迅速，应在进入脆性温度区之前结束轧制，即终轧温度要高于本合金脆性温度的最高值。然而这一点在实际生产操作中较难做到，以至于出现锡磷青铜一类铸锭在热轧开坯时易轧裂、成品率较低的情况。

表13-8 一些常用铜及铜合金的加热与热轧温度

合金牌号	热轧前锭坯加热温度范围/℃	热轧开始温度（不低于）/℃	热轧塑性温度范围/℃	终轧温度范围/℃
T2～4、TUP	800～860	760	930～500	550～460
H96、H90	850～870	800	900～500	600～500
H70、H68	820～840	780	860～600	650～550
H62	800～820	760	840～550	600～500
H59、HPb59-1	740～770	711	800～550	600～500
QSn6. 5-0. 1	640～660	600	650～500	500～450
QBe2、QBe2. 5	780～800	760	820～600	650～550

加热炉内气氛控制，是铜及铜合金板带材生产中一个重要问题。理想的加热气氛为中性气氛，但在实际操作中难以控制。为此，一般紫铜及含有少量氧的铜合金宜采用中性或微氧化性气氛加热。对于在高温下极易氧化，且氧化膜不完整易于脆裂的合金以及无氧铜等宜采用微还原性气氛或中性气氛加热，比如锡青铜、低锌黄铜、铝青铜等。

加热铜材时，对燃料的含硫量要严格控制，因铜中渗硫时生成的 Cu_2O 及 Cu_2S 对合金的塑性十分有害：不仅在晶界上阻碍了再结晶使晶界强度削弱，而且当铜在氧化性气氛加热时，晶界硫化物氧化，致使热轧时开裂。

13.4.2.2　热轧及其坯料铣面

铜及铜合金热轧总加工率在90% ~95%左右，然而在具体选用热轧总加工率时，要综合考虑合金性质、产品质量要求、轧机能力与设备条件以及锭坯的尺寸与质量等。

当总加工率确定后，便可根据某合金的允许道次加工率，确定其轧制道次。道次加工率分配的一般规律为：开始轧制的一、二道次，为保证顺利咬入辊缝，便于使不均匀柱状晶与等轴晶铸造组织转变为加工组织，避免出现铸锭轧裂等现象，一般采用较小的变形量；轧制中间道次时，组织已逐步变成加工组织，且温度较高、塑性好、变形抗力小，应采用大道次加工率，并增大轧制速度；热轧终了道次时，由于温度较低，金属变形抗力大，塑性差的金属易出现裂边，同时为获得平直、尺寸偏差小的坯料，宜采用较小的道次加工率。

铜及铜合金板带材生产中，国内外较广泛采用热轧后坯料表面铣削（铣面）工艺。经热轧后的坯料在冷床上冷却并经矫平后，进入表面铣削线，通过单面或双面铣削机分别或同时铣削坯料的上下表面。铣削工艺可以同时去除由于锭坯表面缺陷以及加热及热轧过程中产生的表面氧化、脱锌、压痕、氧化皮压入及表面裂纹等缺陷对产品质量造成的不良影响，以此来代替铣面及热轧后酸洗工艺，有利于提高产品质量，改善劳动条件。

热轧铣面时，坯料的厚度为6 ~20mm，铣削量根据坯料表面缺陷情况而定。在实际操作中，铣削量应控制在0.2 ~0.5mm（黄铜取下限，紫铜取上限），否则会使缺陷不能完全消除或使金属的收得率降低，使生产成本升高。

13.4.2.3　冷轧与冷轧机

根据工艺要求，冷轧可分为开坯、粗轧、中轧与精轧四种，之间无严格分界。由坯料冷轧至成品的轧制规程制订包括：总加工率、退火次数、轧制道次、道次加工率及分配等。根据铜及铜合金的加工硬化特性，在具体分配道次加工率时，通常在退火后的第一、二道次加工率最大，以充分利用其塑性，随后加工率越来越小，呈现递减的线形规律。

用于铜及铜合金板带箔材冷轧机机型较多，除经常采用的二辊、四辊轧机外，还广泛采用多辊轧机，如六辊、八辊、十二辊、十六辊、二十辊等，一般根据轧件的特性、产品厚度等来选择使用：材料强度越高、轧件越薄，轧机轧辊数目越多。

13.4.2.4　退火及酸洗

在铜及铜合金板带材生产中，可能有多次退火工序出现，按其作用分为中间退火与成品退火。中间退火是为了消除加工硬化，以提高合金的塑性，降低变形抗力，以便于继续冷轧；成品退火是为了控制成品最终性能，保证产品符合技术要求而进行的。

由于铜及铜合金易于高温氧化，加之对其板带制品的表面光洁度与色泽要求较高，为此生产中尽量避免氧化退火，而采用保护性气氛（惰性气体）退火或真空退火。

在实际生产操作中，为了降低成本，对于较厚的坯料，往往采用退火后酸洗-刮刷-烘干工艺，并在专门的机列上进行。酸洗液浓度一般为5%～20%，温度30～60℃。实际操作中，要根据酸液浓度与温度以及合金牌号质量要求等来确定酸洗时间，一般为5～30min。为了实现快速酸洗，提高表面质量，出现了电解酸洗、超声波酸洗等新方法。

13.4.2.5　轧制润滑与制品表面脱脂清洗

铜及铜合金一般使用乳化液或水作为热轧、冷轧时的冷却-润滑剂，我国铜加工厂所使用的乳化液有机油、三乙醇胺及油酸配制成乳膏，再依需要配以软化水，成为一定浓度的乳化液。为了防止轧制润滑剂残留金属表面形成污染斑，在成品检验或退火之前要进行脱脂清洗，以改善其表面质量，提高其抗腐蚀能力。铜材的脱脂工艺为：脱脂-热水洗-冷水洗-干燥（热风或烘干）。

13.4.3　铝箔生产工艺

铝箔是常见的有色金属箔材，它具有银白色光泽，热、光反射性好，具有良好的防潮、防虫、保香及防臭等特性，因此应用广泛，比如在食品、烟草、药品、包装以及电气、仪表等方面经常使用。

大多数铝及铝合金都可以生产铝箔，包括纯铝箔和铝合金箔材（LF21、LF2L、F13）。厚度为0.01mm以上的铝箔生产工艺流程为：轧制卷坯（或连续铸轧卷坯）→坯料退火→粗轧→精轧→成品退火-成品剪切→检查包装；厚度为0.01mm以下的铝箔生产工艺流程为：轧制卷坯（或连续铸轧卷坯）→坯料退火→粗轧→中间退火→精轧→合卷并切边→清洗→精轧→分卷→成品退火→成品剪切→检查包装。从上面的两生产工艺看，主要区别在于后者产品更薄，因此需要合卷轧制，即叠轧。

13.4.3.1　箔坯要求与准备

我国规定的铝箔最大厚度为0.2mm，而用于轧制铝箔的坯料厚度为0.35～0.8mm。铝箔坯料除要求化学成分符合规定外，其含氢量、非金属夹杂、晶粒度、力学性能、厚度偏差及板型都有严格要求，而且应呈卷状供应。

铝箔材坯料可由铸锭→热轧→冷轧法提供，也可由连续铸轧→冷轧法提供，但从产品质量考虑，一般倾向于采用前者。

当供应的坯料与箔材要求宽度不相符时，要用圆盘剪进行剪切。另外有的工厂还采用重卷工序，目的主要是调节卷取张力以及切除裂边等。

为了提高纯铝及铝合金的塑性，在轧前要进行退火，但用于生产厚度在0.08mm以上的箔材的坯料，可不进行退火，直接轧出成品。

13.4.3.2　铝箔轧制

铝箔轧制与一般铝板带轧制相比较，其特点为：由于轧件厚度小，常处于无辊缝或负辊缝轧制状态，即在轧制之前要把辊缝压靠，此时轧辊给铝箔的压力对其厚度的影响减弱，而轧制速度、张力及工艺润滑已成为调节厚度的主要手段；在铝箔轧制中，由于轧件厚度甚薄，因此经常采用双合轧制，即把几张轧件叠放在一起轧制的方法。

（1）道次加工率与总加工率。铝及铝合金塑性好，轧制过程中总加工率大，尤其是纯铝箔轧制时的总加工率可达到99%。因此在铝箔轧制时多采用二辊或四辊轧机，基本上不用多辊轧机。表13-9为0.008mm铝箔在二辊铝箔轧机上的轧制工艺。

表13-9　0.008mm铝箔在二辊铝箔轧机上的轧制工艺

工序	设备名称	轧辊尺寸/mm	进料厚度/mm	出料厚度/mm	压下量/mm	道次压下率/%	总压下率/%
1	头道轧箔机	350×800	0.60	0.27	0.33	55.0	55.0
2	头道轧箔机	350×800	0.27	0.135	0.145	53.7	79.2
3	二道轧箔机	300×700	0.135	0.058	0.067	53.6	90.3
4	三道轧箔机	230×650	0.058	0.029	0.029	50.0	95.2
5	中间退火炉		0.029	0.029			
6	四道轧箔机	230×650	0.029	0.014	0.015	51.7	97.7
7	双合切边机		0.014	2×0.014			
8	清洗机		2×0.014	2×0.014			
9	末道轧箔机	230×600	2×0.014	2×0.008	2×0.006	42.9	98.7
10	分卷机		2×0.008	0.008			
11	成品退火炉		0.008	0.008			

（2）调节轧制速度。当轧制速度提高时，轧出的箔材厚度也随之减薄。例如轧前厚度为0.06mm的箔材，当轧制速度由50.7m/min提高到84m/min时，轧出厚度则由0.035mm减小至0.028mm，使道次加工率由41.6%提高到53.6%。因此轧制速度对轧出轧件的厚度影响十分明显，成为调节压下量的有效手段。

（3）调张力。在轧制铝箔材时，前后张力发生变化时，除影响板型外，还使轧件轧出厚度发生变化。具体规律是：当其他条件不变时，在一定的范围内，张力越大，则轧出轧件的厚度越薄。因此，在铝箔材轧制时，张力要恒定，否则会使轧件的轧出厚度发生波动；也可以通过调节张力的大小，来控制轧出轧件的厚度。

（4）调节工艺润滑。在铝箔轧制时，润滑油的润滑性能越好，则道次加工率也越大，反之亦然。为此在正常轧制过程中，当发现铝箔厚度超出正负偏差时，可改变润滑油的成分来调整轧出厚度。在实际操作中，若发现铝箔太厚时，可在润滑油中加入少量“薄油”（30%机油+50%透平油+20%豆油），则轧出厚度立即变薄；若铝箔太薄，则加入少量“厚油”（110%火油），可使铝箔增厚。

现在中小型铝箔轧机以人工操作为主，操作技术对产品质量有很大的影响。轧机操作人员必须坚守岗位，精心操作，经常测定产品的厚度，随时调节压下、前后张力、轧制油流量、毡条的压紧程度、轴承油和冷却水流量等，保持轧出铝箔的平直度；防止出现各种缺陷，尤其要注意保护轧辊，勿让来料中的夹杂物或空气中的灰尘进入辊缝，使轧辊表面压出凹坑；轧机暂停使用时需用铝皮覆盖轧辊。

13.4.3.3　箔材的精整与深加工

铝箔的精整包括合卷、分卷、接头、裁切、裱箔、平张剪切以及染色、印花、压花、打孔等工艺。

（1）箔材的合卷、分卷。在轧制较薄箔材时，一般多采用叠轧的方法，这样可以减少轧辊的压力，提高生产率，也可以轧制更薄的产品。叠轧层数有二层、四层，最多可达八层，轧出轧件最薄0.0025mm。在叠轧之前把两张或多张铝箔在专用的机列上叠放在一起的过程称为合卷。在合卷操作时，一定要注意，各张铝箔的张力应相等，否则会使轧制过程中几张铝箔受力不均，张力不等，容易断带，至少使板型不能满足要求。

经过叠轧后的铝箔必须使其分开，此次生产工序叫做分卷，需要在专门的分卷机上进行。分卷操作时，两个卷取轴必须保持相同的线速度，以保证两卷的张力一致，而不出现断带等缺陷。

（2）铝箔的脱脂清洗。多采用汽油冲洗掉表面的润滑油，它可以提高产品的质量和成材率，但如果操作不当，反而会降低产品质量和成材率。因此在清洗操作中，必须注意保持铝箔两边的压力均衡，松紧适宜，表面平直，防止产生斜角和褶皱。在铝箔生产新工艺中，采用以煤油为基体的轧制油，一般分卷时不用清洗。

（3）铝箔的深加工。深加工包括裁切、裱箔、平张剪切以及染色、印花、压花、打孔等，比如香烟包装纸的衬纸；在铝箔的一面或两面涂塑料薄膜以用来织布等。所有这些特殊的加工，其目的是提高铝箔的强度与抗腐蚀性，使其更美丽耐用。

13.5　产品质量分析与缺陷消除

随着国民经济的发展和科学技术的进步，对有色金属及合金板带材的质量要求也越来越高。对有色金属板带材的提出的技术要求为“尺寸精确板型好，表面光洁性能高”，由此对板带材产品的质量要求也主要从四个方面考虑：尺寸精度、平直度（板型）、表面质量和力学性能。不断改善和提高产品质量，是有色金属板带材生产者的主要任务。

质量分析与控制以及产品缺陷的消除，要结合具体的生产条件，并且要考虑锭坯质量的好坏，以及加工全过程的各工序的设备条件和操作、调整技术水平等因素。

13.5.1　尺寸精度

尺寸精度主要是指厚度精度，包括纵向和横向上的厚度的精确度。既然板带材是由轧辊辊缝中轧出的，辊缝的大小和形状就决定了板带材纵向和横向厚度的变化（后者又影响到板型），那么要提高产品的厚度精度，就必须知道轧辊辊缝大小和形状变化的规律以及调整辊缝的大小和形状的方法。

技术条件规定的产品厚度偏差的绝对值与产品厚度的百分比称为产品精度，因此我们可以用产品精度衡量产品厚度偏差的严格程度。生产中超出产品厚度偏差的表现形式有厚度超差和厚度不均匀。生产要求的产品厚度要控制在允许厚度偏差的上、下限之间，即在允许的尺寸公差范围内，并要求每张、每卷及每批板带材产品的纵向、横向厚度尽量均匀。在保证厚度均匀的同时，尽量按负公差轧制，这样可以降低金属消耗，并有利于使用部门降低制品的结构重量。

13.5.1.1　p-h 图的建立与运用

板带材轧制的过程既是轧件产生塑性变形的过程，又是轧机产生弹性变形（即轧机的弹跳）的过程，二者同时发生。由于轧机的弹跳，使轧出轧件的厚度（h）等于轧辊的理论空载辊缝（S_0）加上轧机的弹跳值。按照虎克定律，轧机弹性变形与应力成正比，则轧出轧件的厚度为：

$$h = S_0 + P/K \tag{13-2}$$

式中　P——轧制力，N；

　　K——轧机的刚度（N/mm），即轧机弹跳 1mm 所需轧制力（N）的大小。

上式为轧机的弹跳方程，据此绘成曲线称为轧机弹性变形线 A，它近似一条直线（在压力很小时弹跳与压力的关系并非线性），其斜率就是轧机的刚度。

另一方面，给轧件一定的压下量（$\Delta h = H - h$），就产生一定的压力（P），当料厚一定时，h 越小（即压下量越大），则轧制力越大，通过实测或计算可以求出对应于一定 h 值的 P 值，在轧机弹性曲线图上再绘成曲线 B，称为轧件塑性变形线（近似于直线）。A 线与 B 线交点的纵坐标即为轧制力 P，横坐标即为板带材实际轧出厚度 h。图 13-12 为弹塑性曲线图。

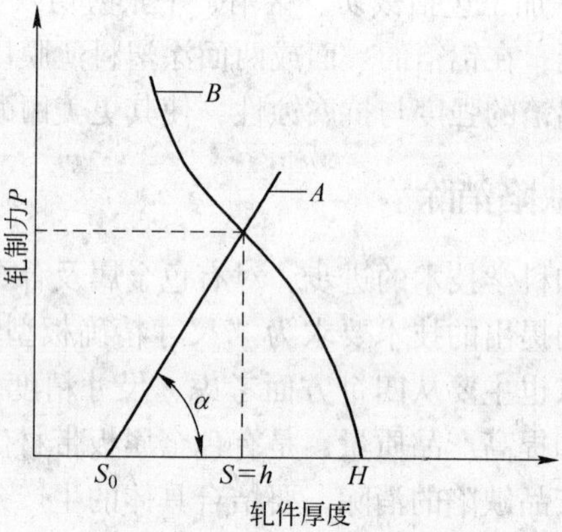

图 13-12　轧机的弹塑性曲线

A—轧机弹性曲线；B—材料塑性曲线

13.5.1.2　板带材厚度变化的原因和特点

从图 13-12 可以看出，影响板带材实际轧出厚度的原因主要是空载辊缝 S_0、轧机的刚度 K 和轧制力 P 三个方面的变化，其中轧机刚度 K 在既定轧机上轧制一定宽度的产品时，一般可认为是不变的。

影响辊缝 S_0 变化的因素主要有轧辊的偏心运转、轧辊的磨损与热膨胀以及轧辊轴承油膜厚度的变化，它们都是在压下螺丝位置不变的情况下使实际辊缝发生变化，从而使轧出轧件的厚度 h 发生变化。

轧制力 P 的波动是影响板带材轧出厚度变化的主要因素，因而所有影响轧制力 P 变化的因素都必将影响到板带材的厚度精度。

（1）坯料原始厚度的影响。坯料原始厚度 H 的变化实际上就是改变了 p-h 图中塑性曲线的位置。从图 13-13 中可以看出，坯料厚度偏厚，轧出轧件也易偏厚；坯料纵向厚度不均越严重，轧后纵向厚度不均也越明显。要使轧件的精度提高，就必须选择高精度的原料。

（2）张力的影响。由图 13-14 可以看出，张力增大，轧后产品厚度减小。例如在连轧中，头、尾部在穿带和甩尾时，由于所受张力分别是逐渐增大和减小的，故其厚度也分别逐段减小和增大。

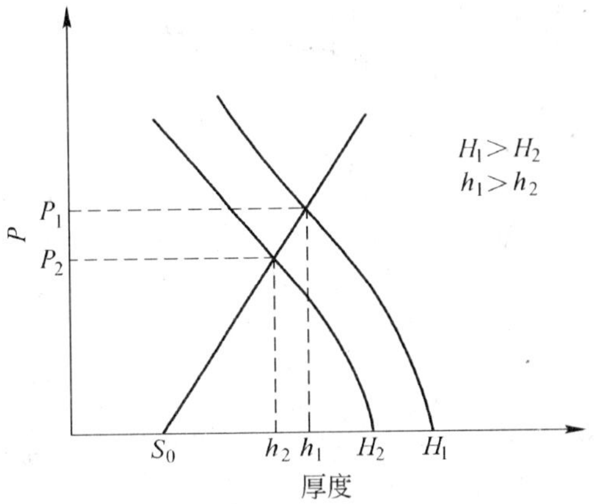

图 13-13　坯料厚度变化对产品厚度的影响

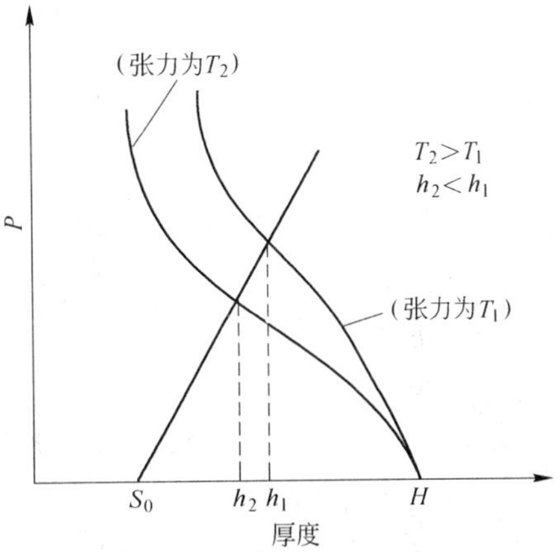

图 13-14　张力对产品厚度的影响

（3）轧件温度、成分和组织性能的不均的影响。它是通过影响轧件的变形抗力来影响轧出轧件的厚度的（图 13-15）。对热轧板带材最重要的是温度的波动，且温度的波动具有重发性，即在前一道次虽然已经消除了厚度偏差，但是在后一道次又出现厚度偏差；对冷轧则主要是成分和组织性能的不均。

（4）轧机刚度的影响。从图 13-16 可以看出，轧机刚度越大，即轧机的弹性曲线斜率变大，则轧制时轧机的弹跳越小，使实际的轧出厚度减小。轧件厚度不均与轧机刚性系数

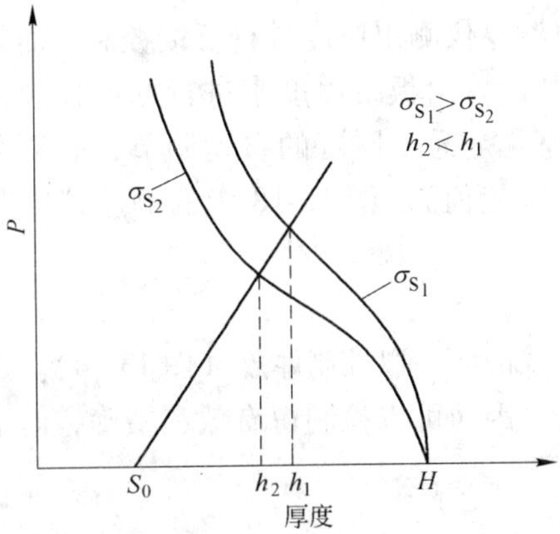

图 13-15　轧件变形抗力对产品厚度的影响

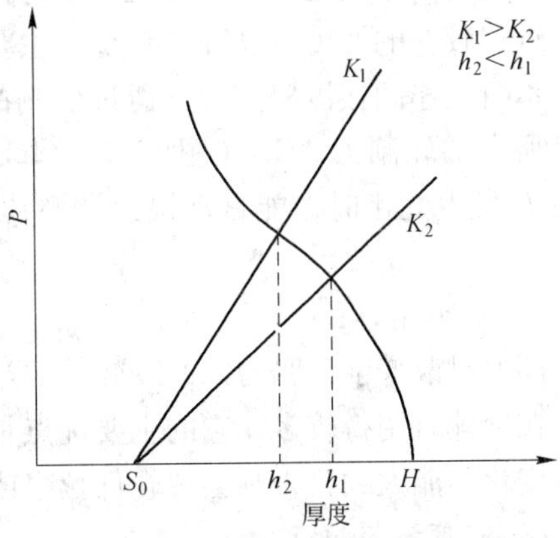

图 13-16　轧机刚度对产品厚度的影响
（图中 K 为轧机刚性系数）

成反比，因此在实际生产中，使轧机的刚度增大，可以提高尺寸精度。

（5）轧制速度的影响。它主要是通过影响摩擦系数和变形抗力，乃至影响轴承油膜厚度来改变轧制压力而起作用的。例如在冷轧时，增加轧制速度时摩擦系数减小，轧制压力降低，轧机的弹跳值减小使辊缝相应减小，则轧件厚度减薄（图 13-17）。

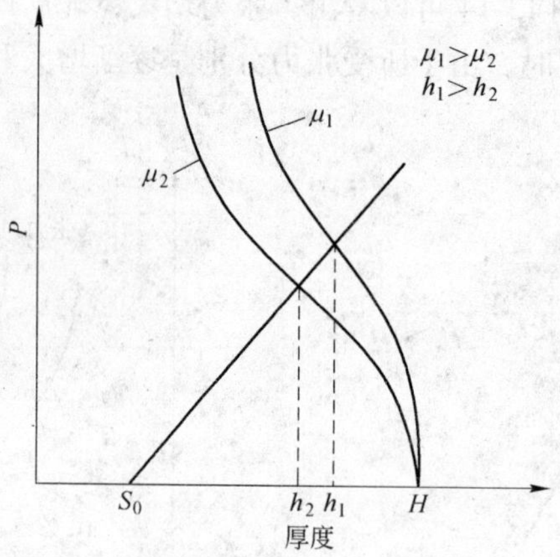

图 13-17　摩擦系数对产品厚度的影响

13.5.1.3　产品厚度自动控制方法

在实际生产中，为提高板带材厚度精度，采用了各种厚度自动控制方法。

A　压下调厚

压下调厚就是通过改变辊缝值 S_0（即改变轧机弹性曲线的位置）从而改变轧出轧件的厚度 h。它是厚度控制最主要的方式，常用于消除影响轧制压力的因素所造成的厚度差，使轧出轧件的厚度 h 基本保持不变。

图 13-18（a）示出为直接测厚 AGC 系统。通过 X 射线测厚仪，测出轧出轧件的实际厚度与给定值（要求轧件的轧出厚度）相比较，如有厚差，则通过控制系统来调整轧机的压下，使轧后厚度达到规定数值。这种控制系统时间滞后，现已较少采用。

近代较新的厚度自动控制系统，主要不是通过测厚仪测出厚度进行反馈控制，而是把轧辊本身当作间接测厚装置，通过所测的轧制力 P 计算出板带厚度来进行厚度控制，这就是所谓的轧制力 AGC（图 13-18（b））。其原理就是为了厚度的自动调节，必须在轧制力 P 发生变化时，能自动快速调整压下（改变辊缝值）。图 13-18 中的测厚仪起监视作用。

B　张力调厚

即通过改变前后张力来改变轧件的塑性变形曲线的斜率以控制厚度（图 13-14）。这种方法在冷轧时用得较多，它的主要优点是响应性快，因而可以控制得有效和精确，但是张力的变化不能太大，否则会使轧件拉窄或拉断。

C　速度调厚

轧制速度的变化影响到张力、温度和摩擦系数等因素的变化，故可以调整速度来改变张力，从而改变轧出厚度。

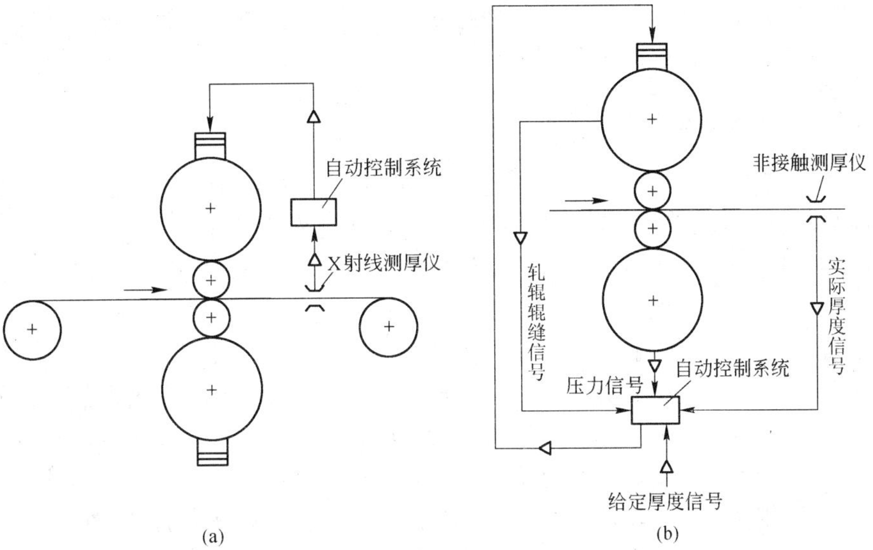

图 13-18 厚度自动控制系统图示

13.5.2 板型控制与缺陷消除

板型是指板带材的平直度，即是指浪形、瓢曲及旁弯的有无及程度而言，它主要是由于横向不均匀延伸而引起的。

13.5.2.1 影响板型的因素

轧件板型的好坏决定于轧制时的实际辊缝形状（辊型）和轧件沿宽度方向的延伸均匀情况。为了保证良好的板型，就必须遵守均匀延伸或所谓的“板凸度一定”的原则，使轧件横断面各点的伸长率基本相等。

如图 13-19 所示，轧前与轧后的轧件边部厚度分别为 H 和 h，轧件中部厚度分别为 $H+\Delta H$ 及 $h+\Delta h$，其中 ΔH 为轧前坯料的横向厚度差，Δh 为轧后轧件的横向厚度差。在轧制时为了保证轧件运动的稳定性，使操作稳定可靠，轧件不至于跑偏，要使轧件有一定的“中厚量”，即中间的厚度要比边部大，因此 ΔH 一般不等于零。

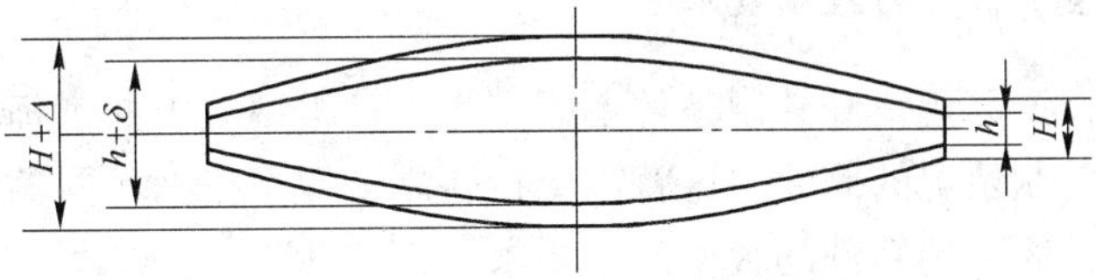

图 13-19 轧制前后板带厚度变化

轧制时如果轧件中部延伸大于边部延伸，出现中间波浪；反之，则会出现边部波浪。当轧件宽度上的伸长率均匀分布，即轧件的中部与边部延伸一致时，轧件是平直的，即板型良好。保证轧件平直的均匀延伸条件是：

$$(H+\Delta H)/(h+\Delta h) = H/h = \Delta H = \lambda \tag{13-3}$$

式中 λ——伸长系数。

由上式可以看出，为了保证轧件的平直度，必须控制辊型和压下制度，使轧件前后的横向厚度差之比 $\Delta H/\Delta h$ 等于伸长系数 λ。

13.5.2.2　影响辊缝形状的因素

既然板带材横向厚差和板型主要决定于轧制时的实际辊缝形状，故必须知道影响实际辊缝形状的因素，并据以对轧辊形状进行合理的设计与选择使用。

影响轧辊辊缝形状的因素主要有轧辊的弹性变形、轧辊的不均匀热膨胀以及轧辊的磨损等。

A　轧辊的不均匀热膨胀

轧制过程中，轧辊的受热和冷却条件沿辊身分布是不均匀的，在大多数情况下，辊身中部的温度高于边部，主要原因是由于边部的散热条件好；并且一般在传动轴的一侧辊温稍低于操作侧的辊温，主要原因是由于高的辊温通过传动轴散失了一部分热量，使温度降低。由于沿轧辊辊身长度上温度不均匀，由此使轧辊沿辊身长度上的热膨胀不同，故轧辊的不均匀热膨胀影响辊缝的形状，使辊缝的中间变小。

B　轧辊的磨损

轧件与工作辊之间及工作辊与支持辊之间的相互摩擦都会使轧辊的磨损不均匀，影响辊缝的形状。在实际生产中，一般轧辊中间的磨损比两边的快。

C　轧辊的弹性变形

主要包括轧辊的弹性弯曲和弹性压扁。轧辊的弹性弯曲挠度一般是影响辊缝形状的主要因素，它使辊缝的中间变大。

从上面分析可知，由于轧制时轧辊的不均匀热膨胀、轧辊的不均匀磨损以及轧辊的弹性弯曲和弹性压扁，而使空载时的平直辊缝在轧制时变得不平直了，致使板带材的横向厚度不均和板型不良。为了补偿上述因素造成的辊缝形状的变化，需要预先将轧辊车磨成一定的原始凸度或凹度，赋予辊面以一定的原始形状，使轧辊在受力和受热轧制时，仍能保持平直的辊缝。

热轧时在设计轧辊的辊型曲线时，主要考虑轧辊的不均匀热膨胀和轧辊的弹性弯曲的影响。

13.5.2.3　辊型及板型的控制技术

在实际生产中，产品规格和轧制条件不断变化，且辊型又不断磨损，因此不可能用一种辊型去满足各种轧制情况的需要。这就需要在轧制过程中根据不同的情况不断地对辊型进行灵活的调整和控制，使轧件的板型满足要求。

常用的辊型控制技术主要是调温控制法和弯辊控制法。调温控制法是人为地向轧辊某些部位进行冷却或供热，改变辊温的分布，通过改变轧辊的热膨胀来达到控制辊型的目的。主要方法是调节冷却水的供量和分布，可达到调整辊型的目的。

弯辊控制法，是现阶段轧制有色金属及合金板带材应用最广泛的方法。它是利用液压缸施加压力使轧辊在轧制过程中产生附加的弹性变形，来补偿由于轧制压力和辊温等工艺因素的变化而产生的辊缝形状的变化，保证生产出高精度的产品。液压弯辊技术主要有两种：弯工作辊的方法和弯支持辊的方法。

另外，在实际生产中，为了控制轧制精度和板型，还出现了一些新型轧机，比如 HC 轧机（高性能板型控制轧机）等。

13.5.2.4 常见的板型缺陷及消除方法

A 浪形和瓢曲

浪形和瓢曲在热轧的最后几道次坯料的厚度较薄时可以见到，但多见于厚度小于 0.5 ~1.0mm 的薄板带材。

图 13-20 示出了波浪的各种形状：两边浪（轧件两侧均有浪形）、单边浪（轧件一侧有浪形）、中间浪（轧件中间有波浪）及双侧浪（轧件两边缘与中间的两侧均有浪形）等几种。产生浪形的主要原因是轧件沿宽度方向上的延伸不均匀，比如两边浪出现的原因主要是两边的延伸大于中间的；单边浪出现的原因是由于出现浪形的一边的延伸大于另一侧。此外轧制过程中升降速不稳定、张力波动太大、卷筒偏心或咬入处不平也是产生浪形的原因，有时会出现周期性波浪。

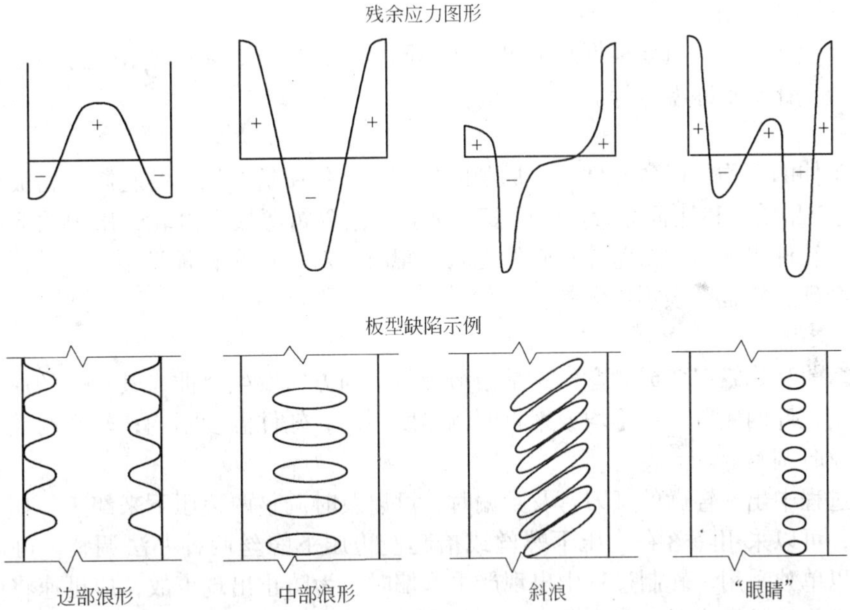

图 13-20 板型缺陷

浪形的大小通常根据板型的凸凹高度（波高）及面积（波长与波宽）来判别。波高及波长反映辊型不合的严重程度，波宽表示辊型不合沿辊身长度所占的区段大小。当波高一定时，波长及波宽越小，则板型质量越差。

要消除浪形，就要使轧制时使轧件沿宽度的延伸均匀，比如造成单边浪的原因有可能是轧前坯料横断面一边厚另一边薄、轧件温度一侧高另一侧低、轧件喂入轧辊时方向不正或轧辊安装倾斜等，要具体问题具体分析，才有可能消除浪形。

轻微浪形，可由热矫直机矫平，严重者改尺。在实际生产中，操作工要注意精确调整，包括合理调整压下，保持辊型正常，按计划及时换辊，对不合理的辊型要及时调整，是减少浪形的主要方法。

生产中当波浪在轧件横向、纵向同时增大，单元波浪的面积较大，板型凸（或凹）形的轮廓近似呈椭圆或圆形，呈瓢形，一般叫瓢曲。波高与波长的百分比叫瓢曲度，生产中要求的瓢曲度一般小于1%。瓢曲的产生原因与中间浪相同，但瓢曲多见于宽而硬的薄轧件，尤其当轧件加热、退火不均引起性能不均时，易于产生瓢曲。

B 翘曲

轧件离开轧辊出口处后向上或向下出现的弧形弯曲，如图13-21所示，在有色金属锭坯热轧及厚板冷轧时常可见到。产生翘曲的原因如下：

（1）锭坯加热时上、下表面受热不均。

（2）上辊直径大于下辊直径，由于上压力出现下翘，反之出现上翘。有色金属板带轧制时，一般采用的下辊直径稍大于上辊直径，但辊径差不宜太大，以免出现下翘。如出现上翘时可在上表面涂少许油，或者适当增加压下量。

（3）上辊与下辊轴向错动，或上下辊中心线不平行。

（4）上下辊的转速不一致，上下辊的冷却或润滑不均，或上下辊辊温不一致。

（5）压下分配不合理，一般情况下，压下量太小易上翘，压下量过大易下翘。

（6）辊型不正确。

要消除翘曲缺陷，就要根据缺陷出现的不同原因，进行具体调整轧机或改变轧件的一些工艺参数，比如消除温差等。

C 压折

由于延伸的不均匀以致轧件产生局部的折皱，称作压折。压折时轧制金属被局部“挤裂”，恶化产品质量和轧辊寿命。压折多出现于有色金属薄板带冷轧，出现的原因主要有轧辊歪斜、轧件出现窜动及跑偏；轧件送入轧辊时不对中；来料板型不好、性能不均；压下分配不合理；轧辊磨损不均匀等。

D 侧向弯曲

侧向弯曲又称镰刀弯或侧弯，它是指沿带材平面方向发生弯曲，其产生的原因是：调整不当，使轧件两侧压下量不均或来料两侧厚度不均；轧件温度不均；轧辊两端轴衬磨损不均，没及时调整等。

轧制过程中出现轻微的镰刀弯及跑偏时，可以及时调整两边压下来纠正。如轧件出现向右跑偏，可以采用降落右边压下螺丝或抬起左边压下螺丝两种办法调整，可以同时采用，也可以单独采用。轧制过程中出现严重跑偏时，为防止出现事故，应迅速将两边压下螺丝抬起，将轧件导正后调整压下，方可继续轧制。

13.5.3 脆裂

轧件由于脆性破裂出现在表面或内部的缺陷，如裂纹、裂边、起皮等，使完整的轧件出现不同程度的破坏。根据生产过程的特点，可以把脆裂大致分为热轧时出现的热脆及冷轧时出现的冷脆两种。生产实践表明，锭坯质量的好坏往往对轧制过程中出现的脆裂有关键性的影响。冷裂有时是遗留下来的热裂在冷轧时的继续和显露，有的脆裂在生产过程中不易被发现，到产品质量检查甚至到用户使用时才被发现。

13.5.3.1 热裂

热轧坯料质量的好坏对轧制车间的产品质量起主导作用，高质量的板带材产品必须有良好的坯料作前提。热轧过程中的脆裂形式较多，如表面裂纹、张嘴（层裂）、内部裂纹、裂边及全部碎裂等。表面裂纹、横向开裂通常大多在热轧头几道次出现，而裂边大多在热轧后面几个道次中出现。

热裂产生的主要原因及消除办法如下。

A　锭坯质量不好

锭坯中的裂纹、气泡、夹杂、疏松、偏析等缺陷及结晶组织粗大常常是导致热裂的主要原因。生产中对于表面质量较差的锭坯，热轧前大多进行车皮铣面；有的合金锭坯在热轧前先进行锻造，以消除或减少缺陷，提高合金坯料的塑性；或者采用均匀化处理以改善锭坯组织，提高锭坯的高温塑性。

B　加热工艺不正确

加热不均易于在热轧时延伸不均出现拉裂；加热时出现过热，在热轧时会产生内部裂纹或全部碎裂。另外对于塑性、导热性较差，且断面尺寸较大的合金锭坯，如加热速度过快及保温时间不足，极易出现热应力过大而产生热裂。

C　内外层延伸不均

热轧时由于轧件的内外层温度不均，或轧件与轧辊间的表面摩擦力大等，由此造成内外层延伸不均而形成较大的拉（压）应力，由于轧件是一个整体，表面受纵向拉应力过大，当强度不足时，在轧制时易出现横向裂纹（图13-21）。由于表面摩擦过大而撕裂轧件表面而出现表面裂纹，如图13-22所示。

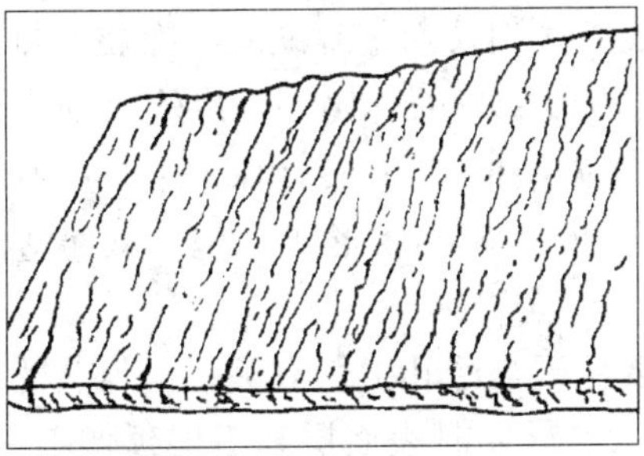

图13-21　热轧时的横向裂纹

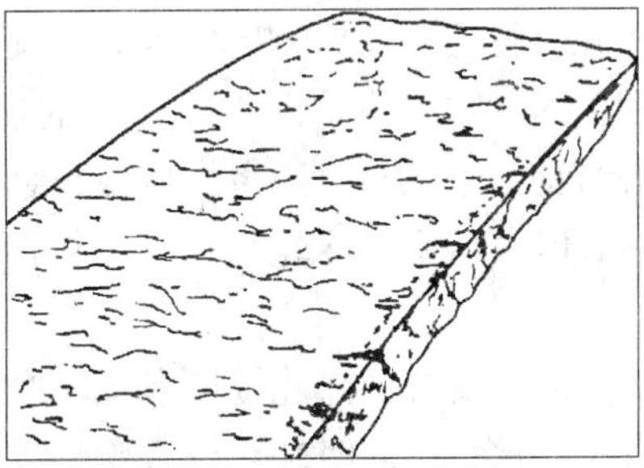

图13-22　热轧时的表面裂纹

比如黄铜热轧前加热脱锌严重时，由于表面层富集的铜和黄铜延伸不一致，热轧时也易出现细微的表面裂纹；轧辊表面网纹严重，易出现轧件表面疏松而产生裂纹。

热轧开始时表面摩擦有利于咬入，在保证咬入的情况下应尽量减小表面摩擦，可以减小由此而产生的表面裂纹。生产中为防止表面裂纹应经常用砂纸打磨辊面，辊面龟裂严重时应及时换辊；出现粘辊时应清理干净；对于一些易裂的低塑性合金，热轧时应浇润滑油，使轧件与轧辊间增加滑动，减小拉应力。对于热轧时出现轻微表面裂纹的坯料，热轧后进行表面铣削可以清除。

D　变形未深入

热轧开始时，由于锭坯较厚，若变形量小，则变形不能深入（表面变形严重），轧件出现双鼓形，中心层受拉应力。如果拉应力过大，尤其当锭坯中心层为薄弱晶面时，会超出合金的塑性极限，使轧件出现中心层开裂。如表面摩擦力大而出现黏着，轧件上表面绕上轧辊弯曲，下表面沿下辊弯曲，使轧件中心层分成两半，形成张嘴，如图 13-23 所示。生产中为了使变形能渗透到轧件中心，使锭坯内部的疏松良好焊合，在轧机能力允许的情况下，应根据锭坯的塑性适当增加压下量，或者改用直径较大的轧辊，有时只好减小锭坯的厚度。

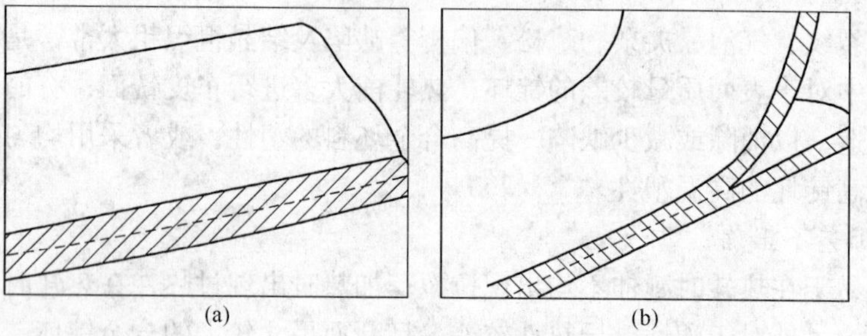

图 13-23 热轧时的中心层开裂
（a）锭坯中心层为弱晶面；（b）轧制后中心层开裂

除此之外，轧件宽向延伸不一致及宽展也是产生热裂的原因。热轧时的脆裂往往是几种原因的综合作用，要根据具体的合金及轧制条件具体分析。

13.5.3.2 冷裂

冷轧时脆裂可以导致出现表面裂纹、分层、起皮、裂边及断带等缺陷。冷裂与热裂是密切相关的，它往往是由于热轧时的坯料质量不良遗留下来的。比如，冷轧时的表面裂纹，有时是由于热轧时产生的显微裂纹在冷轧时继续拉长和扩展；锭坯中的缩孔中有气体时，热轧时被压实，冷轧至一定厚度时退火，缩孔中的气体膨胀形成气泡，从而造成裂纹等。

对于质量良好的热轧锭坯来说，冷裂产生的主要原因与冷轧工艺有关，也与热处理等工序有关，比如冷轧时轧制合金塑性差、加工率太大、轧制时表面层与里层延伸不一致、辊型不合理以及冷轧前退火不均匀、退火氧化及脱锌严重等原因易造成冷裂。

13.5.4 表面质量

有色金属板带材的表面质量主要与如下因素有关：轧辊的表面光洁度、工艺润滑、酸洗、退火以及生产工艺等。

13.5.4.1 常见的表面缺陷及产生原因

有色金属板带轧材常见的缺陷有表面严重氧化、表面变色及斑点、非金属压入及夹灰、辊印、压坑、划伤及擦伤等。这些缺陷产生的原因各不相同，主要有加热温度过高或时间过长、轧辊表面硬度低或磨损严重、轧辊表面黏结金属、轧件表面粘有杂物以及酸洗、润滑、辊道运输、矫直等造成的。

例如氧化及表面色泽差是常见的表面缺陷，它主要与退火、酸洗有关，并根据合金成分出现不同的变色。如黄铜退火温度过高时出现严重脱锌，酸洗后出现表面发红；而镍带含碳超过0.02%时退火后出现表面发黑。退火时如果电真空镍和黄铜装在同一炉内时，镍带表面会出现锌饱和及变色。

紫铜在空气中能生成一层紧密的碱性碳酸盐灰绿色薄膜，为防止变色，酸洗后不能放置过久。有的工厂将紫铜浸泡在浓度较低的稀酸内并采用带水轧制，将酸洗、水洗和轧制串列成一个连续工序，不仅可以减轻劳动强度及提高生产效率，而且可以改善表面质量。

13.5.4.2 提高表面质量的措施

针对不同的表面缺陷，要采用不同的措施。比如已加热好的锭坯送往热轧时，采用破鳞清刷机使氧化皮（鳞）在一定的压力作用下破裂和脱落，并可防止加热时落在锭坯表面上的炉灰压入轧件表面。

采用保护气氛进行光亮退火，选择质量优良的冷却润滑液，保证轧辊表面质量，成品精轧后进行脱脂处理，是提高表面质量的有效措施。

辊印、压坑及划伤与轧辊表面黏结金属（粘辊）有关，轧件与辊身表面的温差越大，粘辊越显著。生产中防止粘辊采取如下措施：

(1) 轧辊表面应光滑及清洁，经常清除轧辊表面的金属颗粒，出现粘辊时可用砂纸或油石磨光辊面。

(2) 轧件表面的氧化皮及裂边、起皮、杂物和残留液应去除干净。

(3) 轧辊表面应具有较高的硬度及光洁度，磨损较严重时应及时换辊。

(4) 防止出现轧辊打滑（轧件卡在轧辊间，轧辊继续转动而轧件不动的现象），轧辊打滑时能使表面良好的轧件表面扯掉并黏结在辊面上，如轧件表面有起皮、不平时，更易出现粘辊现象。

(5) 润滑油必须洁净，润滑应足够、均匀，避免辊身与轧件温差太大。

(6) 防止生产中出现压折、断带、跑偏、压靠等对轧辊表面的损伤，不允许有折角、卷边、搭头的轧件送入轧机或矫直机。

(7) 在生产中经常细心检查轧辊及轧件表面的好坏，辊道、导板等设备的突出尖角及杂物应及时消除。

13.5.5 力学性能

产品的力学性能是否合乎产品标准及技术条件的要求，不仅影响生产厂的成品率，而且关系到使用厂的生产安全及产品质量的好坏。

结构材料一般对力学性能有严格的要求，技术条件中对力学性能的大小规定上限和下限，有的只规定下限或上限。因此生产厂（有色金属加工企业）应与使用厂密切协作，不断提高产品质量以满足用户的要求。

有色金属板带材产品力学性能不合要求的主要产生原因以及消除办法有如下几个方面。

13.5.5.1 化学成分及锭坯的组织、状态不良

产品的力学性能首先取决于合金的化学成分及锭坯质量。化学成分不稳定、锭坯组织

中偏析、夹杂等缺陷严重，可能使力学性能有所降低。

对这类缺陷的消除，要从源头上抓起，在熔炼时要使合金配比正确，控制好熔炼温度，提高合金液净化的效果；选择好的铸造方法，控制铸造时的工艺参数，以得到好的锭坯。对铸坯组织中有偏析的锭坯，在热轧加热之前要进行均匀化处理等。

13.5.5.2 轧制时的加工硬化程度控制不正确

冷轧板带材的力学性能主要由加工硬化程度的大小来决定，硬、半硬状态的产品的力学性能大多用成品加工率控制，因此要特别注意。对于热轧状态的产品，如由于变形速度过快、终轧温度太低使再结晶来不及进行或进行不完全，产生部分冷作硬化，常出现热轧板抗拉强度高而伸长率低的现象。

对这类产品，在制定压下制度时，要控制好工艺参数，特别是冷轧时的成品加工率和热轧时的终轧温度一定要满足要求。

13.5.5.3 热处理制度不正确

软状态产品的力学性能主要取决于成品退火制度是否正确，采用冷轧加工率控制的产品，成品冷轧前的退火质量对产品性能影响也较大。

退火制度除了温度和时间外，还应注意退火时的气氛对某些合金性能的影响，例如镍及镍铜合金在高硫气氛中退火时，由于出现“渗硫”脆化使产品性能变坏。对于热处理强化的合金（如铍青铜）来说，淬火时的加热温度低、保温时间短、冷却速度慢以及回火时温度过高、时间过长，常常是产品强度与硬度不足的主要原因。

13.5.5.4 力学性能不均

由于产品厚度不均、化学成分不均、轧制时变形不均、加热退火不均等原因造成的力学性能不均匀会恶化产品质量。在不同位置上切取试样的力学性能差异越小，每张、每卷及每批板带材产品的力学性能波动越小，则产品质量越好。

13.5.5.5 过热及过烧

在加热时由于温度太高，或锭坯在高温时间过长，会使晶粒过分长大，引起晶粒之间的结合力减弱，称为过热；若使晶间物质发生氧化或熔化，则会形成过烧。

出现过热时，可采用热处理的方法消除后再予以轧制，或者改轧较薄产品供给对产品性能要求不严的用户使用；出现过烧时，在轧制过程中会产生裂纹甚至全部碎裂，因此过烧的金属及合金无法进行补救，只能报废。对于局部产生过烧的，则过烧部分应彻底切除。

对这类问题，关键是要控制好加热工艺，特别是加热温度不能过高，高温时间不能太长，另外就是要使炉内氧化性气氛不能过强。

13.5.5.6 晶粒粗大

由于热轧时的终轧温度太高以及变形不能深入到轧件里层而产生的晶粒粗大，可以导致热轧板带材性能偏低；冷轧时中间退火制度不正确产生的晶粒粗大（如黄铜退火温度太高而出现的“橘子皮”）对产品性能也具有不利影响。

对于要求深冲性能的产品，也必须控制合适的晶粒度。冷轧时由于出现变形织构而产生制品的各向异性，也会影响深冲性能。生产中为减小和消除各向异性通常从如下几个方面采取措施：

（1）提高锭坯质量，减少不溶杂质、夹杂及其他缺陷，在合金中加入有利于减小各向异性的添加元素。

（2）热轧前要加热均匀，控制适当的热轧温度、变形程度及变形速度，防止出现不完全热变形及不均匀变形。

（3）冷轧过程中要选择适当的加工率及退火制度，减少冷轧织构的扩展，或者使再结晶织构与冷轧织构适当组合以控制各向异性。

13.5.6 板带材轧机的调整

在有色金属板带材轧制中，轧机的调整不当是造成产品缺陷的重要原因，严重者会出现操作事故甚至使轧制过程根本不能进行。

板带材轧机的调整主要包括：轧辊位置的调整，轧辊零位调整，连轧机的速度调整和重调整以及轧辊窜辊的调整等。

13.5.6.1 轧辊位置的调整

A 轧辊轴线在垂直面内的调整

为了保证轧制中各轧辊轴线的水平，首先用水平尺通过下轧辊两端轴承座下垫铁的方法调整并保证下轧辊位置水平。其他轧辊的水平调整，是以下轧辊为基准的，使上辊与下辊接触，然后将厚度为 11 ~20mm 的铝板放在辊身两端的一定距离处，通过调整其厚度差调整上轧辊位置的水平，直到两端厚度差为零，则静态调整基本完成。

静态调整后，还必须实测轧后板材两端的实际尺寸，根据两尺寸之差调整两端压下装置的上升或下降，直至差值为零，才表明轧辊在轧机中的位置是平衡的。

B 轧辊轴线在水平面内的调整

板带材轧机轧辊的轴线在水平面上的投影应重合，但由于安装不当，使用过程的接触面摩擦等多种原因，轧辊轴线实际上不可能绝对重合在同一平面内。因此，只要各轧辊的轴线水平投影互相平行，允许轴线有稍后的错位。

但是板带材轧机在使用过程中，绝对不允许轧辊轴线在空间是异面交错位置，即水平投影相交：一个轧辊的两端分别在另一个轧辊的左右两侧，或者一个轧辊的一端与另一个轧辊一端重合，而另一端与另一辊的一端分开。二者作用的结果使辊缝呈锥形，所轧带材不等厚、不平直，有规律性的波浪分布。

对上述故障可采取下列措施予以排除：检查轧辊轴承的磨损均匀程度；检查轴承与机架窗口的安置间隙是否相等；检查轴承座下垫片的松动情况和厚度相等程度。

轧辊在工作中不可避免地出现上述情况，当其偏离值较大时，可能出现轴向窜辊、机架晃动、板带材厚度不均、板型不正等事故和缺陷。因此应尽量避免出现轧辊在空间形成相交和水平方向不平行等现象，保持轧机的工作稳定性。

13.5.6.2 零位调整

轧辊经平行度调整后，还必须进行零位调整，其目的是考虑到轧辊辊跳值的影响，使轧出轧件的实际厚度更接近于压下指示表盘或压下显示器的指示值。

对于一般的粗轧机，可将上辊抬起一定高度（一般为30～40mm），然后用内卡钳卡出轧辊中央处辊缝值的大小，加上该轧机的辊跳值，可得到实际轧出厚度，最后将指针盘的指针拨至该数值，完成调整。

对于精轧机，一般采用预先测量实际轧出轧件的厚度作为零位置，也可采用压靠方法将上下辊压紧后根据压下电机电流值的大小或测压仪的预靠力的大小，作为指示器的零位调整的依据。

13.5.6.3 连轧机的调整

设定好了连轧机的各辊缝后，为了保持各轧机的金属的秒流量相等的基本原则，必须对连轧机进行重调整，即通过辊缝与速度的配合，使各架轧机满足上面的基本原则。

重调整的要求是：保证轧件的断面正确；各架轧机的轧制速度应很好地配合；相邻轧机之间不能产生推拉现象。

若轧制产品改变或更换产品规格，轧制时要引起轧制力的变化，从而相应引起轧机的弹性变形等的变化，因此还要进行重新调整。

重调整的方法有：不改变轧制速度，仅改变辊缝值；辊缝尺寸不变，调整轧制速度；辊缝、轧制速度同时调整。在生产中要根据实际的情况具体选择使用。

13.5.6.4 轧辊窜辊的调整

所谓窜辊是指轧辊在安装使用中，由于设备的原因，使辊端上下不能重合，出现沿轧辊轴线窜动的现象。

产生窜辊的原因有多种，主要包括：轧辊轴承与机架的固定螺丝松动；轧辊一端的轴承与辊颈配合不紧密；轧辊放置不水平；辊缝在垂直面呈梯形，产生了沿辊面轴线方向的推力较大；沿辊身长度的辊面硬度平均值相差太大等。

处理的基本方法主要有检查和紧固螺栓、轴承，重新调整轧辊的水平位置，以及更换轧辊等。

复习思考题

13-1 对比说明连铸-连轧和连续铸轧。

13-2 热轧与冷轧有什么区别？

13-3 怎样确定有色金属及合金的热轧温度？

13-4 冷轧与热轧相比较，有什么工艺特点？

13-5 什么叫冷轧的工艺冷却与润滑，有什么作用？

13-6 铝及铝合金锭坯在热轧前为什么要进行表面处理，铸锭的均匀化处理有什么作用？

13-7 铝箔轧制时怎样调节和控制轧出厚度？

13-8 铝及铝合金退火按其作用分为哪几种，各有什么作用？
13-9 铜及铜合金板带材生产中为什么要铣面？
13-10 有色金属板带材冷轧采用多辊轧机有什么作用？
13-11 什么叫板型，影响板型的因素有哪些？
13-12 有色金属板带材轧制时常见哪些板型缺陷，产生的原因和消除方法有哪些？
13-13 生产中怎样提高有色金属板带材的表面质量？
13-14 对有色金属板带材有哪些技术要求？
13-15 轧件表面出现的裂纹主要原因是什么？
13-16 板带材精整工序主要包括哪些内容？
13-17 板带材轧机怎样进行调整？

14 型线材生产

14.1 型线材生产概述

有色金属及合金的型、线、棒材，主要以铜、铝及其合金的轧材应用比较广泛，其生产系统规模不大，但一般是重金属和轻金属分别自成系统进行生产。在加工方法上多是轧制、挤压与拉拔等相混合，以此来适应于批量小、品种多及灵活生产的特点和要求，比如连铸连轧→拉伸法、热轧→拉伸法生产铜与铝的线材。但也有单独用轧制方法生产的，比如用热轧方法生产有色金属的棒坯、扁坯以及一些异型断面型材等。因此轧制法也是生产有色金属及合金型线材的常用方法之一。

有色金属型线材的轧制过程属于型辊轧制，即它们是在刻有轧槽的轧辊中轧制的，是纵轧的形式之一。常用的轧机有二辊轧机、三辊轧机以及三辊 Y 型轧机等。

用轧制法生产有色金属材，与用挤压法、拉拔法相比较，它具有生产规模较大、效率高、能量消耗少和成本低的优点，但它不适合生产一些塑性较差的有色金属材。

有色金属及合金型线材轧制的产品主要有以下几种：

（1）线坯（盘条）。它是供拉拔线材用的坯料，其直径为 $\phi6.5 \sim 15$mm。

（2）棒坯。它是供拉拔棒材用的坯料。棒坯按其形状又分为：圆棒坯，其直径为 $\phi12 \sim 90$mm，常用的为 $\phi12 \sim 45$mm；方棒坯，其边长为 $20 \sim 45$mm；六角棒坯，其内切圆直径为 $\phi20 \sim 45$mm。

（3）扁坯。其厚度为 $4.5 \sim 18$mm，宽度为 $12 \sim 140$mm。

（4）异型断面型材。

有色金属及合金型线轧材按其材质主要有重有色金属及合金的型线轧材，包括紫铜、青铜、铜镍合金、镍及镍合金以及双金属等；轻有色金属及合金的型线轧材，主要是铝及铝合金的线坯；稀有贵金属的型线轧材，包括钛及其合金等。

14.2 轧辊孔型设计

将有色金属及合金的锭坯在轧辊孔型中经过若干道次的轧制变形，以获得所需要的断面形状、尺寸和性能的产品，为此而进行的设计和计算工作称之为孔型设计。

14.2.1 孔型设计要求和步骤

14.2.1.1 孔型设计的要求

良好的孔型设计应保证：制品尺寸精确，性能良好，表面光洁；无过充满和欠充满现象；变形尽可能均匀；操作方便，易于实现机械化和自动化等。

14.2.1.2 孔型设计的步骤

孔型设计的步骤主要包括三方面内容：断面孔型设计、轧辊孔型设计和轧辊的附件设计，具体步骤为：

（1）根据产品技术条件和锭坯尺寸选择孔型系统。

（2）根据被加工金属的工艺要求和产品产量，预选主要设备，然后确定轧制道次，分配各道次伸长系数以及设计各孔型形状和尺寸。

（3）配辊图设计。根据有利于实现轧机机械化、自动化和高产、优质、安全及低消耗的原则，把设计好的各个孔型合理的配置在各个机架的轧辊上，绘制出配辊图。

（4）校验孔型充满情况和咬入角，计算轧制力，校核轧辊强度和确定电动机功率等。

（5）设计导卫和诱导装置。

（6）确定轧机工作制度，绘制轧机工作图表，计算轧机生产能力。

14.2.2 孔型

14.2.2.1 孔型的构成

在轧辊上按照需要沿辊身圆周上车出的不同形状的凸出的棱楔或凹入的沟槽称为轧槽；上下轧辊辊身上的轧槽所构成的空间称作孔型。孔型通常由两个或三个（比如Y型轧机）轧辊的轧槽组合而成，如图14-1所示。孔型一般由以下要素组成：

（1）辊缝。辊缝是指两个轧辊辊面间的间隙。孔型设计时要留有大于轧辊辊跳值的辊缝，这样便于轧机的调整，并可以消除因轧辊互相接触而产生的轧辊磨损和附加能量消耗。孔型高度一般等于轧槽与辊缝之和，因此辊缝的存在使轧槽深度减小，从而提高了轧辊的强度和刚度。另外，在设计或计算辊缝时，还要考虑到轧制时轧辊等部件的弹性变形，会使辊缝增大。

辊缝的大小取决于轧机结构、轧制压力和孔型的用途，如表14-1所示。

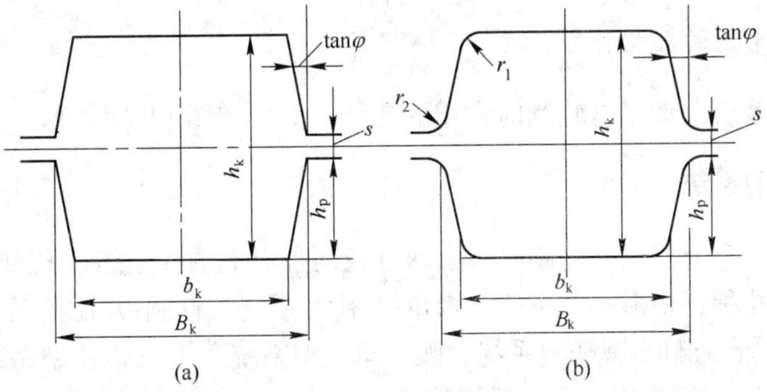

图14-1 箱形孔型的结构

b_k，B_k—孔型切槽最小与最大宽度；h_p—孔型切槽深度；h_k—孔型轮廓线的高度；

tanφ—孔型侧壁斜度；s—辊缝；r_1，r_2—孔型的内外圆角

表 14-1　轧辊孔型所采用的辊缝值

轧机类型	轧辊直径/mm	辊缝/mm
粗轧机	360 ~ 500	4 ~ 10
中轧机	250 ~ 350	2 ~ 4
精轧机	200 ~ 300	0.5 ~ 1.5

（2）侧壁斜度。孔型的侧壁与垂线的夹角的正切称孔型的侧壁斜度。

$$Y = \tan\varphi = (B_k - b_k)/2h_p \tag{14-1}$$

孔型的侧壁斜度起限制轧件的作用，能正确地把轧件导入孔型，并便于轧件抛出，减少缠辊等危险；保证轧槽重车后宽度不变，且减少车削量。

（3）孔型圆角。孔型的内外角部一般都设计成圆弧状，这个圆弧称为圆角。也就是说，在孔型的各过渡部分和辊环部分都采用圆弧连接。

孔型内圆角能减少因尖角而产生的应力集中，改善轧辊强度，并可防止轧件角部急冷。加大内圆角半径可以防止某些低塑性的有色金属及合金产生角部裂纹。

孔型外圆角可防止轧件在外角部的轧痕，并使轧件在过充满不大的情况下形成钝而厚的耳子，继续轧制不至于形成折叠。

（4）辊环。隔开两个轧槽的轧辊凸缘叫辊环。辊环有中间辊环和端辊环两种。辊身两端的辊环叫端辊环，有防止和减少氧化皮落入轴承的作用；中间辊环位于两相邻轧槽之间，主要起分开孔型的作用。

为了充分利用辊身长度，多配置孔型，辊环不宜太大，但宽度太小容易使辊环折断。在开口孔型中，辊环宽度等于相邻两孔中最深的槽深值。

（5）锁口。当采用闭口孔型轧制某些异型材时，为了控制和便于调整轧件的断面形状，因而使用锁口，其作用在于防止轧制较厚的轧件时金属流入辊缝，出现耳子。用锁口的孔型，其相邻孔型的锁口一般是上下交替的。

（6）轧辊的工作直径。轧辊的工作直径是轧件和轧槽各接触点处的轧辊直径，在孔型轧制时，轧槽各点的工作直径是不相等的。

轧辊的平均工作直径是在不考虑前滑的情况下和轧件出口速度相对应的轧辊直径。

14.2.2.2　常用的孔型种类

在有色金属及合金型线材轧制时常用的孔型种类，如图 14-2 所示。

14.2.3　延伸孔型系统

在有色金属及合金型线材轧制时，由两种或两种以上的孔型组成孔型系统。最常用的孔型系统有以下几种：箱形孔型系统、六角-方孔型系统、椭圆-方孔型系统、菱-方孔型系统、菱-菱孔型系统、椭圆-圆孔型系统、弧三角孔型系统、平三角孔型系统和圆-弧三角孔型系统九种。图 14-3 为常用的孔型系统种类。

14.2.3.1　箱形孔型系统

如图 14-3（a）所示，箱形孔型系统是有一系列断面面积逐渐减小的箱形孔型所组成

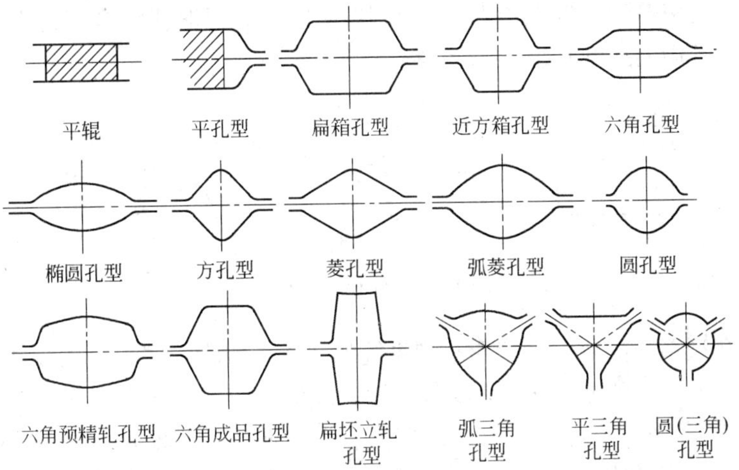

图 14-2　常用的孔型种类

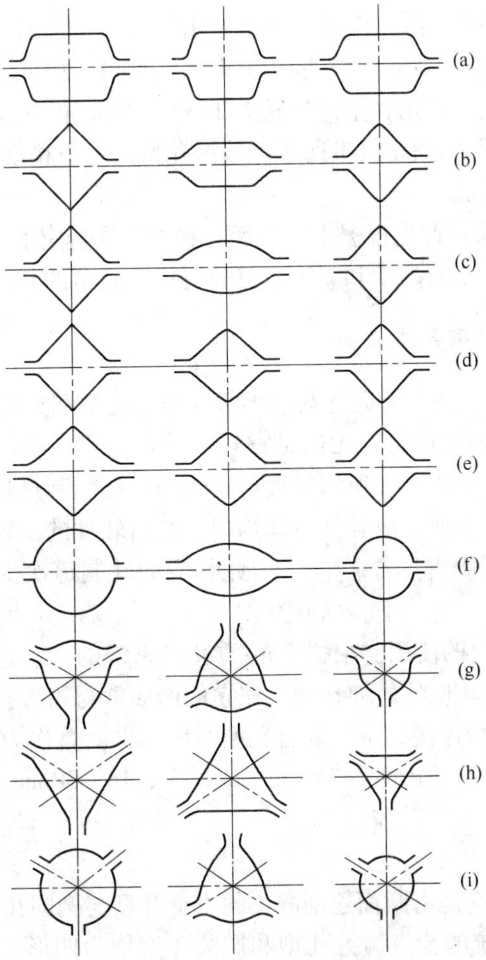

图 14-3　常用的孔型系统种类

(a) 箱形孔型系统；(b) 六角-方孔型系统；(c) 椭圆-方孔型系统；(d) 菱-方孔型系统；(e) 菱-菱孔型系统；(f) 椭圆-圆孔型系统；(g) 弧三角孔型系统；(h) 平三角孔型系统；(i) 圆-弧三角孔型系统

的，按形状可分为扁箱形和近方箱形，如图 14-4 所示。箱形孔型系统是有色金属及合金型线材轧制中最常用的孔型系统之一。

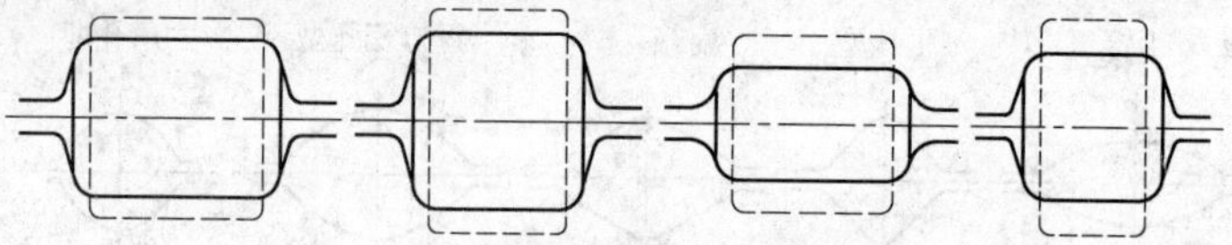

图 14-4　箱形孔型系统

(1) 箱形孔型系统的特点。箱形孔型系统的轧槽一般为平底，所以轧件在整个孔型宽度上的压下量相同，且在两个方向上交替压缩，故变形均匀，轧件内附加应力较小；轧件在箱形孔型轧制时，金属处于三向压应力状态，道次伸长系数较大，可达 1.6 ~ 1.8，最大可达 2.2 ~ 2.5；孔型带侧壁斜度，对咬入轧件有利，但不易获得断面形状正确的轧件；轧件在箱形孔型内轧制时较稳定，易于实现机械化和自动化。

(2) 箱形孔型系统的使用。箱形孔型系统常用在粗轧机上作为延伸孔型系统使用，因为这时轧件断面大、温度高、塑性好，要求有较大的变形，因此选择箱形孔型系统比较合适。另外箱形孔型系统还可以用在生产边长大于 30 ~ 60mm 的成品材。

(3) 箱形孔型的构成。如图 14-1 所示，箱形孔型由上下槽底、侧壁、圆角以及辊缝、槽底凸度、孔型面积等组成。

(4) 箱形孔型的设计。首先根据来料的尺寸和本道次选定的压下量或伸长系数，计算孔型的断面积，再设计孔型的高度和宽度，然后再设计孔型的其他尺寸。

14.2.3.2　六角-方孔型系统

如图 14-3(b) 所示，它是由断面逐渐缩小的六角形孔型和方孔型交替排列组成。

(1) 六角-方孔型系统的特点。无论是方轧件进入六角孔型，还是六角轧件进入方孔型，轧件的绝对压下量基本相同，所以变形比较均匀；在轧制过程中每轧制一道次都要翻料，因此轧件的角部经常变换，故轧件冷却均匀，轧后轧件的组织也比较均匀；轧制时伸长系数大，例如对于紫铜等可达 2 ~ 2.6，因此相应的轧制道次少，有利于保证热轧时的温度。

(2) 六角-方孔型系统的使用。根据六角-方孔型系统的特点，它常用作轧制塑性较好的金属或合金轧件时的粗轧机的延伸孔型。在它的前面常与箱形孔型系统相连，而其后面又与方-椭圆-方孔型系统相连接，组成复合孔型系统，也就是作为箱形孔型系统和椭圆-方孔型系统的过渡，使用范围是轧件在 35 ~ 60mm 以下，18 ~ 30mm 以上。

14.2.3.3　椭圆-方孔型系统

如图 14-3(c) 所示，它是由断面逐渐减小的方形孔型与椭圆孔型交替排列组成。

(1) 椭圆-方孔型系统的特点。方孔型和椭圆孔型均为凹形孔型，其侧壁对金属的宽展均有限制作用，故伸长系数较大，椭圆孔型能达 2.5，方孔型也能达 1.8，因此可以减少轧制道次；轧件在轧制过程中角部经常变换，且受到四个方向上的压缩，使轧件四周冷却均匀，内部组织均一；变形不均匀。

（2）椭圆-方孔型系统的选择与使用。在有色金属及合金的型线材生产中，它多用于生产边长为75mm以下方形轧件的延伸孔型，但塑性较差的合金不宜选用，在塑性较好的铜及铝线轧制中得到了广泛的应用。

14.2.3.4　菱-方孔型系统

（1）菱-方孔型系统的特点。道次变形不均匀，且轧件总有死角（两个变形很小的角部）存在，因此棱角处易产生裂纹；因受顶角限制，道次伸长系数不能过大，一般不超过1.73。

（2）菱-方孔型系统的使用。菱-方孔型系统适用于轧制塑性较差的金属与合金。

14.2.3.5　菱-菱孔型系统

菱-菱孔型系统内的菱形孔型的道次伸长系数比菱-方孔型系统的要小，一般不超过1.4，所以在现代化轧机上很少使用，只有在横列式轧机上轧制塑性较低的金属方坯时使用；经过连续两个相邻孔型可生产出近似方形或八角形轧件；轧件在菱形孔型中变形不均匀，但经过两个菱形孔型轧制后可获得较均匀的变形。

14.2.3.6　椭圆-圆孔型系统

如图14-3（f）所示，它是有一系列圆孔型和椭圆孔型交替排列组成。

（1）椭圆-圆孔型系统的特点。变形比较均匀，可获得无残余应力、表面质量好的轧件；形状变化比较平滑，其外形无尖角，在轧制过程中轧件冷却均匀，所以获得的轧件组织均一；能轧出多种规格的圆形断面线材或棒材；道次伸长系数较小。

（2）椭圆-圆孔型系统的使用。椭圆-圆孔型系统适用于轧制塑性和内部及表面质量要求比较高的有色金属或合金线坯时作为延伸孔型系统使用，也可以作成品孔型系统使用。一般多用椭圆-圆孔型系统生产多种规格的圆断面棒材和线坯。

14.2.3.7　三辊连轧机（三辊Y形轧机）使用的孔型及孔型系统

三辊Y形轧机常用的孔型有平三角孔型、弧三角孔型和圆三角孔型等三种，如图14-5所示。

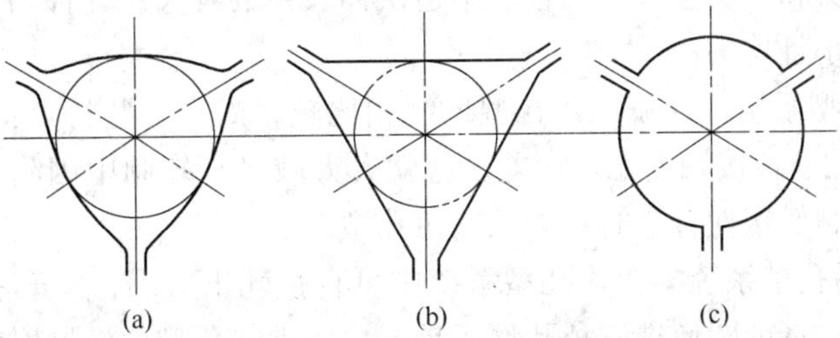

图14-5　三辊Y形轧机常用孔型形状

（a）弧三角孔型；（b）平三角孔型；（c）圆三角孔型

三辊Y形轧机常用的孔型系统有弧三角孔型系统、平三角孔型系统和弧三角-圆孔型系统，如图14-6～图14-8所示。

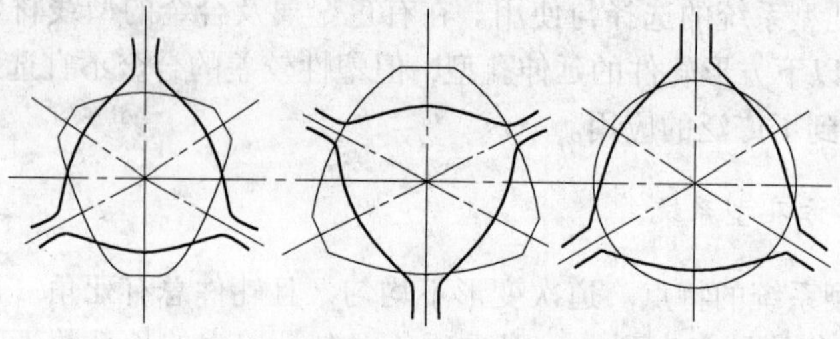

图 14-6 弧三角孔型系统

图 14-7 平三角孔型系统

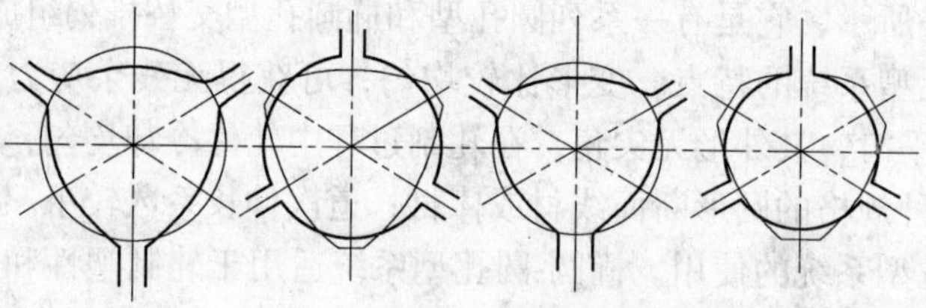

图 14-8 弧三角-圆孔型系统

（1）弧三角孔型系统。在三辊 Y 形轧机上，弧三角孔型是由三个互成 120°的轧辊轧槽组成，轧辊从三个方向同时压缩轧件，在下一道轧制时又从另外三个方向压缩轧件，因此变形及其表面冷却都比较均匀，这对提高型材质量极为有利；轧件在孔型中的宽展裕量较大，可用同一套孔型轧制不同性能的金属，且轧制时不易产生耳子和压折；由于变形均匀，显著减少了劈头和堆料事故；在连轧中道次伸长系数较大；轧件与孔型各接触点的速度差小，轧辊磨损小且均匀。

（2）平三角孔型系统。与弧三角孔型系统相比较，尚有一些特点：道次伸长系数大，可达 1.6；轧件与孔型各接触点无速度差，这就大大减轻了轧制中因附加摩擦而引起的轧辊磨损；带张力轧制低塑性合金时不如弧三角孔型系统有利。

（3）弧三角-圆孔型系统。在该孔型系统中可直接轧出成品，一套孔型能生产出直径不同的圆棒或线坯；不论圆坯进三角孔型还是三角坯进圆孔型，轧制时都比较稳定；孔型延伸能力较小。

14.2.4 成品孔型系统

成品孔型系统即要求获得形状规整、尺寸精确的成品，因此设计时有较高的要求：成品孔型系统的道次伸长系数应小些；尽量采用小辊缝，包括辊跳值在内一般取 0.8 ~ 1.0mm；设计成品孔型时要考虑从终轧温度冷却后的线收缩量（表 14-2 为部分有色金属及合金的热尺寸收缩系数）及成品的公差、椭圆度的要求。

表 14-2　热尺寸收缩系数 β_t

金　属	β_t 值	金　属	β_t 值
铝	1.00 ~ 1.003	康铜	1.010
紫铜	1.001 ~ 1.012	镍、H62、H68	1.014

14.2.4.1　线坯和圆棒坯成品孔型系统

（1）方-椭圆-圆成品孔型系统。如图 14-9 所示，它是轧制线坯或圆棒坯常用的成品孔型系统，适用于单一规格的成品。

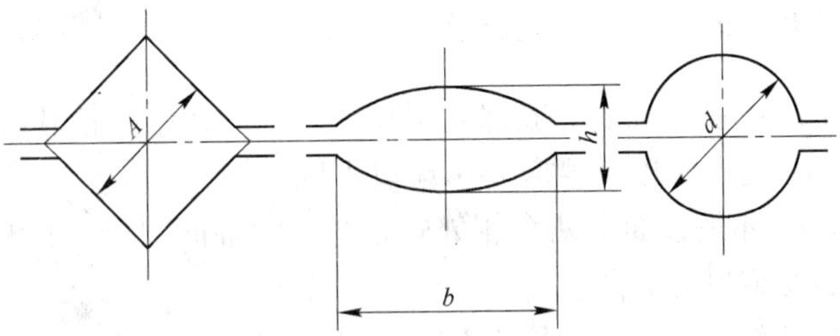

图 14-9　方-椭圆-圆成品孔型系统

（2）圆-椭圆-圆成品孔型系统。它是轧制圆棒最常用的孔型系统，如图 14-10 所示。

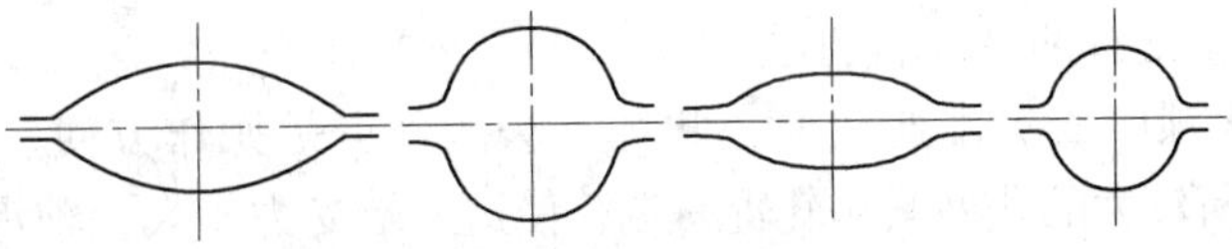

图 14-10　圆-椭圆-圆成品孔型系统

14.2.4.2　方棒坯成品孔型系统

主要有方-椭圆-方孔型系统（如图 14-3（c）所示）和方-菱-方孔型系统。

14.2.4.3　六角棒坯的成品孔型系统

如图 14-11 所示，主要用作生产六角形的有色金属及合金的棒坯。

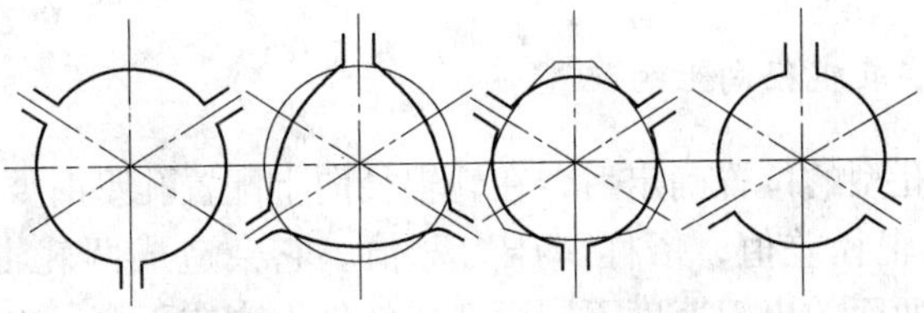

图 14-11　六角棒坯的成品孔型系统

14.2.4.4　三辊型线材轧机常用的成品孔型系统

三辊型线材轧机常用的成品孔型系统有圆-三角-圆孔型系统（图 14-12）、圆-弧三角-圆-圆孔型系统和平三角-圆-圆孔型系统。

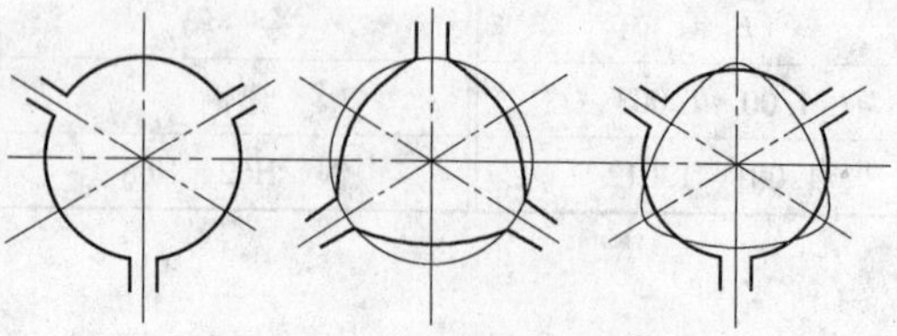

图 14-12　圆-三角-圆孔型系统

14.2.5　孔型在轧辊上的配置

14.2.5.1　孔型在轧辊轴线方向上的配置

线坯轧制时，在每个粗轧机上一般都轧制几个道次，在中、精轧机上一般每机架只轧一道次，沿轧辊轴线方向上配置孔型时要考虑以下问题：

（1）辊环宽度。辊环是辊面上两个相邻轧槽之间的辊面部分，其宽度和轧辊材质、轧槽深度、导卫装置的安装尺寸有关。

一般轧辊最边缘的辊环宽度（端辊环）：粗轧机为 50 ~ 70mm，中、精轧机为 20 ~ 50mm；相邻两孔型之间的辊环（中间辊环）的宽度：对钢轧辊要大于轧槽深度的一半，对于铸铁轧辊一般要大于轧槽深度。

（2）配置方法。在粗轧机上沿轴线方向上配置孔型时，要考虑人工操作的方便，并要求有较高的生产率，常有两种配置方法：

1）按轧制道次顺序依次排列孔型。此种方法的优点是操作方便，间歇时间短，生产率较高；缺点是负荷较大的孔型紧靠轧辊一端，使这一端受力较大，轴承瓦磨损较重，因此对调整不利。在轧制有色金属及合金线坯时，由于轧制压力不太大，一般都采用此种方法。

2）按孔型的工作负荷排列孔型。把负荷较大的孔型放在中间，其优点是轧机工作负荷均匀，缺点是轧件横移距离大，间歇时间长，影响产量。

（3）配置要点。在粗轧机上配置孔型时，要考虑孔型的磨损及精度，对于磨损快、精度高的孔型，在数量上要多一些。

（4）设备使用。在粗轧机上使用翻料架、双层辊道、立围盘等设备时，孔型之间的距离要满足它们的安装尺寸；在粗、中、精轧机上使用多槽或交叉围盘时，孔型之间的距离也要满足它们的尺寸安装要求。

14.2.5.2　孔型在轧辊径向上的配置

当在轧辊轴向上孔型的位置确定后，在轧辊径向上配置孔型时要考虑以下两个问题：

（1）上下轧辊的辊径差值，俗称“压力”值。它会造成两轧辊的轧制线速度不同，轧制时由于轧件上下两面的出辊速度不同而造成轧件上弯或下弯。

有色金属及合金线坯轧制时通常使用上轧辊的辊径大于下轧辊的辊径（俗称“上压

力”），从而使轧件下弯，轧件沿下围板或出口导管平稳的脱出孔型，这即可消除安装较复杂的上围板，又使轧件下弯，防止轧件因其他原因（比如温度不均、孔型磨损不均、导卫安装不正确等）造成的轻微的其他方向的弯曲，便于操作，减少轧制事故。

但辊径差值会造成轧制时的变形不均匀，差值越大，不均匀变形越严重，由此使轧件和轧槽产生相对滑动，使孔型磨损不均匀。

上下两轧辊辊径差值的选取，对于粗轧机，上辊径比下辊径大 4 ~ 6mm，中轧机为 2 ~ 3mm，精轧机为 0 ~ 2mm。

（2）两轧辊中线和轧制线。两轧辊轴线间距离的等分线叫轧辊中线；在轧辊上布置孔型的直线称轧制线。若上下两轧辊辊径相同时，则两轧辊中线和轧制线重合；若上轧辊直径大于下轧辊直径时，则轧制线在轧辊中线的下部，其距离为辊径差的 1/4。

14.2.5.3　轧辊孔型配置图

把已设计好的孔型配置到轧辊上以后，需要画出轧辊的孔型配置图，图 14-13 所示为轧辊的孔型配置图实例。

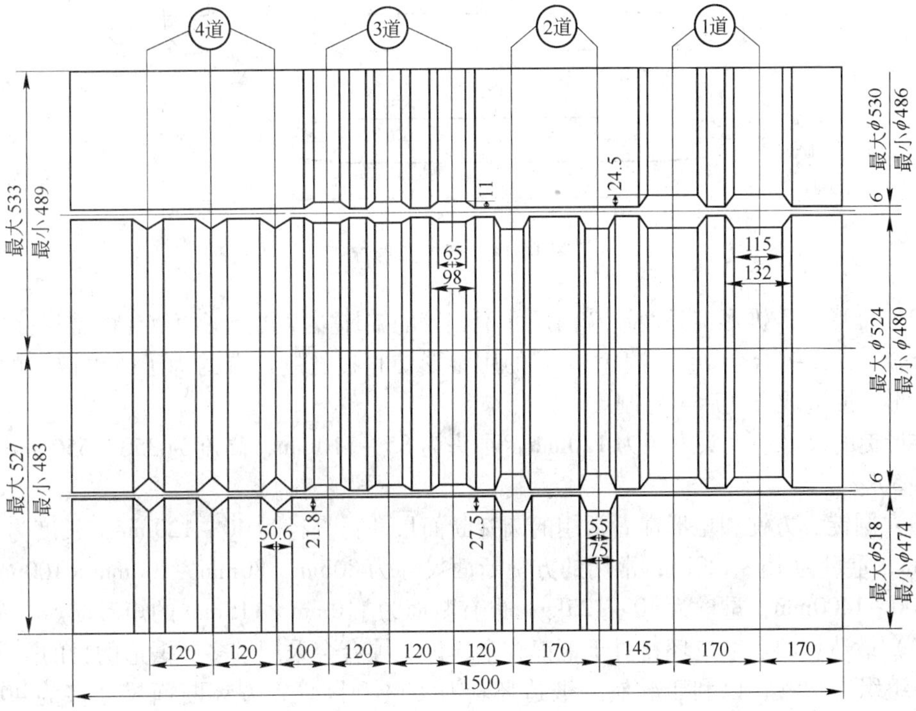

图 14-13　轧辊孔型配置图

14.3　型线材轧制工艺

14.3.1　锭坯和坯料

14.3.1.1　对锭坯和坯料的要求

对锭坯和坯料的要求如下：

（1）锭坯的化学成分要符合标准规定。

（2）锭坯的表面不得有较大的飞边和较深的冷隔、冷溅、气孔，不得有裂纹和较严重的夹杂、夹渣等缺陷，坯料表面不得有折叠、起皮等缺陷。

（3）锭坯的断面不得有较深的气孔、缩孔、较严重的疏松和偏析、夹杂物等缺陷。

（4）较严重的表面缺陷必须修整，修整的方法有车削、刨铣、风铲、手铲等，铲修的沟槽深度和深宽比要适中，沟槽的边部要呈倾斜状。

14.3.1.2　锭坯和坯料的种类

型线材轧制时所采用的锭坯种类很多，选择时要根据现场的熔铸、挤压、锻造、轧制设备及工艺参数等具体条件，常用的锭坯种类有以下几种：

（1）船形锭坯。轧制紫铜型线坯时绝大部分采用船形锭，如图 14-14 所示。船形锭的重量一般为 60 ~ 115kg，长度为 1190 ~ 1470mm，宽度为 95 ~ 115mm，高度（$H_1 + H_2$）在 84 ~ 105mm 之间。

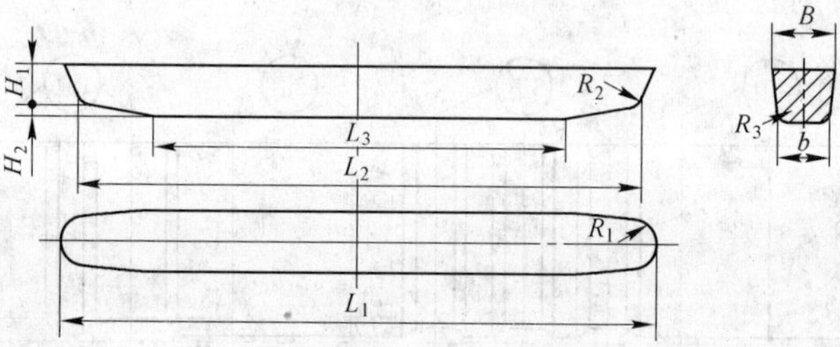

图 14-14　紫铜船形锭

（2）锥形锭。锥形锭是两端端面尺寸不相等的锭坯。立式锥形模浇注的锥形锭适用于铜镍合金、镍及镍合金型线坯生产，有的用锥形锭直接轧制；有的为了改善锭坯的塑性，先将锥形锭锻造成方坯后再轧制。

锥形锭的尺寸：大头直径为 120mm，小头为 85 ~ 110mm，高度为 350 ~ 650mm，重量为 30 ~ 50kg。

（3）圆锭、方锭和矩形锭。常用的圆锭断面尺寸：直径为 40 ~ 120mm，长度为 600 ~ 1500mm，重量为 15 ~ 120kg；常用的方锭断面尺寸为 80mm × 80mm ~ 100mm × 100mm，长度为 800 ~ 1400mm，重量为 40 ~ 125kg；也有断面为 110mm × 115mm 的矩形锭。

（4）锻造坯料。锻造坯料对于铜镍合金、镍及镍合金采用较多。锻造的目的是为了改善铸造组织的塑性，以利于轧制。锻造坯料有方坯和圆坯，方坯断面尺寸多为 40mm × 40mm ~ 70mm × 70mm，圆坯断面直径多为 50 ~ 70mm。

（5）挤压坯料。挤压坯料适用于大部分有色金属及合金型线坯生产，但要求有较大的挤压设备。挤压方断面尺寸多为 40mm × 40mm ~ 80mm × 80mm；挤压圆坯断面直径多为 40 ~ 60mm。

14.3.2　轧制时的工艺参数

14.3.2.1　加热制度

为了充分利用有色金属及合金在高温下具有较高的塑性，减少轧制时的能耗，就要把锭坯加热到一定温度，以保证在高塑性温度范围内进行轧制。

（1）加热温度。有色金属及合金的加热温度范围是根据塑性图等确定的。具体选择轧制温度时要根据锭坯断面的大小、加热炉的形式、燃料种类、加热方式以及轧制设备和工艺等具体条件。对于一些塑性温度范围较窄的有色金属及合金尽量取较高的温度，以保证终轧温度，但要注意氧化损失、脱锌以及过热、过烧等。

（2）加热时间。为了使锭坯的温度均匀并清除内部的残余应力，使锭坯的化学成分及晶粒组织均匀化，就要有一定的加热时间。加热时间的长短和金属及合金的导热性、化学成分和晶粒度的不均匀程度、锭坯断面的大小、锭坯的摆放方式、加热炉形式及加热方式等有关。加热时要规定升温和保温时间：升温时间太短会使锭坯产生热应力甚至产生裂纹；均热时间短会使锭坯温度不均，轧制时造成轧件弯曲、裂纹等缺陷；加热时间太长会增加金属的氧化，增加某些易氧化成分的挥发（如脱锌），从而增加金属的消耗或造成一些轧制缺陷。

在感应电炉中对某些有色金属及合金进行高温快速加热可以大大缩短加热时间，提高生产率，减少金属的消耗，减少一些加热和轧制缺陷，但耗电量大，成本高。

（3）炉内气氛。大部分有色金属及合金在微氧化性或氧化性气氛中进行加热，这样可以防止或减轻由于还原性气氛而造成的一些缺陷，比如紫铜的氢气病等。但氧化性气氛越强，金属的氧化损失越大。

对于一些含锌、锰、镉等易氧化成分的合金要在微氧化性气氛中加热，由于合金表面形成一层薄的氧化锌或其他氧化物膜保护层，使这些合金成分的挥发过程减弱，同时由于氧不充足而减少氧化损失。

对于一些含少量脱氧剂铝、锌等成分的合金，为了减少氧化损失，可以在微还原性气氛中轧制；对无氧铜等，为了防止加热时增氧，须在微还原性气氛中加热。

对于一些含镍的合金特别是纯镍加热时，燃料或炉气中的杂质，比如硫或硫化物中的硫扩散到锭坯表面时形成硫化镍，轧制时会造成裂纹。

（4）炉内压力。加热有色金属及合金时一般采用微正压操作，比如加热紫铜时炉内的压力为 1 ~ 1.2 个大气压。微正压操作可以防止或减少炉外的冷空气进入炉内而造成金属氧化的增加。

14.3.2.2 轧制温度

轧制温度是根据金属及合金塑性图确定的。开轧温度比出炉温度稍低，终轧温度是塑性温度范围的下限。表 14-3 中列出了常见的一些重有色金属及合金的开轧温度和终轧温度，表 14-4 为一些铝及铝合金热轧温度。

表 14-3 重有色金属及合金热轧前加热温度范围

合金牌号	热轧前锭坯加热温度/℃	热轧开始温度(不低于)/℃	热轧塑性温度/℃	终轧温度/℃
T2-4，TUP	800 ~ 860	760	930 ~ 500	550 ~ 460
H96，H90，HSn90-1	850 ~ 870	800	900 ~ 550	600 ~ 500
H80，HNi65-5	820 ~ 850	800	870 ~ 600	650 ~ 550
H70，H68	820 ~ 840	780	860 ~ 600	650 ~ 550

续表 14-3

合金牌号	热轧前锭坯加热温度/℃	热轧开始温度(不低于)/℃	热轧塑性温度/℃	终轧温度/℃
H62	800~820	760	840~550	600~500
HPb59-1，HSn62-1，H59，HAl67-2.5	740~770	710	880~550	600~500
HMn58-2，HFe59-1-1	700~730	680	760~500	550~450
QAl5，QAl7	840~860	830	880~600	600~550
QAl9-2	820~840	800	860~500	600~500
QSn4-3	730~750	680	770~600	600~550
QSn6.5-0.1	640~660	600	650~500	500~450
QSi3-1	800~840	760	860~500	550~500
QMn5	820~840	790	860~600	650~600
QCd1.0，QCr0.5	800~850	760	950~600	650~550
QBe2，QBe2.5	780~800	760	820~600	650~550
B19，B30，BFe30-1-1	1000~1030	950	1100~650	700~600
QMn1.5，BMn3-12	830~870	790	900~650	650~600
BZn15-20	950~970	900	1000~700	700~650
BMn40-1.5	1050~1130	1020	1150~800	850~750
N6-8，NY1-3	1150~1250	1100	1250~850	900~800
NCu28-2.5-1.5	1100~1200	1050	1200~750	800~750
BAl6-1.5	850~870	830	900~650	600~550
NCu40-2-1	1050~1130	980	1150~800	850~750
Zn1，Zn2	160~180	150	250~140	220~150

表 14-4 一些铝及铝合金热轧温度

合 金	开轧温度/℃	终轧温度/℃	合 金	开轧温度/℃	终轧温度/℃
纯铝	450~500	350~360	LF5	450~480	320~360
LF21	450~480	350~360	LF6	430~470	360~370
LF2	451~510	350~360	LY11	390~410	340~360
LF3	410~510	310~330	LY12	390~410	340~360

在加热时，加热温度一定要正确，以满足轧制的要求。对于低温或温度不均的锭坯不应进行轧制，在轧制过程中低于终轧温度的轧件应当作废品或回炉再加热。对于一些塑性温度范围较窄的或轧制道次较多的金属及合金，有时为了保证终轧温度，需要用二次加热来满足。

14.3.2.3 轧制速度

提高轧制速度是提高轧制生产率的主要途径之一，目前新式的型线材轧机都向高速方向发展。轧制速度提高，还可以使轧件的温降减小，可充分利用轧件的高温塑性，并提高轧件的内部质量。但提高轧制速度要求有相应的机械化、自动化程度和较高的工艺技术水平。目前手工操作的轧机，轧制速度一般在 8m/s 以下；在横列式活套轧机上使用正、反围盘时，轧制速度可达 16m/s 以上；在有色金属连续式线材轧机上，轧制速度可达 45 ~ 60m/s 以上。

14.3.3　轧制图表

轧制图表是表示轧制道次与轧制时间、间歇时间之间关系的一种图表。它的纵坐标是轧制道次，横坐标是时间。

在有色金属及合金的型线材轧制时，轧制图表起着重要的作用。它是轧制每种产品的生产依据，轧机及其辅助设备都要根据轧制图表来进行操作。

为绘制轧制图表，需要设计或计算以下数据：每一道次的纯轧时间、每相邻两道次的间歇时间及轧制周期等。图 14-15 所示为轧制紫铜线坯时的轧制图表。左侧为轧机的布置形式及在每架轧机上的轧制道次（纵坐标）；横坐标为时间（s），轧制周期为 32. 25s，即每轧制一根轧件所需用的时间是 32. 25s。从图上还可以看出，每相邻两根轧件的间隔轧制时间为 20s。

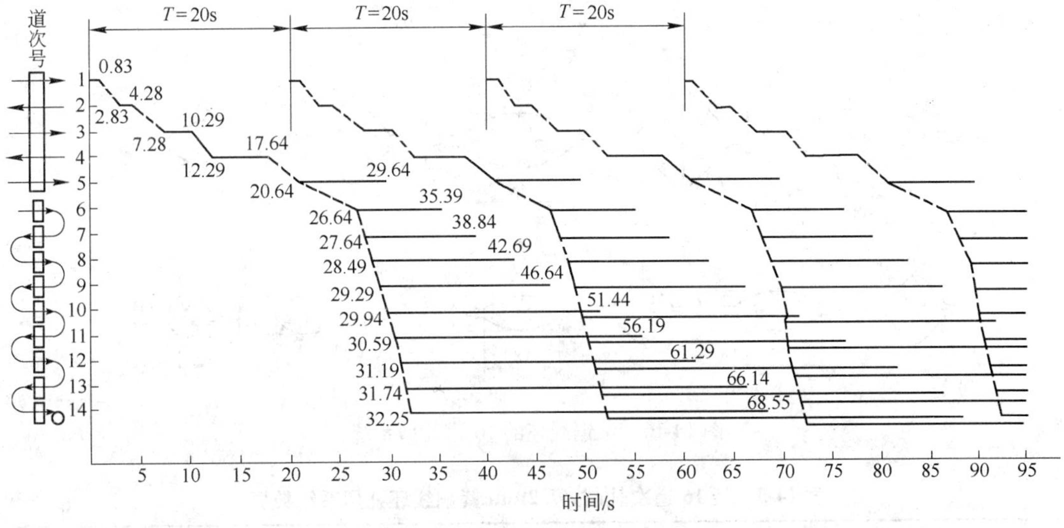

图 14-15　紫铜线坯轧制图表

通过轧制图表可以全面地了解轧机及辅助设备的工作情况，包括每一道次的纯轧制时间、每相邻两道次的间歇时间、每一根轧件的总轧制时间等；每个轧机上可同时轧制轧件的根数；轧机的轧制线数等。

14.3.4　型线材轧制的典型孔型系统举例

14.3.4.1　紫铜线坯轧制典型孔型系统举例

紫铜具有比较大的塑性温度范围，具有良好的塑性及低的变形抗力，因此允许用较大的变形量和较少的轧制道次进行轧制。目前我国各厂多采用 85kg 或 115kg 船形锭作为原料，在生产 ϕ7. 2mm 线坯时，有经 14 道次轧制的，也有经 16 道次轧制的。轧制道次的多少和孔型系统要根据现场设备和工艺的具体条件确定，减少轧制道次可以提高轧机的生产率；但道次减少使道次压下量增大，因而使轧机调整比较困难，也容易出现一些缺陷，比如耳子、折叠等；另外还要考虑轧件在孔型中的稳定性问题，比如椭圆形轧件的宽厚比大，若道次压下量过大，在方孔型中就不太稳定。因此在轧机机架较多的情况下可以适当增加轧制道次，这样可以使轧机调整方便，产品的质量也较好，但是要注意保证轧制时的终轧温度满足要求。

轧制紫铜线坯时采用的孔型系统是：粗轧机多为箱形孔型系统接六角-方孔型系统过渡，中轧机为椭圆-方孔型系统，精轧机为方-椭圆-圆孔型系统。在选择使用时，主要是依据各孔型系统的特点及其轧件的性能、轧制的设备条件等。

图 14-16 和表 14-5 是经 16 道次轧制紫铜线坯时的孔型系统及数据。

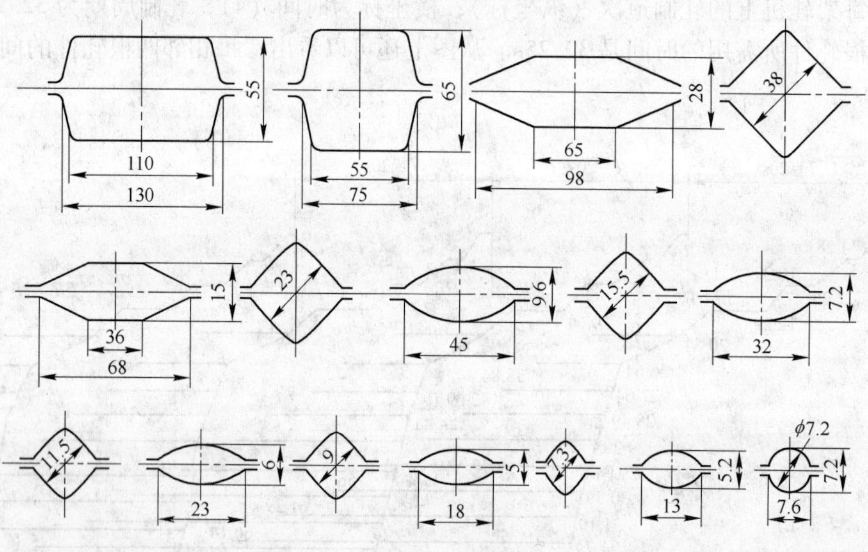

图 14-16　紫铜线坯的 16 道孔型系统

表 14-5　经 16 道次轧制 ϕ7. 2mm 紫铜线坯孔型系统数据

道　次	孔型形状	孔型尺寸/mm	孔型面积/mm^2	道次伸长系数 λ
0		船形锭 98/88 ×92 （110/100 ×105）	8560 （11250）	
1	箱形	130/110 ×55	6700	1. 32 （1. 68）
2	箱形	75/55 ×65	4230	1. 59
3	六角	98/65 ×28	2330	1. 82
4	方	38^2	1440	1. 55
5	六角	68/36 ×15	740	1. 96
6	方	23^2	530	1. 40
7	椭圆	45 ×9. 6	310	1. 72

续表 14-5

道 次	孔型形状	孔型尺寸/mm	孔型面积/mm²	道次伸长系数 λ
8	方	15.5^2	240	1.28
9	椭圆	32 ×7.2	164	1.46
10	方	11.5^2	130	1.26
11	椭圆	23 ×6	95	1.37
12	方	9^2	80	1.18
13	椭圆	18 ×5	70	1.14
14	方	7.3^2	53	1.34
15	椭圆	13 ×5.2	46	1.15
16	圆	φ7.2	40.7	1.13

14.3.4.2 轧制青铜、铜镍合金、镍及镍合金线坯时的典型孔型系统举例

青铜、铜镍合金、镍及镍合金和紫铜相比较，其变形抗力较大，而且这些合金的批量小、品种多，通常要用一套孔型系统生产多个品种，轧制时道次变形量较小，因此轧制道次较多。

轧制青铜、铜镍合金、镍及镍合金线坯时，常用的孔型系统为箱形孔型系统接六角-方孔型系统接椭圆-方孔型系统接方-椭圆-圆孔型系统；也有使用菱-菱（或菱-方）孔型系统接椭圆-方孔型系统接方-椭圆-圆孔型系统的。

图 14-17 是轧制青铜、铜镍合金、镍及镍合金线坯时，由锭坯直接轧制成线坯时的孔型系统。

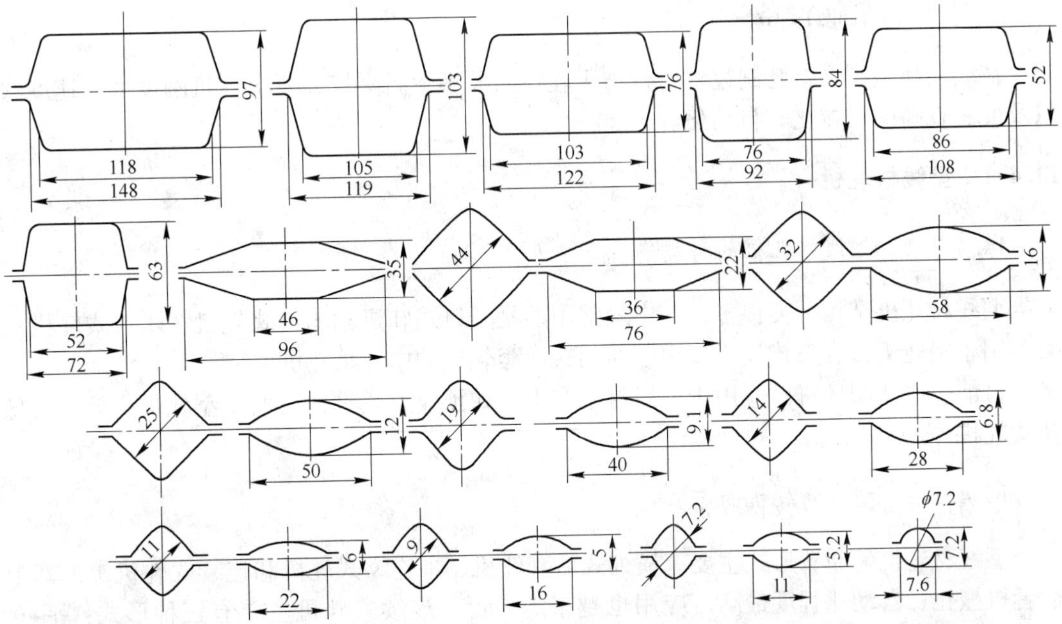

图 14-17 由锭坯（φ120mm、φ85mm 或 φ120mm）轧成复杂合金线坯（φ7.2mm）孔型系统

14.3.4.3　三辊 Y 型轧机的孔型系统举例

图 14-18 是三辊 Y 型轧机所使用的孔型系统，其延伸孔型系统为弧三角孔型系统，成品孔型系统为弧三角-圆孔型系统。轧制的品种主要有紫铜、黄铜、青铜、铜镍合金、镍及镍合金等。

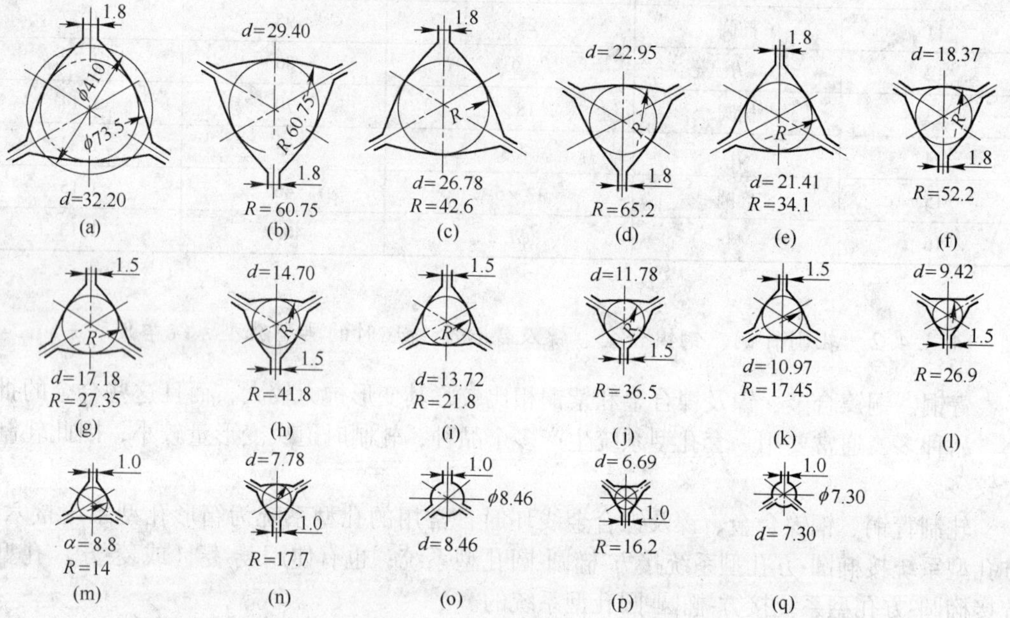

图 14-18　三辊 Y 型轧机的孔型系统

14.4　型线材轧制设备

在线坯和小型型材轧制过程中，由于轧件断面小、温降快，要求轧机刚度大、速度快以及要有较高的机械化和自动化。

14.4.1　型线材轧机

14.4.1.1　型线材轧机的种类

型线材轧机结构种类很多，其中最常用的是开口式轧机和闭口式轧机。闭口式轧机机架多用于粗轧机；开口式轧机多用于横列式活套轧机的中、精轧机上。

目前一些新型轧机已应用于型线材生产中，如预应力轧机、三辊 Y 型轧机、无牌坊悬挂式轧机等。

14.4.1.2　型线材轧机的布置

型线材轧机的布置形式主要有横列式活套轧机、半连续式轧机和连续式轧机等，其中后者机械化、自动化程度最高，应用也越来越广泛。连续式轧机主要有三种形式：平-立式连轧机、两辊与地面呈 45°交叉连轧机和三辊 Y 型连轧机。这三种连轧机，由于在轧制时都不需要反转轧件，因此轧制速度高，并且线材无扭转，轧件质量高。

14.4.1.3 45°轧机

45°轧机包括框架式45°轧机和悬臂式45°轧机（图14-19）两种形式，其中后者在有色金属及合金线材轧制中应用广泛。

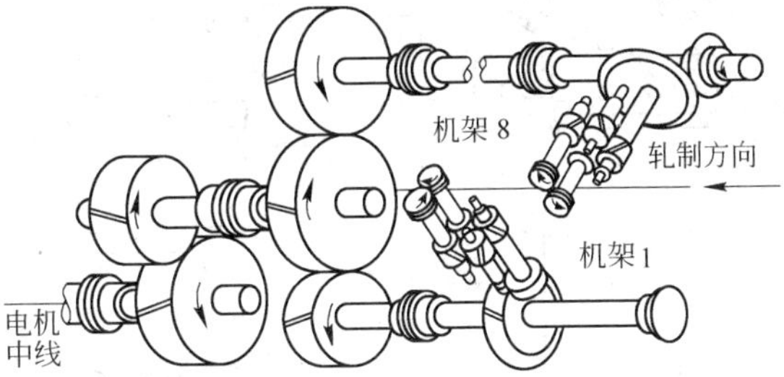

图14-19 45°轧机传动示意图

悬臂型45°轧机是小辊径精轧机，传动轴与地面成45°角，相邻机架轴线交错90°位置，轧制线固定不变；采用适当的孔型系统，如方-椭-方或椭-椭孔型系统，实现了线材的高速无扭轧制。

14.4.1.4 三辊Y型轧机

三辊Y型轧机是由三个互成120°的轧辊组成，几个轧机成组传动，其设备重量轻、体积小、配置紧凑，不需要升降台、翻料机、辊道等辅助设备，因而投资少、建设快，生产效率高，目前正被广泛应用。轧辊的布置形式如图14-20（c）所示。

14.4.1.5 铝盘条连铸连轧机列

图14-20所示为一由轮带式连续铸造机（图14-20（a））与14或15台三辊Y型连轧机组（图14-20（b））组成的铝盘条连铸连轧机列。

在该机列中，通过轮带式连续铸造机把690℃的铝液铸成断面为1300～3100mm^{2}的近似五角形的铸坯，然后直接送至三辊Y型连轧机列轧制成直径为ϕ9.0mm的铝盘条，其出线速度为4～13m/s。一般采用菱弧形-圆形孔型系统（图14-20（d））。电解厂采用这种工艺和设备与结构比较简单的连轧机相配合，直接用铝液进行连铸连轧，生产电线厂所需要的铝盘条是较为合理的。

14.4.2 导卫装置

导卫装置是型材轧制不可缺少的诱导装置。导卫装置的主要作用是保证轧件顺利地进入和脱出孔型，防止轧件的扭转、旁窜和缠辊等，在个别情况下还有使金属变形和翻转金属的作用。

导卫装置设计、安装的好坏对型线材的产量、质量有很大的影响，随着型线材生产的发展，对导卫装置的要求也不断提高。

从工艺角度要求导卫装置使用可靠、结构简单、耐磨，制造、安装、调整方便，重量轻，且应具有良好的共用性。

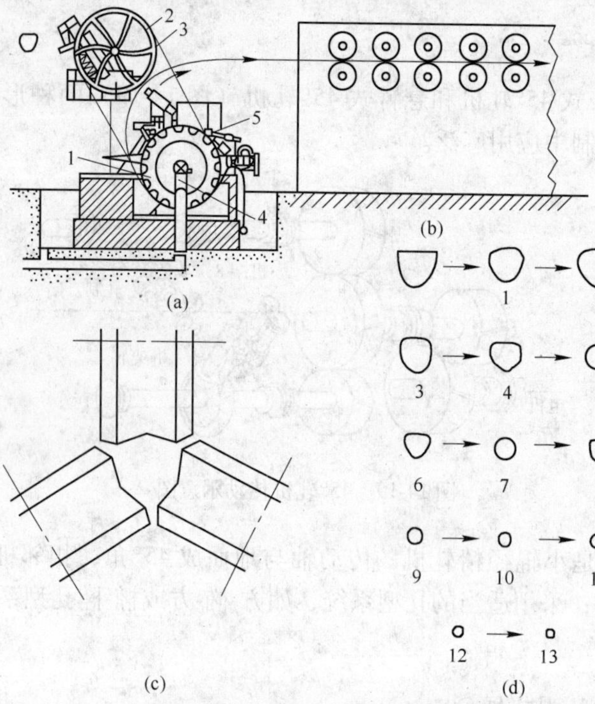

图 14-20　铝盘条连铸连轧机列
（a）轮带式连续铸造机列；（b）“Y”型连轧机列；
（c）连轧机列轧辊孔型；（d）轧件断面形状

导卫装置主要有入口导卫装置、出口导卫装置和围盘等，如图 14-21 所示。

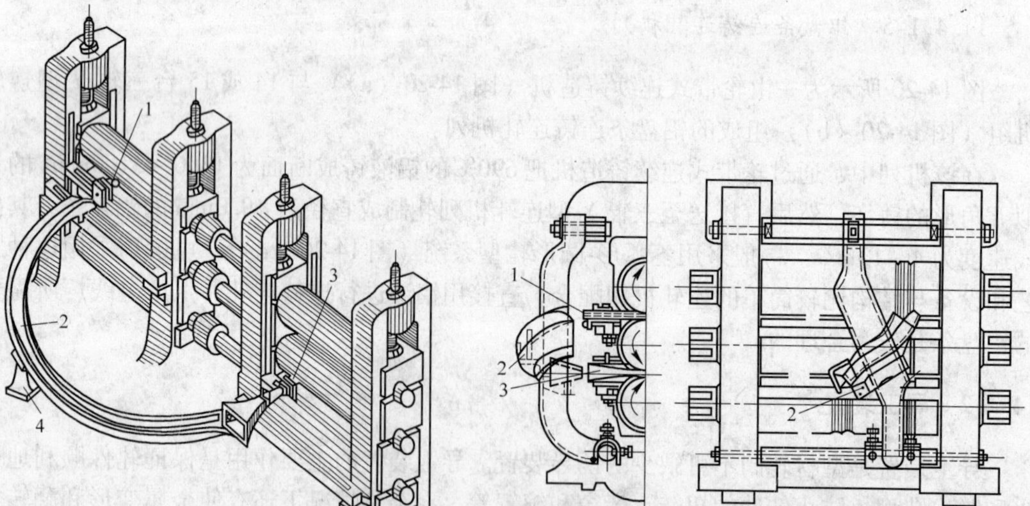

图 14-21　围盘
（a）平围盘；（b）立围盘
1—入口装置；2—盘体；3—出口装置；4—底座

入口导卫装置包括入口导板、入口夹板、入口夹板盒和滚动导板等，主要作用是引导轧件进入孔型；出口导卫装置包括出口导板和卫板以及出口导管，它们一般安装在轧件的出口侧，以使轧件能顺利的离开轧辊，使轧件不下弯也不上翘。

围盘主要用在横列式小型或线材轧机上，用来代替人工把轧件从一架轧机传送到另一架轧机中轧制。采用围盘不仅改善了劳动条件，同时又提高了轧机的生产能力。

根据用途和构造，围盘可分为平围盘和立围盘。平围盘用于两相邻机架间传递轧件；立围盘用于同一机架上各个孔型之间的传递轧件。平围盘按其传递轧件的形状又分为正围盘（传递方、圆断面轧件）和反围盘（传递椭圆、扁、菱形断面轧件）。

14.5　轧制注意事项及产品缺陷

14.5.1　轧制前的准备工作

轧制前应做好以下准备工作：

（1）检查轧辊和轧槽，要求无损坏、锈蚀、磨损，轧槽车削要符合要求。

（2）调整轧辊，使轧辊保持水平，用水平尺测量，侧斜度要符合要求。

（3）上下两轧辊要保持平行且两轧辊的中心线要在一条垂线上，用吊重锤法测量时偏离量要符合要求。

（4）导卫梁要用水平尺测量，导卫及围盘安装正确。

（5）轧辊辊缝要预先调到要求尺寸（设计的辊缝值减去辊跳值）。上下两轧槽要对正。

（6）各辅助系统均需检查无问题方可开动轧机。

（7）正式轧制前要试轧小料（将形状、尺寸符合要求的短料加热到规定温度后试轧）逐道次调整料型使之符合要求。

14.5.2　轧制时的注意事项

14.5.2.1　轧机调整

轧制时轧机的调整是很重要的，它可以弥补孔型设计和轧辊车削的不足，调整的好坏直接影响到轧机的产量和质量，调整工要全面掌握轧制时的工艺条件，主要是：

（1）掌握各道轧件的形状、尺寸，以保证合格的成品。发现问题要及时调整，包括径向调整（压下或压上）、轴向调整。

（2）检查导卫装置的安装和调整，发现问题及时调整、处理。

（3）掌握料温及冷却情况，不轧过热、过烧及低温轧件。

（4）检查轧槽及导卫装置的磨损情况，磨损严重的要及时更换。

（5）根据产品的缺陷分析产生的原因，对症下药进行处理。

14.5.2.2　冷却水与高压水

冷却水用以冷却胶木轴瓦、轧槽及导卫装置，同时也起到润滑作用。在有色金属及合金型线材轧制中，所用的冷却水的压力、用水量等，要根据品种、轧制速度、轴承种类而定。比如轧制紫铜时所用的冷却水要比轧制黄铜时的要多。

轧制某些有色金属及合金比如紫铜等时，要用高压水冲氧化皮，目的是防止氧化皮压入而造成夹杂、麻点等。高压水一般安装在轧件的比面积较大的道次的出口处，为100个大气压左右。

14.5.2.3 根据金属及合金的特性掌握工艺条件

比如重有色金属中H62轧件宽展要比其他有色金属及合金为大；H68对杂质铅、铋等的含量很敏感；H59-1高温时很软，轧件易打结，温度低时较硬易脆断；黄铜特别是H68易粘挂导板槽；某些低塑性合金铸锭在开始几道次的压下量要小些，等等。在轧制、调整时，要注意以上轧件的特性。

14.5.3 型线材轧制时的缺陷

轧制的型线材应符合公差要求，表面应光滑、平整、形状正确，不得有耳子、错圆、折叠、裂纹夹杂物等，但是允许有较轻微的机械损伤、起皮、结疤、麻坑等。

在型线材轧制过程中，由于加热或轧制过程中工艺制度掌握的不合适，或因孔型设计不正确及轧机调整不当，或因轧槽的磨损、损伤，或因导卫装置的设计、安装调整存在问题，都会使轧件产生缺陷。这些缺陷会使轧件的质量下降，严重时会使整个轧件报废，甚至在轧制时出现轧制事故，因此一定要掌握缺陷出现的原因和克服的办法。下面为常见的型线材轧制缺陷。

14.5.3.1 断面尺寸不符合要求

轧制时断面尺寸不符合要求，即断面尺寸不合，会经常出现在轧制圆、方、扁等轧件上。由于各种原因而造成断面尺寸不合，主要表现在型线材的直径或椭圆度不符合标准规定。

产生的原因主要有：孔型设计不合理或轧槽车削不符合要求，比如孔型设计时没有考虑热膨胀系数或热膨胀系数选取不当、孔型尺寸太大或太小、轧槽过深或过浅等；轧机调整不当，比如辊缝值不能满足要求或没有考虑轧辊的弹跳值等；料温波动太大，造成轧机的弹跳值波动过大；导卫装置安装不当，如成品导板过松、倾斜；连轧时未保持连轧常数，从而造成严重拉料或推料等。

14.5.3.2 耳子

轧件在孔型中轧制时，由于过充满使部分金属被挤进辊缝而形成耳子，即在轧件上产生的条状突起。常见的主要有单侧耳子、双侧耳子、轧件局部出现耳子等，产生的原因也各不相同。

单侧耳子形成的原因及调整方法是：由于进口导板安装不正，偏向一边，轧件在孔型中充满不均，一侧过充满会出现耳子，而另一侧会欠充满，如图14-22所示，调整的方法是向欠充满的方向调整导板；进口导板倾斜使孔型与导板中心线相交成一定的角度，也会造成单侧出现耳子。

双侧出现耳子的主要原因是：轧件在孔型中压下量过大，或者前一孔型轧出轧件过厚，反转轧件进入本孔型就会出现双侧耳子；导板安装过宽或磨损严重，使导板限制轧件的宽展作用过小，也会出现双侧耳子；在同一套孔型中轧制不同种类的有色金属合金，由于各种有色金属合金的宽展量不同，则在轧制宽展大的金属时，必然会出现双侧耳子。

轧件局部出现耳子可能会由于进口夹板在夹板盒中装得过松，可以自由摆动：偏左时，左边出现耳子，偏右时，右侧出现耳子。调整方法是紧固成品进口夹板，并使进口夹板槽孔的宽度比进口轧件的宽度大1～3mm。

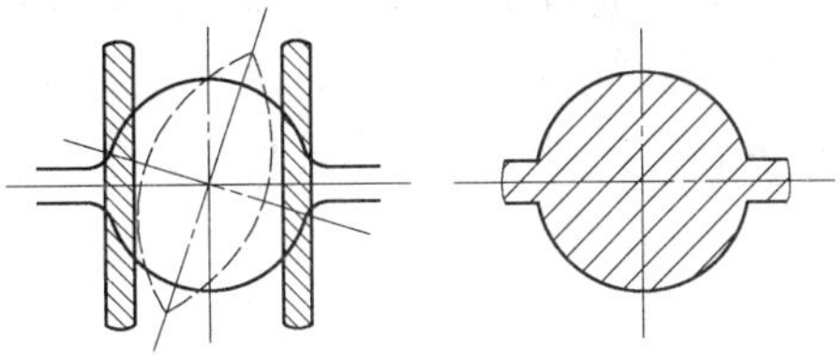

图14-22　导板安装过松或磨损严重产生耳子

孔型设计不合理或轧槽车削不符合要求，也会造成耳子。在设计孔型时，增大孔型辊缝处的圆角半径，可以消除不大的耳子（图14-23）；在闭口孔型中增大孔型槽底圆角半径，可防止在下一孔的锁口处挤出耳子（图14-24）。

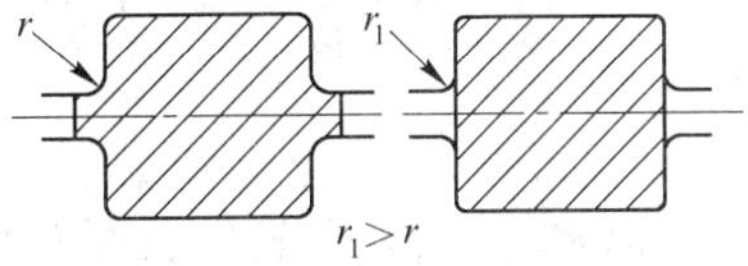

图14-23　箱形孔辊缝处圆角

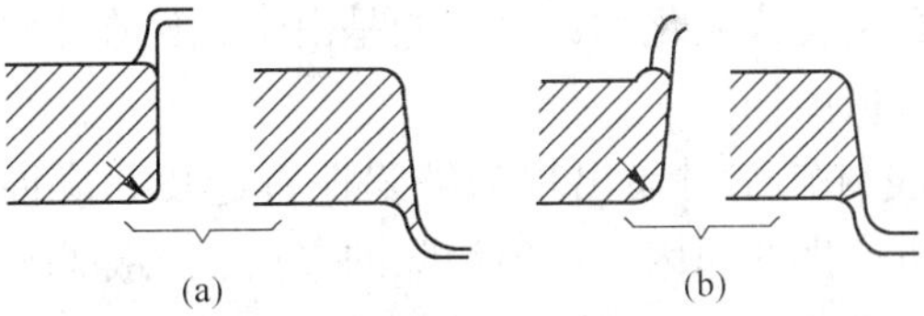

图14-24　孔型锁口处出现耳子

（a）圆角半径过小；（b）圆角半径增大

14.5.3.3　错圆

错圆就是指型线材轧件上下两个轧槽（半圆）左右错开，它是孔型轧制型线材时常出现的缺陷。

错圆产生的原因主要有：轧槽车削时，由于上下两轧辊的轧槽中心线没对正，在多线轧制时就会出现错圆（错辊）；调整时上下两轧辊的轧槽没对正；由于一些设备原因比如轧辊的轴向固定装置没有固定或松动，在轧制时会造成轧辊轴向窜动，轧制时就会出现断续的错圆。

14.5.3.4　折叠

型线材轧件表面沿轧制方向上呈线状或锯齿状折叠，一般用肉眼看不出来，折断口可见压折黑印，用酸洗后也可以检查出来。

折叠缺陷形成的原因主要是：由于孔型设计等方面的不合理，使成品前某一道次产生耳子或条状突起，继续轧制时形成折叠；由于导卫装置设计不当，加工不好或安装有问题，或导卫装置上有锐棱角，或由于地板、跑槽、辊道、活套沟等表面粗糙，使轧件产生严重的刮伤或划伤，在轧制时就易形成折叠。

消除折叠的方法是：由于耳子造成的折叠，在轧制时把精轧前孔的压下量适当减小些，同时把精轧再前孔的压下量适当的增加一些，这样在消除前一道次耳子的同时，就消除了精轧道次的折叠；由于导卫装置划伤或刮伤轧件而产生的折叠，就应该及时的更换导卫装置。

14.5.3.5 裂纹

裂纹包括裂缝、发裂等，表现在轧材表面呈现连续的或不连续的细小裂纹。

裂纹产生的原因有：锭坯本身存在着裂纹、疏松、皮下气泡或夹杂物，在轧制时就会产生裂纹；加热温度太低或太高，料温不均匀或料在高温时停留的时间过长等，在轧制时也易产生裂纹；轧制一些复杂合金锭坯时，因孔型设计不合理，孔型圆角太小，造成轧件角部冷却快产生角裂，有时因为开始几道次压下量过大而铸造组织的塑性差而产生裂纹。

14.5.3.6 划伤

划伤包括刮伤、擦伤、划痕等，主要表现在轧件表面有沟痕，且多呈直线状，也有呈弧线状或片状，长度、深度不等。

划伤主要是由于导卫装置设计不合理或加工、安装不当，有尖锐棱角，或工作表面部分粗糙，或在导板内粘有金属或氧化物；也可能是由于轧件在生产、储运过程中由于机械撞击、摩擦等而造成的机械擦伤。

有色金属及合金型线材轧制时易出现的缺陷还有起皮、麻面、压坑、凸块、夹杂物等，在轧制时要具体分析产生的原因，找出消除的方法，以提高轧件的质量。

14.5.4 型线材轧制事故的分析与处理

在有色金属及合金型线材轧制时，常见的轧制事故主要有缠辊、打滑、断辊、冲导卫等。有的轧制事故会使轧件的质量大大下降，而有的轧制事故会造成设备的破坏甚至工作人员的伤亡，生产中一定要注意。

14.5.4.1 缠辊

缠辊常常发生在轧件断面较小的情况下，且闭口孔型更易发生。生产中，严重的缠辊可以使轧辊折断或者牌坊、连接轴、人字齿轮、减速器和电机等受到损坏。

造成缠辊的主要原因是由于轧件较大的弯曲，而造成较大的弯曲以至于造成缠辊的原因主要有：锭坯加热的严重不均产生轧件的阴阳面，阴面朝上会使轧件向上弯曲；出口横梁的位置安装不正确，太高或太低都会使轧件产生很大的弯曲；崩套，即轧辊中某一个轴套破裂，造成一个轧辊停止转动，由于过大的速度差，会使轧件发生很大的弯曲或缠辊。另外轧件劈头严重也会造成缠辊的发生。

14.5.4.2 打滑

当锭坯的加热温度很高时，某些有色金属及合金在空气中生成的氧化皮又细又软，在轧制中起到润滑作用，使摩擦系数大大下降，轧件咬入轧辊后会卡在孔型中，轧辊虽然继续转动而轧件不再前进，这种现象称打滑。

处理这种事故的方法是增大轧件与轧辊间的摩擦系数，使轧件顺利通过。比如在孔型的入口处向轧件浇少量的水。

14.5.4.3 断辊

轧辊由于各种原因而造成的折断情况，主要产生在两个部位：辊颈与辊身接触处和辊身上。产生的原因有：辊身与辊颈冷热不均、轧辊的强度不够、热应力以及应力集中等，而轧制压力又大，从而造成断辊的发生。

断辊会造成很大的损失，为避免不必要的断辊事故，调整工要经常注意轧制条件的变化，并及时采取有效的措施，以保证轧机正常地工作。换辊时，必须正确安装轧辊及轧机的各个部件，轧制时操作人员也应按照操作规程进行操作。

14.5.4.4 冲导卫

即轧件在孔型出口处，将卫板或导管冲掉，造成的原因主要是导板、卫板的松动或安装时高于轧槽的底部等。

这种事故很危险，因轧件冲击力很大，尤其是轧件断面较大时，会使出口导卫装置飞出，以至伤害操作人员。因此操作人员在工作时，应尽量避免置身于孔型正前方。

除此之外，还有轧卡、爆槽、喂错轧件等，对于出现的轧制事故，要及时分析原因，总结经验教训。

复习思考题

14-1 什么叫孔型，什么叫孔型设计？
14-2 在有色金属及合金型线材轧制中，常用的延伸孔型系统有哪些？
14-3 在有色金属及合金型线材轧制中，常用的成品孔型系统有哪些？
14-4 什么叫“压力”轧制？在有色金属及合金型线材轧制时为什么要采用“上压力”轧制？
14-5 在有色金属及合金型线材轧制之前的加热制度主要包括哪些内容？
14-6 在有色金属及合金型线材轧制时，要注意哪些事项？
14-7 什么叫耳子，主要有哪几种常见形状？
14-8 什么叫错圆，什么叫折叠，出现的原因各是什么？
14-9 什么叫缠辊，什么叫打滑，出现的原因各是什么？
14-10 断辊出现的原因主要有哪些，怎样减少或避免断辊的出现？

15 轧制管材生产

15.1 热轧管材生产

在无缝管材生产中，直至19世纪中期，几乎全部采用各种铸造法。后来，随着挤压法的出现，开始采用立式机械挤压法生产。随着斜轧法的出现，用轧制方法可以把实心的圆坯（锻坯或轧坯）直接轧制成毛管。从此，管材生产有了很大的发展。

在有色金属及合金的无缝管材生产中，由于品种繁多，质量要求高，所以采用挤压法生产较多，但是在生产批量较大、塑性较好的有色金属及合金管材时，还可以采用斜轧穿孔法。特别是三辊斜轧穿孔机的使用，使更多的有色金属及合金管材的生产，开始采用以轧代挤的方法。

用热轧法生产有色金属及合金管材，多与其他方法配合使用。例如，斜轧穿孔-冷轧-拉拔法；斜轧穿孔-拉拔法。采用斜轧法生产管材，建厂投资少，生产成本低，生产率高，金属收得率高，但是生产的产品规格少，对锭坯的质量要求高，因此目前多用来生产塑性较好、批量较大的紫铜、黄铜、钛及钛合金、铝合金等无缝管的毛管。

15.1.1 斜轧穿孔时金属变形的规律

15.1.1.1 斜轧穿孔方法

在有色金属及合金的热轧管材轧制中，主要是指斜轧穿孔，其任务是把实心的锭坯穿制成空心的毛管。按照穿孔机的结构和穿孔过程的变形特点，管坯斜轧穿孔分为菌式穿孔机穿孔、盘式穿孔机穿孔和辊式穿孔机穿孔，如图15-1所示。其中辊式穿孔机包括二辊式和三辊式，应用最为广泛。

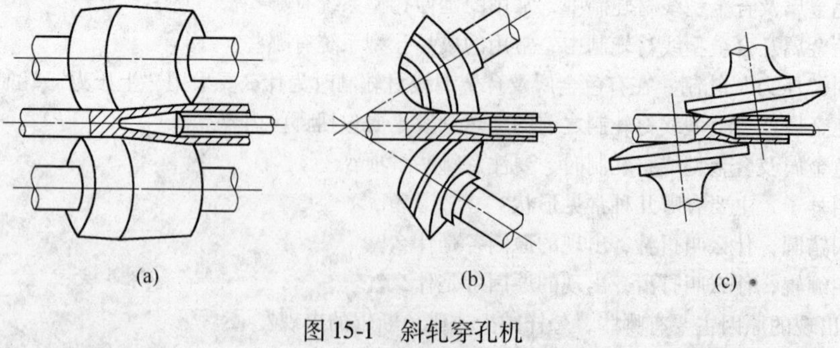

图15-1 斜轧穿孔机

（a）辊式；（b）菌式；（c）盘式

A 二辊斜轧穿孔机

一般的二辊斜轧穿孔机，轧辊左右放置，导板上下放置，这种穿孔机称为卧式斜轧穿孔机；新的二辊斜轧穿孔机是轧辊上下放置，导板置于孔型左右位置，即所谓的二辊立式斜轧穿孔机。

辊式穿孔机结构完善，辊身长，毛管质量好；轧辊具有较大的强度，且轧辊倾角可以调整，产品范围广，生产率高，在有色金属及合金管材斜轧穿孔中应用广泛。

卧式斜轧穿孔机的轧辊为双鼓形，两轧辊放置于相互平行的两个垂直面上，轧辊轴线在水平面上的投影相互平行，且与轧制线在垂直面上的投影相交成3°～13°角，此角度可以用转鼓装置进行调整。两个轧辊旋转方向相同，两导板固定不动，起到限制轧件横向变形的作用。在轧辊出料端装有能转动的顶头。

把加热好的实心锭坯从入口端沿轧制线方向送入穿孔机时，坯料作螺旋形运动，即边旋转边前进，并在轧辊、导板和顶头构成的一个“环行封闭孔型”中受到轧制，发生塑性变形，轧制成毛管。

B　三辊斜轧穿孔机

三辊斜轧穿孔机的结构与工作原理如图15-2所示，轧辊的形状和二辊轧机相同。三个轧辊也是同向旋转，且互成120°安放，这样轧件较稳定地处于轧制线上，因此取消了导板。轧辊轴线与轧制线的交角为5°～15°。

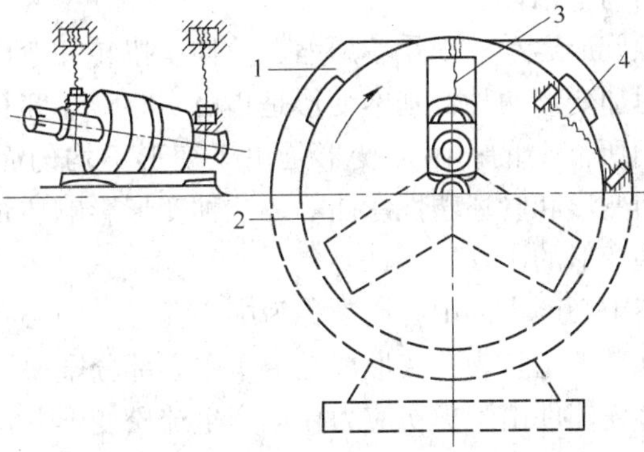

图15-2　三辊斜轧穿孔机的结构简图

1—固定机架；2—活动机架（转盘）；3—压下结构；4—调整送进角的旋转机构

与二辊斜轧穿孔机相比，此种轧机由于金属受力状态较好，变形区不再形成孔腔，适合于轧制塑性差且较难变形的有色金属及合金坯料，并可用铸坯直接轧制成毛管。

15.1.1.2　斜轧穿孔的运动学条件

斜轧穿孔时管坯做螺旋运动是形成穿孔过程的运动学条件，这个条件是靠各轧辊的同向旋转和交错布置（轧辊轴线与轧制线有交角）来实现的。

管坯在辊式穿孔机上穿孔，如图15-3所示，轧辊的转速为 n_g，轧辊的任意断面上的直径为 D_x，则轧辊表面上任意点的圆周线速度 V_x 为：

$$V_x = \pi D_x n_g / 60 \text{ m/s} \tag{15-1}$$

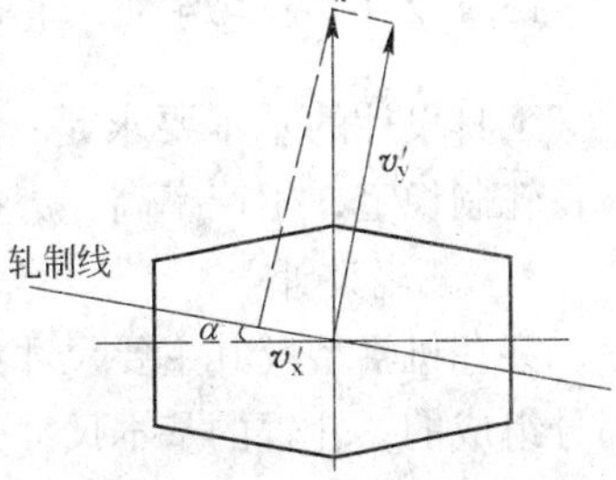

图15-3　辊式穿孔机速度分解

将轧辊的圆周线速度 V_x 分解为与穿孔中心线（即轧制

线）平行及垂直的两个分速度 V_{xx} 和 V_{xy}，则：

$$V_{xx} = V_x \sin\alpha \tag{15-2}$$

$$V_{xy} = V_x \cos\alpha \tag{15-3}$$

式中　α——轧辊轴线与穿孔中心线的夹角，称为轧辊倾角。

轧辊的旋转运动通过摩擦作用传递给管坯。如果管坯与轧辊间无相对滑动时，则轧辊将两个分速度等值靠摩擦传递给管坯，这样管坯就获得了与 V_{xx} 和 V_{xy} 大小相等、方向相反的两个分速度：其中前者是使管坯沿着穿孔中心线方向运动的速度，称为管坯前进速度；后者是使管坯围绕穿孔中心线回转运动的速度，称为管坯回转速度。管坯具有这两个速度，因此使管坯作螺旋形运动，即边旋转边前进。这就是斜轧穿孔中轧件的运动学条件。

在实际生产中，管坯与轧辊间有相对滑动，即金属（管坯与毛管）的实际运动速度与轧辊表面的运动速度是不相等的。轧件的实际运动速度与轧辊的理论运动速度的比值称为滑动系数，分为切向滑动系数和轴向滑动系数。

15.1.1.3　斜轧时孔腔的形成

斜轧穿孔过程金属的变形区横断面呈环行，即有轧辊、导板和顶头所构成的一个环行；纵截面是小底相接的两个锥体。

金属在变形区内呈螺旋形运动，承受着压缩、拉伸、扭转和弯曲等复杂变形。这些变形中可分为基本变形和附加变形两种：基本变形是指由实心管坯穿孔成毛管时轧件几何形状和尺寸的变化，是我们所需要的；附加变形是由于变形不均匀而在金属内部产生的变形，包括扭转变形、剪切变形和管坯塑性弯曲等，这种变形影响质量、产量，增加能量消耗，因此要尽量减少这些变形的出现。

在斜轧穿孔时，管坯中心产生的中心撕裂称为中心孔腔。中心孔腔的形成原因，一般用综合应力理论解释。这种理论认为孔腔形成是由于中心部分金属受交变的切应力和很大的拉应力作用的结果：首先轧件由于剪切应力作用产生疏松变形并出现微裂，微裂在拉应力作用下扩大成许多未相互连接的裂缝，使中心产生疏松；其次裂缝在大的拉应力作用下继续扩大并互相连接而成不可焊合的孔腔。

生产中出现孔腔，可以使穿孔时顶头的阻力减小，因此使穿孔力减小。但在穿孔时过早出现孔腔，会使毛管的内表面出现“内折”，使穿孔的质量大大下降。因此要尽量避免过早的出现孔腔。

15.1.2　斜轧穿孔的工具设计与设备

15.1.2.1　斜轧穿孔工具设计

工具设计的基本要求是：产品几何形状和尺寸符合要求，产品表面质量好；咬入容易，轧制稳定，生产率高；磨损均匀，能量消耗低。

A　轧辊设计

穿孔机辊型及其主要尺寸如图 15-4 所示，轧辊辊身是由入口锥、出口锥及轧制带三部分组成的，轧辊的基本尺寸是轧辊直径即轧制带直径 D_0 和辊身长度 L_0。

轧辊直径 D_0 主要从轧辊强度和咬入条件角度考虑，一般先用经验公式估算，然后进行强度和咬入校核。

$$D_0 = 2.5d_{max} + (350 \sim 450) \tag{15-4}$$

式中　d_{max}——在该穿孔机上轧制的最大管坯直径，mm。

近来，在有色金属及合金管坯穿孔中，设计小规格新型轧机时，轧辊直径有增大的趋势，在上式的基础上增加150～200mm。它虽增大了轧机的外形尺寸和轧机的重量，但能改善咬入条件，增加轧辊的强度，轧机工作更加方便。

辊身长度 $L = L_1 + K + L_2$，应比变形区长度长30～50mm，以便于调整。

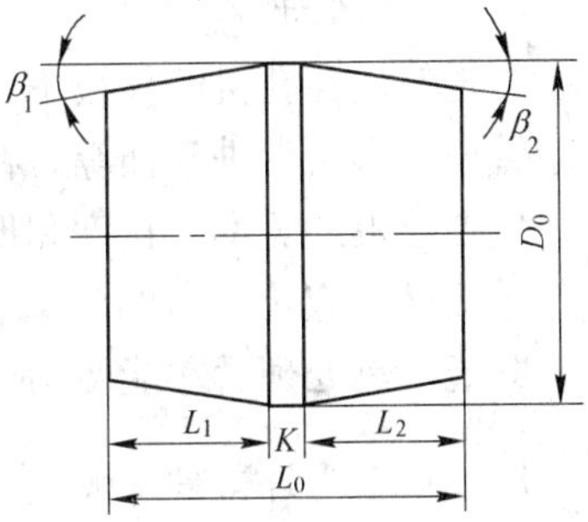

图15-4　穿孔机轧辊

穿孔锥角 β_1 在满足生产规范要求的条件下，取值不宜太大，一般为3°～4°，以便于咬入。小锥角还可以减少坯料前进的阻力，提高滑动系数，改善毛管的内外表面质量。

碾轧锥角 β_2 的确定也极为重要。该角过大使管坯椭圆度增大，易出现“外折”和“微裂”；过小又易产生“后卡”。一般采用3°～8°。在有色金属及合金穿孔时，多采用等径穿孔原则，即选用的坯料直径大致等于毛管的外径。

轧辊的材质，要求具有一定的耐磨性，同时辊面应具有较大的摩擦系数，以利于咬入。目前多采用50、50Mn或65Mn的铸钢或锻钢，热处理后表面硬度HB = 151～184。在生产低塑性有色金属及合金毛管时，为了提高辊面摩擦系数，有时被迫采用更软的材料。

B　顶头设计

变形区任一截面之顶头直径必须与该截面的轧辊相配合，它决定了辊缝的尺寸，也决定了管坯的压下量。图15-5所示为工厂常用的三种顶头。顶头工作表面通常有四个部分组成：顶头鼻部、穿孔锥、平整段及反锥。

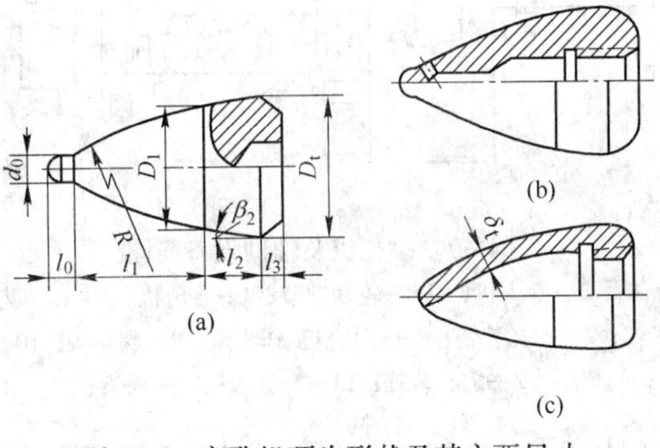

图15-5　穿孔机顶头形状及其主要尺寸

(a) 更换式非冷水顶头；(b) 内外冷水顶头；(c) 内冷水顶头

顶头鼻部的主要作用是：防止坯料轴心区最初形成的孔腔与空气接触发生氧化进而形成内折。顶头鼻部的直径约为管坯外径的0.15～0.25倍，大致等于管坯疏松区的直径；它的长度与直径相等。

穿孔锥（工作锥）是加工金属的主要部分，它将实心的管坯穿孔并逐渐形成壁厚，所以受力较大，且最易磨损。一般设计的较长，这样能使穿孔变形缓和均匀，阻力减小，能耗下降，提高毛管的质量。但过长会增大顶头的阻力，并易产生轧卡，因此必须选择适当。

平整段（均壁锥）的作用是均整毛管的壁厚，它的长度应保证毛管任意点金属都在变形区平整段至少受一次的加工，以达到均整的效果。

反锥就是在顶头的末端带一定的反向锥度，以免划伤毛管的内表面。

顶头的材料要求具有良好的高温强度和耐磨性、良好的导热性、耐急冷急热性。目前常用的有 $3Cr_2W_8V$，$20CrNi_3A$ 等。

C 导板设计

二辊斜轧穿孔机的导板不仅是轧件沿轧制线运行的导向装置，而且参与变形，比如限制毛管横变形，促进延伸等。在设计时要从变形过程对它的要求出发来确定它的形状和尺寸，包括导板的宽度、长度和形状等。设计时要以同外径的薄壁管为准。

导板材料应具有高的耐磨性和足够的强度，常用的导板材料为 $Cr_{15}Ni_2$、$Cr_{25}Ni_3$ 等，铸后磨光，热处理后才能使用。

15.1.2.2 斜轧穿孔机

在有色金属及合金斜轧穿孔中，普遍使用的是二辊斜轧穿孔机，图 15-6 所示为穿孔机平面布置及附属设备图。穿孔机组由工作机架及主传动装置和前后工作台组成。前工作台包括管坯输入辊道、斜台架、可升降的受料槽、扣瓦、气动推料器等组成。后工作台包括升降辊道、定心辊、固定顶杆的止推轴承、顶杆小车等。

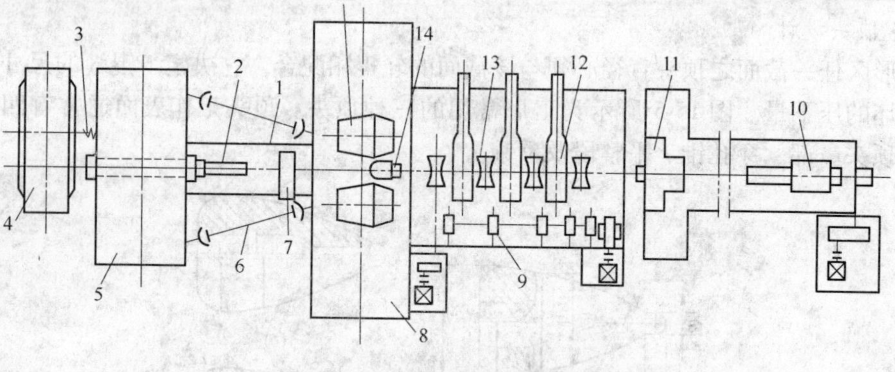

图 15-6 穿孔机及辅助设备简图

1—受料槽；2—推入机；3—齿轮联轴节；4—主电机；5—减速齿轮座；6—万向连接轴；7—扣瓦装置；8—穿孔机工作机座；9—翻斗钩；10—顶杆小车；11—止挡架；12—定心装置；13—升降辊；14—顶头；15—轧辊

在二辊斜轧穿孔机上生产有色金属及合金管材时，毛管经常由于内折而报废，尤其是低塑性的合金管材更为严重。采用三辊斜轧穿孔机，基本上可以克服上面的缺点。它对生产低塑性的有色金属及合金毛管更为合适。我国自行设计和制造的小规格三辊斜轧穿孔机，用来穿轧钛及铝合金管坯，效果良好。

15.1.3 斜轧穿孔工艺

斜轧穿孔工艺流程主要包括：管坯的选择、管坯的检查与表面清理、管坯的切断、管坯的定心、加热、斜轧穿孔以及毛管精整等。

15.1.3.1　二辊斜轧铜及铜合金毛管

在 ϕ76 穿孔机上生产铜及铜合金毛管时，轧制圆周速度为 1.8 ~ 2.5m/s，理论前进速度为 0.2 ~ 0.25m/s，轧辊转速为 89r/min，轧辊直径为 400 ~ 500mm，送进角为 8°，轧辊入口锥角为 3.5°，轧辊出口锥角为 3.5°，轧辊的辊身长度为 350mm，压缩带宽度为 20mm，入口锥长度与出口锥长度相同。

铜及铜合金斜轧穿孔工艺参数列入表 15-1。

表 15-1　铜及铜合金斜轧穿孔工艺参数

合金牌号	加热温度/℃	加热时间/min	备　注
T2	815 ~ 870	60	锭坯的尺寸均为 ϕ80mm × 600mm
H96	815 ~ 870	60	
H68	760 ~ 790	60	
H62	700 ~ 760	70	
HPb59-1	680 ~ 730	70	

15.1.3.2　三辊斜轧铝及铝合金毛管工艺

在三辊斜轧穿孔机上利用空心锭坯轧制铝及铝合金毛管。轧辊直径为 ϕ245mm，轧辊辊身长度为 240mm，轧辊转速为 179r/min。

穿孔所用锭坯的尺寸：纯铝锭坯（L1、L2）外径为 ϕ80 ~ 100mm，壁厚为 15 ~ 20mm，长度为 1000mm；铝合金锭坯（LF2、LY11）外径为 ϕ70mm，壁厚为 15 ~ 20mm，长度为 700mm 的圆形空心锭坯。

铝及铝合金均匀化及加热制度见表 15-2。

表 15-2　铝及铝合金均匀化和加热制度

合金牌号	均匀化温度/℃	均匀化时间/h	加热温度/℃	加热时间/h
L2、L3			480 ~ 510	3 ~ 6
LF2	520	24	530	4
LY11	490 ~ 500	24	455 ~ 465	4

轧辊出口锥角和入口锥角应随合金热变形抗力的增大而减小。当热轧纯铝 L2、L3 锭坯时，出入口锥角均为 3.5°；在热轧铝合金 LF2 锭坯时，则可减至 2°。送进角为 5° ~ 7° 较为适宜。轧制过程所用的工艺润滑剂为：干油或汽缸油加入 5% ~ 10% 的石墨配置成的混合液。

15.2　冷轧管材概述

15.2.1　管材冷轧的基本方法

在有色金属及合金的管材冷轧中，应用最广泛和最具代表性的方法是周期式冷轧管法，根据轧机所具有的轧辊、轧槽的结构形式，主要有二辊周期式冷轧管法和多辊周期式冷轧管法，其中前者应用尤为广泛。除周期式冷轧管机外，还有连续式冷轧管机、行星式冷轧管机、摆式冷轧管机和冷旋压机等。冷轧管机现已能生产直径为4～450mm，管壁最薄为0.04mm的有色金属及合金管材。

15.2.1.1 二辊式冷轧管法

二辊式冷轧管法的工作原理如图15-7所示。在轧辊2中部凹槽中装有带变断面轧槽1的孔型块，由耐磨的材料如GCr15锻坯加工制成。孔型的尺寸是变化的，其最大断面（开始尺寸）与管坯5外径相当，最小断面（终了尺寸）与成品管6的外径相等。在辊身上还开有两个切口，这样就可以避免进料和转料时管坯与轧槽接触，在轧制过程中管坯可以在孔型中进行轴向送进或自由反转。管坯5中插入锥形芯棒3，后者与芯棒杆4连接。在轧制过程中，芯棒3与芯棒杆4只作间歇式的转动。

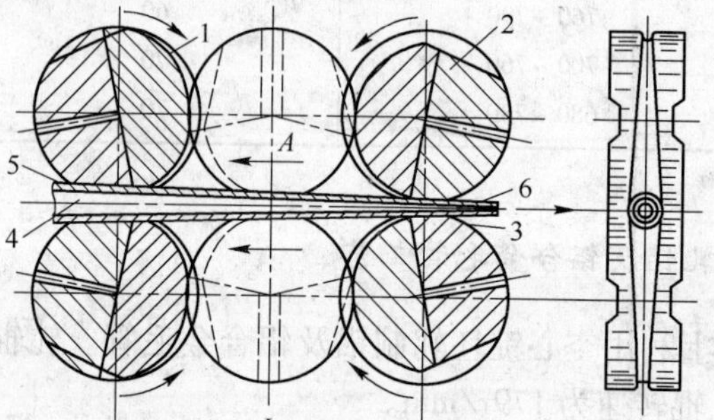

图15-7 周期式冷轧管简图

1—轧槽；2—轧辊；3—芯棒；4—芯棒杆；5—管坯；6—成品管

轧制开始时，轧辊位于孔型开口最大的极限位置Ⅰ，用送进机构将管坯向前送进一段距离。随后轧辊向前滚动时对管坯进行轧制，直到轧辊位于孔型开口最小的极限位置Ⅱ为止，轧出一段成品管。然后借助回转机构使管坯转动一个角度60°～90°，轧辊开始向回滚动，再对轧件进行均整、碾轧，直到极限位置Ⅰ为止，完成一个轧制周期，如此重复以实现管材的周期轧制过程。由于该过程是在常温下进行的，一般低于金属的再结晶温度，所以称为周期式冷轧管法。

两个轧辊的旋转往复运动如图15-8所示。在轧制过程中，工作机架3连同轧辊4，由曲柄连杆机构1、2带动做往返运动。工作机架内装有两个轧辊4，每个辊子的辊头上装有斜齿轮6，借此使上下轧辊得到同步旋转。下辊的辊端还装有直齿轮7，它与固定在机架两侧的托架上的齿条8相咬合，机架移动时，下轧辊由于主动直齿轮7和固定齿条8咬合而旋转，借助被动齿条8下上轧辊做同步而方向相反的运动。管坯在轧辊的往返运动中，在变断面的孔型中被加工成成品管。

15.2.1.2 多辊式冷轧法

多辊式冷轧法的工作原理如图15-9所示。在一个特殊的辊架1中装有三个轮子2，它

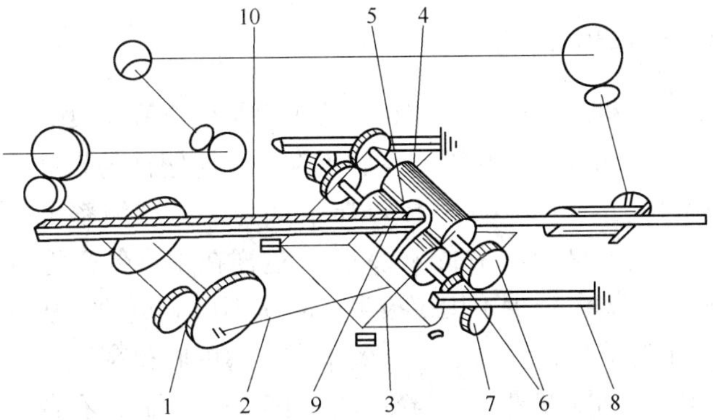

图 15-8 冷轧机构原理示意图

1，2—曲柄连杆机构；3—工作机架；4—轧辊；5—轧槽；
6—斜齿轮；7—直齿轮；8—齿条；9—芯棒；10—管坯

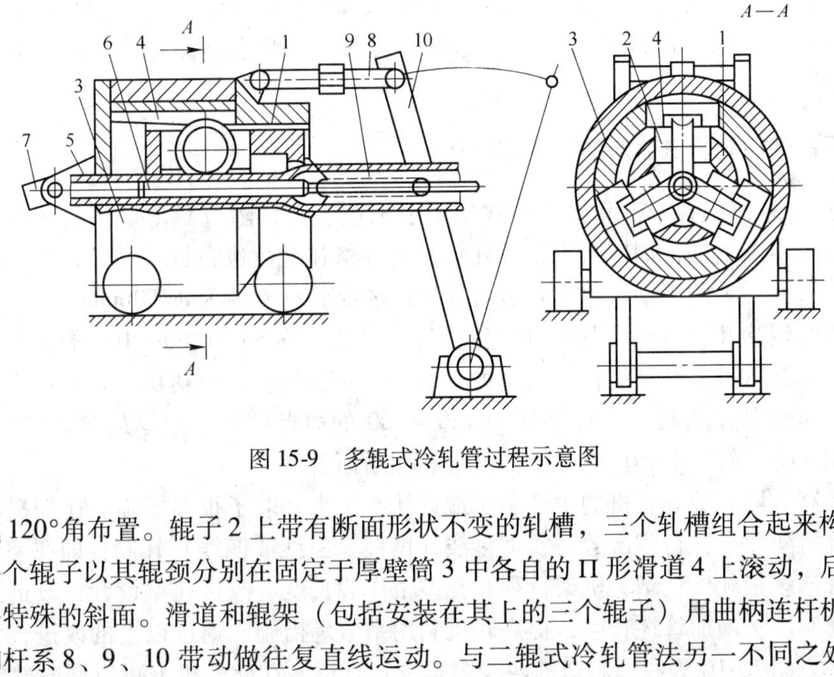

图 15-9 多辊式冷轧管过程示意图

们相互成 120°角布置。辊子 2 上带有断面形状不变的轧槽，三个轧槽组合起来构成一个圆孔型。每个辊子以其辊颈分别在固定于厚壁筒 3 中各自的 Π 形滑道 4 上滚动，后者沿其长度上有一特殊的斜面。滑道和辊架（包括安装在其上的三个辊子）用曲柄连杆机构 7 或曲柄摆杆和杆系 8、9、10 带动做往复直线运动。与二辊式冷轧管法另一不同之处是管坯 5 中插入的是圆形芯棒 6。

多辊式冷轧机工作时，当辊子位于滑道的低端时，孔型的断面最大，此时进行送进和回转，随着辊子和滑道向前运动，滑道逐渐压下辊子，使孔型断面逐渐减小对管坯进行轧制。当辊子位于滑道的高端时，孔型的断面最小，管坯获得成品管尺寸，即由管坯轧制成成品管。

多辊式冷轧管的主要特点是：由于采用了三个以上的小直径轧辊，金属对轧辊的压力相对降低，轧辊与芯棒的弹性变形也小，故可以生产高精度大直径的薄壁管材；由于变形均匀，所以生产出来的管材表面光洁，质量好。

根据上述特点，多辊式冷轧管机适用于轧制塑性较低的有色金属及合金管材，比如钨、钼、锆等合金管材。

15.2.2　周期式冷轧管法的优、缺点

在有色金属及合金管材生产中，冷轧和冷拉拔都是生产高精度、高表面质量和薄壁管材的主要方法。与拉拔相比较，冷轧管法有利于发挥金属塑性的最佳应力状态图，管坯在一套孔型中的变形量可高达90%以上；壁厚压下量与外径减缩率可分别达70%和40%，比用冷拔时在两次退火间的总加工率高4～5倍。这样在生产低塑性难变形的有色金属及合金薄壁管材时，就可以大大减少了用拉拔生产时所不可避免的多次酸洗、退火和制夹头等工序，缩短了生产工艺流程，提高了生产效率和金属的收得率。

冷轧的管材表面质量和精度高，堪与冷拔的相媲美，因此，有色金属及合金管材在冷轧后，一般可以直接交货而无需再经过拉拔。

由于轧制过程所具有的周期性，在生产塑性良好的合金管材时，以及管壁较厚的管材时，冷轧管法的生产率显得比拉拔法的生产率低得多。

与拉拔相比，冷轧管法也有一些缺点，比如设备结构复杂，一些零部件易损坏，而且维护和保养麻烦；轧辊孔型块加工制造比较复杂，生产费用高，另外还需要有专用的机床等。

15.2.3　周期式冷轧管法生产的发展与现状

周期式二辊冷轧管机在1932年正式应用于工业生产，随着对薄壁管材的品种、规格和数量的需要不断增加，周期式二辊冷轧管机的规格和台数也在日益增长，并且已经形成了系列化。目前最大的周期式冷轧管机可轧出的成品管材外径为ϕ450mm。

周期式二辊冷轧管机轧出的管材的直径与壁厚比（D/S）为60～100的薄壁管，在小型号的LG-30轧管机上轧制的管材最薄为0.5mm，个别情况下可达0.2mm；而在多辊式冷轧管机上，可以轧出直径与壁厚之比为150～200的薄壁管材，壁厚最薄可达0.025mm。另外在周期式冷轧管机上还可以生产异型管和变断面管材。

为了提高周期式冷轧管机的生产率，最近几十年来采取了很多措施。比如提高轧管机速度、增加机架每分钟行程次数；实现多线（两线、三线或四线）轧制，即在一台轧机上可以同时轧制多根轧件；增大机架行程和孔型工作段长度、改进孔型设计；改进送进回转机构与工作制度；增加管坯长度，提高轧机利用系数等措施。通过以上的改进，大大提高了生产效率。图15-10为我国制造的四线多辊冷轧管机，在此轧机上可以同时轧制四根管子，这样不仅减少了单位产量的设备投资、占地面积、操作人员，还可以大大提高生产效率。

冷轧管技术的发展方向是采用多机架连续冷轧管机，如图15-11所示，轧机由轧辊轴线互相垂直安装的8～9个机架组成。由于彻底地摆脱了周期式的工作制度，实际上对增加速度是不受限制的，因此可以大大提高生产效率。目前已应用与生产上的连续式冷轧管机有随动芯棒式、限动芯棒式和半限动芯棒式等。

对于一般的有色金属及合金管材皆在冷状态下（常温）轧制，但是对于像钨、钼一类在常温下变形抗力很大、塑性较差的材料，或者加工硬化快的，如硬铝、某些黄铜、钛合金等材料，采用温轧（适当加热，但温度低于再结晶温度）可以降低轧制压力，增大伸长系数和送进量，提高轧机的生产效率。

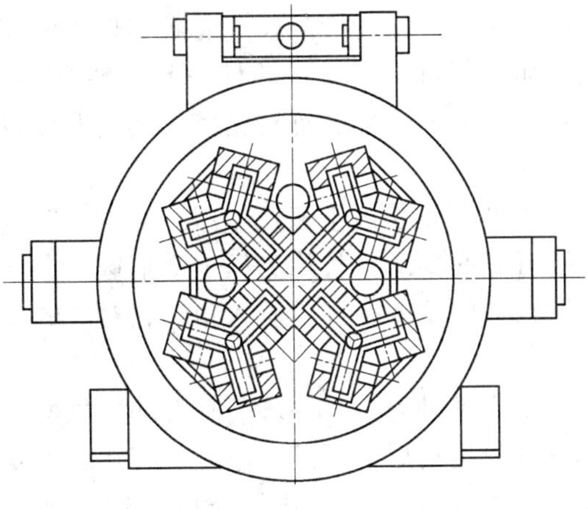

图 15-10 四线多辊冷轧管机

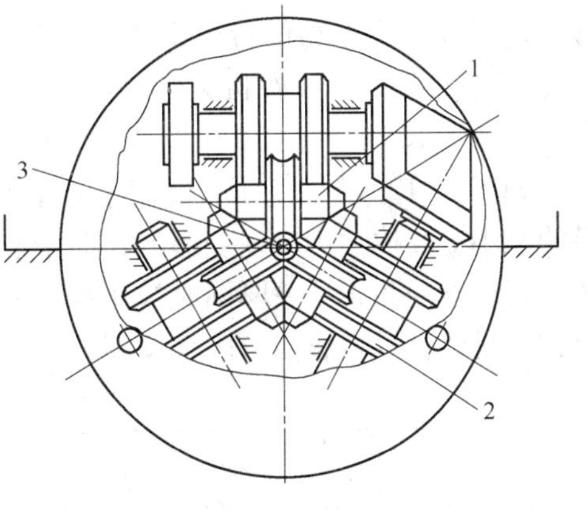

图 15-11 多辊连续式冷轧管机机架简图
1—工作辊；2—支撑辊；3—芯棒

15. 2. 4 周期式冷轧管的变形与应力

15. 2. 4. 1 金属的变形过程

在周期式冷轧管机上轧管时，管坯的变形过程如图 15-12 所示。当轧辊处于原始位置时，管坯向孔型中被送入一段距离 m（进料量），这时管坯内表面与芯头脱离接触，并形

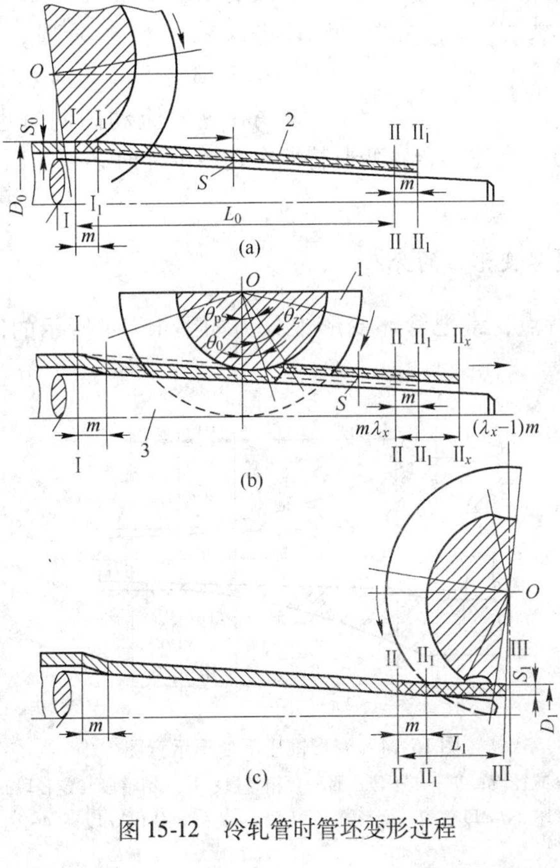

图 15-12 冷轧管时管坯变形过程

成一定的间隙。随着轧辊向前运动，孔型与管坯接触，首先进行减径，继而实现减壁变形。轧辊转至最末端位置时，孔型与管坯脱离接触，管坯同芯头、芯杆一起回转 60°或 90°，接着机架返回。在机架返回过程中，轧辊孔型对变形锥金属进行精整，其变形率较小，一般在 10% 左右。

如图 15-12（b）所示，轧槽中心角 θ_p 所对应的变形锥长度上只产生减径变形，即直径的减小，故称之为减径变形区；而中心角 θ_0 所对应的变形锥长称为压下变形区，在该区内管子直径和管子壁厚同时被压缩。θ_0 和 θ_p 所构成的角 θ_z，称为咬入角，它对应的变形锥就是轧管时金属变形区全长。

每次送料量为 m 的一段管坯并非在机架完成一次往复运动后，而是经往复多次轧制才获得了成品尺寸的，在工作锥长度一定的情况下，送料量 m 越大，则需要轧成成品尺寸的次数越少，轧机的生产效率也就越高。

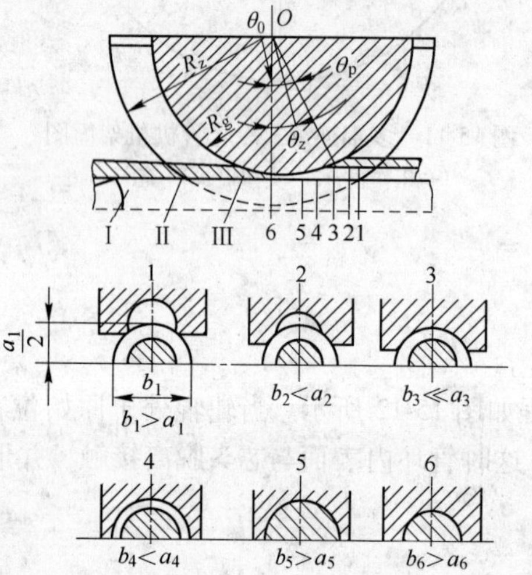

图 15-13　冷轧管时管坯断面的变形过程

管坯与孔型接触后，在横断面上的变形如图 15-13 所示。当管坯与轧槽接触后，两个轧槽首先以四个点与管坯接触，使管坯在水平方向上产生压扁变形（图 15-13 断面 1）。继而在整个断面上（包括垂直方向上）产生不大的压扁变形（图 15-13 断面 2）。然后管坯进入减径变形阶段，管壁厚度略有增加（图 15-13 断面 3 和 4）。最后进入减壁变形，金属在纵向流动的同时也横向流动产生宽展（图 15-13 断面 5 和 6）。上述的金属变形特性在孔型设计时必须加以考虑，否则将不可能获得合格的产品。

15.2.4.2　压下量沿变形锥的分布

根据冷轧变形的特点，常把管坯变形锥分为如图 15-14 所示的四段：减径段、压下段、预精整段和精整段。

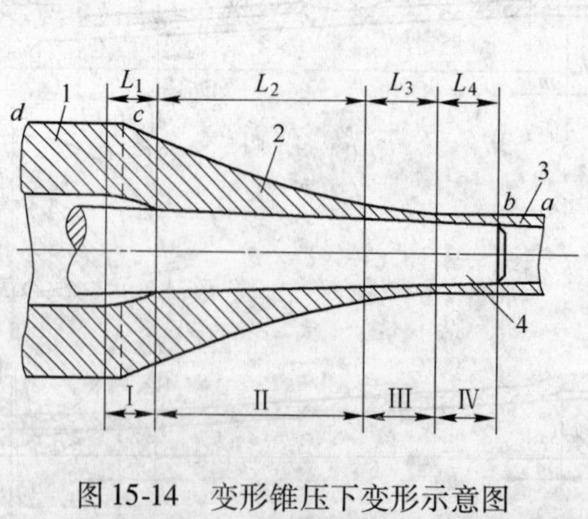

图 15-14　变形锥压下变形示意图

Ⅰ—减径段；Ⅱ—压下段；Ⅲ—预精整段；Ⅳ—精整段（定径段）；
1—管坯（d-c 段）；2—变形锥（c-b 段）；3—管材（b-a 段）；4—芯头

在减径段，管坯在减径的同时还有壁厚的增加，其增量随着减径量的增加而增大，增加量一般为原壁厚的3%～15%。壁厚增加是与金属所受的应力状态有关，管坯周向上作用的强大压力是壁厚增加的主要原因。除此之外，管坯所受的轴向应力也有影响，比如轴向为拉应力则会减少壁厚的增加。在减径段，由于加工硬化，使硬度急剧增大，这样使金属在随后的压下段内的塑性变形就很困难了，因此必须限制壁厚的增加量。

在冷轧管过程中同时存在着两种变形：壁厚压下（减壁）和直径压缩（减径），在一次轧制过程中应使减壁量与减径量之间保持一个合适的比例，否则会影响到冷轧管材的质量和轧机生产率。例如轧制铝合金管材时，由于对其表面质量要求高，所以减径量不能过大，但是它限制了冷轧管生产率的提高。

冷轧管时，在变形区内随着管径的压缩，还出现管坯压扁现象。压扁时管坯内表面一部分离开芯头，使接触面积减小，不均匀变形增大。同时孔型内金属宽展量和变形锥椭圆度都增大，导致轧制条件的恶化和管材表面出现各种缺陷。

要改善轧制条件，既要提高管材的质量，又要提高冷轧管机的生产效率，可以在同一孔型中使用两种不同锥度的芯头。比如某厂采用一种锥度为$2\tan\alpha=0.0158$，另一种锥度为$2\tan\alpha=0.037$的双锥度芯头，效果良好。

15.2.4.3　变形区内的应力状态

冷轧管时变形区内的金属各部的应力状态比较复杂，而且会发生一定的变化，它主要与外摩擦、变形的不均匀性以及轧制制度等有关。

如图15-15所示，在变形区内每个断面的高向和横向上都作用着压力P_1和P_2，另外还有轴向力T，其方向是拉力还是压力要进行具体分析，但多数情况下为压力。因此冷轧管变形过程是由轧槽正压力P_1和横向压力P_2以及轴向压力（拉力）T作用在金属上而实现的，也就是说，在一般情况下，冷轧管变形区内的金属处于三向压应力状态。而在轧槽出口处金属则处于单向拉应力状态。

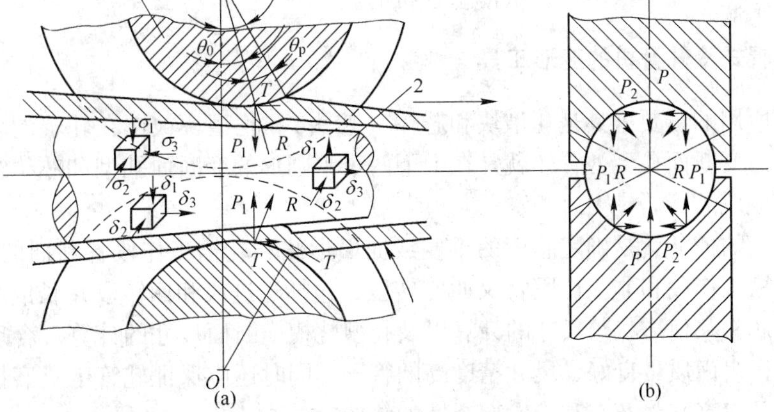

图15-15　冷轧管时变形与应力图

（a）孔型纵断面图；（b）孔型横断面图

1—轧辊；2—芯棒

在冷轧管过程中，主压应力的作用可阻碍金属晶间的滑移，保持金属的完整性，所以这样的变形条件能够充分发挥金属的塑性，因此可以用来轧制一些低塑性的有色金属及合金管材。特别是与拉拔相比较，更显示出它的优越性。因为拉拔变形时金属处于强烈的拉应力状态下，所以冷拉铝合金管时两次退火间的加工率不能超过55%～60%，而冷轧管时可达90%以上。

15.2.5 冷轧管时金属对轧辊的压力

冷轧管时金属对轧辊的压力主要是轧制力和轴向力。

在冷轧管时，管材质量和轧管机生产率，与金属对轧辊的轧制力大小及其沿变形锥上的分布有关，所以要正确选择与设计冷轧管机的变形工具，比如轧辊孔型设计和芯头设计等，必须掌握或了解影响金属对轧辊轧制力大小及其分布的一些因素，如进料量、伸长系数等。

实验结果表明，进料量与金属对轧辊轧制力的关系为：轧制时金属对轧辊的压力随进料量 m 的增加而增加；机架回程中金属对轧辊的压力也随进料量 m 的增加而增加。而金属对轧辊的压力与伸长系数的关系为：伸长系数越大，则金属对轧辊的压力也愈大，完全成正比关系。

在冷轧管时，管坯在轴向上受到轧辊的作用力。在机架正、反行程开始时受到轴向拉力，终了时受到轴向压力。轴向力的大小，约为金属对轧辊全压力的10%～35%。

15.3 冷轧管机的变形工具

冷轧管机的工具设计对冷轧管生产是一项非常重要的工作，它的正确、合理与否直接影响到冷轧管机的生产率、管材的质量和工具的使用寿命。

在进行工具设计时，目前应用较多的是：考虑金属在轧制过程中塑性显著下降而使相对变形量按一定规律变化的原则，从而建立起孔型设计的方法。这是因为在冷轧管时，由于变形不均而引起的拉应力有可能超过金属的抗拉强度，导致管子破裂。而冷轧法主要是用来轧制易产生裂纹的低塑性合金薄壁管材的。

15.3.1 二辊式冷轧管机的变形工具

冷轧管所用的主要工具是孔型块和芯棒（芯头）。孔型块被镶在轧辊的辊身上，形成一个半圆形的变断面孔型，管坯就是在上下两个半圆形的变断面孔型和芯棒组成的环行区域中被轧制成成品管。

孔型设计的任务就是确定芯棒的锥度或曲面形状和轧槽工作段各断面的形状和尺寸，包括孔型轧槽工作段和非工作段（又叫空转段，包括送进段和回转段）长度的计算、孔型轧槽底部和芯头几何形状与尺寸的计算以及孔型轧槽横断面尺寸的计算。合理的孔型设计应保证能获得表面质量良好、尺寸精度高的管子。同时还应保证轧管工具磨损均匀、轧机生产率和成品率高，以及有利于发挥金属的塑性。

15.3.1.1 冷轧管机的孔型块

冷轧管机的孔型块被镶在轧辊上，并用楔铁固定，是主要的变形工具。一台冷轧管机所轧制的管子的尺寸范围相当宽，为此一台冷轧管机一般皆配备几对（3～4 对）轧制不同规格管子的孔型块，通过更换孔型块，就可以选择几种相邻的、不同规格的管坯作为原料；一对孔型块又可以通过调整芯棒的位置或必要时更换芯棒，可以用同一壁厚的管坯轧制出不同壁厚的管子。

孔型块有三种结构形式，如图 15-16 所示。马蹄形和环行孔型块比较先进，它们具有较大的回转角度和工作段长度。但是目前生产中大量使用的仍然是旧式冷轧机，孔型块皆为半圆形的。因此以下的孔型设计主要是针对半圆形孔型块。

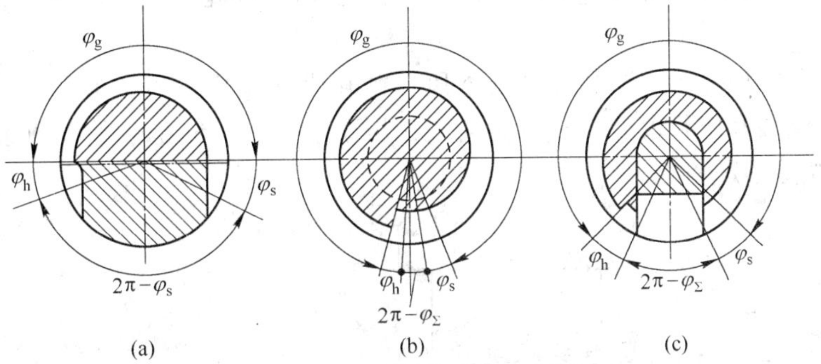

图 15-16　不同结构形状的孔型块示意图

（a）半圆形孔型块；（b）环形孔型块；（c）马蹄形孔型块

φ_g—工作角；φ_h—回转角；φ_s—送进角；φ_Σ—$\varphi_g+\varphi_h+\varphi_s$

半圆形孔型块转动角度一般在 180°～215°范围内。当转动角度在 180°时，空转段的长度全部在孔型块上；当回转角度大于 180°时，空转段长度的一部分或全部转移到轧辊辊身上。

孔型块及孔型断面形状和分段如图 15-17 所示，它是由三段组成的。孔型各段的长度，一般按主动齿轮的节圆周长表示，在设计孔型时，各段皆以直线段来表示。孔型各段的长度为：

$$L_s+L_h+L_g=\pi\rho_0 \tag{15-5}$$

式中　L_s——送进段长度，它是指圆心角 φ_s 所对应的部分，当这一部分转至轧制中心线时，管料被送进一个 m 量；

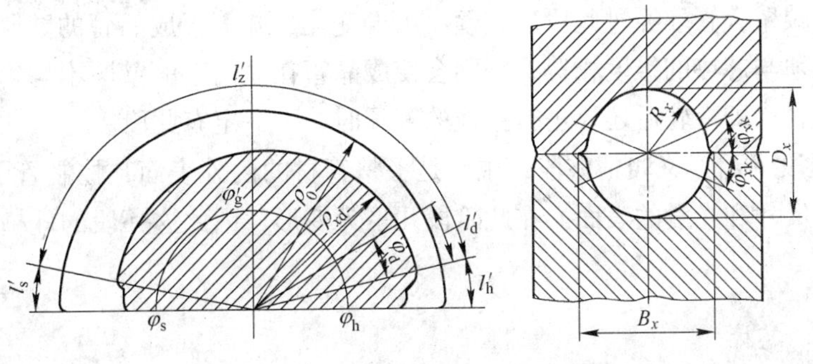

图 15-17　孔型块及孔型断面形状和分段

L_h——回转段长度，它是指圆心角 φ_h 所对应的部分，当这一部分转至轧制中心线时，管坯进行回转；

L_g——轧槽工作段长度，它是指圆心角所对应的部分，金属在此完成塑性变形，是孔型块的主要组成部分。

一般来说，应尽量缩短送进段和回转段的长度，增加工作段的长度。因为进料量一定时，工作段长些可以减少变形中瞬时的压下量，有利于充分利用金属的塑性。工作段加长后可以使用小锥度的芯棒，这样可以减少不均匀变形。但空转段过短，将在送进回转机构中引起过大的冲击，导致部件过早的磨损。一般送进和回转段占工作段长度的5% ~6% 比较合适。

轧槽工作段一般分为：减径段、压下段、精轧段（预精整段）和定径段（精整段），减径段、预精整段和定径段展开线皆为直线，压下段的展开线是一平滑的曲线。如图 15-18 所示为轧槽展开分段图。

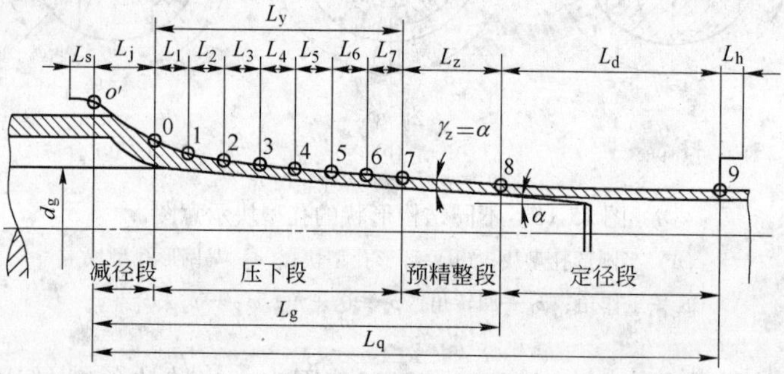

图 15-18　轧槽展开分段与孔型设计用图

（1）减径段（L_j）用以压缩管坯的外径，压缩量的大小与管坯内径和芯棒之间的间隙大小有关。

（2）压下段（L_y）除有继续压缩管坯的外径的作用外，还有减壁的作用，即使管坯的壁厚减薄，此段是实现管坯变形集中的部分，是主要的塑性变形阶段。在压下段的末期，由于管坯已经存在着较大的加工硬化，故变形量较小。在孔型设计时，应在保证管子质量的前提条件下，尽可能增加压下段的长度。

（3）预精整段（L_z）又叫精轧段，主要作用是均整管壁厚度。在此阶段管材仅有微小的径向压缩和减壁，管坯经过此段后，壁厚不再变化，并等于成品管的壁厚。为此，预精整段的锥度必须与芯棒的锥度相等，否则会使成品管在纵向上的壁厚不均匀。在轧制厚壁管子或中间毛管，即冷轧后还要进行拉拔的管子时，不一定有此段。

（4）定径段（L_d）又叫精整段，主要是平整管材的内外表面，控制管子的内外直径，以获得精确的尺寸和光滑的表面。在此阶段几乎无变形，因此这一段的轧槽顶部的半径是不变的。

15.3.1.2　芯棒

芯棒是冷轧管时的内变形工具。在二辊式的冷轧机上皆采用锥形芯棒，其母线最合理的是一曲线。曲线的凹度较难计算，芯棒的加工较复杂，所以广泛应用的仍是母线为直线的锥形芯棒，如图 15-19 所示。

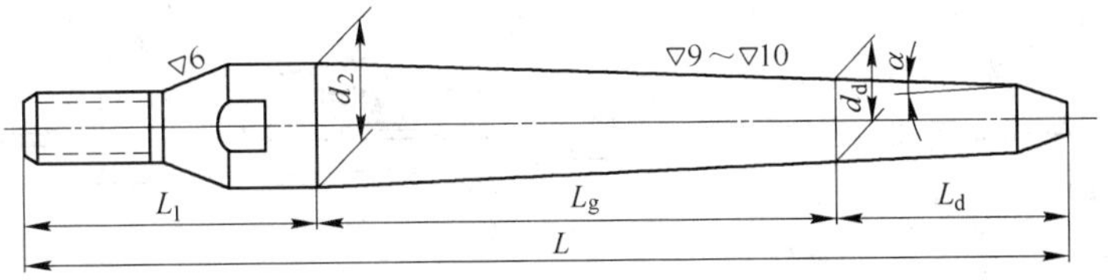

图 15-19　锥形芯棒尺寸示意图

锥形芯棒的锥度对轧制过程有很大的影响。锥度越大，金属的变形越不均匀，从而导致轧制压力增大。但是芯棒的锥度也不能过小，否则会使减径段中管坯减径量增加，引起管坯壁厚增加和金属显著加工硬化，给压下段的变形带来困难。

芯棒由三部分组成：L_1、L_g 和 L_d，前者为圆柱部分，后两者共同组成芯棒的锥体。其中 L_g 应等于轧槽顶部展开后的减径段、压下段、预精整段的长度之和，并且与之相配合；L_d 相当于孔型定径部分的定径段长度，约为 100 ~ 150mm。

芯棒定径段直径与成品管内径相等，而前端圆柱部分直径约比管坯内径小 3 ~ 6mm，对于低塑性的材料，此值应尽可能的小，为 0.5 ~ 1.0mm。此差值的作用是为了便于将芯棒插入管坯中。

15.3.2　多辊式冷轧管机的变形工具

多辊式冷轧管机由于辊子数目增多（3 ~ 4 个），使得辊子与管子表面间的滑动减少，从而改善了管子的表面质量。同时，由于辊子的尺寸特别是轧辊的直径大大减小，在轧制时管子与轧辊的接触面积减小，因此金属对辊子的压力以及由此产生的机架系统的弹性变形亦相应减小，故可以生产出高表面质量、高精度的薄壁管材。

但是，此种结构形式的多辊冷轧管机也有其弱点，如送进量、减径量和一次工作行程的总变形量不能大，否则就会使管子的表面质量和几何形状变坏等。因此在设计和选择变形工具时要更加注意。

在多辊式冷轧管机上，管坯的外径与成品管的外径相差不能太大，减径量也小。由于减径量小，管子的偏心得不到纠正，故成品管的壁厚偏差较大，基本上与管坯的壁厚偏差相同，在选择原料（管坯）时一定要注意。

多辊式冷轧管机的变形工具主要有滑道、轧辊和芯棒。

15.3.2.1　滑道

轧制时，轧辊的辊颈在滑道工作面上滚动，轧辊在工作锥上滚动，如图 15-9 所示。滑道由四段组成，即送进回转段、减径段、压下段和定径段，每段的作用与二辊式冷轧管机孔型块上的相同。图 15-20 所示为滑道设计用示意图，从图中可以看出，滑道为 Π 形，滑道底面带有一定的斜度 K，其作用是可以用楔铁来调整轧辊间的距离，以便适应轧制不同规格的管子和控制成品管的外径偏差。

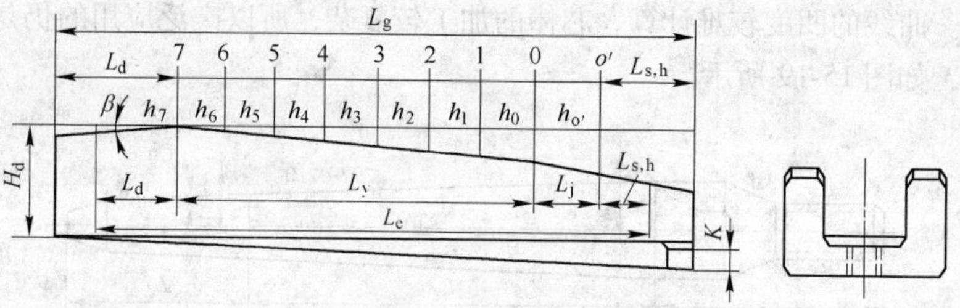

图 15-20　滑道设计用示意图

15.3.2.2　轧辊

多辊式冷轧管机轧辊的外形及主要尺寸如图15-21所示。它的主要尺寸包括轧槽顶部轧辊半径、辊环厚度、轧辊辊颈直径和宽度、轧槽开口和轧辊轧制直径等。其中轧槽顶部轧辊半径的大小关系到用它们可能轧出的成品管的最小壁厚。轧槽有开口，可以避免辊环在轧制时压伤管子。轧辊直径和轧辊辊颈直径主要是考虑轧辊的强度和通用性。

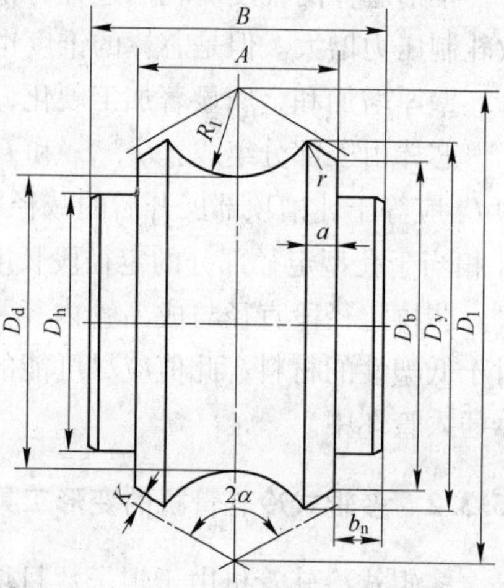

图 15-21　轧辊外形及主要尺寸

15.3.2.3　芯棒

多辊式冷轧管机所使用的芯棒是圆柱形的（图15-22）。为了消除管子内表面出现环行压痕，减少送进时的力，芯棒的前端稍带锥度：由前端向后在 $m = 20 \sim 50\text{mm}$ 的长度上，直径差值约为0.2mm。芯棒的长度应当比辊架的最大行程长80～150mm，以保证所轧出的管子具有最小的弯曲度。

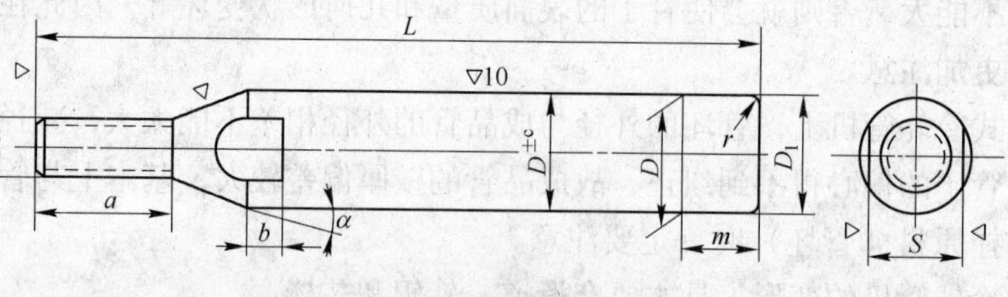

图 15-22　圆柱形芯棒图

轧辊轧槽部分和芯棒用GCr15滚珠轴承钢或其他耐磨的合金钢制造，并进行热处理（淬火、回火）以提高表面硬度，增加耐磨性和延长使用寿命。

15.4　周期式冷轧管机

冷轧管机是管材冷加工车间的主要设备。冷轧管机的类型较多，但是目前应用最广泛的主要是周期式冷轧管机，包括二辊式和多辊式。

15.4.1　二辊式冷轧管机

目前所应用的二辊式冷轧管机皆已系列化，主要包括：LG-30、LG-55、LG-80、LG-120、LG-150、LG-200、LG-250。轧机型号中的数字表示此种轧管机所能轧出的成品管最大外径，比如 LG-30，表示此轧管机所轧制的成品管最大外径为 30mm。

二辊式冷轧管机由主传动系统、工作机架、送进回转机构三部分组成。机架和轧辊做往复运动的主传动装置，包括主电机、减速箱、曲柄连杆机构和齿轮齿条系统；工作机架；在轧辊极限位置设有送进和回转管材的分配机构。除此之外，还包括芯杆固定和移动机构、卡盘以及液压和润滑系统。图 15-23 所示，为一台冷轧管机的典型传动系统图。

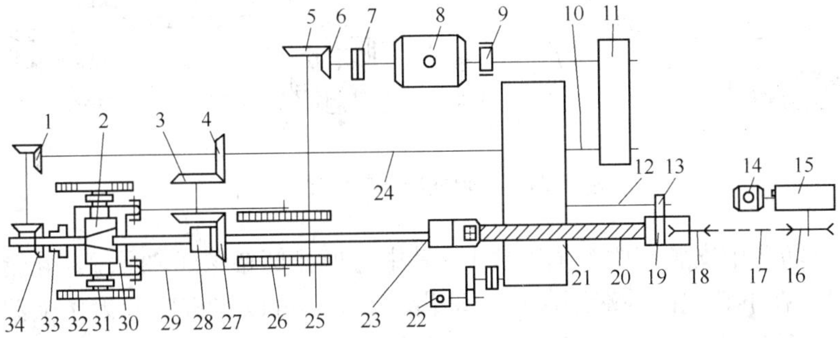

图 15-23　二辊式冷轧管机传动系统图

二辊式冷轧管机的操作规程是：吊料→装料→一次推料→二次推料，同时进行工艺润滑→卡紧管坯→轧制→成品锯切。它可以轧制多种中低强度的有色金属管材。

15.4.1.1　主传动系统

工作机架的往复直线运动和所有的卡盘转动的动力皆来自主电动机 8（见图 15-23）。工作机架 30 通过连接轴套 7、锥齿轮 5 和 6 及安装在主轴上的主动齿轮 25 和从动齿轮 26 以及安装在其上面的曲柄连杆 29 带动做往复直线运动。工作轧辊 2 有主动齿轮 31 在齿条 32 上滚动来完成转动的。

主电动机 8 通过制动器 9 和减速机 11 将转动力矩传给送进回转机构 21 和凸轮轴 10。通过送进回转结构 21 将转矩传给传动轴 24，继而通过锥齿轮 4、3、27 带动中间卡盘 28 和通过齿轮轴 1、34 带动前卡盘 33 做间歇转动。送进回转机构 21 同时将转矩通过轴 12、齿轮 13 传给芯棒卡盘 19，带动它做间歇转动。

送进丝杠 20 借助于送进回转机构 21 中的青铜螺母的转动做间歇前进运动，从而推动管坯卡盘 23 向前移动。当一根管坯轧完后装第二根管坯时，丝杠 20 借助于快速返回电动机 22 快速后退到原始位置，与此同时，管坯卡盘 23 也后退到原始位置。在装第二根管坯之前，芯杆卡盘 19 带动芯杆，借助于电动机 14、减速机 15、链轮 16、18 由齿条 17 带动后退。

15.4.1.2　工作机架

二辊式冷轧管机的工作机架，如图 15-24 所示，主要有牌坊、轧辊、轧辊轴承、主动齿轮、同步齿轮、轧辊调整装置和平衡装置以及滚轮和滑板组成。

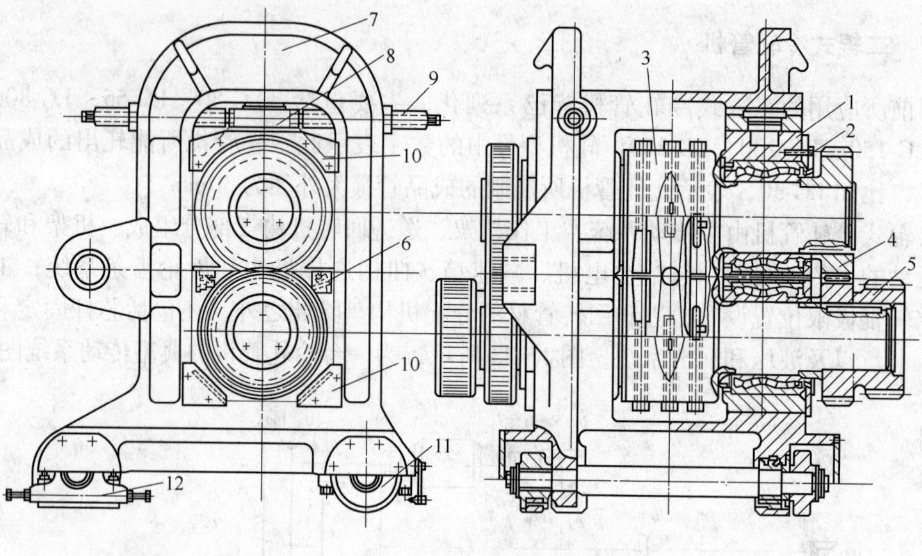

图 15-24　二辊式冷轧管机工作机架

在闭口牌坊 7 中安装有四个轴承盒 1，其中有四排圆锥滚子轴承 2。轧辊 3 的两端装有同步齿轮 4，在下轧辊的外端还装有主动齿轮 5，它可以在机座的齿条上滚动，从而使两个轧辊在随同机架做往复运动的同时做往复转动。

上轧辊的平衡装置主要是用来平衡上轧辊的重量，它是靠安放在下轧辊轴承盒中的 8 个弹簧 6 来实现的。轧辊间隙的调整是用上轧辊的轴承盒与牌坊之间的楔铁 8 与螺杆 9 完成的。轧辊在轴向上的调整则借助于牌坊两侧的压板 10 来实现的。工作机架下面有滚轮 11 和滑板 12，可以在机座的导轨上滚动和滑动。

为了克服工作机架在往复运动中产生巨大的惯性力，大幅度地提高轧制速度，而采用了机架平衡装置。

主动齿轮 5 安装在下轧辊上，对轧机的检修很不方便，检修时必须拆下前挡板才能将机架取出来，因此新的结构是将主动齿轮安装在上轧辊上，齿条在主动齿轮的下面。

15.4.1.3　送进回转机构

送进回转机构是冷轧管机的心脏部分，其结构的好坏，直接关系到轧管机生产率能否充分发挥，也关系到管材质量的高低。由于是瞬时间歇动作，部件受到的冲击力很大，故极易损坏、磨损和出现故障。

对送进回转机构的主要要求有：送进量要准确、均匀、稳定；送进量调整范围要宽，以适应轧制不同管材的需要；送进丝杠应具备快速返回机构；尽可能地减少机构的惯性矩等。

目前应用较多的是减速机式送进回转机构，在结构上简单、紧凑，并且能在轧机高速轧制下，实现管坯的送进回转动作。

15.4.2　多辊式冷轧管机

多辊式冷轧管机主要为滚轮式冷轧管机，其型号为 LD，型号后面的数字表示轧出管子的最大外径。我国的多辊式冷轧管机系列为：LD-8、LD-15、LD-30、LD-60、LD-120、LD-200、LD-250。

多辊式冷轧管机的结构，与二辊式冷轧管机基本相同，主要包括传动系统、工作机架、送进回转机构和调整机构等。

15.5 管材轧制的质量控制

在有色金属的管材生产中，不论是斜轧穿孔，还是冷轧管材生产，如果工艺设计不合理，或者是轧机的工具设计、轧机调整以及轧机操作不合理，都容易造成轧件的质量不能满足要求，甚至造成废品。

15.5.1 穿孔时废品

穿孔时由于加热制度、工具设计、设备调整和操作不当等因素产生的废品主要有：

(1) 壁厚不均。影响穿孔时壁厚不均的因素主要是锭坯没有打定心孔、加热温度不均、锭坯端部断面不平、顶头的顶杆跳动、顶头的长度太短等。

要消除上面的缺陷，首先要分析出现的原因，然后再具体问题具体对待，找出合适的消除缺陷的方法。

(2) 管坯内划伤。影响穿孔时管坯内划伤的因素是顶头的定径锥和轧辊的出口锥设计不正确及材质不好，以及与顶头配合的接头有棱角。

(3) 管坯内折或内裂纹。其原因是：

1) 加热温度不均造成锭坯的各部分塑性不均、拉应力过大；金属在炉内停留的时间过长，使金属锭坯过热；锭坯内部组织有各种缺陷等。

2) 轧辊对锭坯的压下量偏高，或顶头位置稍后；顶头设计太短；轧辊倾斜角太小等。

3) 轧辊表面磨损严重，引起金属的变形不均匀，而导致过早的形成孔腔，也是造成金属管坯内裂的原因。

(4) 管坯的外折和外擦伤。主要因素是管坯内部存在有小的裂纹、皮下气泡、非金属夹杂等缺陷；轧辊表面磨损；锭坯加热温度不均等。

15.5.2 冷轧管时废品

冷轧管时所产生的废品，大部分与设备调整、工具制造和设计以及操作等因素有关系，具体的缺陷及产生的原因如下：

(1) 表面裂纹。表面裂纹是指在冷轧管材表面形成的有规律或无规律的裂纹，形成的主要原因是：

1) 冷轧所用的管坯质量不能满足要求，比如热轧（热挤压）时的温度过低或二次轧制前管坯的退火温度低。

2) 送进不均或过大。

3) 管坯质量不好，比如塑性太低等，容易引起管子的纵向裂纹。

(2) 内外表面划伤。造成内外表面划伤主要是因为金属的黏结，比如卡爪或导路黏结金属、孔型黏结金属以及芯棒黏结金属等。

(3) 环状压痕。环状压痕主要是由于孔型开口不好造成制品内外表面的环形压痕、芯棒过于调后造成制品内表面的环状压痕等。

（4）尺寸公差不合。尺寸公差不合是常见的一种缺陷，形成的原因主要是有两个方面：一是轧机调整不能满足要求，比如孔型磨损严重或间隙不合而没有及时调整；芯棒调整不正确或在运动中窜动，造成壁厚不均等；二是坯料的原因，比如管坯壁厚不均而引起制品的壁厚不均等。

复习思考题

15-1　对比说明二辊斜轧穿孔机和三辊斜轧穿孔机的结构与特点。
15-2　斜轧穿孔的运动学条件是什么？
15-3　斜轧穿孔时，过早形成孔腔对管子的质量有哪些影响？
15-4　二辊斜轧穿孔机主要有哪些变形工具？
15-5　常用的冷轧管材方法有哪些？
15-6　管材冷轧法与拉拔法相比较，有什么主要特点？
15-7　简述孔型块的结构及各部分的名称与作用。
15-8　二辊式冷轧管机主要有哪几部分组成？
15-9　热轧管材常出现哪些缺陷，形成的主要原因是什么？
15-10　冷轧管材时常出现的缺陷有哪些，形成的原因是什么？
15-11　热轧穿孔与热挤压相比较，有哪些优点？
15-12　冷轧与冷拔相比较，主要有哪些优点？
15-13　在有色金属管材加工时，怎样选择斜轧穿孔与热挤压穿孔？

锻　造

16　锻　　造

锻造又称为锻压，它是利用金属塑性变形而得到一定形状的制品，同时提高金属的力学性能的压力加工方法。

锻造的一般方法有自由锻、开式模锻、闭式模锻和特殊锻造。图 16-1 为一般的锻压方法。

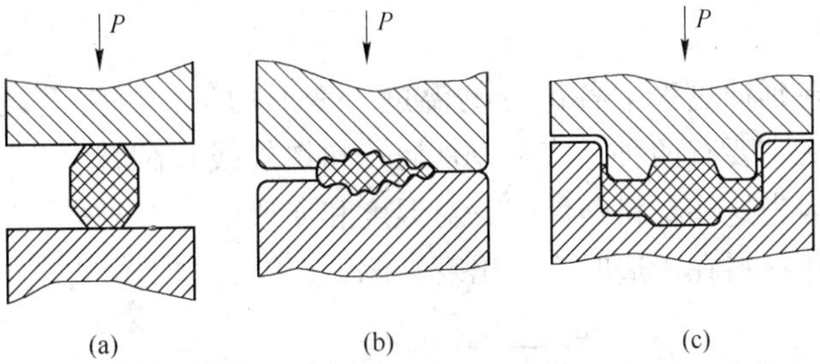

图 16-1　一般锻压方法

（a）自由锻；（b）开式模锻；（c）闭式模锻

16.1　锻造概论

16.1.1　自由锻

自由锻是锻造常用的生产方法，主要有镦粗、拔长、冲孔、芯轴拔长、切割、弯曲、扭转、错移、锻接等几种。在锻造时，一个锻件往往要经过几种生产方法（工序）才能完成，生产较为复杂。

16.1.1.1　镦粗

镦粗是将毛坯断面增大而高度减小的锻造工序。用这种方法可以制造齿轮、法兰盘等锻件，还可以为冲孔做准备。它分为完全镦粗和局部镦粗两种（图 16-2）。

完全镦粗是将毛坯放在铁砧上打击，使其高度减少、横断面增大的生产方法（16-2（a））。

局部镦粗是将毛坯一端放在漏盘内，限制其变形，打击毛坯的另一端，得到截面尺寸不同的锻件（图 16-2（b））。当锻件为中间大，两头小的形状时（图 16-2（d）），可采用中间镦粗的方法，将毛坯两端延伸至所需要的尺寸，分别放在上、下漏盘内，经打击后而使中间得到镦粗（图 16-2（c））。

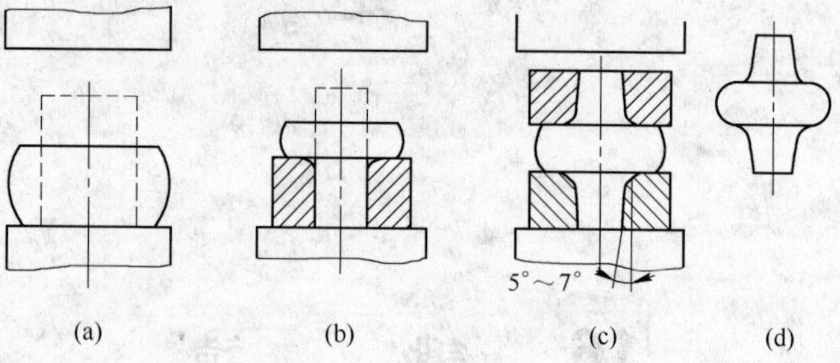

图 16-2　镦粗的几种方法

（a）完全镦粗；（b）局部镦粗；（c）中间局部镦粗；（d）锻件

16.1.1.2　拔长

拔长是将毛坯断面减小、长度增加的一种锻造方法。它主要用于制造轴类或轴心线较长的锻件。一般拔长都是在平砧上进行的，但当要提高拔长效率时，也采用缺口砧、型砧或其他工具进行。

为了保证毛坯在延伸过程中各部分的温度、变形均匀，需将毛坯不断地绕轴心线翻转。常用的翻转方法主要有两种：来回 90°翻转和螺旋线式翻转（图 16-3），前者可用于一般钢料的锻压，因为这些材料塑性好，对温度和变形要求不严格；后者主要用于塑性较差的金属材料，这些材料在锻造时容易出现缺陷，对温度和变形要求严格。

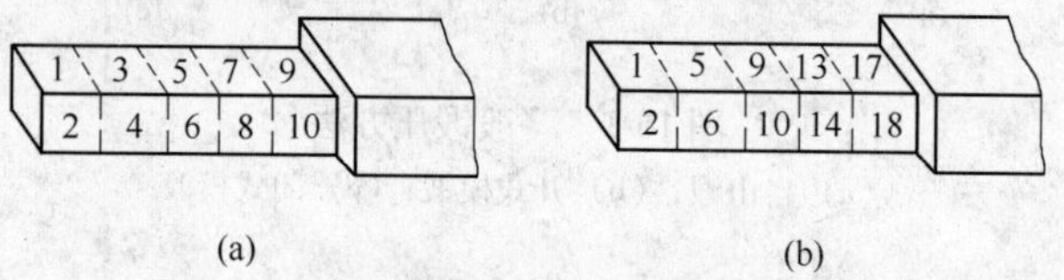

图 16-3　拔长的翻转法

（a）来回 90°翻转；（b）螺旋线式翻转

16.1.1.3　冲孔

在坯料中冲出透孔或不透孔的锻造方法称为冲孔。

16.1.1.4　胎模锻

在自由锻设备上采用活动胎模成形锻件的方法称为胎模锻。它是一种介于自由锻与模锻之间的锻压方法。

与自由锻相比较，胎模锻可以获得形状较为复杂、尺寸较为精确的锻件，节约金属，提高劳动生产率；但是需要专用工具（胎模），且要选用较大能力的锻造设备。与模锻相比较，可以利用自由锻设备组织生产各类锻件，胎模制造也比较简单。

胎模锻适用于生产小批及中批锻件，工艺灵活多样，锻件种类繁多。比如，用胎模锻可以生产台阶轴、法兰轴、法兰、齿轮、环、套以及杯筒等。

16.1.2 模锻

16.1.2.1 模锻的特点

模锻就是模型锻造的简称。在模锻时，根据锻件生产批量和形状复杂程度，可在一个或数个模膛中完成塑性变形。

模锻生产效率高，机械加工余量小，材料消耗低，操作简单，易实现机械化和自动化，特别适宜于中批和大批量生产。另外，模锻还可以提高锻件质量。模锻也存在一些缺点，比如：模具制造成本高，材料要求高；新锻件的模具设计、制造复杂；模具互换性小；能耗大等。

模锻通常可以分为开式模锻和闭式模锻两种。另外，目前还采用一些新的模锻工艺，包括：精密模锻、多向模锻、液态模锻和粉末模锻等。

16.1.2.2 开式模锻

开式模锻时，在模膛周围的分模面处多余的金属形成毛边。也正由毛边的作用，才促使金属充满整个模膛，作用力垂直于毛边；而间隙的大小，在锻造过程中是变化的。

开式模锻应用很广，一般用在锻造较复杂的锻件上。

16.1.2.3 闭式模锻

闭式模锻在整个锻造过程中模膛是封闭的。在闭式模锻时，由于坯料在完全封闭的受力状态下变形，所以从坯料与模壁接触的过程开始，侧向主应力值就逐渐增大，这就促使金属的塑性大大提高。

在模具行程终了时，金属便充满整个模膛，因此要准确设计坯料的体积和形状，否则将生成毛边。毛边很难用机械方法方便地清除，且使制品力学性能差。由于制取坯料较复杂，闭式模锻一般多用在形状简单的锻件上，如旋转体等。

16.1.2.4 液态模锻

液态模锻是利用液态金属直接进行模锻的方法，它是在研究压铸的基础上逐渐发展起来的。液态模锻的实质是把液态金属直接注入金属模内，然后在一定时间内以一定的压力作用于液态或半液态金属上使之成形，并在该压力下结晶。

16.1.2.5 粉末模锻

粉末模锻是将金属粉末先制成坯料，在保护性气氛中加热到热锻温度，在成形模内一次锻成成品，取出后再经热处理或在保护性气氛中冷却，以得到锻件的方法。

16.1.3　其他锻造方法

16.1.3.1　旋锻

旋锻是使两块锻模一方面绕锻坯纵向轴线高速旋转，同时又对锻坯进行高速锻打（锻打频率可达 6000 ~ 10000 次/min），从而使锻坯变形的锻造方法（图 16-4）。

16.1.3.2　辊锻

辊锻是使毛坯（冷或热的金属）在装有圆弧形模块的一对旋转的锻辊之间通过时，借助模槽使其产生塑性变形，从而获得锻件或锻坯的过程（图 16-5）。

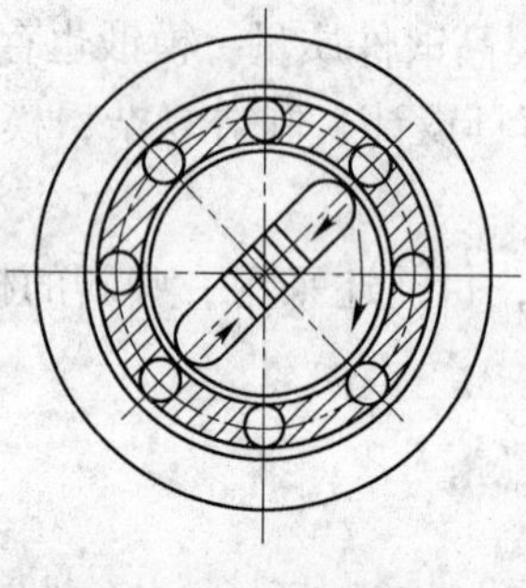

图 16-4　旋锻示意图

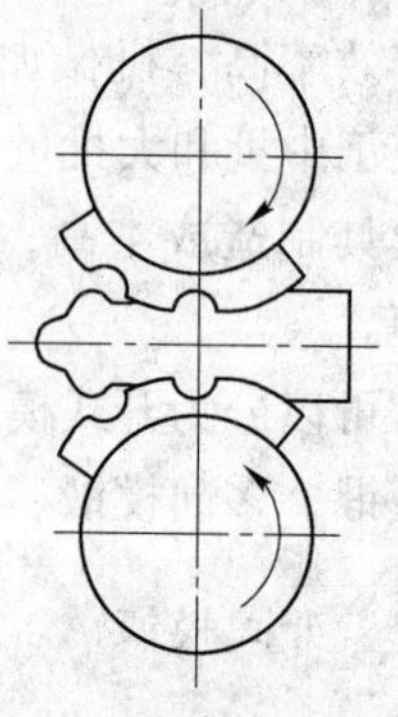

图 16-5　辊锻示意图

辊锻变形过程是一个连续的静压过程，没有冲击和震动，可以用来生产各类扳手、剪刀、麻花钻、柴油机连杆、涡轮机叶片等。

16.2　锻造设备

自由锻和模锻的主要设备可以分为四大类：锻锤、液压机、螺旋压力机和机械压力机，其中每一类又有各种各样的结构形式。

16.2.1　锻锤

在锻造设备中，锻锤是应用最广的一类。锻锤又包括空气锤、蒸汽-空气锤和高速锤等，其中以前者应用最多。

锻锤规格以落下部分的重量或打击能量来表示，落下部分包括锤头、锤杆和活塞等。

空气锤可以用于各种自由锻工序，也可以用作胎模锻。它是利用电力驱动机构的作用产生的压缩空气，推动落下部分做功。它的工作原理如图 16-6 所示。通过关闭和改变气道通路的大小，就能使锤头得到连打、单打、上悬或下压等不同的动作，比较适合于小锻件、小批量生产。

蒸汽-空气锤是以外来的蒸汽或压缩空气为动力，推动落下部分上下运动而工作的，既可用作自由锻，又可用作模锻。它的工作原理如图 16-7 所示。

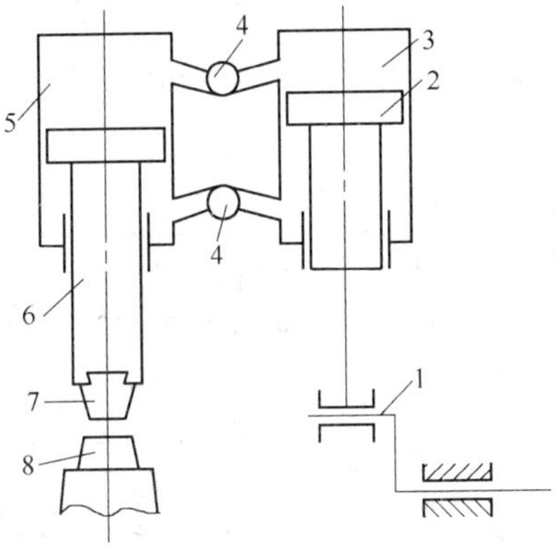

图 16-6 空气锤工作原理

1—曲轴连杆机构；2—活塞；3—压缩气缸；4—阀室；5—工作气缸；6—工作活塞杆；7—上砧；8—下砧

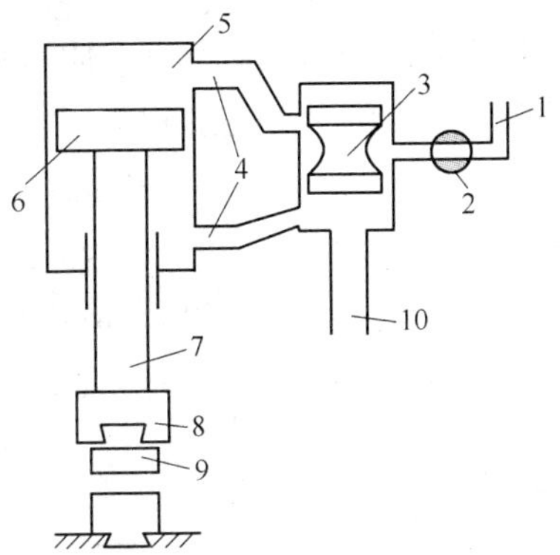

图 16-7 蒸汽-空气锤工作原理

1—进气管；2—节气阀；3—气阀；4—气道；5—汽缸；6—活塞；7—锤杆；8—锤头；9—上砧；10—排气管

16.2.2 液压机

液压机的工作液体（传动介质）一般为乳化液或油，它的工作特点是：活动横梁行程较大，在全行程中都能发出最大压力，并可以保压；行程速度调节方便，传动平稳。液压机在结构上，与立式挤压机基本相似。

16.2.3 螺旋压力机

螺旋压力机适用于模锻、精密模锻、镦锻、挤压、精压、校正、切边等，按结构不同可以分为摩擦压力机和液压螺旋压力机两类。

16.2.4 机械压力机

这类压力机多用作热模锻机、切边压力机和板料冲压机等。图 16-8 是热模锻压力机的工作原理图。电动机 1 经三角皮带 10 带动中间传动轴 2，再经齿轮 3 和离合器 4 带动曲轴 8、连杆 5，推动滑块 6 沿导轨上下运动，进行锻造。热模锻压力机采用电气-压缩空气联合控制系统，可以进行单次行程、自动连续行程和调整行程。在模锻时，必须使最大变形力小于设备的公称压力；在挤压时，必须使最大挤压力小于曲轴在该瞬间位置上的允许作用力，否则将不能保证安全生产。

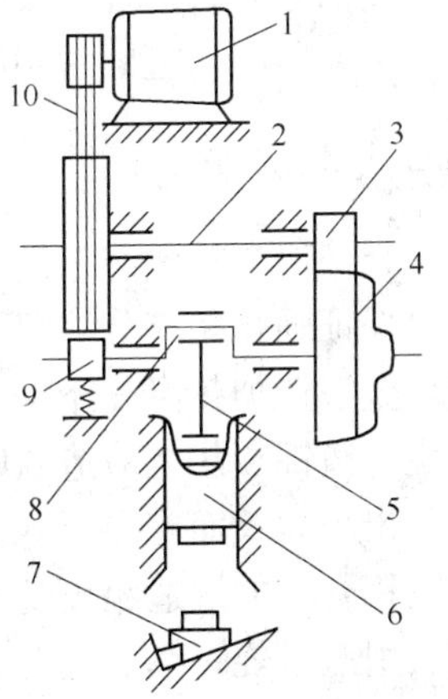

图 16-8 热模锻压机工作原理

1—电动机；2—传动轴；3—齿轮；4—离合器；5—连杆；6—滑块；7—工作台；8—曲轴；9—制动器；10—三角皮带

16.3 有色金属锻造工艺

16.3.1 铝合金锻造

16.3.1.1 锻造的特点

在有色金属及合金中，铝合金的锻件种类特别多，可以对铝合金进行自由锻、模锻、镦锻、辊锻和扩孔等。铝合金，特别是高强度铝合金，随着温度的下降，变形抗力急剧上升，因此，为了减小变形抗力，应在较高的温度下终锻，并给以较大的变形程度。在锻造时，常用铝合金的允许变形程度如表 16-1 所示。

表 16-1 常用铝合金的允许变形程度 （%）

合金牌号		LF2	LF21	LY2	LY12	LD2	LD5	LC4
锤 上	铸 态	80	80	40	40	80	40 ~ 50	30 ~ 40
	经预变形	80	80	50 ~ 70	50 ~ 70	80	50 ~ 65	50 ~ 60
压力机上	铸 态	80	80	40 ~ 50	40 ~ 50	80	50 以上	40 ~ 50
	经预变形	80	80	80	80	80	80	80

16.3.1.2 坯料选择

铝合金锻造所用的坯料主要有：铸锭、锻坯、挤压坯等。铸锭用于自由锻制造锻件或锻坯时，在锻前必须进行均匀化处理，锻坯用于制造大型模锻件，挤压坯（棒材或型材）用于模锻。

在采用挤压坯作为锻造坯料时，需要在挤压之前对挤压锭坯进行高温均匀化处理，挤压后要进行反复镦粗，以消除挤压效应；对要求高性能的锻件，必须将挤压后的锻造坯料车皮，以便消除坯料的表面缺陷。

铝合金坯料的切割，常用锯床、车床、铣床，有时也用剪床，但不能用砂轮切割。

16.3.1.3 加热

铝合金一般在热状态下进行锻造。铝合金在加热时，可以高温装炉，加热时间一般比较长，以保证强化相充分溶解而获得均匀化的组织。

铝合金锻造加热温度不能过高，以免有害气体（氢等）损坏锭坯表面质量或出现过热、过烧。铸锭加热至锻造温度后，必须进行保温；锻坯和挤压坯是否需要保温则以在锻压时是否出现裂纹而定。

常用铝合金的锻造温度范围如表 16-2 所示。要特别注意：高强度铝合金始锻温度稍高，就会引起过烧；终锻温度不得低于再结晶温度，以免导致变形抗力增加和加工硬化。

表 16-2 常用铝合金的锻造温度范围

合金牌号	温度范围/℃	合金牌号	温度范围/℃
LP2	500 ~ 380	LD2	500 ~ 380
LP21	500 ~ 380	LD5（铸态）	450 ~ 350
LY2	450 ~ 350	LD6（变形）	475 ~ 380
LY11	475 ~ 380	LC4（铸态）	430 ~ 350
LY12	460 ~ 380	LC4（变形）	430 ~ 350

16.3.1.4 锻造

在锻造时，由于铝合金高温摩擦系数大、流动性差，所以锻件对裂纹的敏感性强。因此，在选取分模面时，不仅要考虑金属充满模膛、取出锻件、模锻变形力等因素，特别要考虑变形均匀，以免造成裂纹。

对于形状复杂的锻件，要采用多套模具、多次模锻的方法，以便由简单形状毛坯逐步过渡到复杂形状锻件，减少变形的不均匀性。对成形困难部分，在锤上模锻时应放在上模；在压力机上模锻时宜放在下模。

16.3.1.5 润滑

在锻造时，为了减少铝合金高温摩擦系数大、流动性差的影响，一般要对锭坯与工具接触面进行润滑。铝合金模锻一般采用水与胶状石墨混合物作为润滑剂，形状复杂的模锻件则加入少许肥皂。也可以用机油加石墨，在配比时，机油量一般为80%～90%，对于大件或形状简单的模锻件，机油量一般为70%～80%。

16.3.1.6 精整

锻造后的铝合金精整，主要是切边和切除折叠、裂纹和起皮等缺陷，除超硬铝合金外，都是在冷状态下进行的。在剪切时，大型模锻件一般采用锯床。

16.3.2 镁合金锻造

由于镁合金的塑性，在锻造温度范围内受变形速度的影响很大，所以多在压力机上进行锻造。镁合金对拉应力敏感性很强，因此不宜采用镦粗和平砧上拔长，否则会由于拉应力过大而造成裂纹缺陷。

对于形状简单、总变形程度不超过35%的镁合金锻件，可一次模锻成形。形状复杂、总变形程度超过40%的镁合金锻件，应分两次或多次成形。

在镁合金锻造时，多采用矿物油（机油或气缸油）加细石墨粉作为润滑剂，配比为80∶20，或用油酸加石蜡作润滑剂，配比为90∶10。

镁合金的锻造温度范围在320～450℃之间。在加热时，保温时间不能超过4h，否则会降低镁合金的塑性和力学性能，因为它在加热时产生的软化，不能靠随后的锻造和热处理来补偿。

由于镁合金的导热性良好，与冷模接触时容易冷却并产生裂纹，所以模具必须预热，一般要预热到250～300℃，甚至更高。为了防止切边裂纹，应在200～300℃热切边。

16.3.3 钛合金锻造

钛合金具有足够的塑性，可进行自由锻、模锻、挤压等。它的变形抗力较大，并随着温度的下降而急剧升高，由此而造成填充模膛能力差，黏模现象严重。

对于钛合金坯料上所有的缺陷，必须用车削或磨削的方法清除：自由锻坯料要去皮3～5mm，挤压坯料要去皮2～3mm。下料在车床、砂轮切割机、阳极切割机上冷切，也可在剪床上热切，温度为750～900℃，但不能用气割下料。

加热钛合金时，对加热温度、加热速度、保温时间以及加热炉内的气氛等皆有要求：为了减少氧化，在高温停留的时间应取热透整个断面所需的最短时间；锻造温度，对于α钛合金和α+β钛合金来说，一般应在α+β两相区内锻造。

钛合金锻造时，常用的润滑剂有：胶状石墨与水的混合物、重油或机油与石墨的混合物、石墨与二硫化钼的混合物；对加热温度较高的钛合金，可采用玻璃涂层。

16.3.4 铜合金锻造

可以锻造的铜合金主要有黄铜、青铜和白铜等，对锻造黄铜的含锌量一般在 32% 以下；铝青铜的含铝量在 8% ~10% 左右。

铜合金可以在锻锤上锻造，但是变形速度的增加会提高它的变形抗力，所以最好是在压力机上模锻。能够锻造的铜合金，都可以在扩孔机上轧成环形件。

在锻造时，工模具一般都要预热到 200~300℃，以防止坯料热量散失。模锻时要润滑模具，通常是采用胶状石墨与水或油的混合液作润滑剂。

16.3.5 钼和钼合金锻造

在稀有金属中，除钼以外，目前可以进行自由锻或模锻的还有钨、钽、铌、铍、锆、铼、锗、钒、铱、铀和钍等。这些金属的产品多半要经过锻造，不是直接锻成成品，就是中间锻造成坯料，供其他压力加工方法使用。

钼和钼合金，生产锻件的原始坯料有烧结的、挤压的和铸锭。钼和钼合金的坯料在以氢气为保护气体的电阻炉、煤气炉或感应炉中加热，在锻锤或压力机上进行锻造。

为了保证钼和钼合金在自由锻和模锻时有最低的硬化和最低的变形抗力，最好在 1600 ~1700℃完成，但这么高的温度，使加热和加工困难。纯度不高的钼锭，允许一次锤击的变形程度为 16% ~20%，而纯度更高的钼锭，变形程度可以增大到 60%。

为了把钼和钼合金的坯料拉成细丝，先要用旋锻机锻打成拉丝坯料，例如可以将 10mm×10mm 的烧结方坯锻打成 3mm 左右的线坯。旋锻在 1300~1600℃下进行，每次锻打加工率为 10% ~16%，开始几道的锻打加工率要小些。

模锻采用含有石墨的玻璃作润滑剂，这类润滑剂绝缘性能很好。

16.4 锻件质量控制

通过金属的锻造变形，不仅能获得所需要的锻件形状和尺寸，同时还能改善锻件的质量，如提高力学性能等。因此锻件的质量既表现在几何形状和尺寸的准确性方面，也表现在所需达到的各种性能方面。为了控制锻件质量，除合理选用原材料和变形方法外，还应注意以下几个方面。

16.4.1 控制金属流动

在锻造时，金属流动的均匀性是决定锻件质量好坏的重要方面。因此，要掌握和运用金属的流动规律，采取相应的措施，使金属按预定方向流动以便获得所需形状、尺寸和性能的锻件。

例如，在自由锻中采用叠镦法（图 16-9），可降低锻件内变形的不均匀程度，改善饼状锻件的质量，并能提高它的加工塑性。

模膛充不满，常使模锻件报废。当在深型模膛中使用易燃润滑剂时，由于润滑剂燃烧爆炸产生的气体，实际上阻止了变形金属的流动，使金属不能进入到模膛深处。若使用

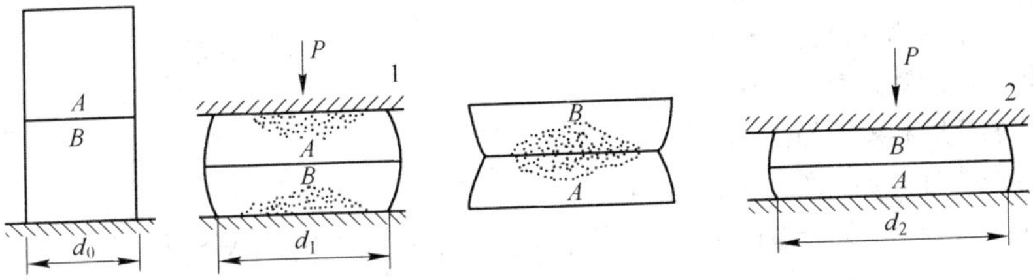

图 16-9 叠镦法

A，B—锻件；1，2—工序

喷涂水基石墨润滑剂的方法，则在模膛中不产生妨碍金属流动的气体，这样就可以使金属容易流入到模膛深处。

16.4.2 控制金属加热、冷却和锻造温度

加热中要避免过热和过烧，尽量减少氧化。高温下保温时间不宜过长，防止晶粒粗大，尽量减少加热次数。

始锻温度不宜过高，应在规定终锻温度停锻，以防止出现晶粒长大。

合理选用冷却方式及规程，避免锻件内部出现过大的残余应力或裂纹。

16.4.3 控制总变形量

铸锭到锻件之间的总变形量对保证金属组织和性能有很大的影响。变形量不足，中心变形小，有时会使局部仍保留有铸态组织；变形量过大，力学性能方向性增大，横向力学性能降低较多，且过多地消耗动力和工时。合理的变形量应该是使铸造组织全部得到改善的最小变形量。

16.4.4 合理选用变形工艺

对于综合力学性能要求高的重要锻件（如发动机用钛合金涡轮盘等），必要时可采用中间镦粗，以减少力学性能的方向性并获得较高的力学性能。

大型多拐曲轴采用弯曲镦锻成形，使金属的流线与零件外形轮廓基本吻合。采用中心压实法，可不经过镦粗而较好的锻合内部缺陷。

16.4.5 合理选用热处理工艺

许多有色金属合金锻件，经塑性加工后还得经过热处理才能得到成品锻件。对这类锻件，热处理工艺对它的性能影响较大。为了保证它的质量，必须重视并合理选用热处理工艺。

复习思考题

16-1 说明锻造的主要生产方法。

16-2 怎样提高锻件的质量？

16-3　简述铝合金锻造时的工艺特点。

16-4　锻造生产常采用哪些设备？

16-5　什么叫辊锻和旋锻，两者有什么区别？

16-6　对比说明胎模锻和模锻的优缺点。

16-7　在钛合金锻造时，要注意什么工艺特点？

16-8　在铝合金、镁合金、铜合金以及钼和钼合金锻造时，各采用什么样的润滑剂？

冲 压

17 板料冲压

冲压是通过模具对板料施加外力，使之产生塑性变形或分离，从而获得一定尺寸、形状和性能的零件的加工方法。

冲压件在形状和尺寸精度方面互换性较好，可以满足一般装配的使用要求，并且经过塑性变形，金属的内部组织得到改善，机械强度有所提高，具有质量轻、刚度好、精度高和外表光滑美观等特点。

冲压的基本工序可以分为分离和成形两大类，主要包括冲裁、弯曲、拉延、旋压、成形以及翻边、校形、扩口、缩口、压花纹等。

17.1 冲裁

冲裁是利用模具使金属板料产生分离的冲压工艺。冲裁是切断、落料、冲孔切边、切口等工序的总称，图 17-1 所示为落料和冲孔示意图。冲裁主要用于制造成品零件或为弯曲、拉延、成形等工序准备坯料。

17.1.1 冲裁变形过程

在冲裁时，凸模和凹模组成上下刃口，坯料放在凹模上，凸模逐步下降使金属材料产生变形，直至全部分离，完成冲裁过程。图 17-2 所示为冲裁变形过程。

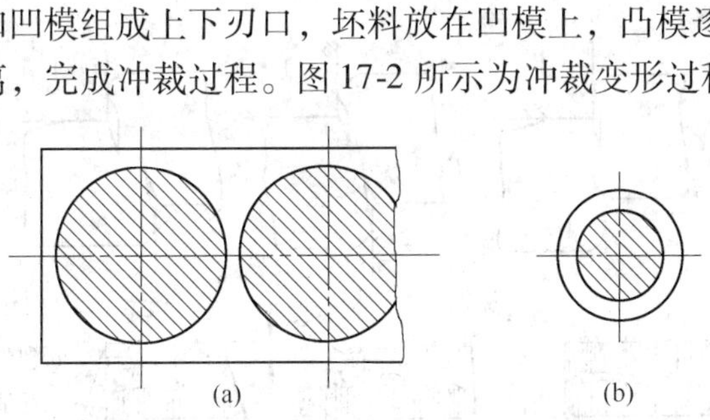

图 17-1 落料及冲孔

（a）落料；（b）冲孔

冲裁变形过程时，随着冲裁过程的进行，坯料经过了弹性变形、塑性变形和断裂 3 个阶段后，坯料被拉断分离。

冲裁变形过程得到的冲裁断面并不是光滑垂直的，断面存在着 3 个区域：圆角带、光亮带和断裂带，如图 17-2 所示。

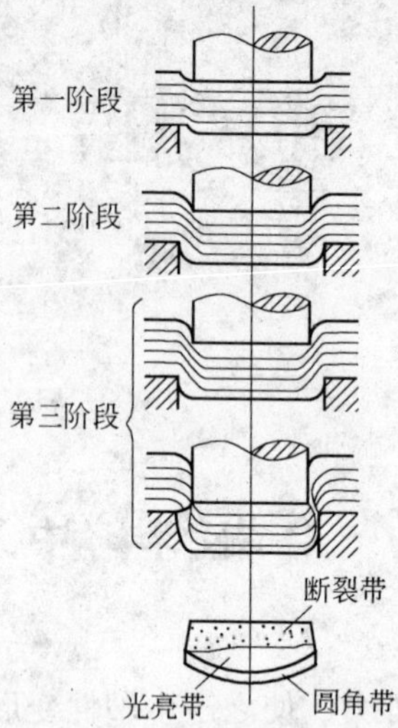

图 17-2 冲裁变形过程

17.1.2 冲裁件质量分析

冲裁时不仅要求冲出符合图纸形状的零件，还应有一定的质量要求，主要是指切断面质量、尺寸精度和形状误差。切断面应平直、光洁，无裂纹、撕裂、夹层、毛刺等缺陷。零件的表面应尽可能平坦，即穹弯小，尺寸精度应保证不超出图纸规定的公差范围。

在冲裁时，影响冲裁质量的因素主要有：凸、凹模间隙的大小及分布均匀性，模具刃口状态，模具结构与制造精度以及板材性质等。

在冲裁时，凸、凹模刃口处的断口是否重合与间隙的大小很有关系。若间隙合理，板料分离时，在凸、凹模刃口处的上下断面重合（图 17-3（b）），因而冲出的零件平直、光洁，且无毛刺。当间隙过小时，则上下断口面互不重合，相隔一定的距离（图 17-3（a）），材料最后分离时，断裂层出现毛刺与夹层。间隙过大时断口面也不重合（图 17-3（c）），零件切断面斜度增大，易形成拉长的毛刺。

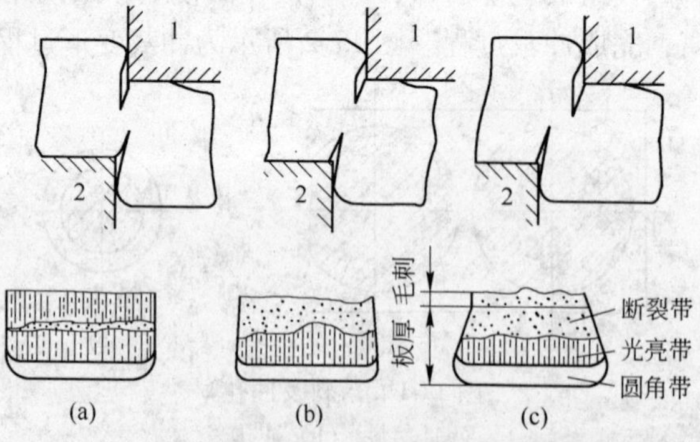

图 17-3 间隙大小对制件断面质量的影响

（a）间隙过小；（b）间隙适中；（c）间隙过大

1—凸模；2—凹模

17.2 弯曲

弯曲工序是将材料弯曲成一定角度和形状的过程。弯曲所用的材料有板料、棒料、管材和型材等。根据制件和所用设备的特点，弯曲可以分为压弯和滚弯两大类。

17.2.1 压弯

压弯是弯曲中最常用的方法。压弯可以在压力机（曲柄压力机、液压机、摩擦压力机）上进行，也可以在专用的弯板机、弯管机和拉弯机上进行。

在弯曲时，弯曲变形区主要是在零件的圆角部分，而在直臂部分基本没有变形。在变形区内板料的外层纵向纤维受拉而伸长，内层纵向纤维受压而缩短。

17.2.2 滚弯

滚弯又称辊轧成形，它是在压弯的基础上发展起来的，是一种生产经济断面型材的有效办法。滚弯是以带材为坯料，在专用的多轴滚弯机上进行的。坯料由型辊使制件逐步弯曲成形（图 17-4），从而获得所需要的具有一定形状和尺寸的制件。

滚弯制件表面质量高，且纵向长度不受限制，适宜于大规模生产。

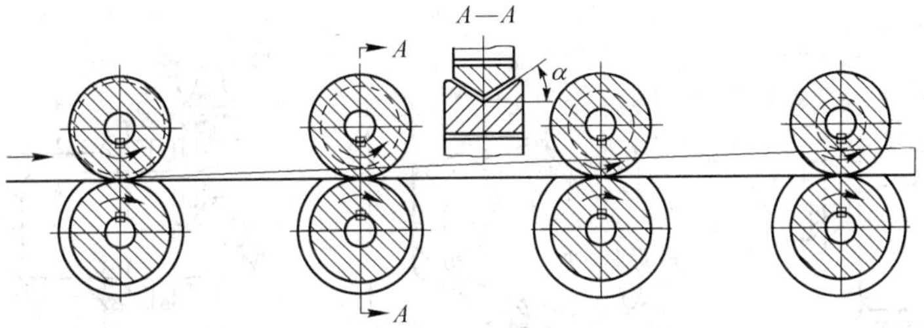

图 17-4 四机架滚弯过程示意图

17.3 拉延

17.3.1 拉延的概念

拉延又称为拉深、深冲，是将坯料通过模具制成筒形或中空零件的压力加工工序。拉延与冲裁的主要区别是拉延模的凸模和凹模均有较大的圆角半径；凸模和凹模之简的间隙也较大，其值一般大于板材的厚度 h。

拉延件大体可以分为三大类：回转体零件、矩形零件和复杂形状零件。在实际生产中，拉延常与成形等工序相结合而制成各种较复杂的零件。

17.3.2 拉延过程

拉延可以分为两大类：变薄拉延和不变薄拉延。如图 17-5 所示，以直径为 D、厚度为 h 的圆板料，经模具拉延，得到了具有外径为 d 的开口筒形件。

在由坯料到筒形件的拉延中，拉延过程是逐渐进行的。在分配每道次的拉延系数时，要注意：变形程度应逐渐减小。

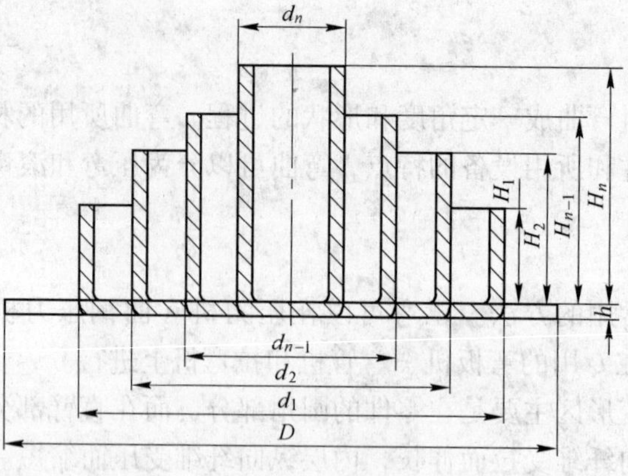

图 17-5　拉延件在各道次中的工艺参数

17.4　旋压

旋压可以分为不变薄和变薄两类，前者称为普通旋压或赶形，后者称为强力旋压或旋薄，如图 17-6 所示。普通旋压广泛应用于日用搪瓷和铝制品等生产中，随着航空工业和火箭、导弹的发展，在普通旋压工艺的基础上，又发展了强力旋压。

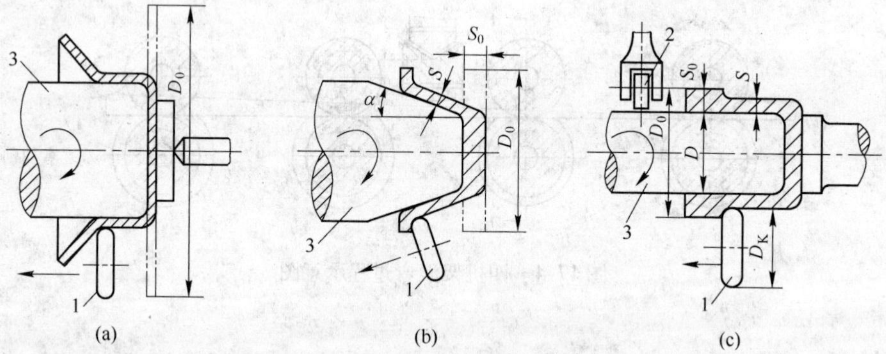

图 17-6　旋压

（a）不变薄旋压；（b），（c）变薄旋压

1—旋压滚轮；2—支撑滚轮；3—芯模

17.4.1　普通旋压

普通旋压是将圆片坯料固定在旋压机的芯模上，使坯料随同旋压机的主轴旋转，同时操作赶棒，使赶棒或滚轮加压于坯料，坯料逐渐紧贴芯模，从而获得所需要的形状和尺寸的制件的生产过程，如图 17-6（a）所示。

普通旋压可以完成各种形状旋转体的拉延、翻边、缩口、卷边和切边等工序，且设备和工具简单，但是劳动生产率低，劳动强度大。

17.4.2　强力旋压

强力旋压的加工过程，如图 17-6（b）、（c）所示。旋压滚轮靠模板沿一定轨迹移动，移动时与芯模保持一定的间隙，旋压轮加压于坯料，坯料在此压力作用下按芯棒形状逐渐成形而制成所要求的制件。

17.5　成型

在有色金属冲压生产中，除冲裁、弯曲、拉延和旋压等工序外，还必须有其他工序相配合，比如局部成型、翻边、缩口、校平等。

成型工序按塑性变形的特点，可分为压缩类成型和拉伸类成型两大类。

17.6　冲压设备

冲压设备包括：剪板机、剪切冲型机、开式压力机、闭式压力机、拉延压力机、冲模回转头压力机、高速压力机、精密冲裁压力机和各种液压机等。

17.6.1　剪板机

剪板机多用于冷剪板料。剪切厚度小于 10mm 的板料多为机械传动，剪切厚度大于 10mm 的多为液压传动。剪切冲型机以短行程和高行程次数进行直线和曲线剪切。

17.6.2　开式压力机

开式压力机是通用性冲压设备（图 17-7），可用来冲孔、落料、切边、拉延和成形等冲压工序。电动机经皮带轮带动曲轴转动，经连杆使滑块做往复运动。用脚踏开关或按钮操作，可进行单次或连续行程。开式压力机的床身是 C 形的，工作台三面敞开，便于操作。工作台下设有气垫，供浅拉延时切边或制件顶出用。

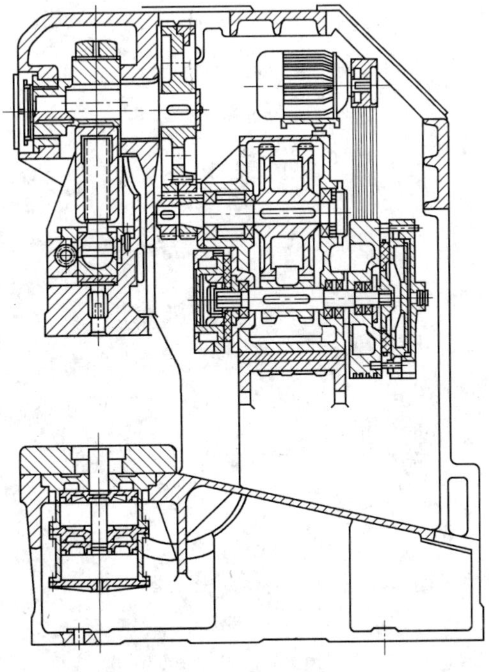

图 17-7　开式固定台压力机

17.6.3　闭式压力机

闭式压力机也是通用性设备，它可以进行冲孔、落料、切边、弯曲、拉延、成形等冲压工序。这类设备可以分为单点、双点和四点，以及上传动和下传动等形式。床身由横梁、左右立柱和底座组成，用螺栓拉紧。大型压力机都采用闭式结构，可提高制件精度和模具寿命。

复习思考题

17-1　什么叫冲压，有色金属板料冲压主要包括哪些方面的内容？

17-2　什么叫冲裁，怎样保证冲裁件的质量？

17-3　什么叫拉延，拉延与冲裁有什么区别？

17-4　板料冲压设备主要有哪些？

17-5　普通旋压与强力旋压有什么区别？

参考文献

[1] 马怀宪主编．金属塑性加工学——挤压、拉拔与管材冷轧［M］．北京：冶金工业出版社，1998.
[2] 杨守山主编．有色金属塑性加工学［M］．北京：冶金工业出版社，1985．
[3] 肖亚庆．中国铝工业技术发展［M］．北京：冶金工业出版社，2007.
[4]《重有色金属材料加工手册》编写组．重有色金属材料加工手册［M］．北京：冶金工业出版社，1979.
[5]《轻金属材料加工手册》编写组．轻金属材料加工手册（上、下册）［M］．北京：冶金工业出版社，1980.
[6] 温景林，丁桦，曹富荣．有色金属挤压与拉拔技术［M］．北京：化学工业出版社，2007.
[7] 郑璇编著．民用铝板、带、箔材生产［M］．北京：冶金工业出版社，1992.
[8] 刘静安编著．轻合金挤压工具与模具（上、下册）［M］．北京：冶金工业出版社，1990.
[9] 贾宪安，胡九锡编著．热挤压工艺与模具设计［M］．北京：机械工业出版社，1986.
[10] 王群娇．有色金属热处理技术［M］．北京：化学工业出版社，2008.
[11] 傅祖铸等．有色金属板带材生产［M］．长沙：中南工业大学出版社，1992.
[12] 周家荣主编．铝合金熔铸问答［M］．北京：冶金工业出版社，1995.
[13] 张才安．无缝钢管生产技术［M］．重庆：重庆大学出版社，1997.

冶金工业出版社部分图书推荐

书　名	作　者	定价(元)
现代轨梁生产技术（高职高专教材）	李登超　编著	28.00
塑性变形与轧制原理（高职高专教材）	袁志学　等编	27.00
冶金机械保养维修实务（高职高专教材）	张树海　等编	39.00
轧制工程学（本科教材）	康永林　主编	32.00
材料成形工艺学（本科教材）	齐克敏　等编	69.00
炼铁厂设计原理（本科教材）	万　新　主编	38.00
金属塑性成形力学（本科教材）	王　平　等编	26.00
金属压力加工概论（第2版）（本科教材）	李生智　主编	29.00
材料成形实验技术（本科教材）	胡灶福　等编	16.00
冶金热工基础（本科教材）	朱光俊　主编	30.00
塑性加工金属学（本科教材）	王占学　主编	25.00
轧钢机械（第3版）（本科教材）	邹家祥　主编	49.00
炼铁设备及车间设计（第2版）（国规教材）	万　新　主编	29.00
炼钢设备及车间设计（第2版）（国规教材）	王令福　主编	25.00
机械工程实验教程（本科教材）	贾晓鸣　等编	30.00
机械制图（本科教材）	田绿竹　等编	30.00
机械制图习题集（本科教材）	王　新　等编	28.00
机电一体化技术基础与产品设计（本科教材）	刘　杰　等编	38.00
机械优化设计方法（第3版）（本科教材）	陈立周　主编	29.00
通用机械设备（第2版）（职业技术学院教材）	张庭祥　主编	26.00
冶金技术概论（职业技术学院教材）	王庆义　主编	26.00
机械安装与维护（职业技术学院教材）	张树海　主编	22.00
金属压力加工理论基础（职业技术学院教材）	段小勇　主编	37.00
参数检测与自动控制（职业技术学院教材）	李登超　主编	39.00
有色金属轧制（高职高专教材）	白星良　主编	29.00
有色金属挤压与拉拔（高职高专教材）	白星良　主编	32.00
有色金属压力加工（职业技术学院教材）	白星良　主编	33.00
黑色金属压力加工实训（职业技术学院教材）	袁建路　主编	22.00
轧钢车间机械设备（职业技术学院教材）	潘慧勤　主编	32.00
轧钢工艺润滑原理技术与应用	孙建林　著	29.00
轧钢生产实用技术	黄庆学　等编	26.00
板带铸轧理论与技术	孙斌煜　等著	28.00
小型型钢连轧生产工艺与设备	李曼云　主编	75.00
矫直原理与矫直机械（第2版）	崔　甫　著	42.00